手把手带你玩转
Altium Designer 23

陈之炎 著

清華大学出版社
北京

内容简介

Altium Designer是深受广大电路设计工程师喜爱的一款电路设计辅助工具。本书对Altium Designer 23的功能进行了全面翔实的解读，重点介绍了如何利用Altium Designer 23进行电路原理图设计、印制电路板(PCB)设计、信号完整性分析以及混合信号仿真。

读者通过阅读本书不仅能了解Altium Designer 23的最新功能，还能掌握EDA设计的通用流程和方法，最终能独立完成电路设计。在项目实战部分，本书列举了三个实战案例：初级实战案例实现了PWM信号电机驱动电路板的设计；中级实战案例实现了ARM架构的嵌入式系统的双面板设计；高级实战案例实现了SAMV71的四层电路板的设计。三个实战案例从简到繁，层层深入，引导读者最终能独立完成多层电路板的设计任务。

本书在Altium Designer 23的新功能的基础上，为广大电路设计工程师和EDA方向的学生提供了一个全方位的电路设计、分析和仿真的指南，对于掌握未来电路设计工具的新技术动向有比较明晰的解析和指引，起到了抛砖引玉的作用。

本书适合理工类大学电路专业的高年级本科生、立志从事电子电路计算机辅助设计方向研究的低年级研究生、对硬件电路技术感兴趣的研发工程师等阅读。

图书在版编目(CIP)数据

手把手带你玩转Altium Designer 23/陈之炎著. —北京：清华大学出版社，2023.11
ISBN 978-7-302-64926-7

Ⅰ. ①手…　Ⅱ. ①陈…　Ⅲ. ①印刷电路－计算机辅助设计－应用软件　Ⅳ. ①TN410.2

中国国家版本馆CIP数据核字(2023)第225578号

责任编辑：贾　斌
封面设计：刘　键
责任校对：刘惠林
责任印制：曹婉颖

出版发行：清华大学出版社
网　　址：https://www.tup.com.cn，https://www.wqxuetang.com
地　　址：北京清华大学学研大厦A座　　**邮　　编**：100084
社 总 机：010-83470000　　**邮　　购**：010-62786544
投稿与读者服务：010-62776969，c-service@tup.tsinghua.edu.cn
质量反馈：010-62772015，zhiliang@tup.tsinghua.edu.cn
课件下载：https://www.tup.com.cn，010-83470236
印 装 者：北京嘉实印刷有限公司
经　　销：全国新华书店
开　　本：185mm×260mm　　**印　张**：19.25　　**字　　数**：467千字
版　　次：2023年12月第1版　　**印　　次**：2023年12月第1次印刷
印　　数：1～1500
定　　价：89.00元

产品编号：097245-01

前言

本书以 Altium Designer 23 英文版为依托，介绍了利用 Altium Designer 23 进行电子电路设计的方法，利用丰富翔实的案例，将理论和实践相结合，重点介绍 Altium Designer 23 的使用方法和技巧。在此基础上，分别从初、中、高三个不同的层面展示了三个实战案例，给出了具体的原理图和 PCB 实现。全书用简单通俗的语言对 Altium Designer 23 的功能做了阐述和拓展，力求做到浅显易懂，便于操作。本书提供配套微课视频，读者扫描封底的文泉云盘防盗码，再扫描相应章节中的二维码，可以在线学习。

全书共分 11 章，主要内容介绍如下。

第 1 章以当前 EDA 的主流工具为全书的背景知识，介绍了 EDA 的发展史、EDA 领域面临的主要问题、EDA 的发展方向，以及当前 EDA 的主流工具 Mentor、Synopsys、Cadence 等。

第 2 章为 Altium 简介，重点介绍了 Altium 的发展历程和主要产品线。对 Altium Designer 23、Altium 365、Altium NEXUS 等产品的主要功能做了概括性的描述，并以此为切入点，引出本书的重点 Altium Designer 23。

第 3 章对 Altium Designer 23 的新特点做了详细的阐述，介绍了 Altium Designer 23 的安装方式、授权管理和开发环境，还列举了利用 EDA 进行电路设计所需要掌握的专业术语。

第 4 章对如何利用 Altium Designer 23 开发电路进行了全面而详细的讲解，介绍了电路设计的通用流程，从简单原理图入手，完成电路开发的第一步；循序渐进地介绍了绘制 PCB 版图的通用操作流程。

第 5 章介绍如何利用 Altium Designer 23 制作元器件库，包括原理图库制作、PCB 封装库制作和集成库制作，涉及元器件封装、电原理图输入、PCB 布局、PCB 布线、原理图封装库、PCB 封装库、集成库等方面的知识。

第 6 章介绍如何利用 Altium Designer 23 进行信号完整性(SI)分析，包括设置设计规则和信号完整性模型的参数，对原理图和 PCB 图中的网络进行信号完整性分析，配置用于网络筛选分析的测试，对选定的网络进行深度分析，信号线的终端和处理生成的波形，等等。

第 7 章介绍 Altium Designer 23 的仿真器以及如何利用仿真器实现电路仿真，从而验证设计的正确性。

第 8 章介绍利用 Altium Designer 23 进行高速 PCB 设计时遇到的问题及注意事项。

第 9 章电路设计实战案例选用微芯(Microchip)公司的 PIC12F675 作为主控单元，通过控制 PIC12F675 的通用接口，产生脉宽调制信号(PWM 信号)。

第 10 章实战演练案例选用意法半导体公司的 STM32F030 作为主控单元，控制带有人机接口(HMI)的触摸屏、排热风扇和电磁阀等外部接口。与此同时，输出一个 PWM 信号，实现外部电动机的控制。

第11章实战演练案例选用微芯公司的SAMV71作为主控单元，利用其丰富多样的外设和接口，构建起SAMV71的仿真开发系统。系统带有以太网接口、高速USB接口、MediaLB接口等，可以作为SAMV71的评估开发板使用。

后记作为全书的结尾部分，对全书的创作过程做了总结。

由于笔者水平有限，加之项目时间周期比较短，成书之时难免会有疏漏，敬请各位读者多提宝贵意见和建议。感谢热心读者拨冗阅读全书，希望此书能在今后的EDA电路设计生涯中助您一臂之力。

陈之炎

2023年8月

目录

基础概念篇

仿真分析进阶篇

实战演练篇

基础概念篇

电子设计自动化(Electronic Design Automation,EDA),即利用计算机来辅助电子电路的设计,从而实现电子电路设计的自动化。EDA 的实现过程通常是以计算机为平台,依托专用的 EDA 工具软件,实现电子产品的自动化设计。有了 EDA 工具,可以在计算机上完成电路原理图设计、性能分析和 PCB 设计,从而大幅度提高设计效率和准确度。EDA 是 20 世纪 90 年代初发展起来的集计算机硬件、计算机软件和微电子学为一体的综合性交叉学科。在短短的 30 年里,EDA 技术已经广泛地应用于电子、通信、航空航天、军事等诸多领域。

本篇对 EDA 做了概括性讲解,重点介绍了 EDA 的背景知识,读者可以采用快速阅读的方法来阅读本篇。在半导体行业,EDA 软件在电路设计和仿真等工程技术领域,起着举足轻重的作用,它伴随着摩尔定律的发展,引领着电路设计技术向着更深更精的领域发展。

本篇包含以下内容:第 1 章从 EDA 的背景知识入手,重点介绍 EDA 的发展史、EDA 领域面临的主要问题、EDA 的发展方向以及当前主流的 EDA 工具;第 2 章重点介绍 Altium 在 EDA 领域的系列产品,对 Altium Designer 23、Altium 365、Altium NEXUS 等产品的主要功能做了概括性的描述;第 3 章对 Altium Designer 23 的新特点做了详细的介绍,介绍了 Altium Designer 23 的安装方式、授权管理和开发环境,此外该章节还包含利用 EDA 进行电路设计所需要掌握的专业术语表。本篇包含的 3 章内容,为读者进一步熟练掌握后续章节的内容做了技术上的铺陈。

第1章

当前EDA的主流工具

EDA是计算机技术、应用电子技术和自动化技术三者结合的产物，利用EDA工具可以实现集成电路设计、PCB的设计和仿真等多项任务。据不完全统计，在年产值为5000亿美元的半导体行业中，EDA软件的市场份额便超过了100亿美元，它以50∶1的杠杆效应支撑着半导体行业，成为半导体行业的一块基石。

1.1 EDA的发展史

20世纪90年代至今，EDA技术从襁褓里的婴儿逐渐成长为一名健壮的少年才俊，穿着摩尔定律这双“红跑鞋”，引领着半导体行业向前奔跑。纵观EDA技术的发展历程，大致可以分为3个时期。

第一代EDA技术是从计算机辅助设计(CAD)发展而来的。在集成电路产业初期，芯片设计是靠芯片工程师“画”出来的。随着半导体工艺制程的发展，芯片的集成度越来越高，在火柴盒大小的芯片上需要集成百亿个晶体管，人工布线便显得力不从心了。于是，半导体领域的研究人员利用计算机作为辅助设计工具，将设计和绘图一起自动化，开发出第1批二维CAD软件工具，构成了EDA工具的雏形。典型的第一代EDA工具有Applicon、Calma、Computervision等。当时，受到计算机硬件资源的限制，软件的功能还不是十分强大，第一代EDA工具的主要功能是辅助进行原理图设计、PCB布线，从而将电路设计工程师从手工画线的劳动中解放出来。

第二代EDA技术建立在计算机辅助工程(CAE)的基础之上，这一阶段以逻辑模拟、定时分析、故障仿真和计算机自动布局布线为核心，将电子电路的软硬件设计结合在一起，重点解决了电路设计的功能检测问题。典型的第二代EDA工具有Daisy System和Valid Logic的辅助设计系统，以及Mentor Graphic的专用计算机辅助工程软件等。

20世纪90年代，EDA技术演进到第三代，这一时期的EDA技术将硬件电路描述语言、电路系统仿真及电路技术综合三者相结合，利用EDA工具，实现较高层次的电路设计任务。在原理图设计阶段，利用EDA设计工具对电路设计的正确性进行验证；在电路板设计阶段，利用芯片设计出多种不同的应用。此时，EDA工具几乎可以覆盖电子电路设计、PCB设计和IC设计的各个阶段，逐渐成为电子行业不可或缺的技术。第三代EDA主要以Cadence和Synopsys为代表。

如今,EDA 技术已成为电子设计技术的核心技术和工具,EDA 的发展历程如图 1.1 所示。离开了 EDA 工具,无论是芯片级的还是板级的电子设计都难以实现。所以,作为电子设计领域的从业人员,至少需要熟练掌握一种 EDA 工具。

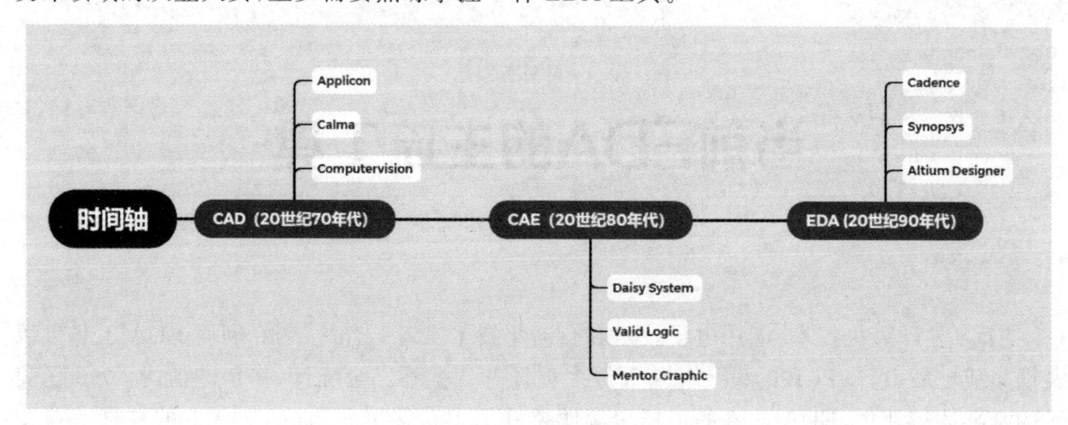

图 1.1 EDA 的发展历程

1.2 EDA 领域面临的主要问题

在 EDA 技术发展的历史长河中,逐渐形成了庞大的 EDA 软件分类系统,据美国专门从事 EDA 咨询的 GSEDA 公司统计,一共涉及 90 多种不同的技术。据不完全统计,截至目前,EDA 软件公司一共有 900 多家,众多公司各自“安营扎寨”。在 21 世纪的今天,EDA 技术仍然面临着技术门槛高、设计成本高和人才短缺等问题。

1. 技术门槛高

EDA 工具是一个“多工具”组成的软件集群,技术壁垒高,涉及半导体、数学、物理、算法和人工智能等多个领域。同时,EDA 又是算法密集型产业,需要对数千种情境进行快速设计探索,涉及计算机、数学、物理等多基础学科的结合应用。这种基础学科技术的不断突破和应用,需要通过长时间的技术研发投入和专利积累来实现。目前进入我国并具有广泛影响的 EDA 软件有 EWB、PSpice、OrCAD、PCAD、Protel、Viewlogic、Mentor Graphic、Synopsys、LSIlogic、Cadence、MicroSim 等。这些工具都有较强的功能,同一个软件可以有多方面的应用,例如很多软件既可以进行电路设计与仿真,又可以同时进行 PCB 自动布局布线,可输出多种网表文件与第三方软件接口。这要求设计师不但应具备电路设计能力、仿真验证能力,还应该具备版图实现能力,不仅要会画电路图,还要会实现版图的布线。在 EDA 工具出现之前,这主要靠手动完成,有了 EDA 工具之后,设计人员利用 EDA 工具从无到有,从“0”到“1”完成电路设计任务,其要求的技术门槛高,技术覆盖面广,需要专业的电子电路设计人员来完成。

2. 设计成本高

EDA 技术的成本,虽然在产品总成本中只占很小的一部分,但就长远的电子科技产业链而言,设计芯片仍然是一项昂贵且耗费人力的任务。

在电路设计完成后,需要花很多时间做版图设计以生成图形数据系统(Graphic Data System,GDS),这个过程目前需要依靠人工,通过设计人员的技能和经验来解决软件验证时的种种障碍。目前的 EDA 工具虽然功能提升许多,但在自主化的环节上,仍有相当大的改善空间。

此外,在 EDA 领域存在着设计复用问题。EDA 产业发展至今,始终未能建立起业界通用的电子零件电路标准格式,绝大多数的模块都必须从头开始设计,很难实现设计复用。该问题导致集成电路工程设计者在前端作业时,常面临烦琐冗杂、重复性高的工作,难以缩短晶片制造的时间,从而使设计成本无法大幅下降。

3. 人才短缺

EDA 行业最难的突破点便是人才短缺。据不完全测算,全球 EDA 从业人员从 2017 年 2.72 万人增加到 2022 年 3.28 万人,虽然人数在增加,但作为芯片/集成电路产业链的最前端,EDA 软件领域的研发人才相对于其他环节的人才是少之又少。

EDA 领域需要复合型人才,要求具备广阔的知识面和多元化的专业技能,涉及半导体、数学、物理、算法和人工智能等多个领域。EDA 是数字世界与物理世界的融合,对于电路设计师而言,既要会画精美的电路图,也应具备实施的能力,两者缺一不可。因此实训和实操是 EDA 人才培养过程中非常重要的环节。

EDA 技术壁垒高、强调技术创新的特点,导致其对人才的依赖性很强。目前,我国 EDA 人才数量不足以支撑数字化驱动下国产 EDA 行业的快速发展,更限制了集成电路领域产业的跨越化前进,培养 EDA 人才迫在眉睫。培养造就一大批具有国际水平的战略科技人才、科技领军人才、青年科技人才和高水平创新团队,是 EDA 行业的当务之急。

1.3 EDA 的发展方向

从技术的角度来看,可以将 EDA 设计分为系统级 EDA、板级 EDA 和芯片级 EDA 三层面,如图 1.2 所示。

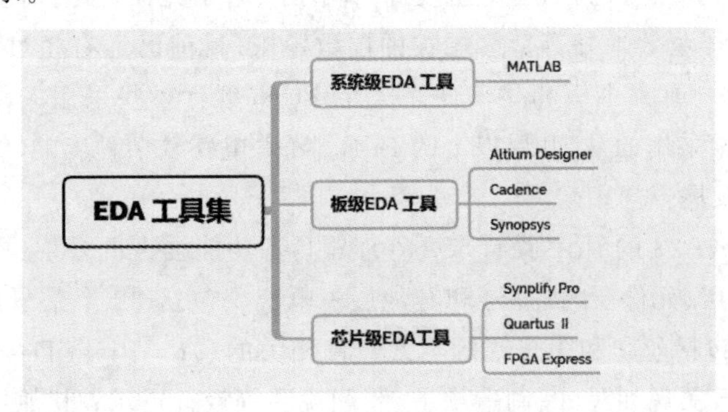

图 1.2 三个层面的 EDA 工具集

芯片级 EDA 工具主要用于设计芯片,即利用硬件描述语言来描述电子系统,作为设计流程的输入,经过综合仿真之后生成数据文件,最后将数据文件下载到目标器件中,从而完成可编程器件的设计。典型的硬件描述语言有 VHDL 语言和 Verilog DHL 语言,专业的逻辑综合软件有 Synplify Pro 和 FPGA Express。

板级 EDA 工具利用现有的芯片,设计出满足特定规格、实现特定功能的电子产品,主要工作是进行 PCB 的设计,目前流行的 PCB 设计工具有 Cadence、Synopsys 和 Altium

Designer 等。

系统级 EDA 工具专注于系统级生成、模拟、转换、分析、集成和验证，通常是采用 C/C++或 SystemC 的高水平系统抽象，系统级 EDA 工具能在包括 C/C++、SystemC、SystemVerilog 和其他 HDL 输入的整个设计流中无缝地运行，从而实现系统级的集成和验证，典型的系统级 EDA 工具有 MATLAB。

本书主要介绍板级 EDA 工具 Altium Designer 23 的使用方法，即如何利用 Altium Designer 23 进行板级电路设计，芯片级 EDA 工具和系统级 EDA 工具的介绍不包含在本书范围内，请读者自行参考相关专业书籍。

Altium Designer 23 是 Altium 最新推出的 EDA 设计工具。Altium 是一家澳大利亚公司，其前身为国内知名度相当高的 Protel。早在 20 世纪 90 年代，Altium 便以其 EDA 工具著称，经过三十多年的历练和沉淀，Altium 进行了多次大规模的升级改进，先后推出了 Protel 99 SE、Protel DXP 等产品，2023 年元旦刚过，Altium 便在其官网上正式发布了新版本 Altium Designer 23。

Altium Designer 23 融合了电路设计和仿真等多项功能，可以设计三十多层的多层电路板；在高速 PCB 设计方面，增加了信号完整性分析，可以实现 FPGA 等高密度 PCB 的设计，引领了板级 EDA 设计工具的发展方向。

Altium Designer 23 具有以下特点。

1. 多层电路板设计

普通的 PCB 可以是单面板和双面板，即介质层的两面或双面是走线层。但是在诸如智能手机等高端产品中，单面板和双面板已经无法满足设计需求，通常，将大于 2 层的 PCB 称为多层 PCB。

多层 PCB 有诸多优点，例如装配密度高、体积小、电子元器件之间的连线短、信号传输速度快、方便布线、屏蔽效果好等。多层板的层数不限，目前已经有超过 100 层的 PCB，常见的是 4 层和 6 层。通常主板和显卡使用 4 层 PCB，也有一些采用 6 层、8 层甚至 10 层 PCB；智能手机通常采用的是 10 层以上的 PCB。随着电路复杂程度的增加，多层电路板设计代表了 EDA 的发展方向。

Altium Designer 23 的 PCB 设计层叠管理器具备功能强大的多层电路板设计能力，层叠管理器分为电气层、元件层、机械层和其他层。电气层包括 32 个信号层和 16 个内部电源平面层；元件层包括丝印和阻焊层等与元器件相关的层；Altium Designer 23 支持无限的通用机械层，用于实现如尺寸、制造细节、装配说明等设计需求；其他层包括禁止布线层等。功能强大的层叠管理器可以方便地添加、删除和排序信号层、平面层和机械层，实现多层电路板的层叠配置和设计。

Altium Designer 23 的层叠管理器能够实现 10 层以上 PCB 的层叠配置和设计，代表了新一代电子电路设计工具的发展方向。

2. 高速 PCB 设计

通常，当数字电路的速率达到或者超过 45MHz～50MHz，而且这部分速率的信号占到了整个系统三分之一以上，便称为高速 PCB 或高速电路。高速 PCB 设计中，布局尤为重要，其合理性直接关系到后续的布线，以及信号传输的质量、EMI、EMC、ESD等问题，关系到产品设计的成败。

高速PCB的设计不是简单的"在三明治上连连看"，设计高速电路板时，需要对电路板层叠和阻抗做精密的计算，在此基础上选择一定厚度的PCB材料，在布局阶段，对元器件的布局做综合考量，在布线时应考虑信号完整性和电源完整性。和普通电路设计相比，高速PCB设计时应综合考虑信号完整性和电磁兼容等诸多因素，对EDA工具也相应提出了更高的要求。

Altium Designer 23将高速PCB设计时应用到的多种功能集成到了一起，利用层叠管理器和设计规则的定义等前端设计，很好地解决了信号完整性、电源完整性和电磁兼容(SI/PI/EMI)等设计问题。与此同时，Altium Designer 23结合了仿真功能，实现了工业级别的信号完整性分析，在生产制造PCB之前，确保了设计的高速电路板符合SI/PI/EMI的设计要求。当需要设计一款高速PCB时，Altium Designer 23是最佳选择，它代表了EDA工具未来的发展方向。

3. 高密度电路板设计

随着芯片集成度和系统复杂程度的日渐提高，电路板的密度也随之大幅度增加。如何在有限的面积上部署更多的芯片和电路，这给当今EDA工具提出了挑战。高密度互连(High Density Intreconnection，HDI)电路板设计也成为未来电子电路的设计的一个发展方向。

为了适应电子产品小型化的需求，通过压缩线路与连接点空间，从而提高元件连接密度，使得在更小空间内容纳更多接点。国际电子工业联接协会(IPC)将各类高密度构装技术称为HDI技术，即"高密度互连技术"。球珊整列(Ball Grid Array，BGA)、晶片尺寸封装(Chip Scale Package，CSP)、芯片直接附着(Direct Chip Attachment，DCA)等零件的发展，进一步推动了电路板向着高密度发展。

简而言之，HDI电路板是高密度、细线条、小孔径、超薄型印制板。HDI电路板通过增加线路密度，从而降低PCB成本，有助于先进构装技术的使用，大幅度提高电性能及信号正确性，改善电路板的热性能和可靠性。目前，一个以导通孔微小化和导线精细化等为主导的新一代HDI电路板产品已经在PCB业界筹划、建立和发展起来了，并将成为下一代PCB的主流。

4. 人工智能芯片的设计

作为计算机辅助电路设计工具，传统的EDA和人工智能(AI)的联系并不是很紧密，一般的EDA工具书中也鲜有提到人工智能。目前人工智能发展很快，相信不久的将来也会逐渐渗入EDA领域。在本书中，作为对未来EDA技术的一点设想和展望，将人工智能的理念引入EDA领域中。

随着AI芯片的应用场景进一步释放，越来越垂直化和细分，AI专用芯片的需求也随之增加。除了CPU和GPU之外，FPGA和ASIC等新架构的研发增多。其中，在深度学习领域，类脑芯片的创新研发在过去一年也有了重大进展。AI芯片产业经过了最初的萌芽期，步入了发展和市场检验阶段。据不完全统计，截至2022年，国内设计生产AI芯片的企业已经有二十几家了。

1.4 EDA的主流工具

目前市面上常用的EDA工具不下几十种，众多的EDA工具各有各的优势，根据外媒PCD&F的2021年度设计工程师调查结果，结果表明在选择EDA工具时，有55%的受访者采用Altium Designer作为EDA工具，大约44%的设计师使用Cadence软件(Allegro或OrCAD)，39%的设计师使用Mentor——现在是Siemens(Xpedition、BoardStation或Pads)。当前，在EDA领域，基本上形成了Altium Designer、Cadence和Mentor三足鼎立的格局，如图1.3所示。

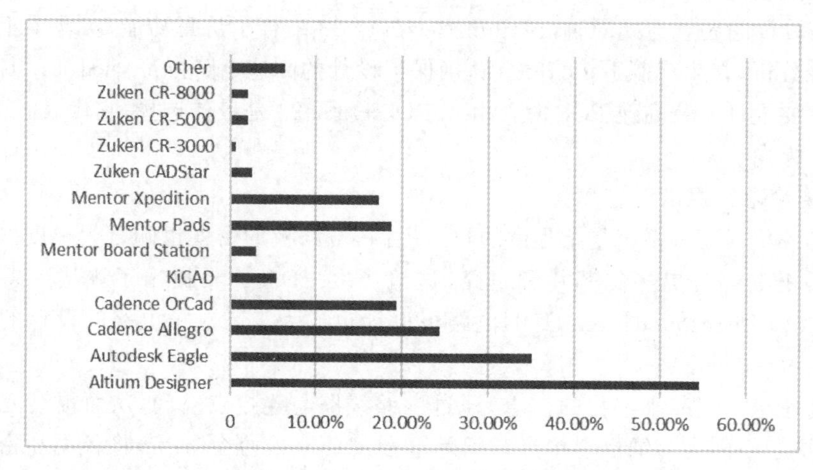

图1.3 EDA的主流工具份额占比

1.4.1 Altium Designer简介

Altium的前身是在国内知名度非常高的Protel，很多学校的电子电路设计都设有Protel 99 SE这门基础课。Protel最大的特点是其具有很大的灵活性，给了用户最大的自由度。很多电子工程师使用Protel画PCB，操作简单，使用灵活，非常容易上手。

从Protel 99 SE以后，Altium对软件进行了多次大规模的升级改进，先后推出了Protel DXP、Altium Designer等产品。

Altium Designer 23最大的特点就是融合，它把所有的功能集成到一个工具中，随着软件的更新，功能越来越强大，为了方便用户使用，某些功能设计得非常贴心。例如，实时地显示网络名称，这个功能在其他工具的新版本软件中都有借鉴。

除了Altium Designer 23，Altium还适时推出了Altium 365、Altium NEXUS等系列产品，实现了云端协同PCB设计，为企业或团队提供一系列完整的PCB电路设计方案。

1.4.2 Mentor简介

Mentor公司的PCB设计工具可能是各个公司中最多和最复杂的。近几年，Mentor公司也在不断地优化整合自身产品线，形成了逐渐清晰的产品系列。

PADS系列是Mentor公司收购原PowerPCB后的升级产品。其中原理图工具是PADS logic，PCB工具是PADS layout，自动布线工具是PADS router，封装库制作工具是

LP wizard。PADS系列工具的特点就是设计灵活，用户的自由度非常高，在国内中低端客户中有很高的市场占有率。Hyperlynx系列是Mentor公司知名的仿真工具系列，可以完成信号完整性、电源完整性、DRC检查、热仿真，以及模拟仿真等不同的仿真需求。Expedition EnterPrise系列是Mentor公司的明星产品，简称EE.，主要针对中高端客户的需求。在多层板、推挤、自动布线等方面都有业内领先的技术水准。其中原理图工具主推Dxdesigner，PCB工具是Expedition PCB（很多人喜欢称作WG，即WorkGroup）。Mentor还有一个Boardstation（EN）系列工具，现在很多功能都整合到了Expedition中。

1.4.3 Synopsys简介

Synopsys公司是提供电子设计自动化（EDA）软件工具的主导企业，为全球电子市场提供技术先进的IC设计与验证平台，致力于复杂的芯片上系统（SoC）的开发。Synopsys公司总部设在美国加利福尼亚州山景城，有超过60家分公司分布在北美、欧洲、亚洲。其典型产品有Astro、DFT Compiler、TetraMAX ATPG、Vera、VCS等，提供独创的“一遍测试综合”技术和方案，为超深亚微米IC设计的优化、布局、布线提供了设计环境。

2002年并购Avant!公司后，Synopsys公司成为提供前后端完整IC设计方案的领先EDA工具供应商。这也是EDA历史上第一次由一家EDA公司集成了业界优秀的前端和后端设计工具。在中国，Synopsys公司建立了上海、北京两个研发中心，整合了200多位研发人员。Synopsys中国的研发人员与美国总部的研发人员一起为全球的IC设计工程师协同开发新的设计工具，并不断为中国的IC设计业提供深入支持。

1.4.4 Cadence简介

Cadence公司的layout工具Allegro在业内有很高的知名度，Allegro在高速PCB设计中有很高的占有率。原来Cadence公司的原理图设计工具Design Entry HDL广受诟病，但自从收购了OrCAD后，在原理图方面的弱项得到了很好的弥补。

现在Cadence公司主推的设计流程是先利用OrCAD进行原理图设计，再利用Allegro（PCB Editor）进行PCB Layout。由于都是一家，因此两个工具之间可以实现无缝链接，使用起来非常方便。Cadence的自动布线工具PCB Router功能也很强大，在规则设置完善的情况下，布通率很高。除了PCB设计工具，Cadence还配套有很强大的仿真工具，可以实现设计与仿真的同步。

目前，EDA领域基本上是Altium、Cadence和Mentor三分天下的格局。由于Cadence和Mentor都是美国公司，其在我国的授权和使用受到商品管制的限制。据国内外媒体报道，EDA工具在美国商务部的商品管制清单之内。从去年开始，国际三大EDA软件公司——Cadence、Mentor、Synopsys就已经断供华为，暂停软件更新，也不再向其销售新的EDA相关产品。而Altium是一家澳大利亚的公司，其EDA工具不受美国的管制，加上Altium Designer 23使用灵活便捷，易于上手，所以本书选择了Altium Designer 23作为主要内容。Altium Designer 23也成为中国广大电子电路设计工程师的首选EDA工具。

第2章

Altium简介

工欲善其事，必先利其器。第1章介绍了EDA的发展历史，解读了Altium在当今EDA洪流中的地位，以及为什么选择Altium Designer作为首选的EDA工具。本章将对Altium的发展历程和新的产品系列做进一步展开，重点介绍Altium的起源和发展历程，并对Altium当前的主要产品Altium Designer 23、Altium 365和Altium NEXUS的最新功能做概括性的介绍。

2.1 Altium的前世今生

本节介绍Altium的起源和发展历程。

2.1.1 Altium的起源

Altium的前身为Protel国际有限公司（Protel International Limited，以下简称Protel国际公司），由Nick Matrin于1985年在澳大利亚塔斯马尼亚岛的霍巴特成立，致力于开发基于计算机的软件来辅助印制电路板（PCB）设计，公司总部位于悉尼。Protel国际公司推出的第一套DOS版本PCB设计工具被澳大利亚电子行业广泛接受，1986年，Protel国际公司开始通过销售商向美国和欧洲出口设计包。随着PCB设计包的成功，Protel国际公司开始扩大产品范围，所生产的产品包括原理图输入、PCB自动布线以及自动PCB元件布局软件。1988年该公司成功推出了第一款电子设计软件包DOS版EDA设计软件TANGO。

随着计算机操作系统的进步和高速发展，1991年Protel国际公司推出了Protel for Windows。1999年8月，Protel国际公司成功进行公开募股（IPO），在澳大利亚股票市场上市。所筹集的资金用于2000年1月收购EDA领域的公司和技术，包括收购ACCEL Technologies公司、Metamor公司、Innovative CAD Software公司和TASKING BV公司等。2001年，Protel国际公司正式更名为Altium。

Protel以其方便快捷、操作人性化等特点，在EDA行业中独领风骚，逐渐成为在我国用得最多的EDA工具。电子专业的学生基本上都学过Protel，公司在招聘新人时往往会要求应聘人员熟练掌握Protel。

2.1.2 Altium 的发展历程

Altium 于 20 世纪 80 年代诞生，纵观这四十年的发展历程，大致可将其分为 Protel 时代和 Altium 时代两大块。2001 年之前为 Protel 时代，这一时代的典型产品为 TANGO、Protel for Windows、Protel 98、Protel 99 SE 等。2001 年 Protel 国际公司更名为 Altium 之后，其产品线也步入了新纪元，这一时代 Altium 推出的典型产品有 Protel DXP、Altium Designer 6.0、Altium Designer 08、Altium Designer 10、Altium Designer 14、Altium Designer 20 等。

2012 年 Altium 将大多数业务迁移至国内，并将 Altium 全球总部迁移至上海。Altium 向国内的工具和 IP 供应商开放了 Altium 的 DXP 开发平台，实现规模化和定制化；通过 AltiumLive 及扩展的 DXP 平台，为国内企业提供建立 Altium 生态系统的强大基础；允许第三方公司设计 App，在 Altium 的生态系统中发布；提供 SDK 给国内企业及合作伙伴，使其具备在 Altium Designer 上设计 App 的技术能力。通过 SDK 支持 Altium 的开放平台，实现第三方 DXP 应用开发者和设计内容提供者的快速接入。

Altium 进驻国内之后，为国内 EDA 市场搭建了一个开放便捷的生态系统。其间，Altium 几乎每年都会推出新版本的 Altium Designer，以修复 bug，补充新的功能。2023 年元旦刚过，Altium 便在其官网上发布了最新版本的 Altium Designer 23。本书对这一版本的 Altium Designer 做了即时的追踪和解析，结合笔者过往的使用心得和体会，将内容总结和梳理，希望能对读者的学习和应用起到抛砖引玉的作用。Altium 的发展时间轴如图 2.1 所示。

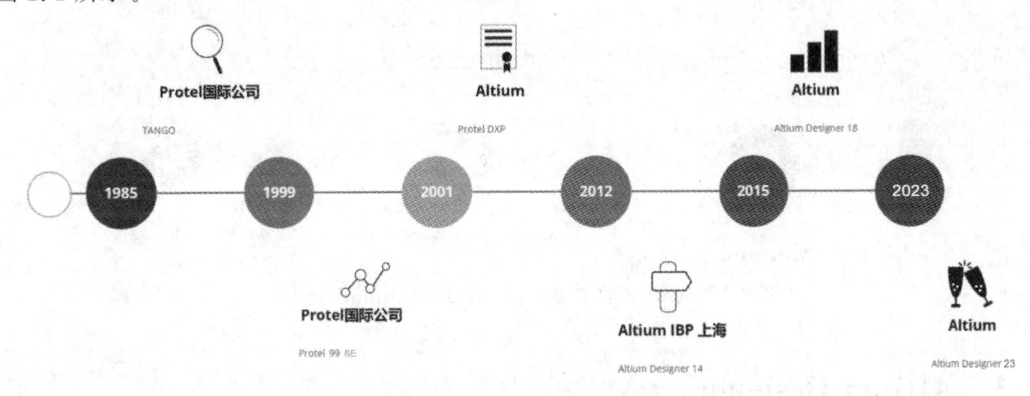

图 2.1 Altium 发展时间轴

2.2 Altium 的主要产品线

Altium 的 EDA 软件工具有助于电子设计师高效地开发和制造电子产品，是连接 PCB 设计师、零部件供应商和制造商的纽带。在其近四十年的发展历程中，逐渐形成了完整的 EDA 工具产品线，下面按照时间的先后顺序，对历年来 Altium 的典型产品做一个简单的梳理。

(1) 1985 年 Nick Martin 创建了公司，推出第一版 EDA 工具 TANGO；

(2) 1991 年 Altium 将总部迁到美国，推出 Windows 环境下的 PCB 设计工具 Protel；

(3) 2006 年 Altium 正式发布了全球第一款三维 PCB 设计软件 Altium Designer 6；

(4) 2015 年 Altium 并购了 Octopart 和 Ciiva 两家公司，构建了全球第一的元器件搜索平台和基于云端的元器件管理平台；

(5) 2016 年 Altium 和专注于 ECAD/MCAD 的 SOLIDWORKS 公司合作，研发成功 ECAD/MCAD 版的 PCB 设计工具 SolidWorks PCB；

(6) 2018 年 Altium 发布了 PCB 设计的云平台 NEXUS 1.0，涵盖协同设计、库管理、流程自动化和工作流控制等多项功能；

(7) 2021 年新的云平台 Altium 365 加入，PCB 设计软件进入了一个全新的维度，云平台为 PCB 的设计过程创建了无缝协同工作的平台；

(8) 2022 年 Altium 发布了 Altium Designer 22，扩展了设计文件共享机制和协同制造功能。

(9) 2023 年年初发布了 Altium Designer 23.1，截至目前，Altium Designer 23 的最新版本为 Altium Designer 23.8。

在历次公司并购中，Altium 以 Altium Designer 为主打产品，在此基础上衍生出了 Altium 365、Altuim NNXUS、Altium Concord Pro、Altium Circuitmaker 和 Altium Circuitstudio 等不下十余种工具，如图 2.2 所示。由于篇幅限制，在此不做逐一介绍，仅对其中比较典型的三个拳头产品 Altium Designer、Altium 365 和 Altuim NEXUS 做简单介绍。

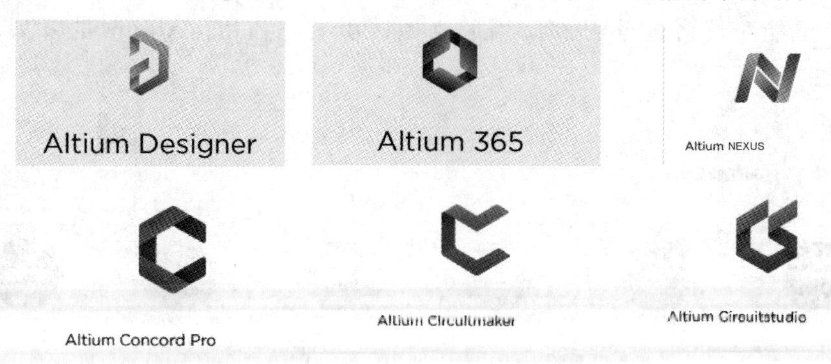

图 2.2 Altium 的主要产品(来源于 Altium 官网)

2.3 Altium Designer

Altium Designer 涵盖了实现电子产品开发过程中所必需的编辑器和软件引擎，包括文档编辑、编译和处理在内的所有操作，均可在 Altium Designer 环境中执行。底层的 Altium Designer 是 X2 集成平台，它将 Altium Designer 的各种特性和功能结合到一起，为用户的电子设计提供了一个统一的用户界面。与此同时，Altium Designer 还是一个可定制的开发环境，可根据用户所选购的许可证授权内容，为客户定制特定的设计空间，从而提高了设计的灵活性。Altium Designer 有一系列版本，最新的版本为 Altium Designer 23.8.1。

2.3.1 Altium Designer 23 简介

Altium Designer 23 的特性和功能多种多样，其典型特点包括以下八部分。

(1) 先进的布线技术；

(2) 支持刚性/柔性板设计；

(3) 强大的数据管理工具；

(4) 强大的设计重用工具；

(5) 实时成本估算和跟踪；

(6) 动态的供应链资讯；

(7) 原生 3D 可视化和规则检查；

(8) 灵活的发布管理工具。

上述所有功能均在同一个开发环境中实现，即在 Altium Designer 23 中既可以编辑原理图，又可以布局 PCB，还可以创建新的元器件，配置输出文件，甚至可以在同一环境中打开 ASCII 输出。Altium Designer 23 是唯一将原理图绘制、PCB 设计等多种功能集成到一个设计开发环境中的 EDA 设计工具，其他 EDA 设计工具往往将原理图绘制和 PCB 设计分布到不同的设计环境中。Altium Designer 23 统一的集成设计开发环境，方便了设计工程师的设计工作，大幅度优化了设计工作的产能。

Altium Designer 23 开发环境的统一性可以轻松实现设计数据在不同项目之间的无缝衔接。刚开始接触 Altium Designer 23 时，可能会感觉到这个开发环境包含的内容太多，一时消化不了，学习曲线会比较陡峭。本书的宗旨是对 Altium Designer 23 的功能进行详细的解读，手把手带您入门 Altium Designer 23，快速上手启动和运行该软件。在入门之后，利用多个详细的实例，对高级应用进行阶梯式进阶演练，利用软件提供的丰富资源和集成开发环境，实现复杂系统的开发。

上手 Altium Designer 23 其实一点也不难，Altium Designer 23 的界面和其他 Windows 应用程序的界面类似，通过熟悉的菜单访问命令，可以使用标准的 Windows 键盘和鼠标操作对原理图或 PCB 图进行缩放，许多命令和功能都可以通过键盘快捷键访问。

2.3.2 Altium Designer 23 的主要功能

Altium Designer 23 为电子产品的设计提供了统一的电子产品开发环境，满足电子产品开发过程中各方面的需求，包括以下五大功能。

(1) 原理图设计；

(2) PCB 设计；

(3) 混合信号电路仿真；

(4) 信号完整性分析；

(5) PCB 制造。

Altium Designer 23 为电原理图的设计提供了便捷的通道，例如原理图图纸设置、元器件库的加载和放置、电原理图的绘制、原理图的后续编译和处理、层次化原理图设计等功能，均可在 Altium Designer 23 集成开发环境中实现。

设计 PCB 是电子产品设计的最终目的，Altium Designer 23 的 PCB 设计功能强大而便捷,可以实现多达32层PCB设计,PCB编辑器的交互式编辑环境将手动布线和自动布线融合到一起,通过设计规则的设置,可以有效地实现整个设计过程的全程化控制。

利用Altium Designer 23可以方便地实现混合信号电路仿真,Altium Designer 23提供了多种电源和仿真激励源,存放在SimulationSources.Intlib集成库中,供用户使用。系统提供十几种仿真方式,可实现对电路的瞬态特性分析、直流传输特性分析、交流小信号分析、噪声分析、传递函数分析等多种仿真。

Altium Designer 23包含一个高级的信号完整性仿真器,实现信号完整性分析和PCB设计过程的无缝连接,提供了精准的板级信号完整性分析,能检查整板的串扰、过冲、下冲、上升时间、下降时间和线路阻抗等问题。

PCB生产过程包括多种技术,Altium Designer 23为PCB的制造生产提供了种类繁多的输出文件,包括装配输出文件、PCB 3D打印输出、Gerber文件输出、网表输出及后期处理输出文件,为PCB生产制造提供强有力的设计依据。

2.4 Altium 365

Altium 365将Altium Designer PCB设计拓展了一个维度,通过创建跨PCB开发过程的无缝协作,将业界多种设计紧密连接起来。Altium 365是一个基于云的基础平台,它连接了所有关键的利益相关者和学科,从机械设计师到零部件采购,再到制造和装配。换句话说,Altium 365将电子设计连接到了制造层。如果Altium Designer是一款专业的电子设计工具,那么Altium 365便是一款基于云的计算机辅助设计制造平台。

Altium 365具有共享和协作功能,有了Altium 365之后,Altium Designer如虎添翼,在不改变现有设计工作方式的前提下,Altium 365使得跨域协作设计制造成为可能。它的增强功能还包括电子产品全生命周期内的设计数据和元器件管理,以及元器件供应链的智能设计和发布。

Altium 365可以共享PCB设计,并与任何人在任何时区、任何公司进行协作。通过Altium 365分享一个链接,便可实现远程实时协作和审查。Altium 365将所有项目的利益相关者和参与者(即便他们没有Altium Designer开发环境)汇集到一起,在确保设计IP安全的前提下实现设计控制。

有了Altium 365,可以在全球的任意地点组织设计,项目参与者在任何时间、任何设备上、任何地方均可访问到项目的设计库。Altium 365利用CAD专用智能来存储设计数据,使项目、文件和版本历史记录可访问,并易于在Web上浏览;能够检查元器件、网表和其他设计实体的属性,理解它们如何相互连接,供不同设计阶段进行交叉审查。

2.4.1 Altium 365简介

由于Altium 365是一个云平台,所以无须安装任何应用程序,也无须配置服务器,通过Altium Designer或浏览器便可以实现。Altium 365平台拥有一整套运行在Altium 365上的基于软件的服务,每个服务都旨在简化设计寿命,使得参与产品创建过程的每个人都易于协作。使用Altium 365,可以安全便捷地与管理人员或采购人员分享当前的设计进展,在无须改变EDA设计环境的前提下,以一种便捷的方式实现多方的交互式协作。

托管在 Altium 365 平台上之后，元器件查找、设置和使用都异常简单。在无须安装服务器的前提下，元器件的导入等便利功能可以在几分钟内获得。或许几秒内，便可得到可靠的元器件数据，可以供设计人员独享，也可以远程共享。Altium 365 平台结合结构化的发布和制造过程，解锁定位、部件报废、备品等强大的功能，以确保有一个完整的物料清单(BOM)。

有了 Altium 365，每个人都可以享受这一真正的 21 世纪的设计体验，在地球的任何地方设计电路，可以与任何人远程联系。Altium 365 在整个 PCB 开发过程中创建了无缝的协作点，使其成为行业中最便捷的互联设计体验。利用 Altium 365，无须改变现有的工作方式，让协作、共享和组织变得更加容易，使得电子设计、机械设计、制造和零部件的跨领域合作变得毫不费力。

2.4.2 Altium 365 工作区

Altium 365 工作区是 Altium 365 基于云的基础设施平台的一个组成部分，它包含所有托管内容的专用云托管服务器，可实现设计、制造和供货等多领域之间的无缝连接；在无须使用其他工具的情况之下，实现交互式的、基于浏览器的 ECAD 协作；将不同地点的设计人员、采购、PCB 制造商和装配人员连接起来，以异地远程的方式协同工作。

Altium 365 与 Altium Designer 无缝而和谐地协作，为安全完整地处理设计数据提供了一个完美的解决方案。该工作区不仅提供了安全有效的数据存储，而且还能将数据打包成独立的修订版本重新发布——本质上是跟踪随时间变化的设计更新，在不用覆盖先前发布数据的情况下，实现全生命周期内数据的安全管理，数据的使用者一眼便能看到数据在“生命周期”之内到达了什么阶段，以及如何安全地使用它们。

Altium 365 工作区可以容纳包括元器件、域模型、电路原理图和设计模板在内的所有受控数据，甚至可以直接在工作区中创建和管理整个设计项目，使用以 CAD 为核心的管理视图，实现设计的协作审查和评论，检查 BOM 和历史记录。通过一个专用的制造门户，可以查看和浏览已发布的文件数据、检查 BOM、查看和评论设计快照、追踪已发布数据的来源等。可以将设计版本打包成制造软件包，直接与制造商共享。

2.4.3 全球数据共享

Altium 365 平台比较强大的功能之一是支持全球范围内的协作，其核心是该平台对全球范围内资源共享的支持。使用 Altium 365，可以轻而易举地与管理层、购买方或潜在的制造商分享当前的设计进展，在任何电子设备上以一种便捷的方式交互式协作。

可以与世界上任何地方的任何人共享设计数据，分享什么内容，与谁分享，完全由设计者掌控，可共享的数据包括以下五点。

(1) 利用免费的单机版 Altium 365 Viewer，经由网络浏览器共享电子设计数据和 CAM 制造数据。这一级别的共享只支持查看设计文档，无法对设计进行点评。

(2) 与工作空间团队之外的人分享实时设计——仅用于查看和点评，也可以进行编辑，还可以邀请设计团队之外的成员，在无须访问到存放设计数据的服务器的情况下，实时查看/编辑正在进行中的设计项目。

(3) 将设计文档上传到 Altium 365 平台上的个人空间之后，便可与其他人永久分享设计数据和CAM制造数据的“快照”。该级别的共享支持查看共享快照并对共享快照添加注释。此时的设计快照，仅仅是在特定时间点设计的静态快照，而非实时的设计数据。

(4) 与工作区团队的成员共享设计数据。根据工作需要来共享项目、文件夹和项目，例如可以将项目权限设定为只读访问，通过只读共享来获取评论和反馈，也可以授予读/写访问权限，允许地理上分散的团队进行全面的全局协作(通过 Altium Designer 进行编辑)。

(5) 通过已定义好的构建包与制造商共享完整数据，制造商可以通过 Altium 365 平台的专用构建包查看器进行浏览——而非访问到实际的工作空间，从而避免了实际设计数据的泄露。之后，制造商可以下载构建包，进行PCB的制板和装配。

2.4.4 ECAD/MCAD协同设计

大多数电子产品都是固定在底盘或外壳等机械结构上的，如何在设计过程后期找出PCB(ECAD)和机箱/(MCAD)之间的机械冲突？虽然可以从 Altium Designer 导出一个3D模型，但这是一个手动的过程，需要刻意做出一个3D导出的操作。在实际项目设计过程中，设计师很少手动导出3D模型，使得MCAD设计师无法确定PCB是否适配机械结构。Altium 365 的ECAD/MCAD协同设计功能可避免因机械冲突造成的经济损失。

Altium 365 工作区确保了本机ECAD到MCAD的同步协作，设计数据在域内无缝流动，不用轮询数据是否已经更新，降低了数据的不确定性。随着设计的进展，数据会在域间实时推送，以确保设计的一致性。

最新的 Altium 协同设计器插件支持以下MCAD平台：

(1) Dassault Systeme 公司的 SOLIDWORKS。

(2) Autodesk Inventor Professional。

(3) PTC Creo Parametric。

(4) Autodesk Fusion 360。

(5) Siemens NX(仅限NEXUS解决方案用户)。

2.4.5 面向未来的协作平台

目前，基于云的 Altium 365 平台，为跨学科协作提供了一系列基于软件的服务，无须安装或配置，无须手动更新“服务器版本”，基于浏览器或移动设备，也没有额外需要学习的过程。未来，Altium 365 的功能并不止于此，通过 Altium 365 提供的功能，不仅可以从平台提供的现有服务中获益，还可以受益于面向未来的服务和功能。

Altium 365 将继续成长并日趋成熟，始终专注于促进所有利益相关者之间的无摩擦合作，确保创新电子产品准时首发。

2.5 Altium NEXUS

Altium NEXUS 涵盖电子产品开发过程中所必需的编辑器和软件引擎，所有文档的编辑、编译和处理都可在 Altium NEXUS 环境中执行。Altium NEXUS 的基础是X2集成平台，它将 Altium NEXUS 的多种特性和功能结合到一起，并提供一致的用户界面。用户可以根据项目具体的工作方式来定制和设置设计空间，为产品开发提供了灵活性。

2.5.1 使用相互连通的工作区进行设计

Altium NEXUS工作区可以容纳包括元器件、域模型、电路原理图和设计模板在内的所有受控数据，甚至可以直接在工作区中创建和管理整个设计项目。

在Altium NEXUS工作区内，由于每个模型、元器件和更高阶的设计元素均已经授权可以使用，所以，它提供了一套可重复使用的设计"构建块"，从而可以安全地新建项目。Altium NEXUS工作区成为设计元素的来源和目的地，既可以向工作区发布新设计，也可以通过其进行设计元素的管理，从而确保了设计的完整性。

2.5.2 Altium NEXUS属性

在Altium NEXUS的本地中心，可以为软件设置各种属性，包括跨项目关联文档的全局系统设置。

在Preferences dialog对话框中配置属性，也可以根据需要按照地域划分来设置属性，工作环境属性的设置既满足了公司策略，又将设计师的个人偏好完美地结合到一起。

Preferences dialog对话框提供了许多有用的工具，以确保配置的属性完全符合要求，配置内容包括以下三部分。

(1) 导入在以前的实例或软件版本中定义好的属性。

(2) 将属性保存到属性文件并加载属性(*.DXPPrf)。

(3) 将活动的子属性页面或所有页面上的选项和控件设置成默认值。

此外，如果有一个托管的内容服务器，可以正式将Altium NEXUS属性发布到该服务器中。发布了属性集之后，将其生命周期状态设置为组织认为可以在设计级别使用的级别，便可以在软件安装中重用该属性。

2.5.3 Altium NEXUS功能实现

1. 数字连接

NEXUS实现了工作流流程和资源的数字化管理。在创建跨领域和学科数字线程时，为公司建立了可追溯和交互的数字化管理平台，使所有涉众均能够轻松地监控状态和性能。

2. 跨域协作

使用NEXUS之后，电气工程师和设计人员可以与相邻的PLM和MCAD领域进行集成，将手动流程中的常见错误降到最低，并可实时访问供应链数据，包括产品管理者、供应链和制造商在内的利益相关人员在生产过程中可以获取到电子设计工作的内容。

3. 可配置工作方式

通过可配置的工作流，NEXUS提供了最适合电子设计师工作方式的解决方案。作为一个开放的解决方案，NEXUS可以实现跨领域工具的集成，助力将数字转型投资的回报最大化。

第3章

Altium Designer 23概述

Altium Designer 23 是一套功能强大的板卡级设计工具,真正实现了在单个应用程序中集成多种功能,支持全流程的 PCB 设计。Altium Designer 23 PCB 设计系统充分利用了 Windows 操作系统的优势,具有性能稳定、功能强大和一致的用户界面等诸多优点,是 EDA 工程师首选的开发环境。

本章重点介绍 Altium Designer 23 的详细安装步骤和 Altium Designer 23 的许可证授权管理体系,带领读者熟悉 Altium Designer 23 开发环境以及在设计中常用的专业术语,为后续章节中 PCB 的设计做了技术上的铺陈。

3.1 Altium Designer 23 的新功能

与之前的版本相比,Altium Designer 23 有许多功能上的改进,这些改进整合了大量的补丁和增强功能,使得电子电路辅助设计更加方便快捷。现将 Altium Designer 23 的新功能总结为以下 6 点。

1. 原理图捕捉性能的提高

给项目添加交叉引用(Cross. references)之后,便可以轻松地跟踪项目中不同原理图图纸之间的网络连接。在 Altium Designer 23 中,自动为原理图工作表创建和更新交叉引用。与此同时,在原理图 PDF 输出中也扩展了对交叉引用的支持。如果一个对象与多个对象相关联(例如父原理图上的端口和其他子原理图图纸上的端口自动关联),单击 PDF 输出中的对象,将自动显示与此对象相关联的对象。

1) 增强了图纸符号索引功能

增强了原理图图纸符号索引功能,可以用包括 0 在内的任何数字作为原理图图纸符号索引(负数除外),第一张原理图图纸的索引值不得大于最后一张原理图图纸的索引值。

2) 增强了元器件类功能

在属性面板的 Parameter Set Mode(参数设置模式)面板中,为元器件添加 Component Class Name(元器件类名称)这一参数。与元器件相关的 Component Class Name 将与该器件的 Net Classes(网络类)信息一并发送给 PCB,与 PCB 相关联。

3）增加了上拉/下拉电阻的原理图符号

增加了标记引脚内部上拉/下拉电阻的功能。通过 Properties（属性）面板，在 Symbols（符号）域的 Inside（内部）选项中，选择引脚内部是上拉电阻还是下拉电阻。

4）文本和注释内容中添加了计算公式和一些特殊字符串

设计人员使用 Altium Designer 23 画原理图时，会用特殊字符串显示原理图的重要信息，Altium Designer 23 的文本和注释支持添加特殊字符串，可以将复杂的特殊字符串定义为单个、多行文本对象。

Altium Designer 23 支持解析在文本字符串中定义的数值计算，支持解析原理图文本和注释中定义的数值计算。在本版本中，用"＝"开启特殊字符串和公式，以空格作为特殊的字符串和公式的结尾。

2. PCB 设计的改进

1）通孔性能的提升

与之前的版本相比，Altium Designer 23 的通孔功能有了诸多改进。通孔在 Drill Table Mode of the Properties Panel（钻孔表模式属性面板）的 Hole Size Editor Mode of the PCB Panel（PCB 钻孔大小编辑器模式面板）中被列入 Counterholes Top（通孔顶层）和 Counterholes Bottom（通孔底层）对组群中。在 Hole Size Editor（钻孔大小编辑器）中增加了 Counterhole Depth（通孔深度）和 Counterhole Angle（通孔角度）。

无论顶层还是底层的通孔，均生成完整的 NC Drill、Gerber、Gerber X2 和 ODB＋＋输出文件，无须为不同种类的通孔生成单独的输出文件。如果通孔大小大于或等于焊盘大小，则自动将焊盘从 PCB 上移除。

2）先进的 Rigid. Flex 模式

刚性柔性板设计过程在 Altium Designer 23 中有了显著改进，在 PCB 编辑器中的板规划模式（Board Planning Mode）中创建新的区域和折弯，在图层堆叠管理器中引入板模式（Board Mode），并将这些新的特性集统称为 Rigid. Flex 2.0。

3）在设计规则中添加 Apply to Polygon Pour（应用到多边形覆铜）选项

在 Creepage Distance Design Rule（爬电距离设计规则）中添加了 Apply to Polygon Pour（应用到多边形覆铜）选项，启动该选项之后，将对多边形覆铜和其他对象之间的爬电距离做规则检查测试。

4）高级布局工具

用户将通过封装中的自定义焊盘形状、简化的设计规则创建和简化的变体管理更好地控制 PCB 布局。

3. 数据管理改进

1）注释和任务面板中增加了导出注释选项

在 Comments and Tasks panel（注释和任务面板）中添加了一个访问 Comment Export Configuration dialog（注释导出配置对话框）选项。单击面板右上角的按钮，然后从菜单中选择 Export Comments（导出注释）选项，打开对话框，将注释导出为独立的文档。

2）为钻孔表添加了默认值

可以在 Preferences（属性）对话框的 Draftsman Defaults Page（初稿默认页）为钻孔表（Drill Table）添加默认值等附加属性。在 Primitive List（初始列表）中选中 Drill Table（钻

孔表)之后,可以在该页面中,为钻孔表添加 Symbol Size(符号大小)、Symbol Line Style(符号线式样)以及 Grouping(组群)等附加属性。

4. 导入/导出性能提升

Altium Designer 23 增加了导入 xDxDesigner 工程的功能,可以用 Designer 导入器 手动导入 xDxDesigner 工程,也可以自动导入 xDxDesigner 工程。

5. 电路仿真改进

在电路仿真方面,Altium Designer 23 增加了灵敏度分析功能,为高频电路的仿真设计提供了依据。Altium Designer 23 在灵敏度的全局参数中增加了 Group Deviations(组偏差)这一参数,与此同时,灵敏度参数中还增加了温度这一参数。

6. 其他

在产品设计功能上的提升,包括线束设计项目、CoDesigner 中的多板支持、多板项目中云器件的放置以及 Altium 365 查看器中的多板支持。

Altium Designer 23 提供了更好的协同设计工作环境,通过 Altium 365 提供的协作工具将扩展到 Altium Designer 的其他领域。

3.2 Altium Designer 23 的安装

Altium Designer 23 可以在线安装,也可以离线安装,本节首先介绍运行 Altium Designer 23 对计算机和操作系统的基本要求,在此基础上分别介绍了在线安装 Altium Designer 23 和离线安装 Altium Designer 23 的详细步骤。

3.2.1 运行 Altium Designer 23 的系统要求

安装 Altium Designer 23 之前,应确保计算机/服务器满足以下系统要求。

1. 建议的典型系统要求

典型的 Altium Designer 23 安装要求如表 3.1 所示。

表 3.1 典型的 Altium Designer 23 安装要求

序号	名　称	具体要求
1	操作系统	Windows 10(仅限 64 位),尽管不推荐,但仍支持 Windows 8.1(仅限 64 位)和 Windows 7 SP1(仅限 64 位)
2	处理器	英特尔酷睿 i7 系列处理器
3	内存	16GB
4	硬盘空间	10GB(安装文件+用户文件)
5	SSD	SSD
6	显卡	支持 DirectX 10 或 GeForce GTX 1060/Radeon RX 470
7	显示器	2560×1440(或更高)屏幕分辨率的双显示器
8	鼠标	用于 3D PCB 设计的 3D 鼠标
9	互联网连接	互联网连接
10	网络浏览器	最新版本的网络浏览器
11	其他	Microsoft Office 32 位或 64 位(BOM 需要 Microsoft Excel)

续表

序号	名　　称	具体要求
12	其他	64位Microsoft Access数据库引擎(这包含在Microsoft Office 64位中,但不包含在Microsoft Office 32位中)
13	其他	软件中使用的某些键盘快捷键需要数字小键盘
14	其他	Adobe Reader(用于查看3D PDF)

2. 最小系统配置要求

安装Altium Designer 23的最小系统配置要求如表3.2所示。

表3.2 安装Altium Designer 23的最小系统配置要求

序号	名　　称	具体要求
1	操作系统	Windows 10(仅限64位)尽管不推荐,但仍支持Windows 8.1(仅限64位)和Windows 7 SP1(仅限64位)
2	处理器	英特尔酷睿i5系列处理器
3	内存	4GB
4	硬盘空间	10GB(安装文件+用户文件)
5	显卡	支持DirectX 10或GeForce 200系列/Radeon HD 5000系列/Intel HD 4600
6	互联网连接	互联网连接
7	网络浏览器	最新版本的网络浏览器
8	其他	软件中使用的某些键盘快捷键需要数字小键盘
9	其他	Microsoft Office 32位或64位(BOM需要Microsoft Excel)
10	其他	64位Microsoft Access数据库引擎(这包含在Microsoft Office 64位中,但不包含在Microsoft Office 32位中)
11	其他	Adobe Reader(用于查看3D PDF)

3. .NET Framework

安装Altium Designer 23时需安装.NET Framework 4.8。

4. 连接到Altium 365

Windows操作系统版本必须启用TLS1.2。Windows 10(仅限64位)和Windows 8.1(仅限64位)本机支持TLS1.2。如果使用的是Windows 7 SP1(仅限64位),则需要手动启用TLS1.2。Altium 365支持TLS(传输层安全)。

5. 支持DPI缩放

表3.3为显示器垂直分辨率对应的最大DPI缩放。

表3.3 显示器垂直分辨率对应的最大DPI缩放

垂直分辨率(像素)	支持最大DPI缩放
1024～1200	100%
1600	125%
1800	200%
2K及以上	250%

使用多台显示器时,Altium Designer 23不支持为不同显示器设置不同的DPI缩放值。对于所有UI元素,将使用主监视器的DPI缩放。

6. 显卡

显卡是影响系统的性能和稳定性的关键硬件，好的显卡使得系统的响应速度更快，消除由GUI滞后引起的对设计的干扰。Altium Designer 23选择DirectX作为其图形引擎。对高性能显卡的需求与3D PCB能力的使用量直接相关。不建议使用性能低于700 GFLOPS的GPU。超过这个水平，性能会成比例地增长。推荐使用显卡Radeon RX 470，其GPU性能可达3793 GFLOPS。

3.2.2 安装 Altium Designer 23

Altium Designer 23提供了一个快速、高效的安装管理系统，安装Altium Designer 23和安装其他Windows应用软件一样简单、直观，按照安装向导的指导进行安装，只需要简单几步便能完成软件的安装。

1. 初始安装(第一次安装 Altium Designer 23)

执行Altium Designer Installer(Altium Designer安装程序)便可安装Altium Designer。Altium Designer安装程序为Altium Designer的安装向导程序，通过运行一个大小约25MB的可执行文件AltiumDesignerSetupXX.exe来实现软件的安装。

2. 获取联机安装程序

从Altium网站的下载页面下载可执行文件，把它保存到本地硬盘上。

3. 运行安装程序

双击AltiumDesignerSetupXX.exe，打开Altium Designer安装程序欢迎页面，如图3.1所示。

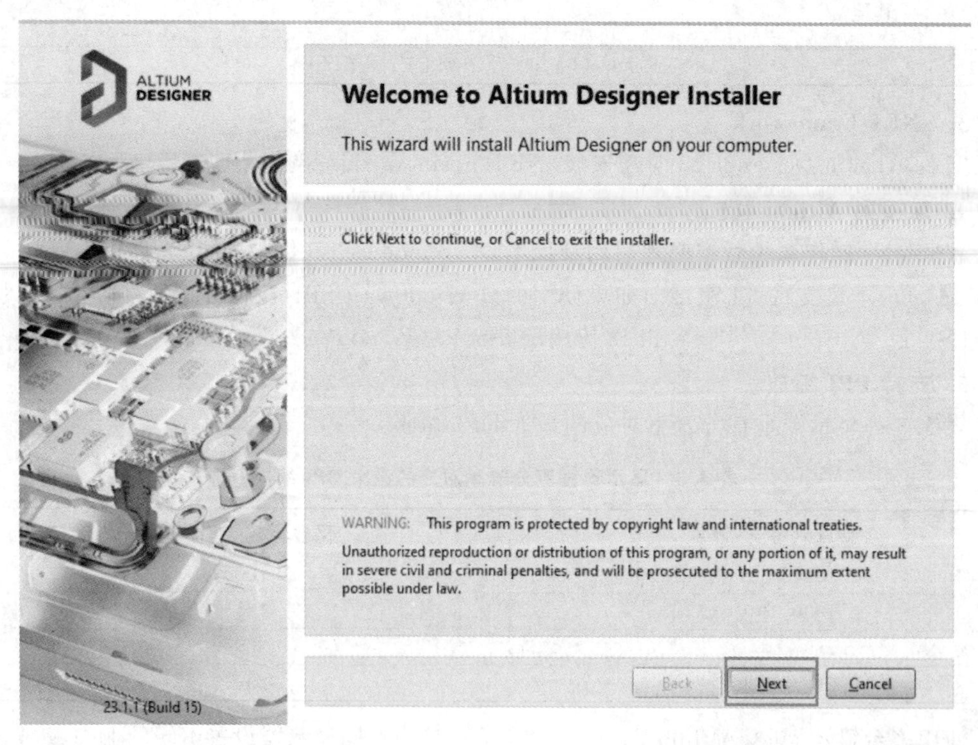

图3.1 打开Altium Designer安装程序欢迎页面

进入安装程序向导页面,向导页面提供一组渐进的(直观的)页面,协助安装 Altium Designer 软件。单击 Next(下一步)按钮进入下一步安装。

4. 授权许可协议

安装程序的该页面为 Altium 最终用户授权许可协议(EULA)页面。

在继续安装本软件之前,须仔细阅读并接受本协议的条款。可以用英语(默认语言)、德语、中文、日语、法语和俄语等多种不同的语言来查看,最终用户授权许可协议(EULA)页面如图 3.2 所示。

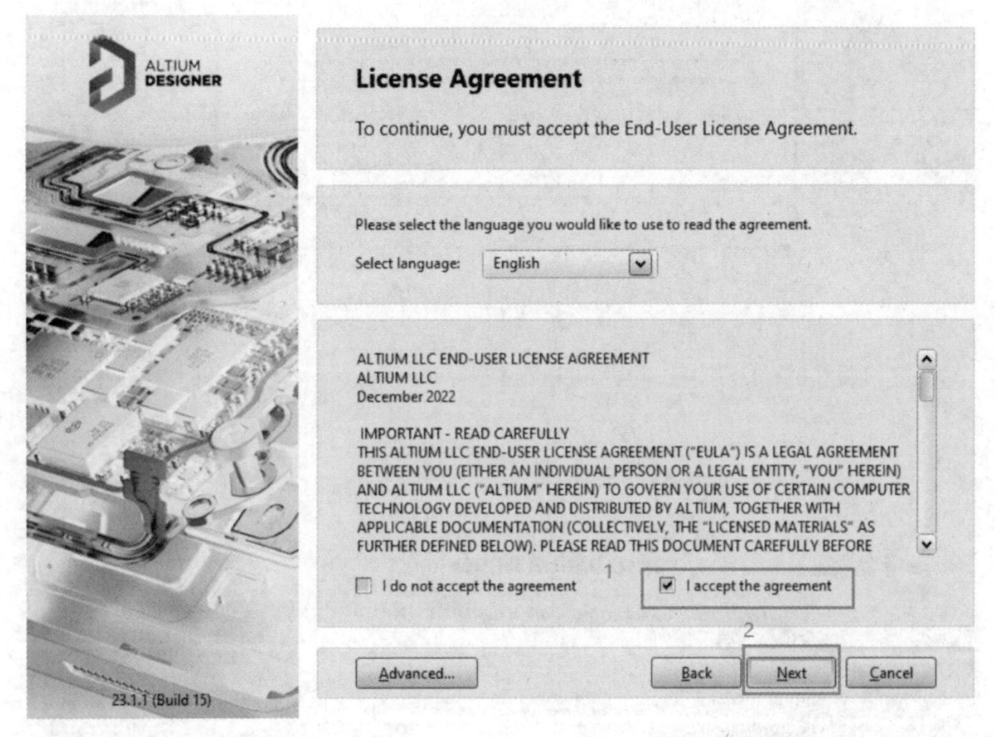

图 3.2 阅读并接受 Altium 的最终用户授权许可协议(EULA)页面

单击 Advanced(高级)按钮将进入高级设置弹窗,在该弹窗中指定代理设置。完成更改代理设置之后,单击 OK(确定)按钮,返回 License Agreement(授权许可协议)页面,高级设置弹窗页面如图 3.3 所示。

阅读 EULA 之后,单击 I accept the agreement(接受授权许可协议),单击 Next(下一步)按钮,继续安装。

5. 安装模式

如果之前已经安装过 Altium Designer(如已经安装过之前版本的 Altium Designer),可使用 Altium Designer 安装程序向导的附加页面安装模式,在此页面中选择更新到 Altium Designer 当前版本,也可将其作为独立的新版本安装。选择 New installation(新建安装)选项,在同一台计算机上安装独立版本开发环境。或者选择 Update existing version (更新现有版本)选项,使用下拉字段来选择所需更新的软件版本。选择安装模式页面如图 3.4 所示。

选择好安装模式后,单击 Next(下一步)按钮继续安装。

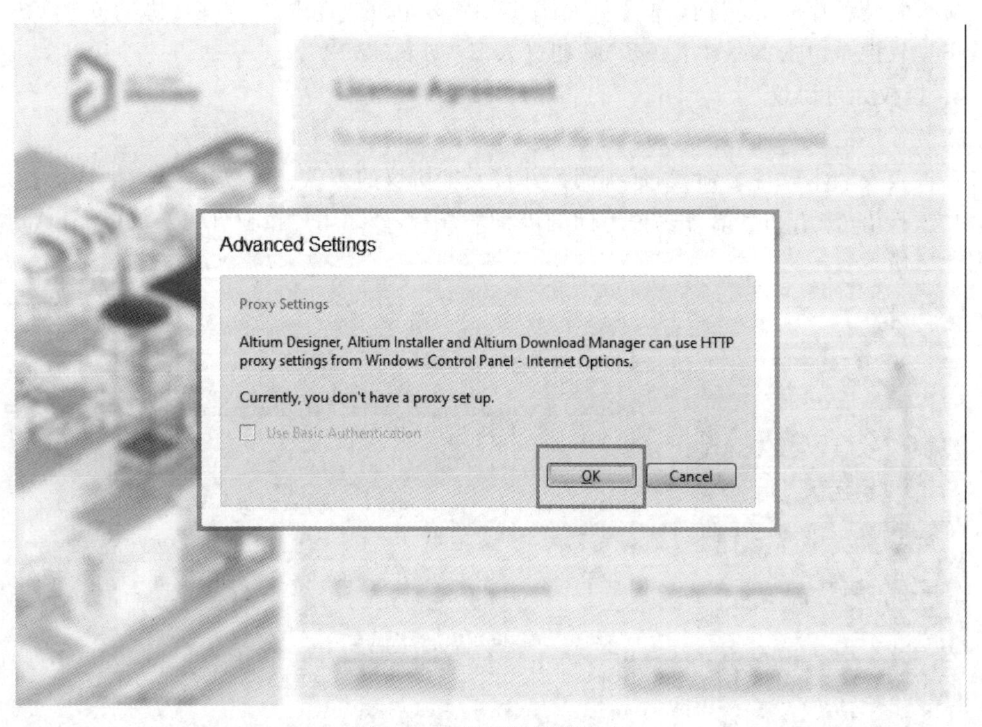

图 3.3 高级设置弹窗页面

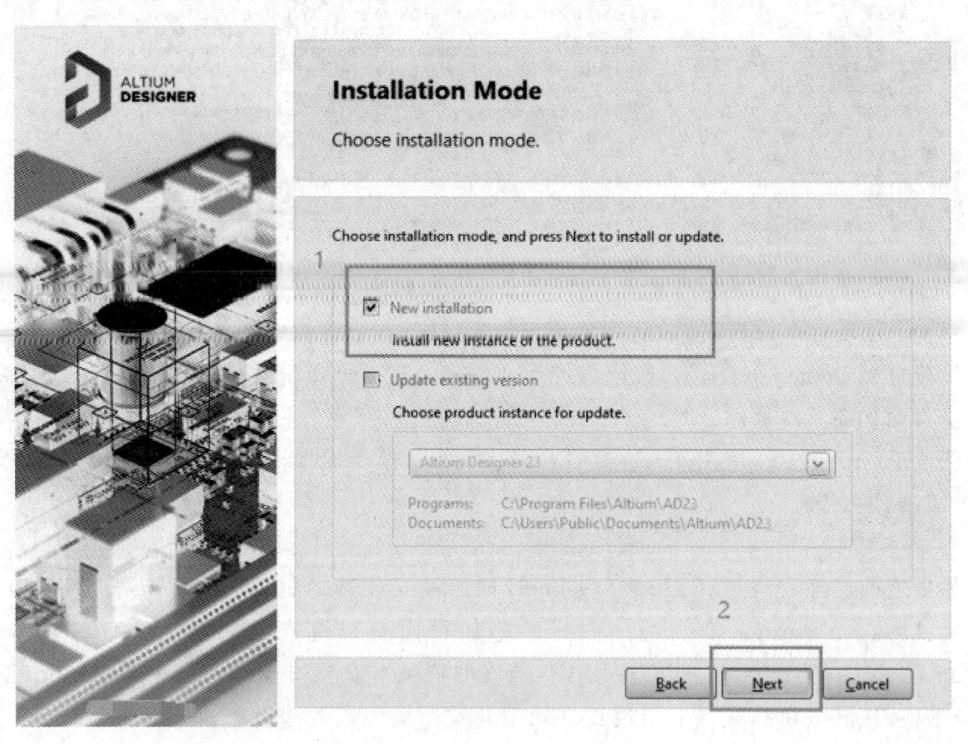

图 3.4 选择安装模式页面

6. 账户登录

在账户登录页面登录 Altium 账户，Altium 账户可以是个人账户（到 Altium 官网上注册），也可以是单位的单次登录（SSO）认证系统。输入 Altium 账户之后，后台根据账户来确定是否授权许可继续安装软件。此外，Altium 账户还提供了安装文件所在的 Altium 云存储库的安全访问。账户登录页面如图 3.5 所示。

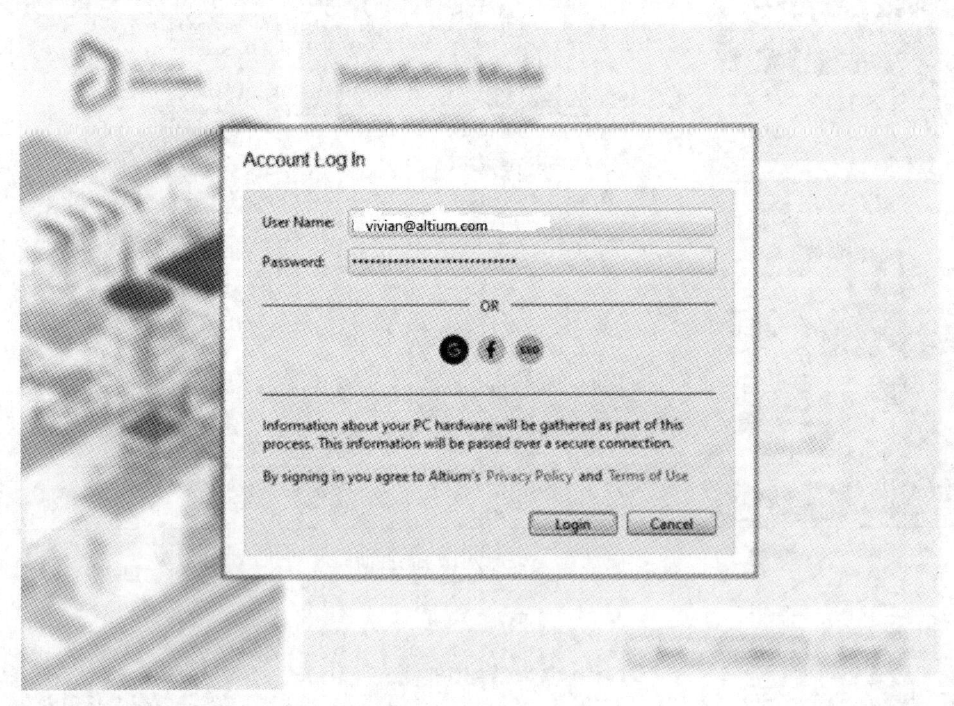

图 3.5 账户登录页面

7. 选择设计功能

在选择设计功能页面选择需要安装哪些功能，PCB 设计是 Altium Designer 的核心功能，在安装选项列表中为必选项，强制安装，无法手动取消。其余的功能选项可根据实际需要定制安装。选定需要的功能后，单击 Next（下一步）按钮继续操作。选择设计功能页面如图 3.6 所示。

8. 目标文件夹

在安装程序的下一页，根据软件的程序文件和软件使用的共享文档，来指定安装的目标文件夹。指定安装目标文件夹页面如图 3.7 所示。

默认目标文件夹（Windows 7 SP1 及以上版本）有程序文件 C:\Program Files\Altium\AD23 和共享文档 C:\Users\Public\Documents\Altium\AD23。

若要指定其他位置，直接在文件目录字段中输入或单击子文件目录字段右侧的文件夹图标，浏览所需的目标文件夹。指定安装目标文件夹位置后，单击 Next（下一步）按钮继续。

9. 客户体验提升计划

在客户体验提升计划页面选择是否参加客户体验提升计划。若希望参加这个项目，则选择 Yes, I want to participate（是，我想参加）选项。若不参与，则选择 Don't participate（不参与）选项。选择是否参与客户体验提升计划如图 3.8 所示。

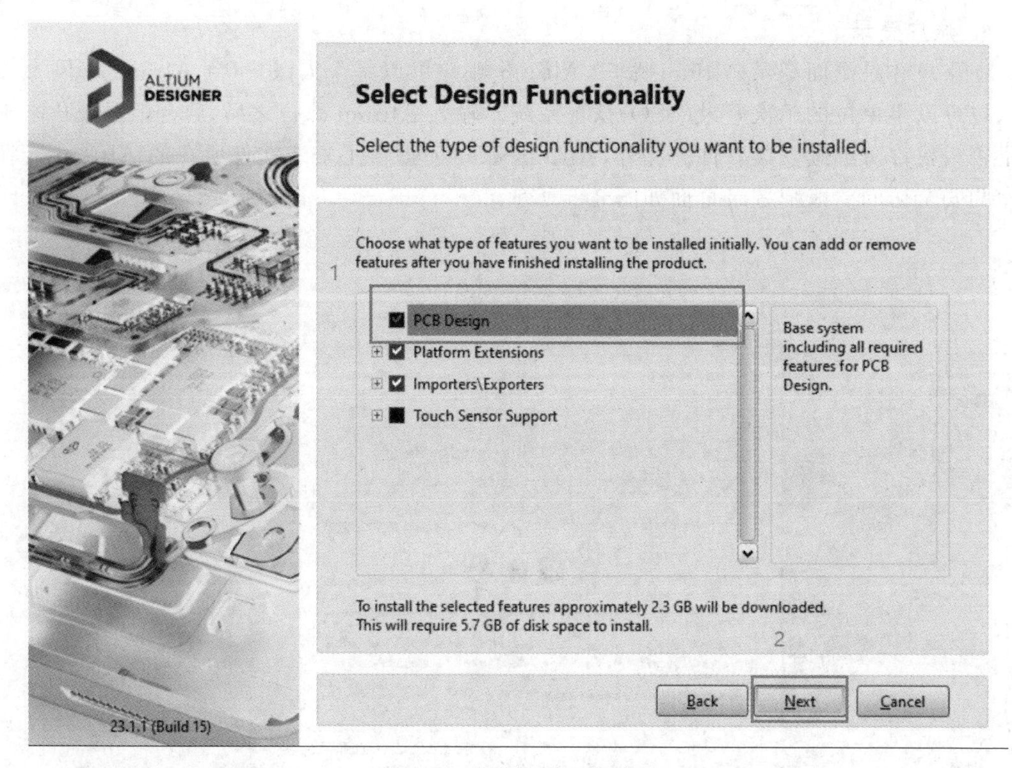

图 3.6 选择设计功能页面

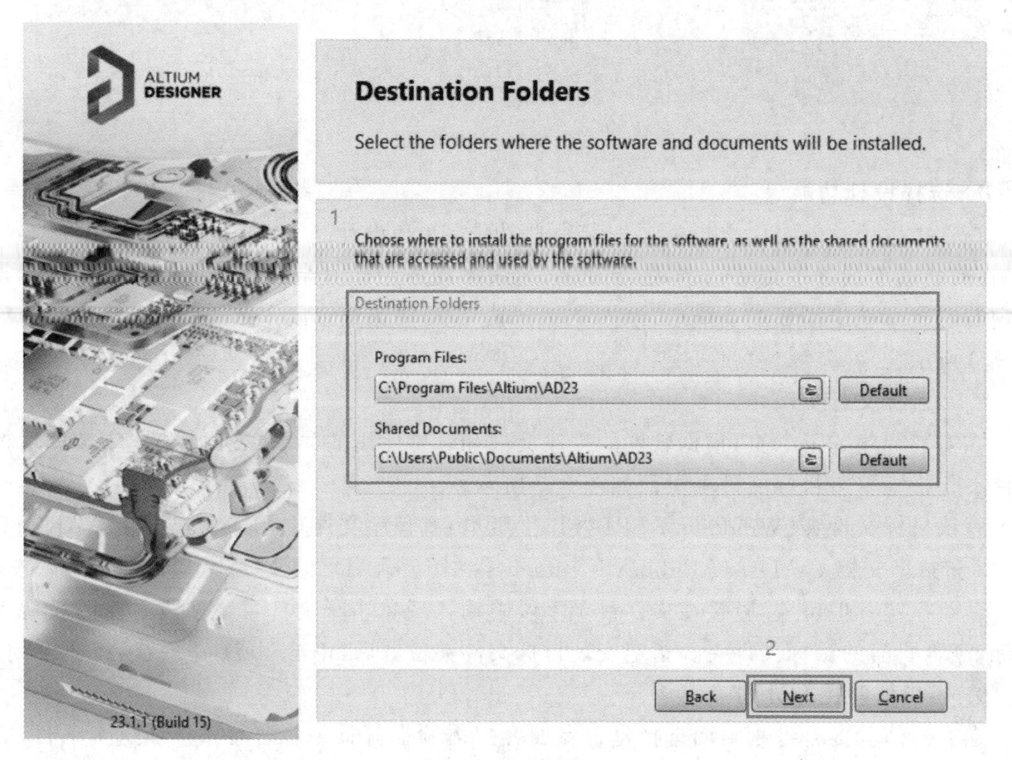

图 3.7 指定安装目标文件夹页面

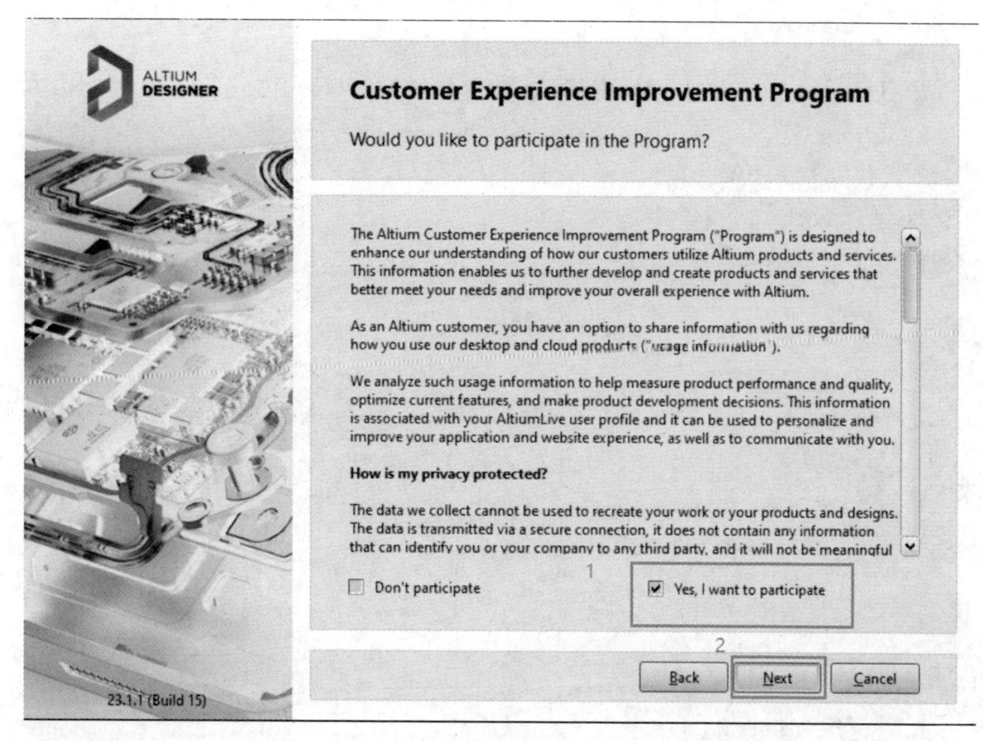

图 3.8　选择是否参与客户体验提升计划

10. 准备安装

安装程序所需的所有安装信息都已经准备好了，如果需要更改之前输入的内容，单击 Back(后退)按钮，回到之前的页面修改选项。如果要取消安装，单击 Cancel(取消)按钮。单击 Next(下一步)按钮，继续安装。准备安装页面如图 3.9 所示。

11. 安装 Altium Designer

页面从 Ready to Install(准备好安装)进入 Installing Altium Designer(正在安装 Altium Designer)，安装程序首先下载所需的文件(从安全的基于云存储库中下载)，页面同时显示下载进度。正在安装 Altium Designer 页面如图 3.10 所示。

文件下载完成，开始安装，此时会显示安装进度，下载完成后，开始安装页面如图 3.11 所示。

12. 完成安装

安装完成页面如图 3.12 所示。

退出安装程序时，系统会提供一个启动 Altium Designer 的选项，默认启用该选项。单击 Finish(完成)按钮退出安装向导。

此时，在计算机上已经安装好 Altium Designer，接下来，便可开启设计之旅了。

3.2.3　离线安装 Altium Designer 23

标准的 Altium Designer 安装程序需要连接互联网来完成安装过程。如果个人计算机(PC)无法连接互联网，则可以使用离线安装软件包(通常称为离线安装程序)来安装 Altium Designer。

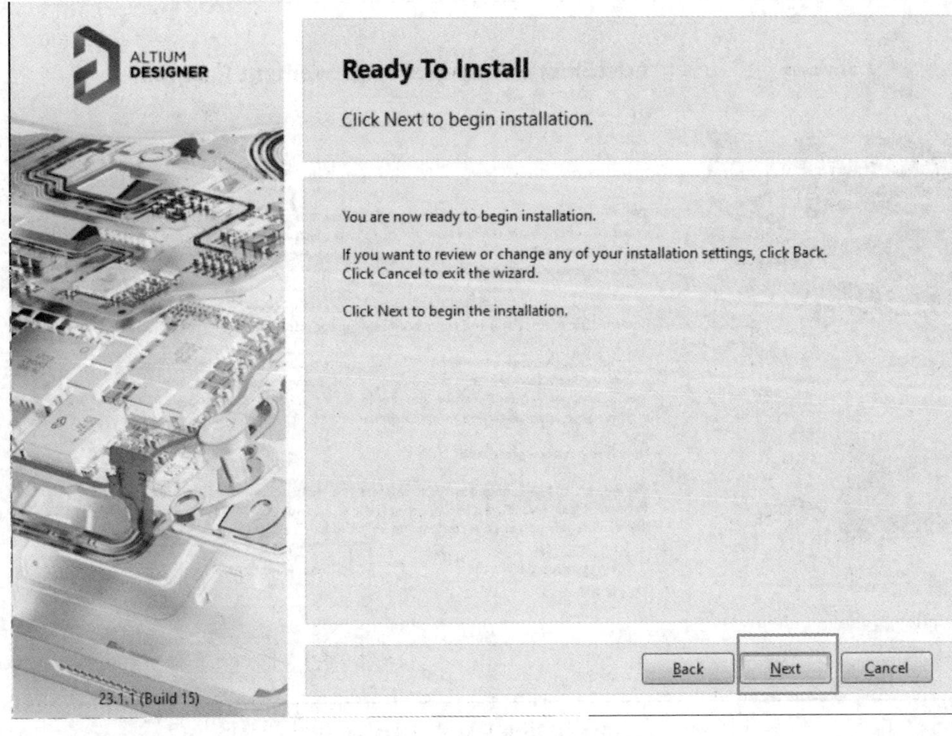

图 3.9 准备安装页面

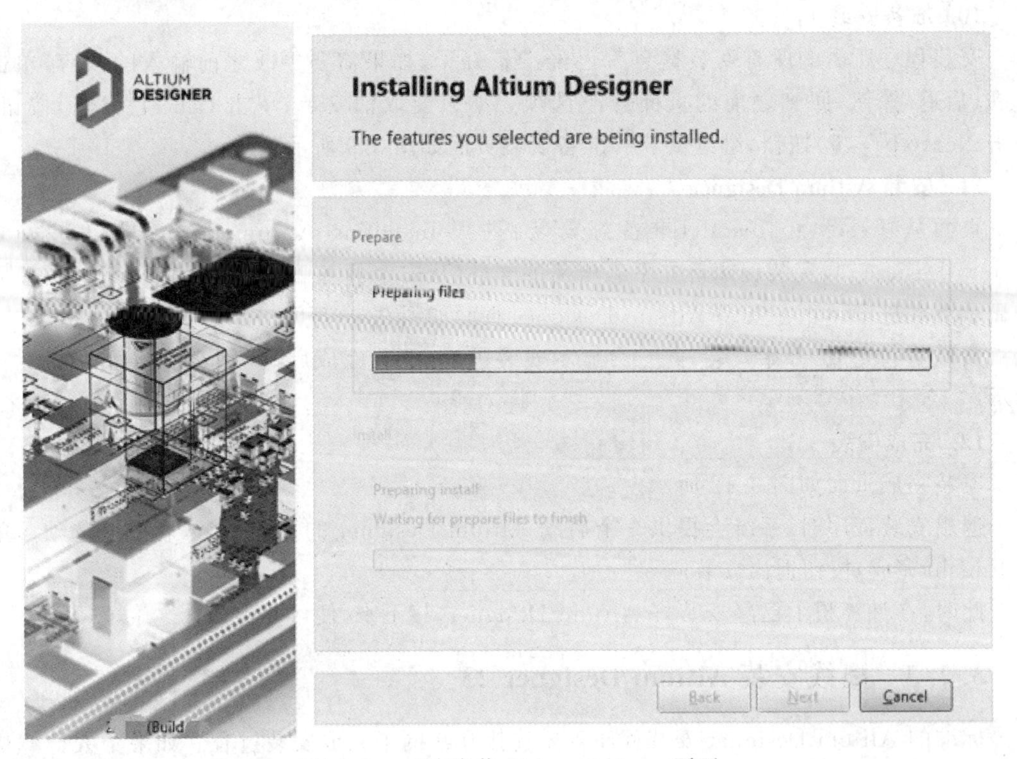

图 3.10 正在安装 Altium Designer 页面

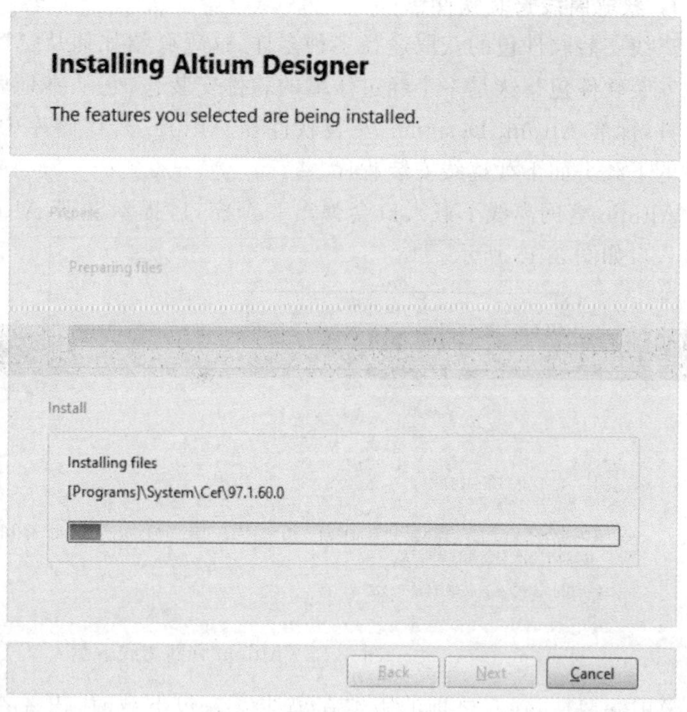

图 3.11 开始安装页面

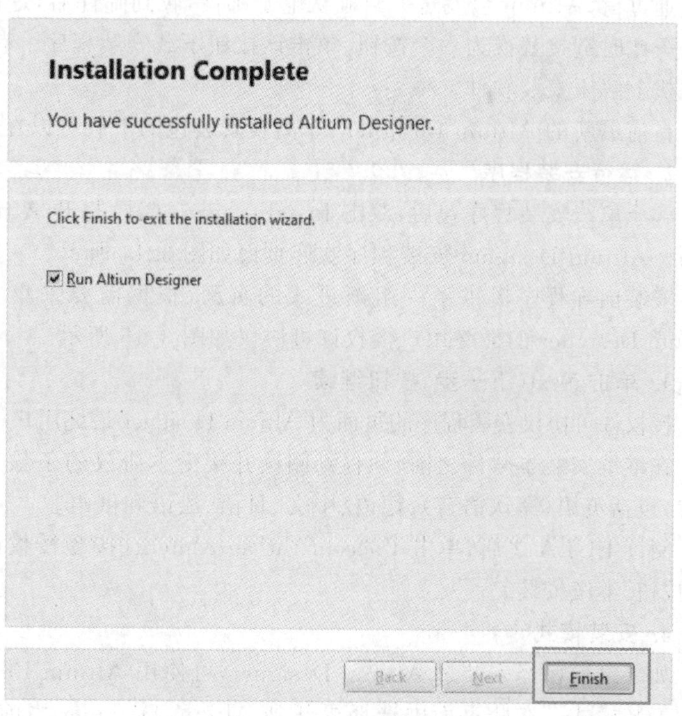

图 3.12 安装完成页面

1. 获取离线安装软件包

离线安装软件包的获取途径多种多样，这里介绍如何从 Altium Deigner 官方渠道获取离线安装软件包。这是一个经过压缩的软件安装包，它从本地解压缩文件中获取所需的安装文件，标准 Altium Designer 安装软件在 Altium 云存储库中运行。可以直接从 Altium 网站的下载页面下载离线安装程序。

Altium 官网离线下载入口会弹出一个窗口，提示注册 Altium 账户，Altium 官网离线下载入口如图 3.13 所示。

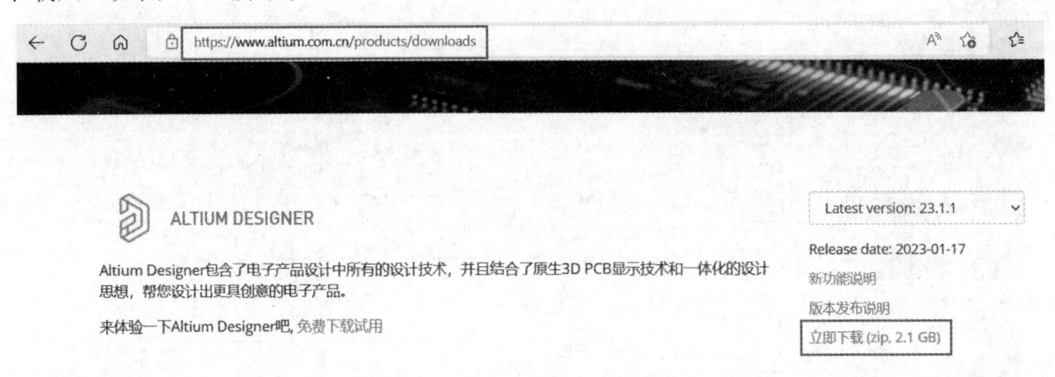

图 3.13 Altium 官网离线下载入口

Altium Designer 之前的版本在离线安装包下载时，需要在离线下载页面提交下载请求，系统分配一个案例编号，通过 Altium 的支持中心跟踪下载申请。48 小时内处理请求，审核通过后，Altium 会发送一封确认电子邮件，收到邮件后，返回 Downloads(下载)下载页面——此时链接替换为一个按钮，单击该按钮下载安装程序。获取离线安装程序后，在本地计算机上解压安装软件。

目前最新的 Altium Designer 23 离线安装包的下载可以在图 3.13 所示页面直接获取。

2. 运行安装程序

解压离线安装程序包后，双击 Installer.exe 文件，打开 Altium Designer 安装程序欢迎页面。Altium Designer 安装程序欢迎页面如图 3.14 所示。

安装向导程序提供了一组渐进式的页面，根据需要采集安装软件所需的原始信息。Altium Designer 的最终用户授权许可协议如图 3.15 所示。

3. 单击 Next(下一步)按钮继续

授权许可协议安装程序的页面为 Altium Designer 最终用户授权许可协议(EULA)页面。

在继续安装本软件之前，须仔细阅读并接受本协议的条款。可以用多种不同的语言来查看，包括英语(默认语言)、德语、中文、日语、法语和俄语。

阅读 EULA 之后，单击 I accept the agreement(接受授权许可协议)，单击 Next(下一步)按钮，继续安装。

4. 安装模式

如果之前已经安装过 Altium Designer，可使用 Altium Designer 安装程序向导的附加页面安装模式。在此页面中选择更新到 Altium Designer 当前版本，也可将其作为独立的新版本安装。单击 Next(下一步)按钮继续安装。

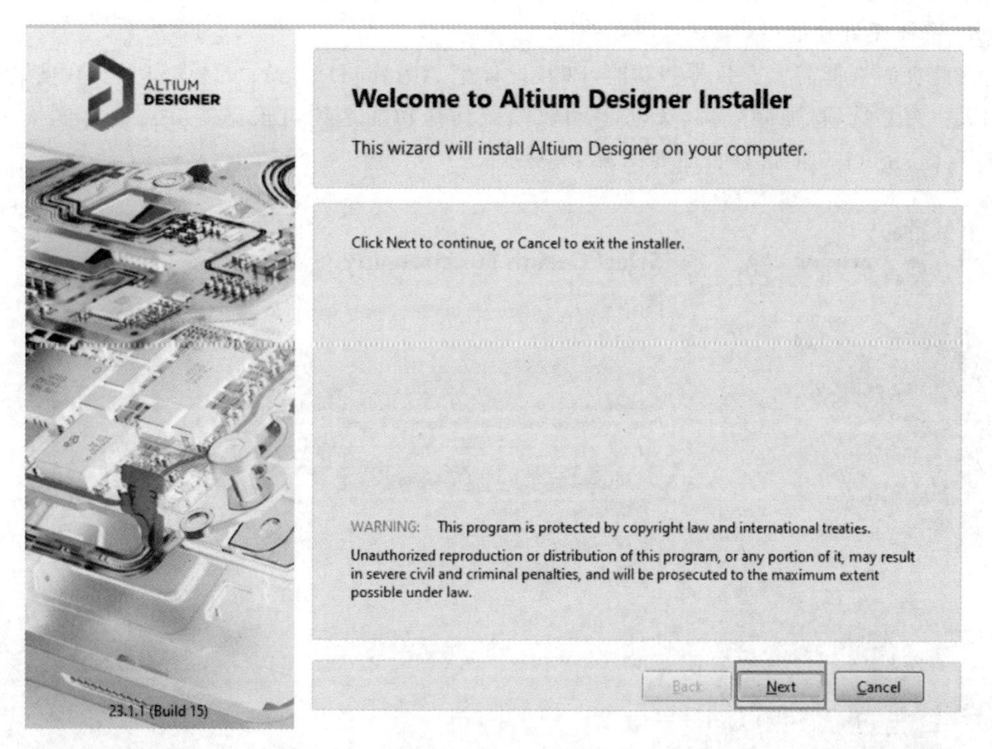

图 3.14 Altium Designer 安装程序欢迎页面

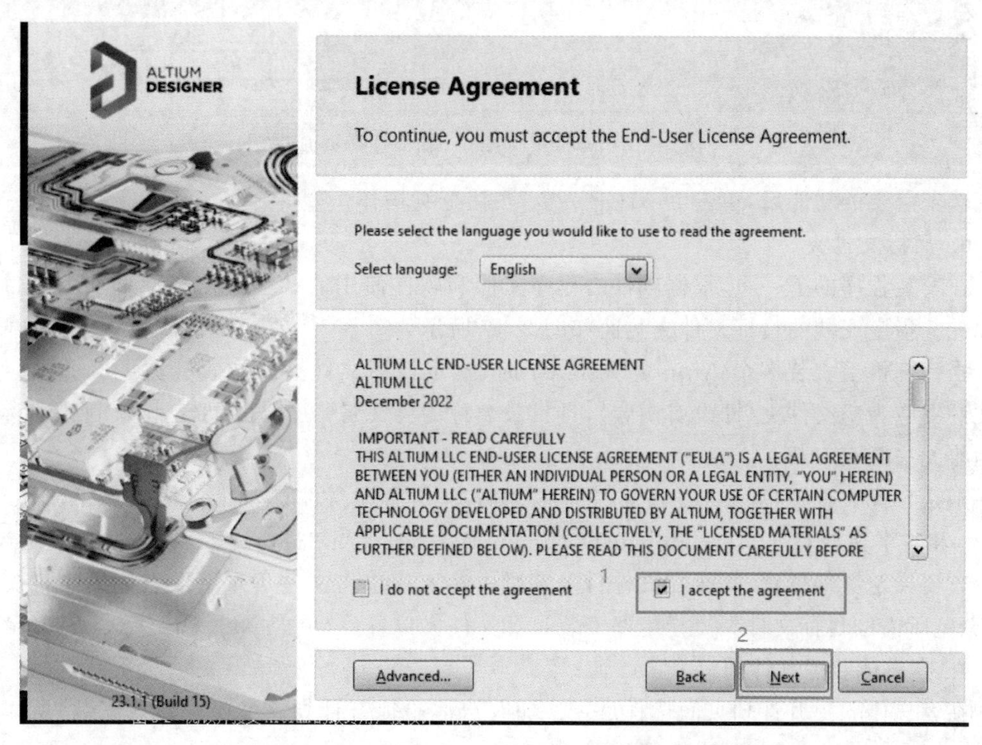

图 3.15 Altium Designer 的最终用户授权许可协议

5. 选择设计功能

在此页面选择需要安装哪些功能，PCB 设计是 Altium Designer 的核心功能，在安装选项列表中为必选项，强制安装，无法手动取消。其他功能选项可根据实际需要定制安装。Altium Designer 功能选择页面如图 3.16 所示。

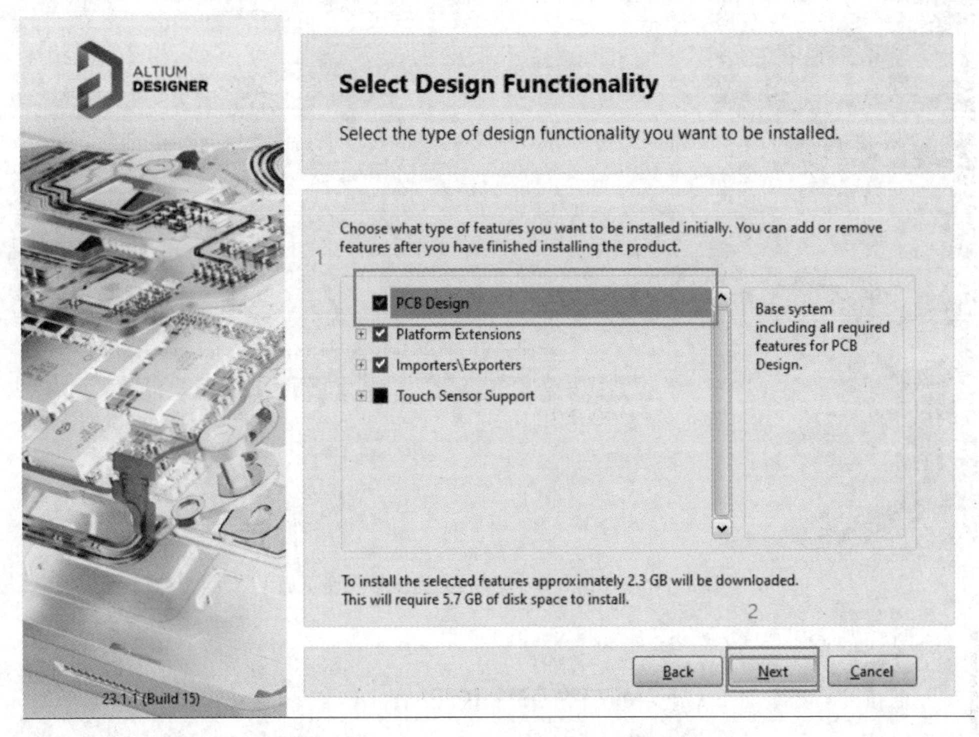

图 3.16 Altium Designer 功能选择页面

选定需要的功能后，单击 Next(下一步)按钮继续操作。

6. 目标文件夹

在安装程序的下一页，根据软件的程序文件和软件使用的共享文档来指定安装的目标文件夹。指定安装的目标文件夹页面如图 3.17 所示。

当计算机上安装多个 Altium Designer 时，指定目标文件夹的位置变得尤为重要。目标文件夹应为空文件夹(即没有内容)，且目录名称为英文名称(最好不要起中文目录名称)，否则将无法继续安装。

默认目标文件夹(Windows 7 SP1 及以上版本)有程序文件 C:\Program Files\Altium\AD23 和共享文档 C:\Users\Public\Documents\Altium\AD23。

若要指定其他位置，直接在文件目录字段中输入或单击文件目录字段右侧的文件夹图标，浏览所需的目标文件夹。指定好安装目标文件夹位置后，单击 Next(下一步)按钮继续。

7. 客户体验提升计划

在客户体验提升计划页面选择是否参加客户体验提升计划。由于是离线安装，所以选择 Don't participate(不参与)选项。

8. 准备安装

安装程序所需的所有安装信息都已经准备好了，如果需要更改之前输入的内容，单击

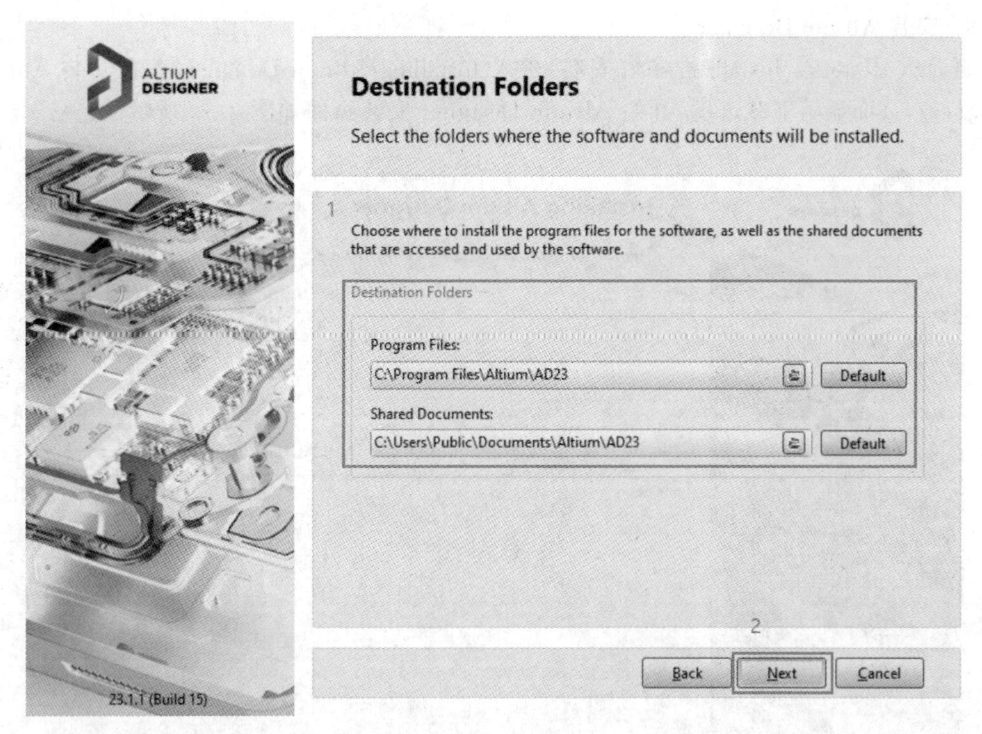

图 3.17 指定安装的目标文件夹页面

Back(后退)按钮,回到之前的页面修改选项。如果要取消安装,单击 Cancel(取消)按钮。单击 Next(下一步)继续安装,准备好开始安装页面如图 3.18 所示。

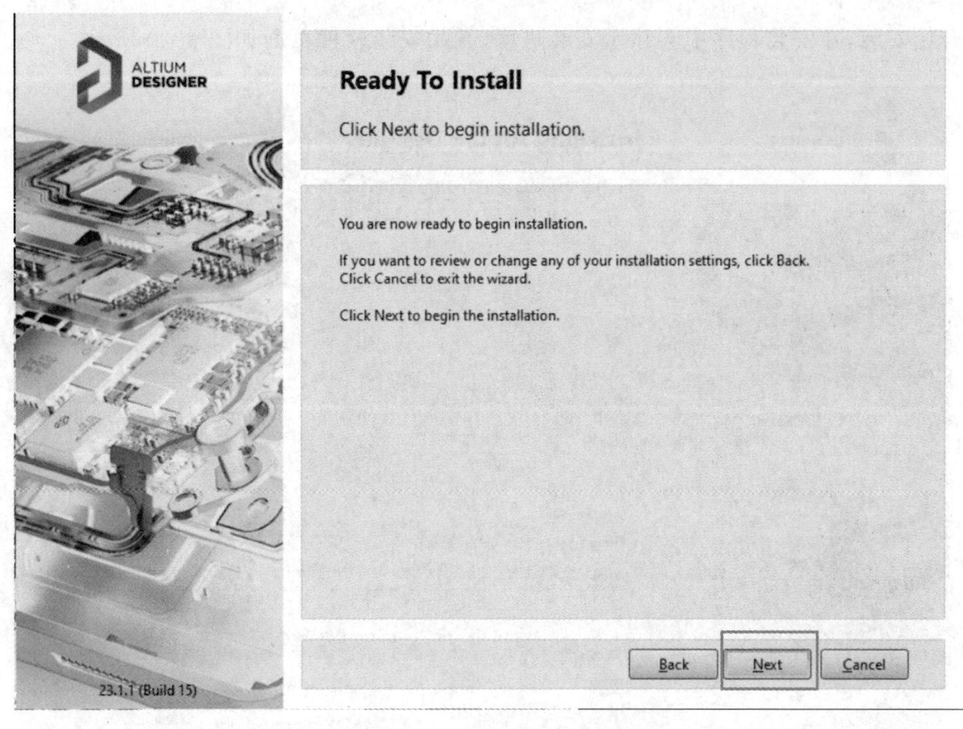

图 3.18 准备好开始安装页面

9．安装 Altium Designer

页面从 Ready to Install（准备好安装）进入 Installing Altium Designer（正在安装 Altium Designer），页面显示下载进度，开始 Altium Designer 安装页面如图 3.19 所示。

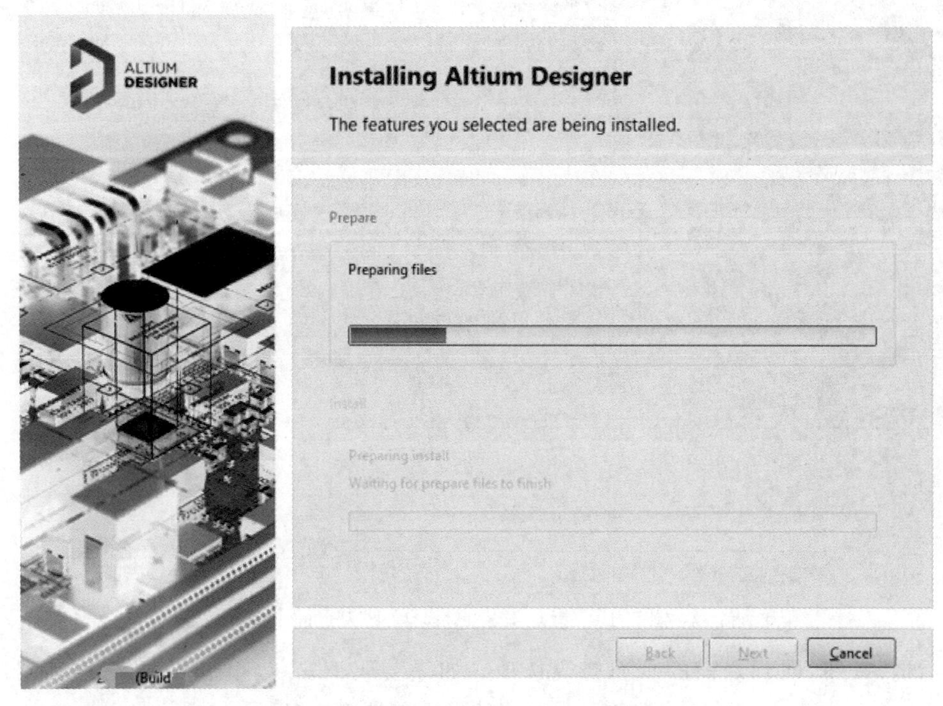

图 3.19　开始 Altium Designer 安装页面

开始安装，在安装程序中会显示安装进度，开始安装软件页面如图 3.20 所示。

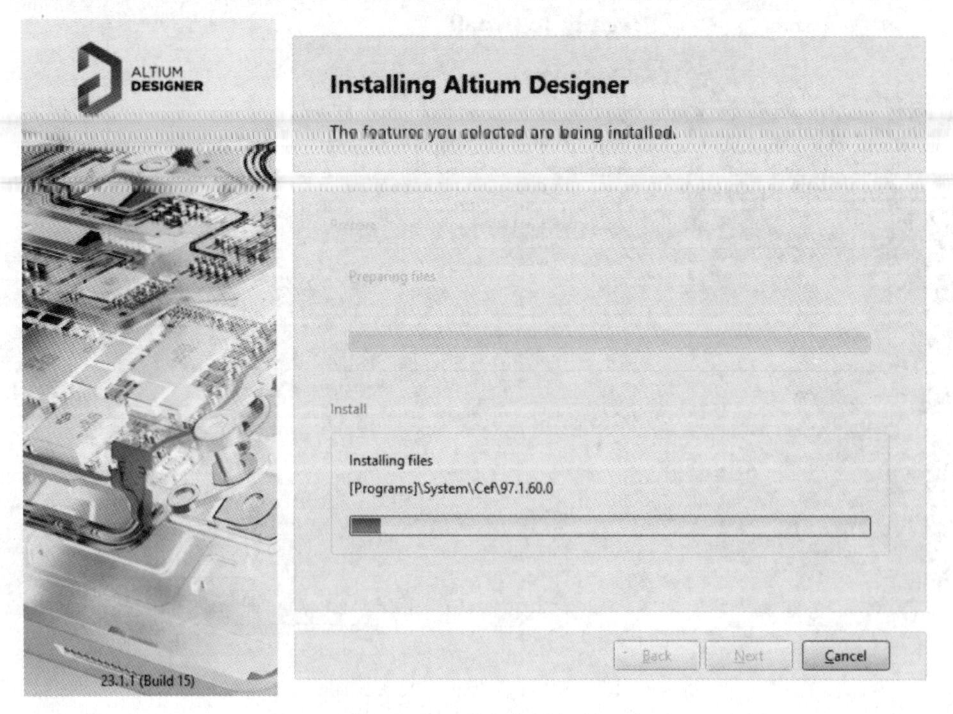

图 3.20　开始安装软件页面

10. 完成安装

安装完成之后，完成安装页面如图 3.21 所示。

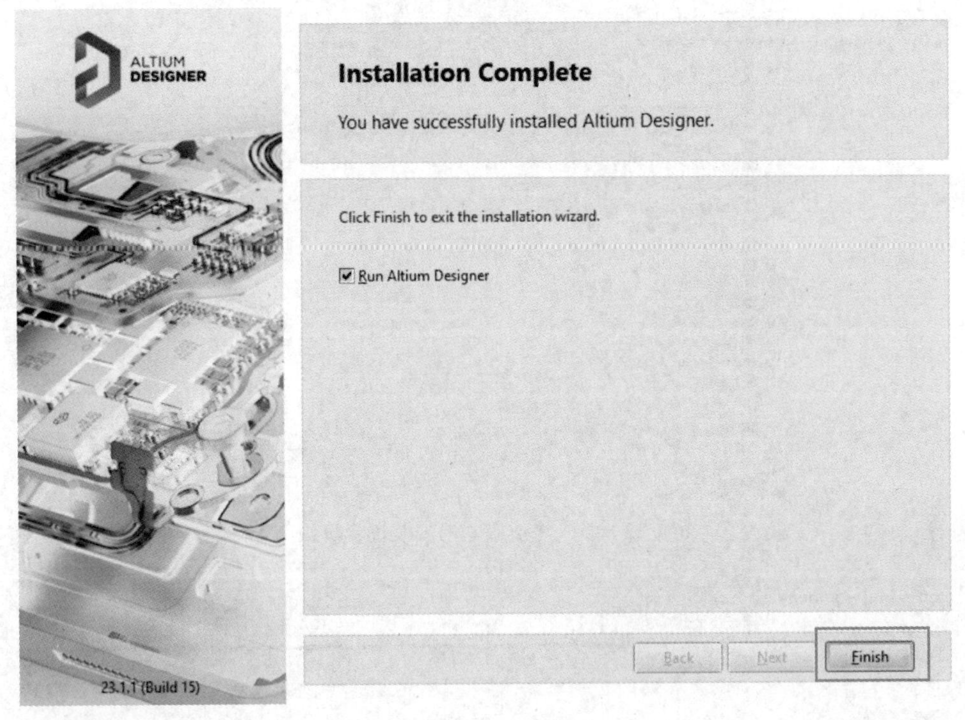

图 3.21 完成安装页面

退出安装程序时，系统会提供一个启动 Altium Designer 的选项，默认启用该选项。单击 Finish(完成)按钮退出安装向导。

此时，计算机上已经安装了 Altium Designer，并根据用户的需要定制了它的功能，接下来，将以前构建项目的配置表(Preferences)导入新安装的 Altium Designer 中，然后授权软件以离线、脱机的方式运作。

11. 导入以前构建项目的配置表

安装并启动新版本的 Altium Designer 后，打开 Import settings dialog(导入设置)对话框，导入之前版本中的配置表。在导入配置表的同时，用户设置也会复制到新版本的 Altium Designer 中，确保开发环境的一致性，导入之前版本的安装设置页面如图 3.22 所示。

即使在初始启动时没有导入配置表，也可以随时从 Preferences dialog 对话框中快速导入属性。单击对话框底部的按钮，关联的菜单将列出当前安装在计算机上以前版本的配置表。

12. 软件授权

首次启动 Altium Designer 之后，将显示 License Management(许可证管理)页面，许可证管理页面如图 3.23 所示。

为使软件离线运行，应确保以下两点。

(1) 将 Altium Designer 配置为离线运行模式，使它无法联系 Altium 远程验证授权。

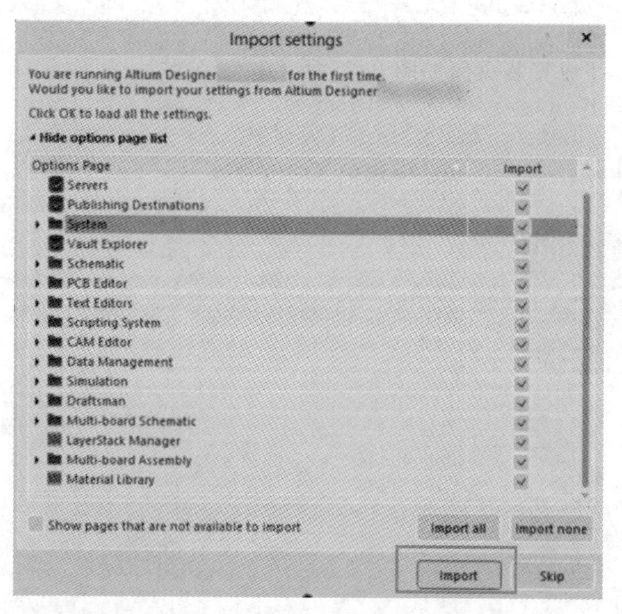

图 3.22　导入之前版本的安装设置页面

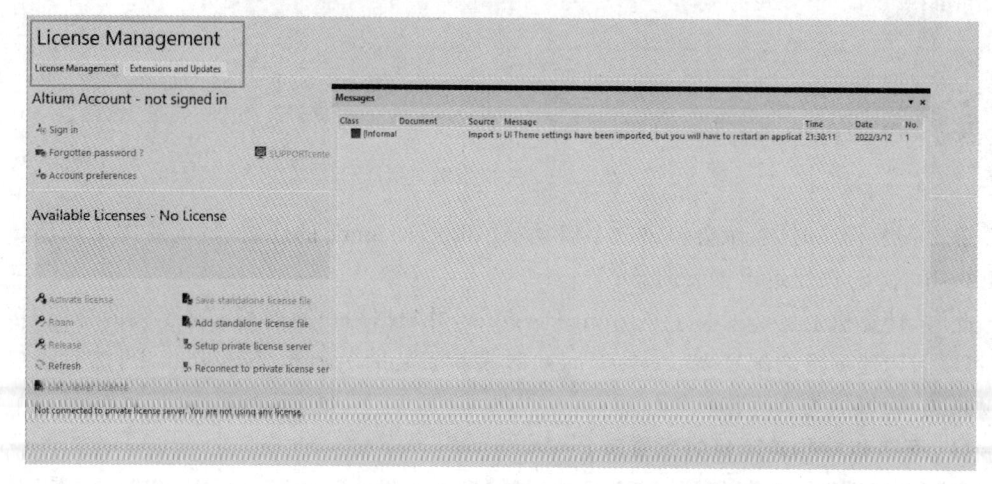

图 3.23　许可证管理页面

（2）添加一个独立的许可证文件，来解锁 Altium Designer 的功能。

13. 切换到离线模式

将 Altium Designer 切换到离线模式，切断它与 Altium 的远程连接以及在线服务连接，本地安装处于完全脱机模式，页面如图 3.24 所示。

（1）单击 Account preferences（账户配置）链接，进入 Preferences dialog（选项配置）对话框中的 System-Account Management page（系统-账户管理）页面。

（2）启用“No，I wish to remain disconnected from Altium”（否，我希望断开与 Altium 的连接）选项。启用此选项之后，本地的 Altium Designer 与 Altium 完全断开连接。此时，将无法访问或使用任何需要与 Altium 进行连接的服务。从本质上讲，这个选项是一个完全离线的开关。

（3）单击 OK（确定）按钮以接受更改并关闭 Preferences 选项配置对话框。

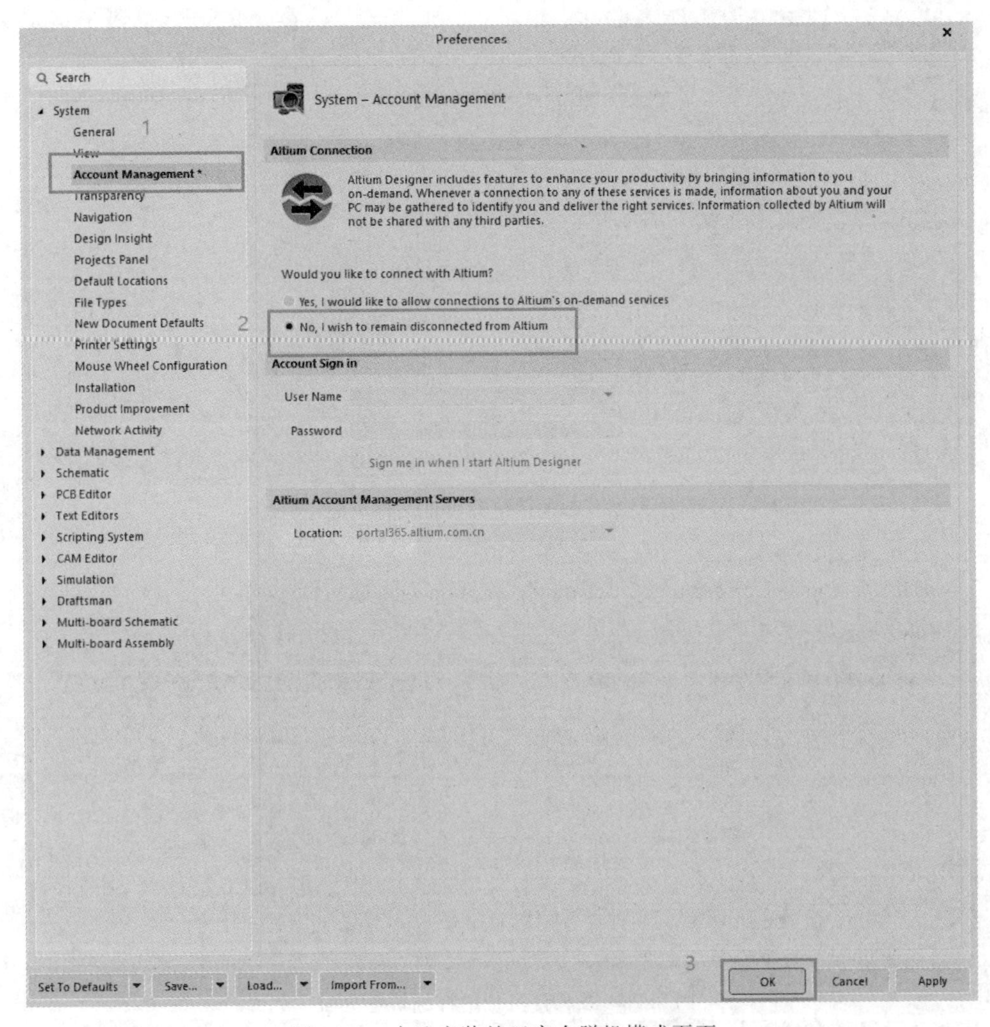

图 3.24 本地安装处于完全脱机模式页面

14. 添加许可证文件

首先，需要获取所需的单机版许可证文件。通过登录到 Altium 网站的 AltiumLive 社区，打开 Dashboard(仪表板)，然后进入 Licenses(许可证)来下载。单击许可证之后，会出现一个 Activate(激活)按钮，单击此按钮可下载该已授权的许可证文件(*.alf)，添加单机许可证文件页面如图 3.25 所示。

拿到了单机版许可证文件之后，执行以下操作，利用该许可证文件来激活 Altium Designer。

(1) 在 License Management(许可证管理)页面，单击 Add standalone license file(添加单机许可证文件)链接。

(2) Open(打开)对话框将打开，可以在其中浏览并选择刚刚获得的授权文件。

选定了许可证文件之后，返回 Altium Designer，在 License Management(授权管理)页面将显示许可证的详细信息，授权许可证的详细信息页面如图 3.26 所示。

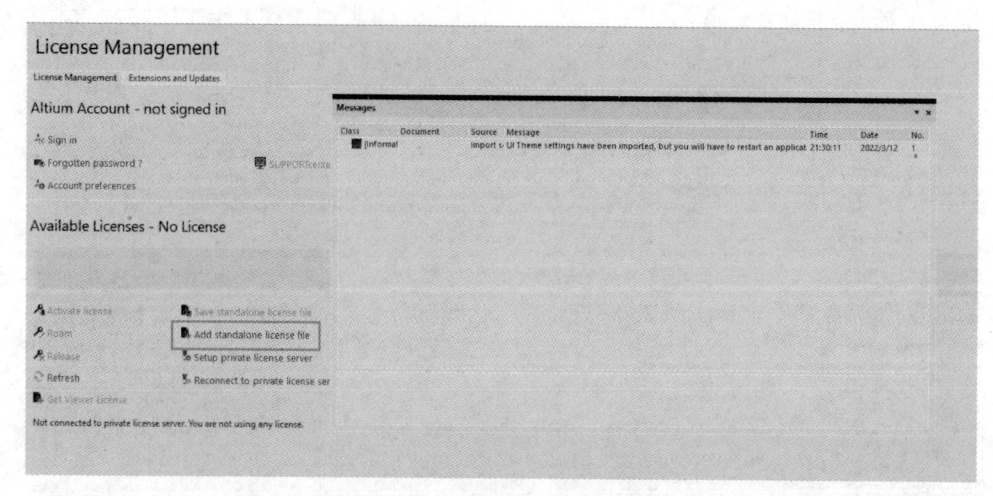

图 3.25 添加单机许可证文件页面

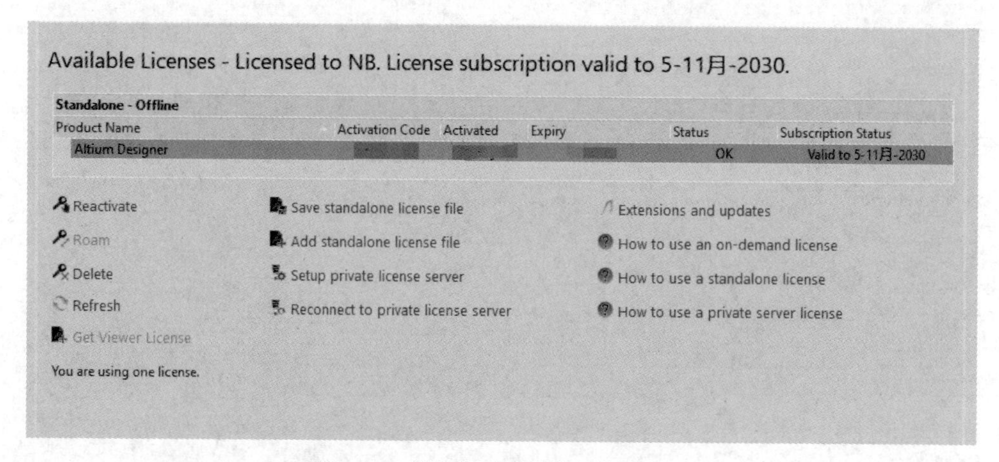

图 3.26 授权许可证的详细信息页面

3.3 Altium Designer 23 的授权管理

Altium Designer 简约化的许可证授权系统保证了客户及时高效地获取到软件的授权，根据客户多种不同的需求和应用场景，提供多种不同的许可证授权方式，包括基于网络的许可证发放，通过 Altium 门户与客户账户紧密集成，基于 Web 的按需许可证管理允许在任何计算机上使用许可证，而无须移动许可证文件或在每台计算机上激活。

3.3.1 许可证类型

Altium Designer 授权系统包含三种不同种类的许可证。

(1) 按需许可证(On-Demand)：由 Altium 管理服务器管理客户端许可证获取请求。在登录 Altium 账户时，客户端计算机便获得按需许可证的权限。当退出登录时，释放该许可证权限，以便供其他用户使用。许可证可以集中使用，供团队中的全体设计师使用和发布，也可以分配给公司内特定的人员。

(2) 独立客户端许可证：用户通过使用许可文件(*.alf)来实现许可证管理。根据需要保存、复制和备份此文件。.alf 文件可以在家庭计算机上重用(EULA 文件)，将该文件复制到计算机上的特定文件夹，将其作为独立许可配置的一部分添加到授权管理系统中。

(3) 私有服务器客户端许可证：获取由 Altium 基础设施服务器的私有许可证服务管理，它是一个免费的内部服务器，提供远程 Altium 产品安装和许可证管理。基础设施服务器安装在连接到公司局域网/广域网的 PC 上，由管理员设置，以获取公司的 Altium 许可证，然后通过网络将这些许可证发放给 Altium 软件安装。当从 Altium 的 Web 许可证服务器获取授权时，将许可证转换为私有许可证以进行本地化访问。私有服务器托管的 Altium 许可证在使用时被工作站软件租用，然后在不再需要时撤销(返回可用的许可证池)。许可证也可以在漫游的基础上提供，在指定的时间内将许可证坐席租给目标机器，允许软件的主机计算机，例如笔记本计算机，在与网络隔离的情况下自由漫游。

这种许可证适合那些从多台机器访问许可证，但又无法连接到 Altium 按需许可证服务器的应用场景。Altium 基础设施服务器(AIS)及其系统为多 Altium 软件安装、许可证授权使用和配置提供了灵活性，此时，托管在本地局域网/广域网的授权许可与互联网相隔离。

(4) 仅查看器许可证(Viewer License)：链接到 AltiumLive 账户，在无须许可证授权的情况下允许查看 Altium Designer。查看器许可证没有过期日期，订阅日期设置为请求许可证的日期，Altium Designer 查看器许可证已连接到 AltiumLive 账户，无法从仪表板访问。

3.3.2 许可证的获取、选择和配置

在 License Management(许可证管理)页面实现许可证配置和选择，通过单击工作区右上方的控件进入许可证管理页面，从菜单中选择 Licenses(许可证)。License Management(许可证管理)页面是获取许可证的命令中心。登录 Altium 账户可以查看并选择可用的按需许可证或独立客户端许可证。

授权许可证管理页面如图 3.27 所示。包括 Altium Designer 许可证以及与某些付费/许可的扩展交付功能相关联的所有授权信息均在这个页面显示。

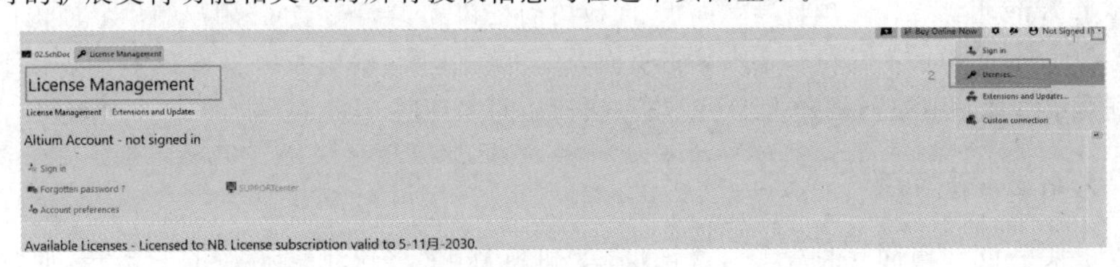

图 3.27 授权许可证管理页面

3.3.3 基于浏览器的许可证管理

Altium Dashboard(Altium 仪表板)是一个专用区域，Altium 账户管理员通过 Altium 仪表板管理与该账户关联的用户、许可证和其他资产，以及定义配置文件。Altium 仪表板对组织以外的其他人员公开，AltiumLive 社区中其他用户可以查看 Altium 仪表板的内容。

通过仪表板能够既直观又方便地管理组织账户，仪表板甚至会推送待决项目的通知，更

新即将到期的订阅。可以通过以下方式访问仪表板。

(1) 在 Web 浏览器的选项卡中输入以下 URL：https://dashboard.live.altium.com。

(2) 单击 AltiumLive 社区中任何页面顶部的仪表板链接。

3.4 熟悉 Altium Designer 23 开发环境

Altium Designer 开发环境用户界面采用与 Windows 界面一致的风格，包括主菜单、快速访问栏、状态栏、和项目导航栏在内的多种元素，构成了风格一致的基于 Windows 操作系统的应用程序界面，在完成安装、添加许可证文件激活授权之后，便进入 Altium Designer 的主界面，Altium Designer 开发环境主界面如图 3.28 所示。

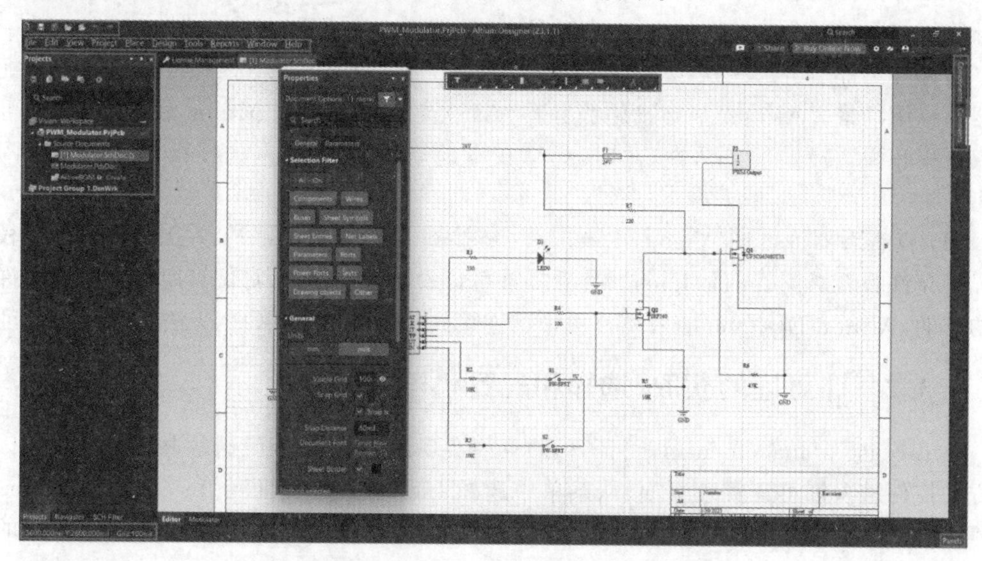

图 3.28 Altium Designer 开发环境主界面

Altium Designer 的主界面包括主菜单、活跃工具栏、快速访问工具栏、状态栏、文档名称显示条、编辑器工作条项目导航面板、面板访问按钮和主编辑空间，用户利用界面内的上述各种元素(菜单和工具栏)，在主编辑页面内编辑绘制项目的电原理图和 PCB 图。接下来分别介绍主页面中的主菜单、活跃工具栏、快速访问工具栏、状态栏。

3.4.1 主菜单

主菜单包含访问当前活跃文档的命令和函数，菜单位于编辑器的左上角，原理图(SCH)编辑器和 PCB 编辑器有各自不同的主菜单，PCB 编辑器和 SCH 编辑器的主菜单如图 3.29 所示。

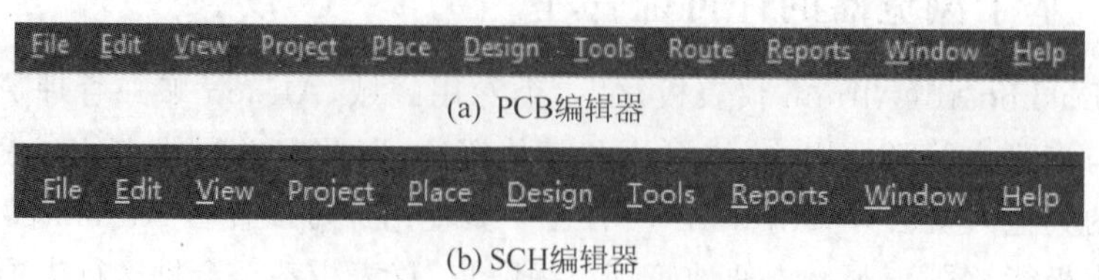

(a) PCB编辑器

(b) SCH编辑器

图 3.29 PCB 编辑器和 SCH 编辑器的主菜单

如果要使用主菜单中的下拉命令，则可以单击标题（例如 Place 放置），然后从下拉菜单中选择所需的命令。下拉主菜单中的命令如图 3.30 所示。

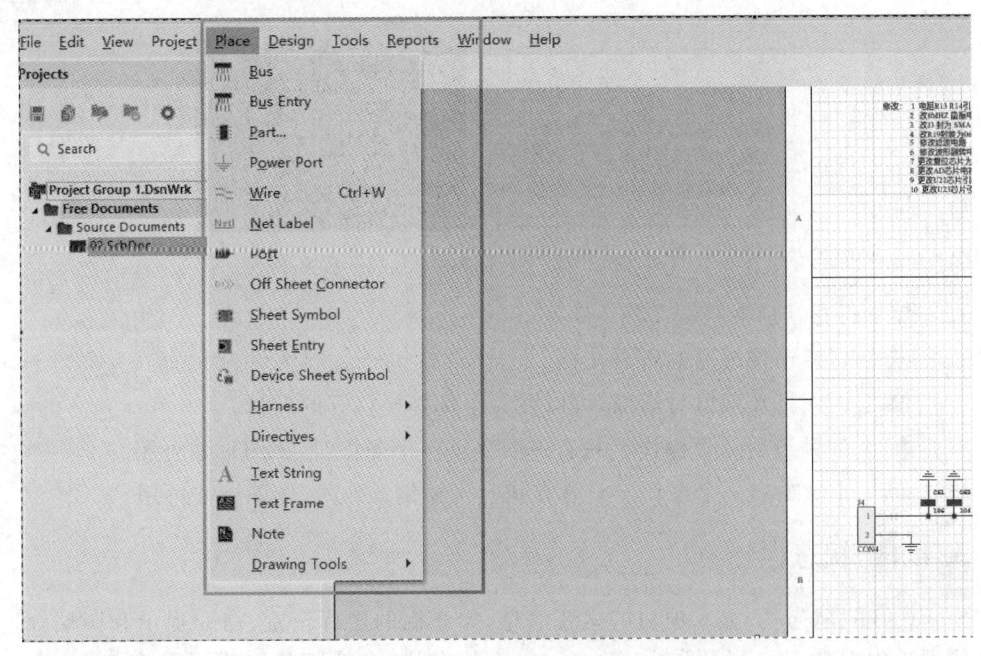

图 3.30 下拉主菜单中的命令

3.4.2 活跃工具栏

使用 Active Bar（活跃工具栏）可以快速访问主菜单中的常用功能。可以将鼠标悬停在 Active Bar 活跃工具栏中的某个图标上，通过弹出窗口查看该图标的详细描述。单击 Active Bar 活跃工具栏中的某个图标，便可以直接使用图标所描述的功能。当图标的右下角显示一个白色三角形时，会出现一组新图标。单击并保持在该图标上，选择所需的命令/图标，活跃工具栏页面如图 3.31 所示。

(a) PCB编辑器的活跃工具栏

(b) SCH编辑器的活跃工具栏

图 3.31 活跃工具栏页面

3.4.3 快速访问工具栏

快速访问栏位于设计空间的左上角，用于快速执行常用的功能，快速访问工具栏如图 3.32 所示。

常用图标的含义如下：

(1) ：退出和关闭 Altium Designer。

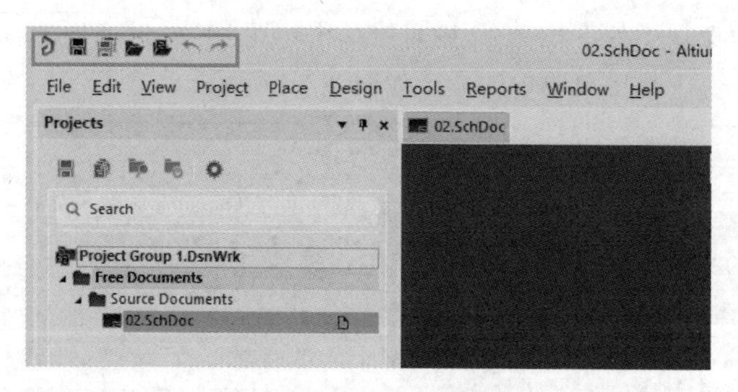

图 3.32　快速访问工具栏

(2) ：保存当前活跃的文档。

(3) ：保存已修改过的所有文档。

(4) ：访问打开项目对话框，可以在其中选择要打开的项目。

(5) ：撤销最后一个操作。只有在发生了一个操作时，该图标才可用。

(6) ：重做最后一个操作。只有在执行了撤销操作时，该图标才可用。

3.4.4　状态栏

Status Bar(状态栏)显示项目的概要信息，如光标的坐标位置、命令提示和图层等。可以在主菜单中选择 View(查看)→Status Bar(状态栏)命令切换到显示状态栏，状态栏如图 3.33 所示。

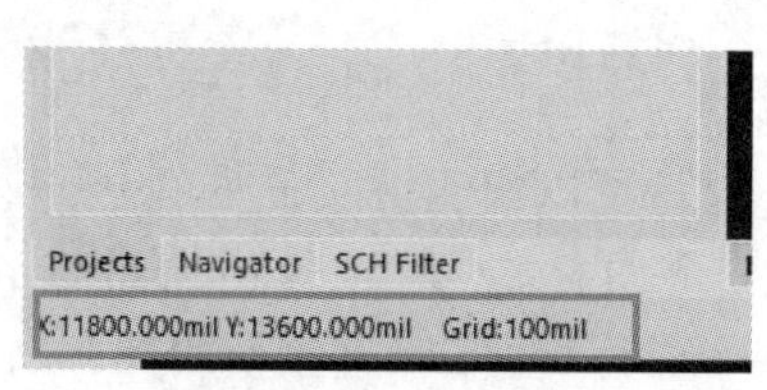

图 3.33　状态栏

3.4.5　打开文档和活跃文档

在 Altium Designer 中可以打开任意数量的文档，但是只有一个文档为当前活跃的文档，在设计空间中，同一时刻只能对活跃文档进行编辑和更新。所有打开的文档都显示在靠近设计空间顶部的选项卡中，当前活跃文档的选项卡显示为中灰色背景，打开且当前非活跃文档显示为炭灰色/黑色背景。打开文档和活跃文档标题如图 3.34 所示。

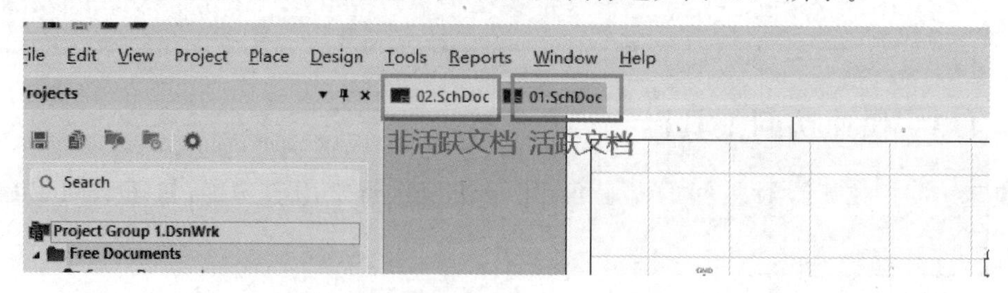

图 3.34　打开文档和活跃文档标题

右击任意文档选项卡访问下拉列表中的关闭命令，关闭编辑器的文档（例如 PcbDoc 文档、ScbLib 文档或 PcbLib 文档），右击可以实现文档的关闭、拆分、平铺或合并。

3.4.6 配置对话框

Preferences（选项配置）对话框是跨软件不同功能区域全局系统设置的核心对话框，选项配置对话框适用于全部项目和相关文档。通过单击设计空间的右上角的 按钮，就可以访问选项配置对话框，在对话框的左侧选择所需打开的文档，然后选择需要的标题，打开其配置页面，选项配置对话框如图 3.35 所示。

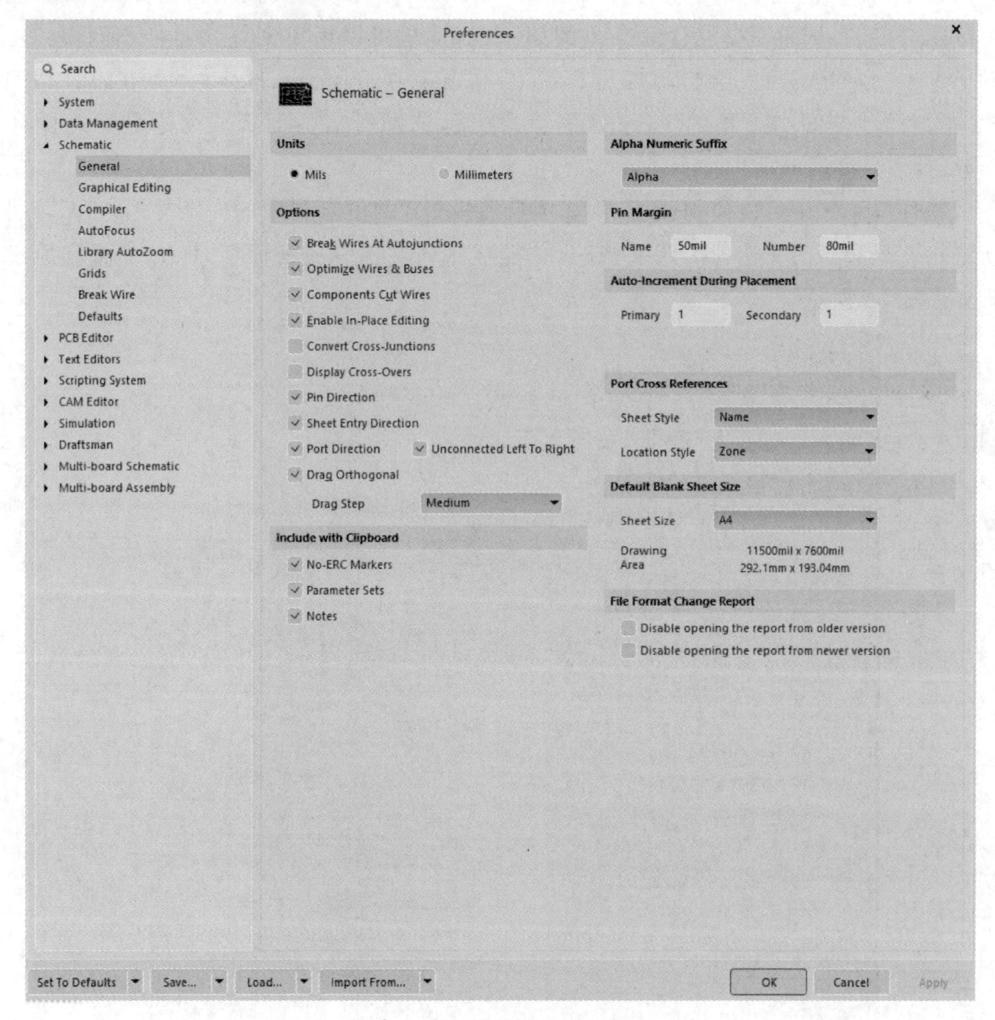

图 3.35 选项配置对话框

3.4.7 项目和文件导航栏

所有与项目相关的数据都存储在文档中，这些文档统称为文件。可以使用主文件菜单中的相关命令打开文档、项目和项目组，也可以将文档、项目文件或项目组文件直接拖放到 Altium Designer 中。除了存储项目中每个文档的链接外，项目文件还存储项目的配置选项，如错误检查设置、编译器设置等。

打开一个文档时，它便成为 Altium Designer 的主设计窗口中的活跃文档，可以同时打开多个文档。每个打开的文档在设计窗口的顶部都有自己的标签。文档可以占据整个设计空间，也可以通过窗口菜单中的 Split 命令在多个打开的文档之间共享设计空间，还可将文档从一个拆分区域拖动到另一个拆分区域。

3.4.8 面板

面板是 Altium Designer 开发环境的基本元素，它为项目的文档编辑器提供全局的、系统范围内的控制，从而提高设计效率。例如，PCB 面板可以用于浏览元器件和网表。首次启动 Altium Designer 时，会自动打开 Projects panel（项目面板），固定/停靠在设计空间的左侧，单击设计空间右下角的 Panels（面板）按钮，选择所需的面板。无论是原理图还是 PCB，都有各自专属的面板。

在跨环境工作中可以使用面板，例如项目面板用于打开项目中的任意文档，显示项目的层次结构。只有当前文档为活跃文档时，才能显示该文档专属的面板，PCB 面板和原理图面板如图 3.36 所示。

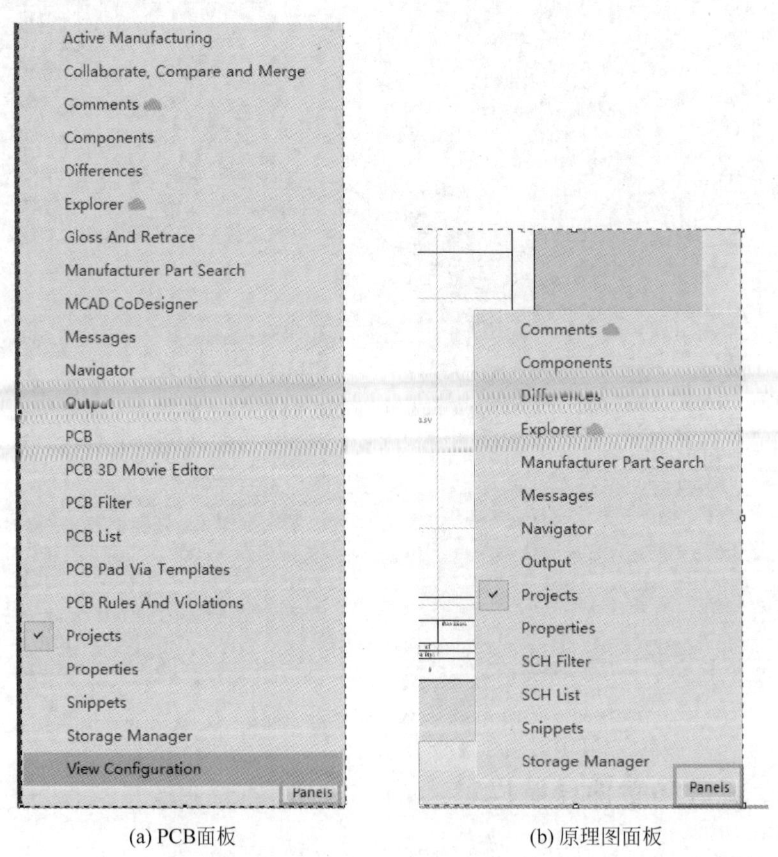

(a) PCB面板　　(b) 原理图面板

图 3.36　PCB 面板和原理图面板

3.4.9　显示提示信息

Heads Up Display(显示提示信息)提供当前 PCB 工作区中光标下对象的实时信息。在窗口主菜单下选择 View(查看)→Board Insight(线路板细节)→Toggle Heads Up Display(当前提示信息),在集成开发环境中显示提示信息如图 3.37 所示。

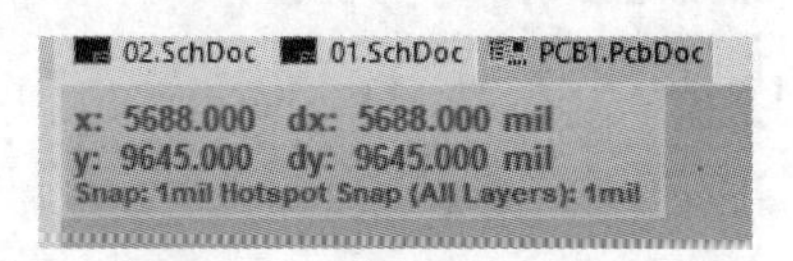

图 3.37　显示提示信息

3.4.10　许可证授权

Altium Designer 提供了多种类型的许可证授权,为不同的设计需求量身定制。许可证授权系统保证及时有效地启动运行 Altium Designer 软件。单击设计空间右上方的白色向下小箭头,访问 License Management(许可证管理)页面,然后从下拉菜单中选择 Licenses(许可证)选项,访问许可证授权页面如图 3.38 所示。

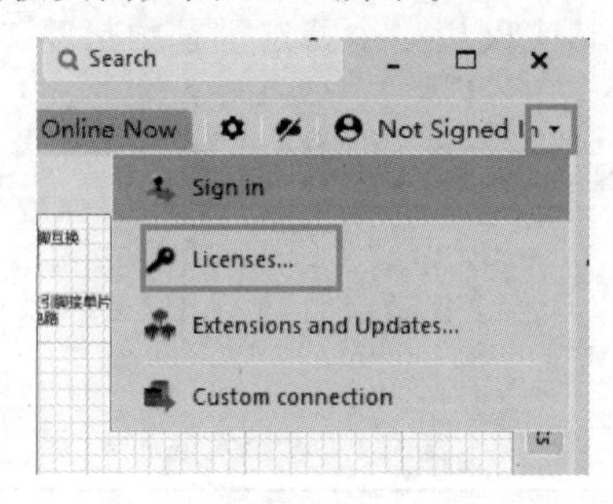

图 3.38　访问许可证授权页面

3.4.11　软件扩展和更新

软件的扩展和更新是 Altium Designer 的附加功能。在这个页面可以安装、更新或删除某些功能,可以安装、更新或删除导入/导出器、原理图符号生成工具,以及机械 CAD 协作工具。

单击设计空间右上方的白色向下小箭头,访问 Extensions and Updates(扩展和更新)页面,从下拉菜单中选择 Extensions and Updates(扩展和更新)。安装 Altium Designer 扩展功能页面如图 3.39 所示。

在扩展更新页面中,选择 Updates(更新)选项卡。Updates(更新)选项卡后面括号中的数字表示可用的更新的总数,如果没有括号和数字,表示目前没有版本更新。

3.4.12　获取帮助信息

Altium Designer 提供了多种方式来定位帮助信息。

(1) 在活跃的对象、编辑器、面板、菜单条目或按钮上按 F1 键,打开该项目的帮助提示文档。

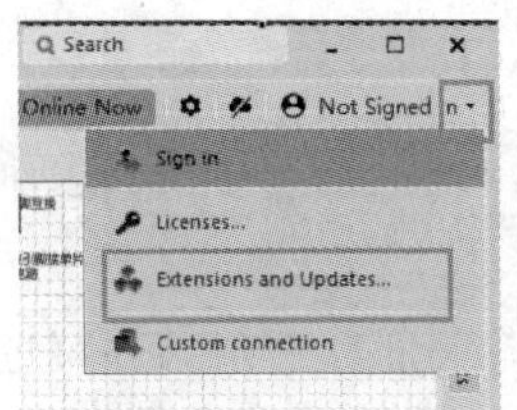

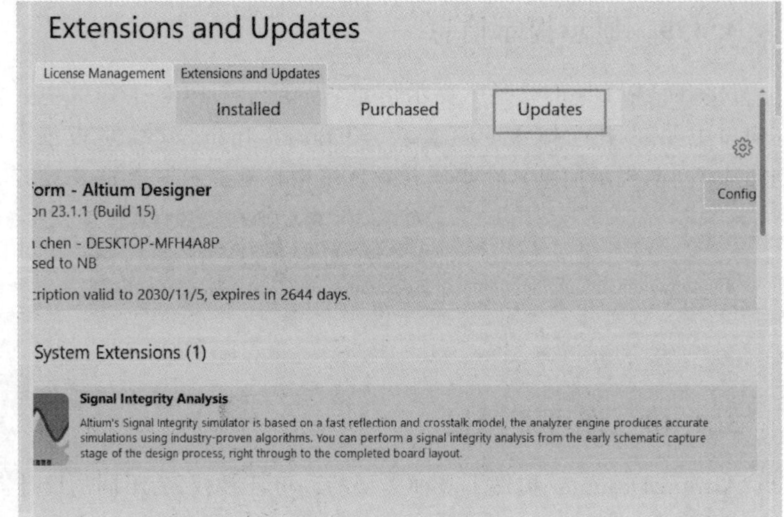

图 3.39 安装 Altium Designer 扩展功能页面

(2) 当运行命令和快捷键时,按 Shift+F1 键。

(3) 使用文档左侧的导航树来阅读一个特定主题的帮助文档。

3.5 Altium Designer 23 设计术语表

在利用 Altium Designer 23 进行电路设计过程中,会涉及一些专业术语,现将这些术语汇总如表 3.4 所示。

表 3.4 设计术语

术 语	含 义
PCB	印制电路板
电原理图	用 EDA 工具(如 Altium Designer 23)绘制,用来表达电路中各元器件之间连接关系的图
布局	在 PCB 设计过程中,按照设计要求,把各种元器件放置到 PCB 板上的过程
过孔(Via)	用于内层连接的金属化孔,不用于插入元器件引脚的孔
盲孔(Blind Via)	仅在 PCB 表层的过孔,不会直通整个板层,通常盲孔穿过一层线路板,向下到达下一个铜层
埋孔(Buried Via)	位于 PCB 中间层的过孔,埋孔始于一个中间层,终于另一个中间层,未延伸到 PCB 的表层,不在 PCB 表面铜层出现
通孔(Through Via)	从 PCB 的一个表层直通到另一个表层的过孔
微孔(Microvia)	孔径小于 6mil(150μm),可以用光绘、机械钻孔、激光钻孔来制作微孔。激光转孔是当今高密度互连(HDI)技术的关键技术,这种技术允许在元器件焊盘上直接打过孔,大大降低了因过孔引发的信号完整性问题
双面板	在绝缘芯的两面,有两个铜层的 PCB。双面板的所有过孔均为通孔,通孔从 PCB 的一个表层直通到另一个表层
爬电距离	两个相邻导体或一个导体与相邻电机壳表面沿绝缘表面测量的最短距离
阻焊	PCB 上的一种保护层,起阻焊作用并保护 PCB

续表

术　语	含　义
正负片	PCB光绘的正负片效果相反,正片是画线部分PCB铜被保留,没有走线部分被清除,用于Top层和Bottom层加工,负片和正片正好相反,常用于内电层(如内部电源/接地层)
精细化线间特性和安全距离	目前,标准PCB制造的线间安全距离为100μm(0.1mm或4mil),元器件封装的最小距离为10μm
高密度互连(HDI)	布线密度高于常规PCB布线密度的PCB称为高密度互连(HDI)板。通过精细化线间特性和安全距离、微孔和埋孔等技术来提高PCB的布线密度。高密度互连板又可称为顺序层构建(Sequential layer Build_Up,SBU)
多层板	具有多个铜层的PCB,铜层的数目可以为4～30层,多层板的制造需要更为复杂的工艺
顺序层压	一种用于制造多层PCB的工艺,包括埋孔的机械转孔和层压等

设计入门篇

在了解了 Altium Designer 23 的主要功能，安装好 Altium Designer 23 并熟悉了其开发环境之后，开始进入本篇的学习。本篇知识具有一定的独立性，同时与前 3 章会有一些关联，涉及如何利用 Altium Designer 23 进行 PCB 设计。本篇以一个简单的"DC-DC 稳压电路"为实例，详细介绍了从接到设计任务、开始 PCB 设计到提交设计文件中每一个环节中的技术细节，每个操作步骤都配有详细的说明。读者可以按照本篇的操作步骤边学边做，通过实际演练加强学习效果，同时也锻炼了开发 PCB 的动手能力，从而更加深刻地理解和掌握这些知识。

本篇第 4 章对 Altium Designer 23 的开发技术进行了全面而详细的讲解，首先介绍了电路设计的通用流程，从简单原理图输入开始，然后循序渐进地深入绘制 PCB 版图；第 5 章介绍了如何利用 Altium Designer 23 制作元器件库，包括原理图库制作、PCB 封装库制作和集成库的制作。两章之间会有一定的联系，后面的章节会包含前面章节的知识。本篇为本书的主体内容，涉及元器件封装、电原理图输入、PCB 布局、PCB 布线、原理图封装库、PCB 封装库、集成库等方面的知识，读者学习完本篇内容之后，可以在 Altium Designer 23 中独立开发自己的应用，设计具有特定功能的电路板。

第4章

电路设计指南

众所周知，Altium Designer 23 是一个用来绘制 PCB 的集成开发环境，利用 Altium Designer 23 可以开发出满足特定需求的 PCB。PCB 是在覆铜板上完成印制线路工艺加工后的成品板，PCB 在实现电子元器件的电气连接的同时，还为集成电路等各种电子元器件提供机械支撑，实现集成电路等各种电子元器件之间的布线、电绝缘和电气特性（如特性阻抗）。PCB 由线路、介电层（Dielectric）、过孔（包括通孔、盲孔和埋孔）、阻焊、丝印和表面处理等几部分组成，可以大幅度提高电子产品的稳定性和可靠性。目前绝大多数电子产品硬件电路的实现均基于 PCB，因此掌握了 PCB 的设计技能，便有机会在电子行业占据一席之地。

PCB 设计是按照设计任务需求的要求，利用 Altium Designer 23 电子电路开发环境，首先绘制出电性能满足需求的电原理图，在确保原理图正确无误的前提下，绘制出 PCB 版图，最后将 PCB 版图提交给制板厂商，生产出 PCB，在将各种元器件焊接到 PCB 上后，设计阶段基本完成。后续进入 PCB 调试环节，根据调试结果，返回 Altium Designer 23 中对原理图和 PCB 图进行修改，直到完全符合设计需求，此电路设计工作基本完成。

Altium Designer 23 为电路设计提供了统一的开发环境，也就是说，从电原理图设计、PCB 绘制到设计文件的审查输出，所有操作均可在 Altium Designer 23 中一气呵成。为确保本书内容的完整性，把这些不同的设计阶段放在一章描述，为了尽可能描述明白，本章内容可能比较长，请耐心读完。

4.1 电路设计通用流程

电路设计的最终目的是设计出电气特性和机械特性满足特定需求的 PCB，在这里利用 Altium Designer 23 实现。那么，问题来了，在现实项目实战中，从接到设计任务到提交设计任务，从设计实现到设计验证，中间需要经过哪些环节？经由什么角色（项目经理、硬件工程师、Layout 工程师）来完成？电路设计的通用流程是什么？本节将对上述问题进行解答。

通常乙方在接到甲方的设计任务时，甲方会提交一个任务需求说明书，甲方的任务需求说明书会对电子产品的基本功能做出明确要求和限定，例如要求有蓝牙接口、液晶显示，同时对所需产品的功耗和电源供电甚至体积和重量做出规定。乙方接到甲方的需求说明书之后，对需求进行分解，机械部分分配给结构部门实现，电气部分分配给电子设计部门。乙方应严格按照设计说明书上规定的指标要求进行产品设计，如有不符，将影响后续产品的交付，造成严重后果。

电子设计部门接到设计任务之后，提交设计方案，并划分产品功能模块。各功能模块进一步划分为软件部分和硬件部分，软件部分交由软件工程师设计详细方案，硬件部分由硬件工程师设计详细方案。详细设计方案中包括各个功能模块采用什么接口，采用什么主芯片，资源如何进行分配。电原理图的绘制主要是依据详细硬件设计方案来实现，电子硬件工程师利用 Altium Designer 23 绘制出电原理图。设计任务分解如图 4.1 所示。

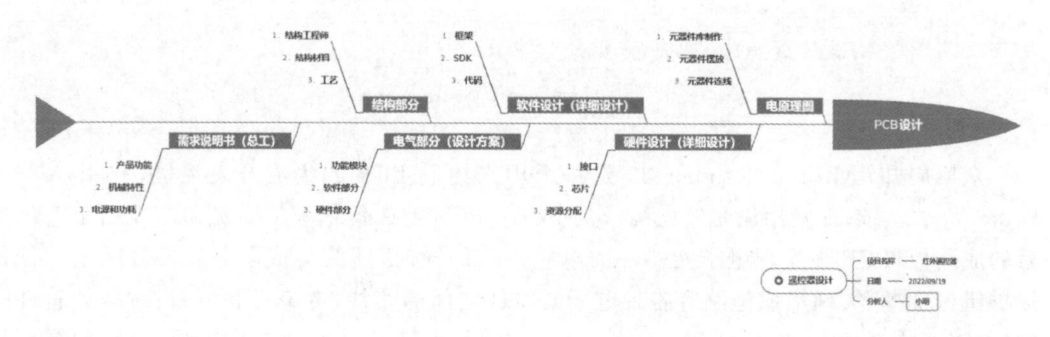

图 4.1 设计任务分解

通常，PCB 的设计任务会分配到硬件部门，交由硬件工程师（电子工程师）利用 EDA 工具绘制出原理图，再由 Layout 工程师完成 PCB 的设计。在设计过程中对原理图设计工程师和 PCB 工程师的要求是不一样的，原理图设计工程师（电子工程师）解决的是画什么的问题，PCB 工程师（Layout 工程师）解决的是怎么画的问题。对二者技术背景的要求也不同，原理图设计工程师（电子工程师）要求精通数电、模电等基础知识，PCB 工程师（Layout 工程师）则更加偏重制程工艺的了解和实现。通常在大公司，原理图设计和 PCB 设计分两个岗位，但是在小公司，也可将这两个岗位合并成一个岗位，统称为硬件工程师。

硬件工程师（电子工程师）接到设计任务之后的首要工作是设计符合要求的电原理图。这要求工程师熟悉电路的基本知识，掌握电路设计的基本准则，明确需要利用哪些芯片才能实现既定的功能。在开始画电原理图之前，首先需要准备好与芯片相关的资料，做到心中有数。与芯片相关的资料主要是指芯片的数据手册（Datasheet），芯片的数据手册定义了芯片的主要功能、电特性、引脚功能、原理图符号和 PCB 封装尺寸。数据手册是电子工程师设计电路的主要依据。通常，芯片制造商在发布芯片时，都会发布相应的数据手册，每一款芯片都有对应的数据手册，数据手册相当于芯片的使用手册，有的数据手册中甚至包括参考电路和布线规则要求。电子工程师在开始设计时，通过网络搜索或向芯片供应商索要各芯片的数据手册。有了数据手册之后，根据数据手册的内容，制作芯片的原理图和 PCB 封装，这些前期工作准备就绪之后，便可以利用 Altium Designer 23 集成开发环境进行原理图设计。设计好原理图之后，对原理图进行编译和验证，通过 Altium Designer 23 的仿真工具对电路仿真，若仿真过程中发现有错误，则进一步修改电原理图。仿真结果无误，确保电路符合设计要求，原理图的设计工作基本完成，生成网络表，将网络表同步到 PCB 设计环境中，供布线工程师使用。电原理图设计输入输出如图 4.2 所示。

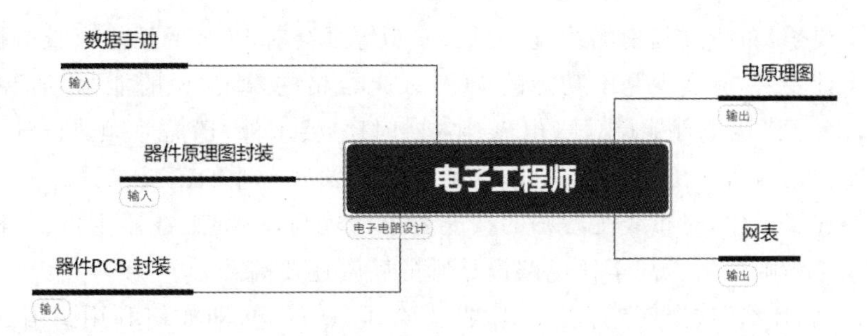

图 4.2　电原理图设计输入输出

电原理图设计好后，布线工程师（Layout 工程师）便可以着手 PCB 的布线工作。在开始布线前，布线工程师还需要和结构工程师进行线路板结构的确认，从结构工程师那里获取到线路板的尺寸。将线路板结构尺寸图导入 Altium Designer 23 中，以明确 PCB 的机械尺寸。之后布线工程师（Layout 工程师）对原理图的具体情况进行分析（例如是否为高速板或高密度板），以及电路板面积、电路的复杂程度、主频的高低等多种因素，定义出 PCB 的设计规则。在这些前期工作准备好之后，布线工程师（Layout 工程师）便开始 PCB 的布局工作。布局工作是决定线路板成败的关键环节，它占据了 PCB 设计工作 90%的工作量，好的元器件布局综合考虑电磁防护、电磁兼容等诸多因素，为后期布线工作提供良好的基础。完成元器件布局之后，开始着手布线，可以手动布线，也可以自动布线。在定义好设计规则之后，自动布线可以大大提高设计效率，为首选项。当然针对 PCB 上的一些特殊信号线，例如差分对、LVDS 等，也可采用半自动布线，将手动布线和自动布线结合在一起。通常，依据信号线的不同，先布信号线，再布电源线，最后处理地线和地平面。当所有元器件上引脚的信号线均布通之后，进行设计规则检查（DRC 检查），DRC 检查主要是检查设计是否满足设计规则，有无违反规则的情况。Altium Designer 23 会自动对违反设计规则之处进行错误提示，对 DRC 检查过程中发现的错误一一修正，解决 DRC 检查出来的所有错误之后，将 PCB 版图进行后处理，输出装配图、物料清单等文件，最终生成 Gerber 文件，提交给制板工厂打样。至此，PCB 的设计工作告一段落。PCB 设计输入输出如图 4.3 所示。

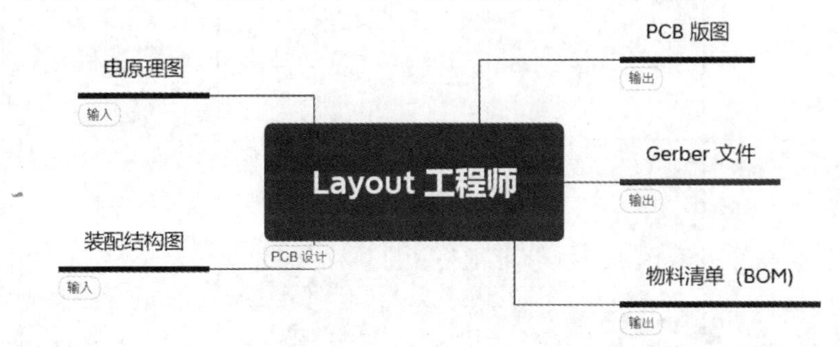

图 4.3　PCB 设计输入输出

PCB 设计好之后，硬件设计工作基本完成。当然，一个成熟产品的研发离不开配套的软件，后期还有配套软件、调试安装和工艺制程等诸多流程。从总体上讲，PCB 设计的好坏决定了产品的主要性能，是产品设计过程中的关键环节。那么，用什么来衡量 PCB 设计的好坏呢？是美观大方漂亮整齐吗？非也，美观大方漂亮整齐只是最基本的要求。PCB 设计好坏的考量有多个维度，由于是电路设计，所以电性能是否符合设计要求成为考量 PCB 设计好坏的第一要素，布线过程中的线宽、线长、线距等都会对PCB的性能有直接影响。只有电性能满足设计要求，能实现基本功能的PCB才是合格的，即常说的能“跑通”的板子才是合格的设计；除了满足电性能（电压、电流、阻抗、时序）要求外，还需兼顾热设计、EMC和安规设计。高速板还需考虑传输线等指标，需要有专业领域专业的工具来设计。PCB布板不是一个简单的连线工作，对布线工程师的技能要求比较高，一些服务器主板、手机主板或射频产品的布线工程师的薪资甚至比电路设计师的薪资还要高。

本书抛开“画什么”这个问题，着重解决“怎么画”的问题，即如何利用Altium Designer 23设计（画出）一块PCB。下面通过一个实例，带领读者熟悉设计流程，完成一个简单PCB的设计。后续内容重在实操，虽然内容简单，但都是一些基础的操作，是展开设计工作的基础。从2层板开始设计，再设计4层板，再到设计复杂的8层板，只要基础打扎实了，后续的提高进步便不成问题。

视频讲解

4.2 电原理图的创建和设计

采用一个典型的稳压电路作为实例，来讲解具体的电路设计过程。在这里，利用Altium Designer 23集成开发环境，创建稳压器（DC-DC降压）的电原理图，并绘制出相应的PCB。稳压器电原理图如图4.4所示，它使用12V输入电压，该电压可能来自汽车的动力蓄电池；输出电压7.5V为车载电灯、立体声系统或其他负载供电；电路采用UDZV8.2B 8.2V齐纳二极管和2N3055大功率晶体管，利用电解电容C2进一步提高稳压性能，使得输出信号更加干净。

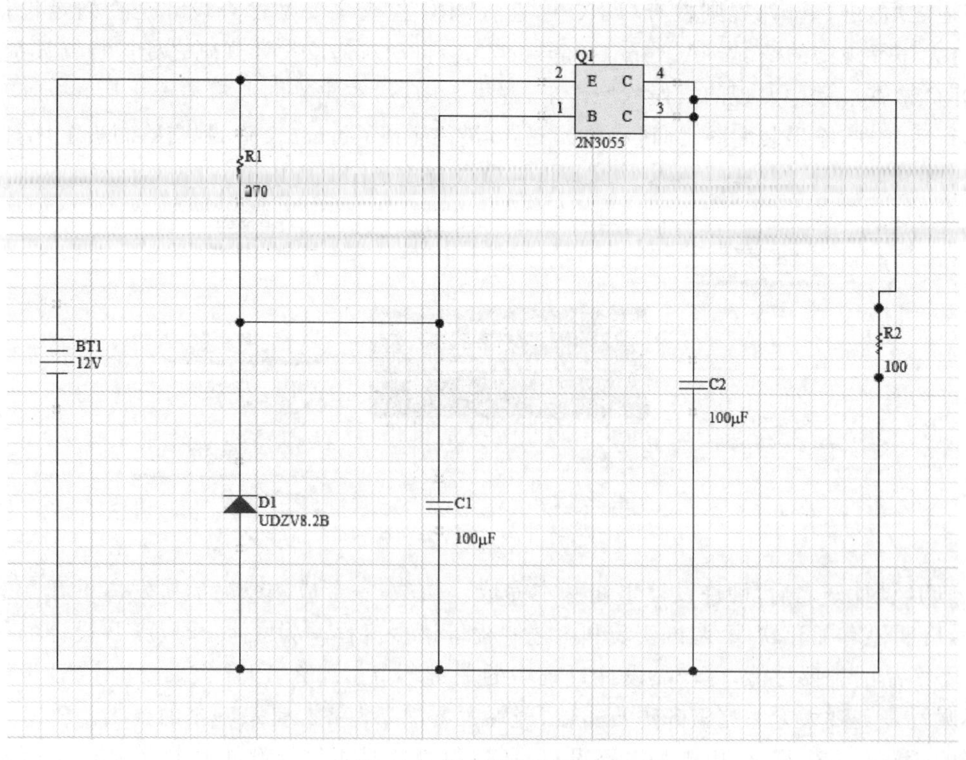

图4.4 稳压器电原理图

4.2.1　创建新项目

在 Altium Designer 23 集成开发环境中，PCB 项目是指制造 PCB 所需的设计文档（文件）集合。项目文件（如 Regulator. PrjPCB）是一个 ASCII 文件，其中列出了项目中的文档以及其他项目设置，例如所需的电气规则检查、项目配置和项目输出，以及打印设置和 CAM 设置。

在主菜单中选择 File（文件）→New（新建）→Project（项目）命令，创建一个新项目文件，如图 4.5 所示。

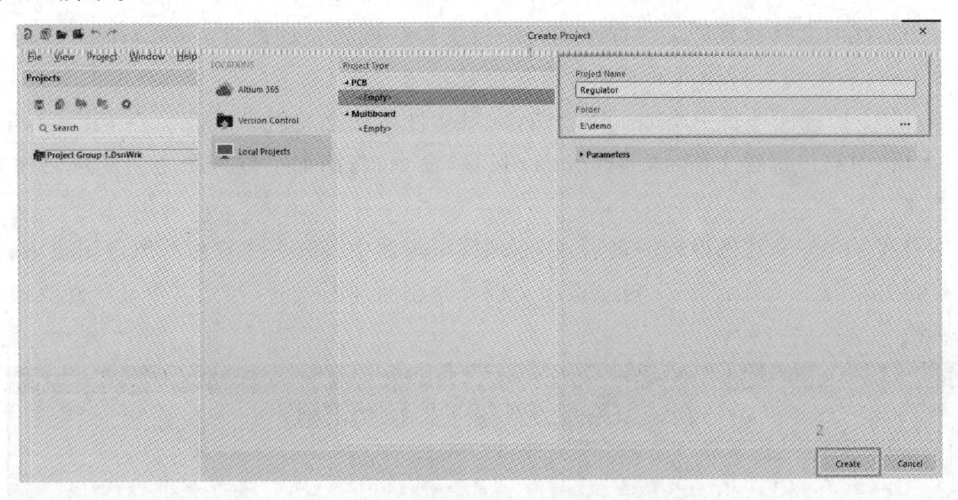

图 4.5　创建新项目文件

4.2.2　添加原理图

向新创建的项目中添加原理图，为其命名并将创建的原理图保存到项目文件中，如图 4.6 所示。

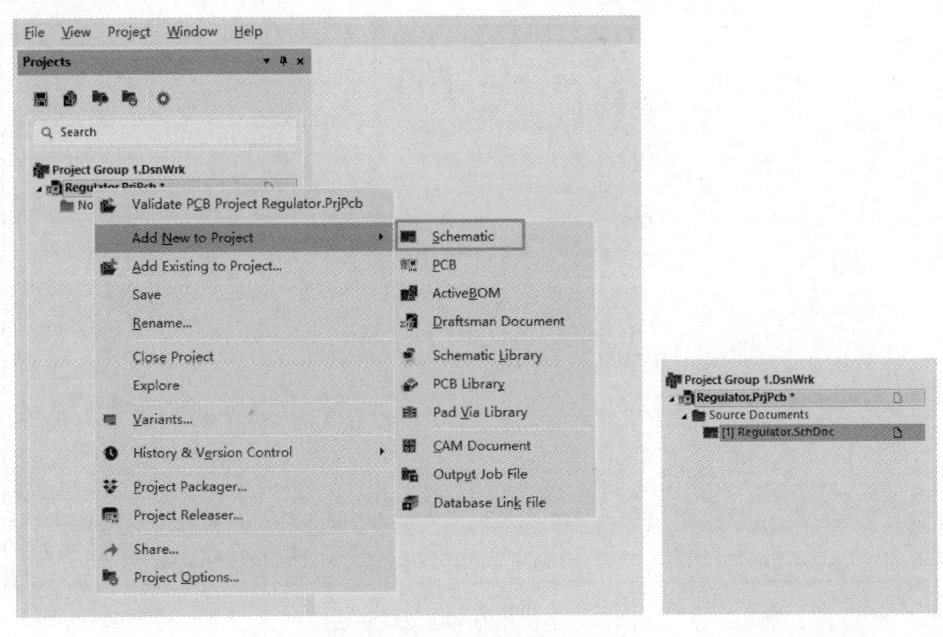

图 4.6　向项目中添加原理图

(1) 在 Projects panel(项目面板)中右击项目文件名称,选择 Add New to Project(向项目中添加文件)→Schematic(原理图)命令。设计空间中打开一个名为 Sheet1. SchDoc 的空白原理图。

(2) 将新添加的原理图图纸保存到本地,从主菜单中选择 File(文件)→Save As(另存为)命令,或在 Projects panel 中右击主菜单中的 Save As 命令。打开 Save As(另存为)对话框,将原理图保存在与项目文件相同的位置。在 File name(文件名)字段中输入名称 Regulator,单击 Save(保存)按钮(无须输入扩展名,Altium Designer 23 会自动添加扩展名)。注意,此时会将原理图文件保存到与项目文件相同目录的文件夹中,当需要保存到其他目录中时,需要输入目标目录的绝对目录路径。

(3) 由于已经向项目中添加了原理图,项目文件也随之发生了更改。在 Projects panel(项目面板)中右击工程文件名,选择 Save(保存)命令,将添加了原理图之后的项目文件保存到本地。

创建和保存好新建的原理图之后,在原理图编辑器中打开一张空白的原理图图纸,建好后的原理图如图 4.7 所示,在空白原理图文档上绘制原理图之前,首先需要设置好原理图文档的属性。

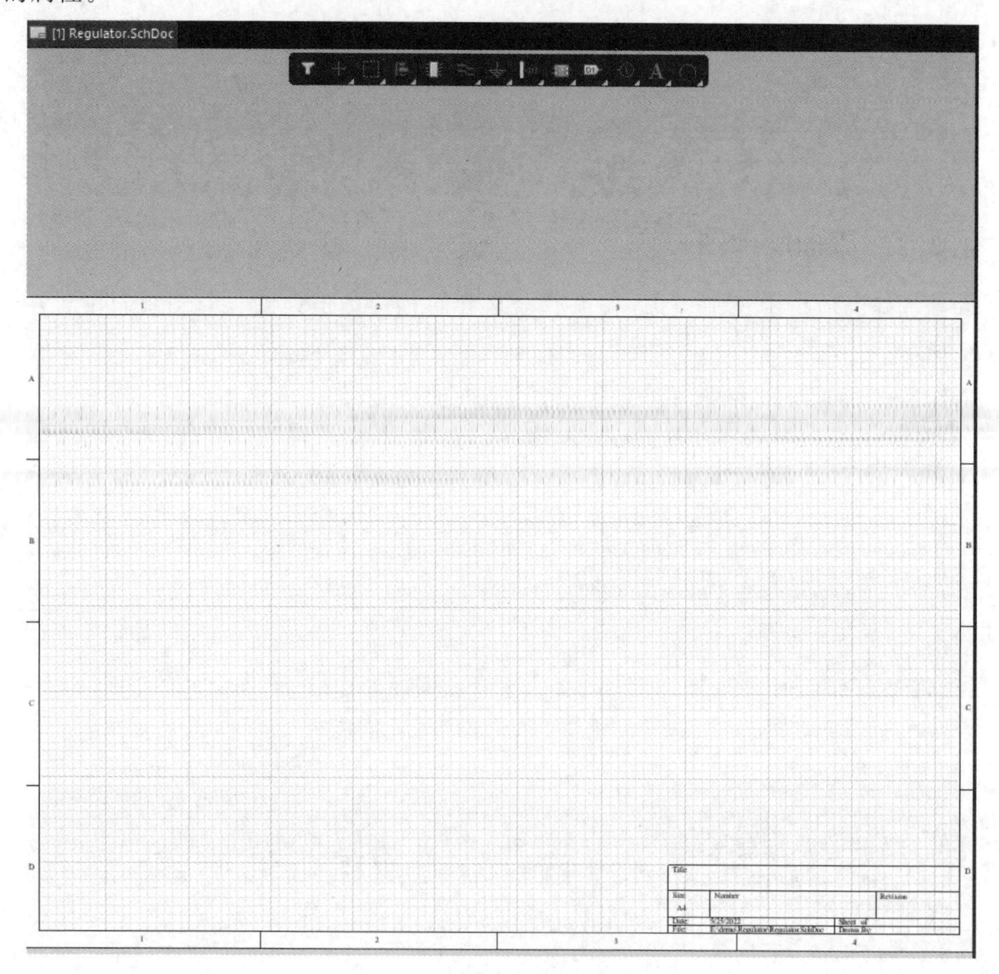

图 4.7　新创建的空白原理图图纸

4.2.3　设置文档属性选项

在开始绘制电路之前，需先设置好文档的属性，包括图纸尺寸、捕获栅格大小和可见栅格大小。首先，应为原理图图纸设置图纸尺寸大小。

原理图纸的属性均在交互的 Properties panel（属性面板）中进行配置，面板会自动显示选定对象的属性，如果在设计空间中未选定对象，则属性面板显示原理图图纸的属性。设置好的原理图文档属性如图 4.8 所示。

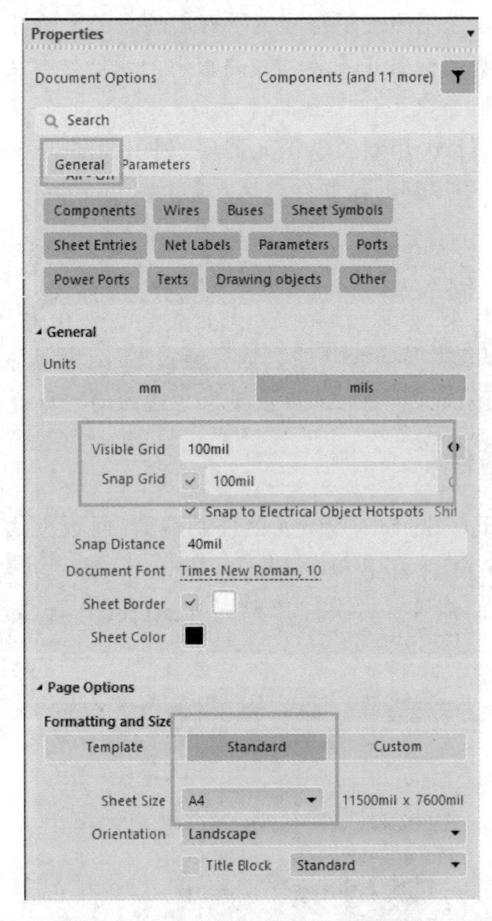

图 4.8　设置好的原理图文档属性

配置原理图图纸属性的步骤如下。

(1) 如果当前设计空间中看不到 Properties panel，单击应用窗口右下角的 Panels 按钮，在打开的菜单中选择 Properties（属性）。

(2) 此时 Properties panel 处于 Document Options（文档选项模式），Properties panel 的 General（常规）选项卡分为 Selection Filter（选择筛选器）、General（常规）和 Page Options（页面选项）几部分。每部分都可以通过其名称旁边的小三角形来打开/折叠。

(3) 选择原理图模板。在 Page Options（页面选项）部分的 Formatting and Size（格式和大小）区域中，选择用到的原理图模板，在这里选用的是标准的 A4 模板；也可以在 Template（模板）下拉列表中选择已有的原理图纸模板；或者采用自定义的原理图模板。

(4) 将 Visible Grid(可见栅格)和 Snap Grid(捕获栅格)字段的值设置为 100mil。

(5) 从主菜单中选择 View(视图)→Fit Document(将原理图放置到设计空间)命令,使得原理图纸完整平铺到整个设计空间,或按快捷键 V+D。

(6) 在原理图的 Projects panel 中单击 Save(存盘)按钮,将设置好属性的原理图保存到本地硬盘。

4.2.4 访问元器件

在原理图设计阶段,首先用原理图符号表示真实的电子元器件,然后再将原理图符号和 PCB 封装相匹配,从而设计出能真正安装到线路板上的元器件封装。

可以从 Workspace library(工作区元器件库)或 Database and File_based Libraries(元器件数据库文件)中选取项目中用到的电子元器件,利用 Altium Designer 自带的元器件搜索引擎(MPS)搜索到项目中用到的元器件之后,通过 Components(元器件)面板,将其放置到原理图上。

使用元器件编辑器为当前工作区内原理图创建一个新的工作区元器件库,既可以手动定义库中元器件数据(域模型、参数、选型等),具体操作步骤在第 5 章中详细描述;也可以从 Search(搜索)面板中搜索需要的元器件数据。通过 Search(搜索)面板,可以即时访问到最新的元器件库和供货商系统,其中对来自数千家制造商的数百万个元器件做了详细介绍。

4.2.5 搜索元器件

通过 Manufacturer Part Search(搜索元器件制造商)面板查找定位电原理图需要用到的元器件,单击应用程序窗口右下角的 Panels 按钮,从菜单中选择 Manufacturer Part Search(搜索元器件制造商)命令。首次打开 Manufacturer Part Search 面板后,将显示元器件类别列表,如图 4.9 所示。

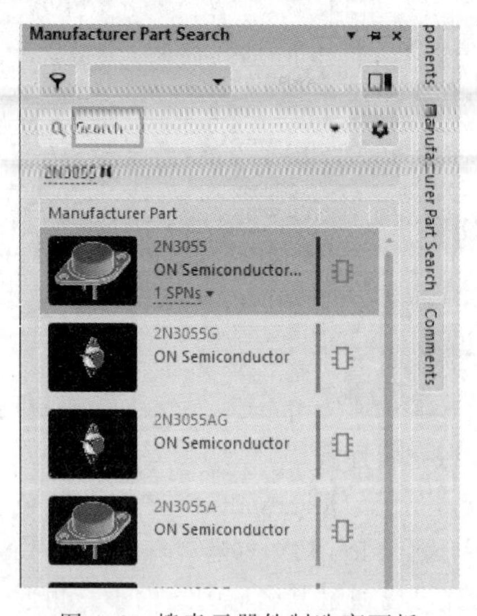

图 4.9 搜索元器件制造商面板

利用 Altium Designer 的高级元器件搜索引擎,通过在主界面 Search(查找)字段中直接输入待查询的元器件名称来查找需要用到的元器件。

1. 获取搜索结果

Manufacturer Part Search 面板的搜索结果区域将显示完全或部分匹配搜索条件的元器件列表。单击其中一个元器件以选中它,此时会显示一个链接,通过这个链接可以访问该元器件相关的最新供应链信息。Manufacturer Part Search 面板的搜索结果如图 4.10 所示。

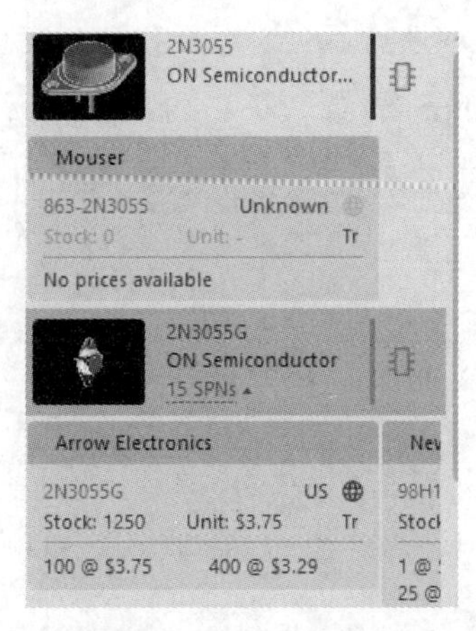

图 4.10 搜索结果

2. 查找稳压器元器件

如果在 Manufacturer Part Search 面板中找到的元器件有 Altium Designer 模型,将显示图标,在面板的 Component Details(元器件详细信息)窗格中,将显示它的原理图符号和 PCB 封装(单击面板中的按钮以显示此窗格,如果面板处于紧凑模式,则单击面板底部的按钮)。在当前工作区中可以访问到该元器件。在 Manufacturer Part Search 面板中查找自带模型的元器件如图 4.11 所示。

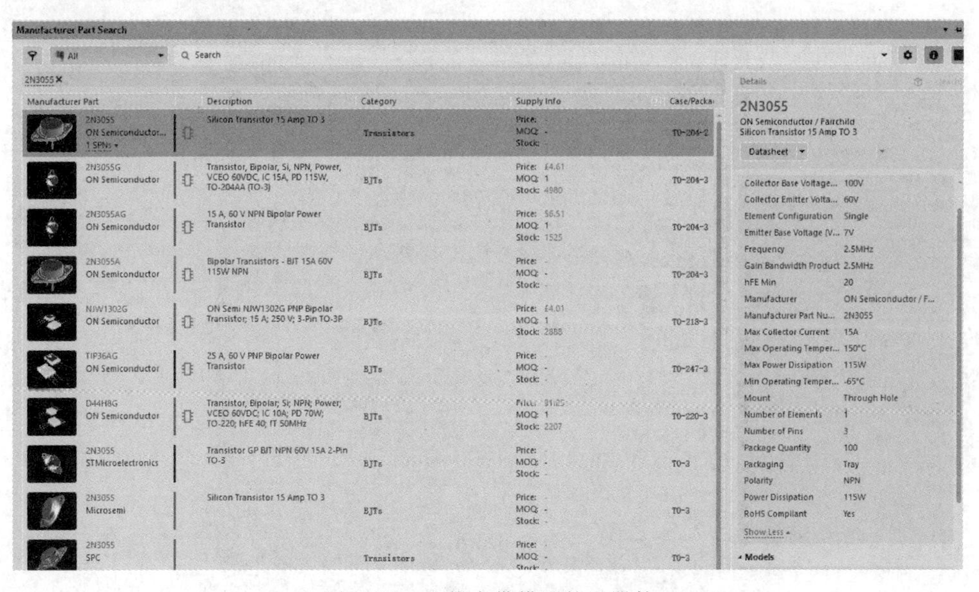

图 4.11 查找自带模型的元器件

从 Manufacturer Part Search 面板中将搜索到的元器件连接到当前工作区。

1）选择 Acquire（获取）命令

从面板的 Component Details（元器件详细信息）窗格中的 Download（下载）按钮菜单下选择 Acquire（获取）命令，或右击元器件，从快捷菜单中选择 Acquire（获取）命令，从 Manufacturer Part Search 面板中获取元器件如图 4.12 所示。

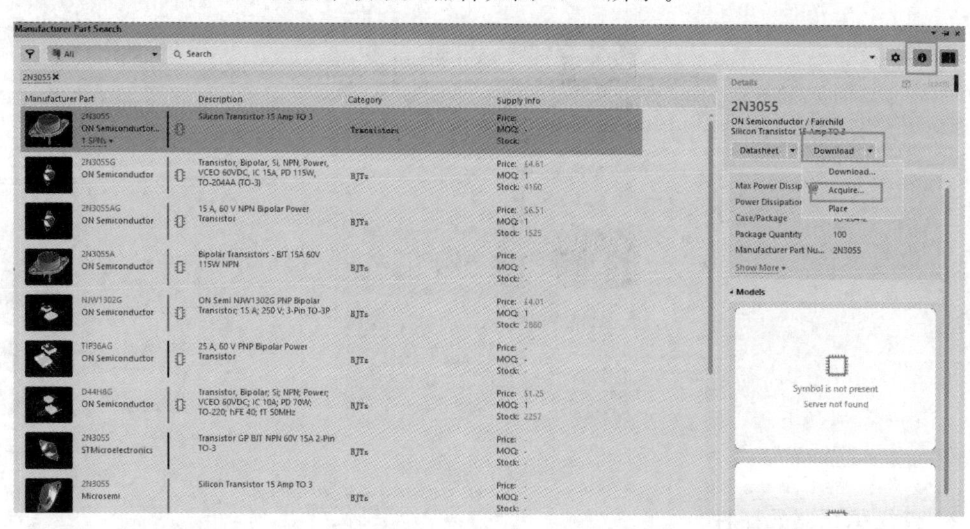

图 4.12　从 Manufacturer Part Search 面板中获取元器件

2）创建新元器件

弹出 Create new component（创建新元器件）对话框，从当前已连接的工作区定义的元器件类型中选择元器件类型，然后单击 OK（确定）按钮，创建新元器件对话框如图 4.13 所示。

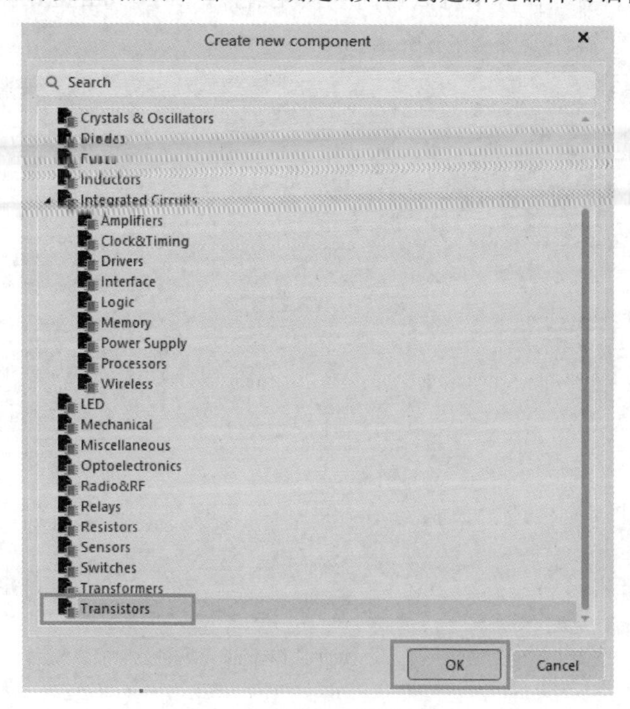

图 4.13　创建新元器件对话框

3）弹出 Use Component Data（在用元器件数据）对话框

在此对话框中选择新创建元器件的数据（包括参数、模型、数据手册等），选择完成之后，单击 OK（确定）按钮，在用元器件数据对话框如图 4.14 所示。

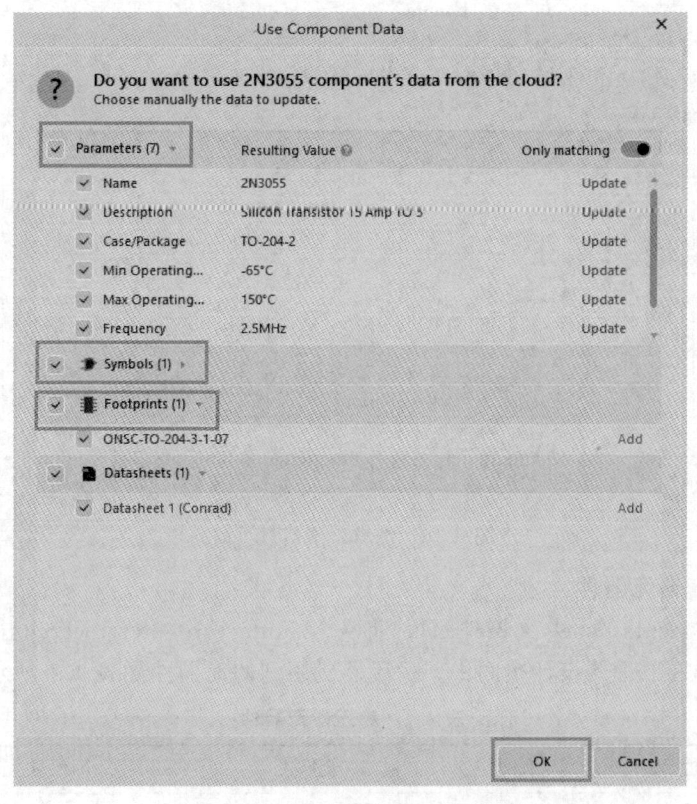

图 4.14　在用元器件数据对话框

4）将获取到的元器件保存到服务器

使用主菜单中的 File（文件）→Save to Server（保存到服务器）命令将新创建的元器件保存到已连接的工作区，如图 4.15 所示。

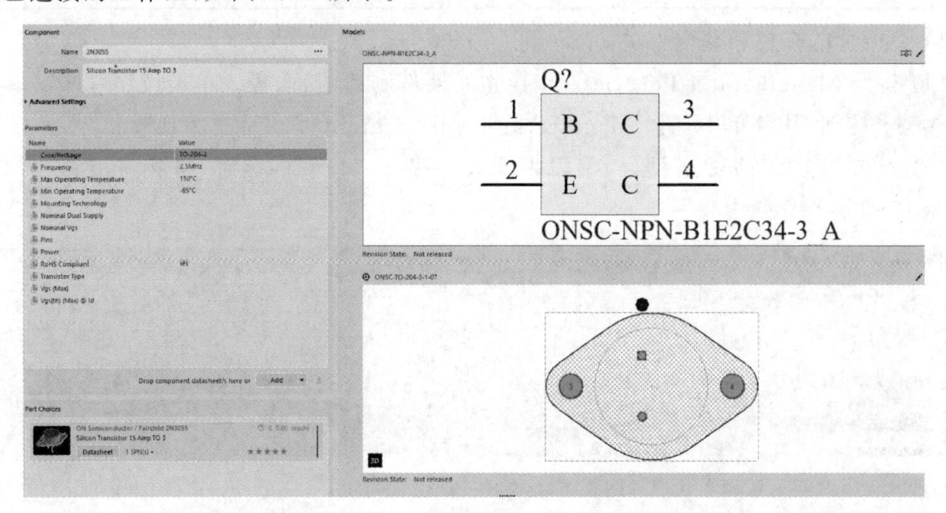

图 4.15　将获取到的元器件保存到服务器

5）编辑版本信息

此时将弹出 Edit Revision for Item（编辑项目修订）对话框，在 Release Notes（版本说明）字段中输入元器件修订版本的注释，然后单击 OK（确定）按钮，编辑版本信息页面如图 4.16 所示。

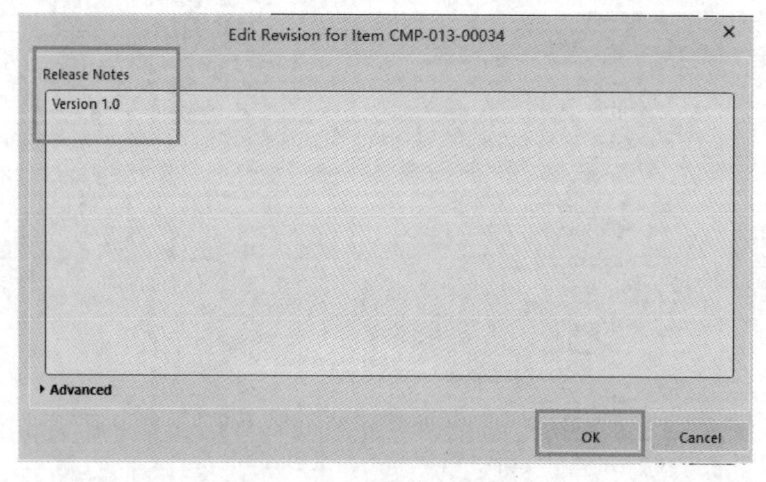

图 4.16 编辑版本信息页面

3. 获取稳压器元器件

通过 Components panel（元器件面板）将从 Manufacturer Part Search 中获取的元器件放置到当前工作区原理图设计空间中。稳压器所用到的元器件如表 4.1 所示。

表 4.1 稳压器元器件

设计位号	描 述	注 释
Q1	2N3055	三极管
D2	UDZV8=2B	二极管
C1,C2	100uf	电容
R2,LOAD	270	电阻
V3	12V	电池

1）三极管的查找和获取

（1）打开 Manufacturer Part Search（搜索元器件制造商）面板。单击应用程序窗口右下角的 Panels 按钮，从菜单中选择 Manufacturer Part Search（搜索元器件制造商）。

（2）在该面板的 Search（搜寻）字段中输入待搜寻三极管的名称，查找三极管 2N3055，如图 4.17 所示。

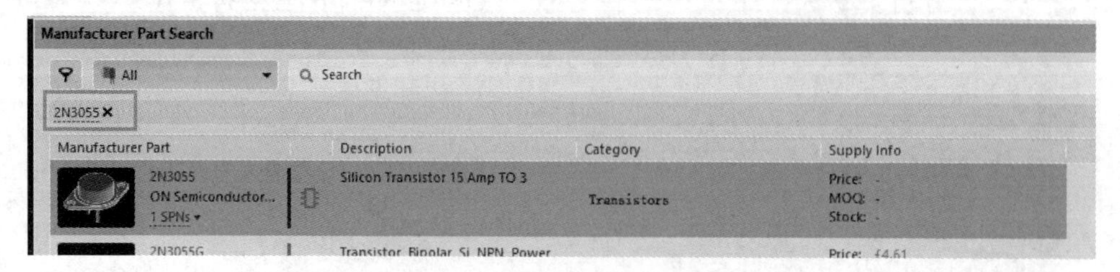

图 4.17 查找三极管 2N3055

(3) 在搜索出的结果中选定待查三极管的型号 2N3055。

(4) 单击面板上出现的 SPN 链接,查看选中的元器件是否有货,如图 4.18 所示。

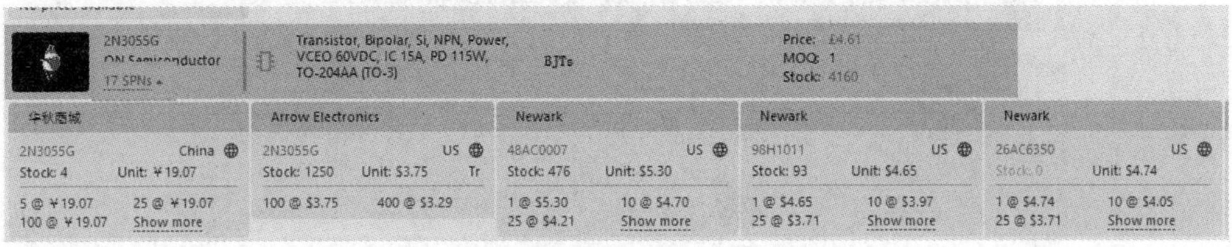

图 4.18 查看选中的元器件是否有货

(5) 单击面板中的 按钮,在面板的 Component Details(元器件详细信息)窗格中,将显示它的原理图符号和 PCB 封装(如果面板处于紧凑模式,则单击面板底部的 按钮),可以看到选中元器件的属性和模型,在这里选择元器件的原理图符号和 PCB 封装。

(6) 选中需要用到的三极管之后,从面板的 Component Details(元器件详细信息)窗格中的 Download(下载)菜单下选择 Acquire(获取)命令。

(7) 在打开的 Create new component(创建新元器件)对话框中,选择元器件类型 Transistors(三极管),然后单击 OK(确定)按钮,创建新元器件页面如图 4.19 所示。

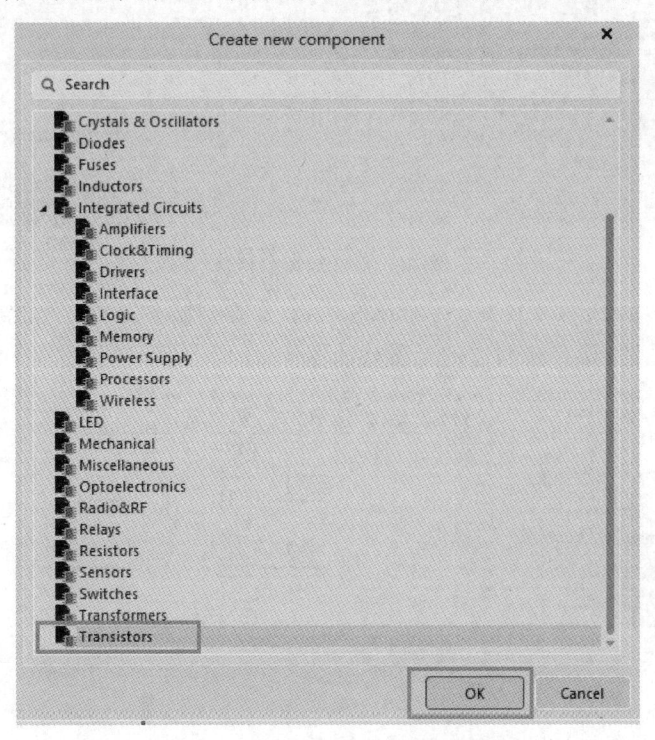

图 4.19 创建新元器件页面

在弹出的 Use Component Data(在用元器件数据)对话框中,关闭对话框右上角的 Only matching(唯一匹配)选项,启用 Parameters(参数)、Symbols(符号)、Footprints(封装)和 Datasheets(数据手册)选项,然后单击 OK(确定)按钮,在用元器件数据对话框(三极管)如图 4.20 所示。

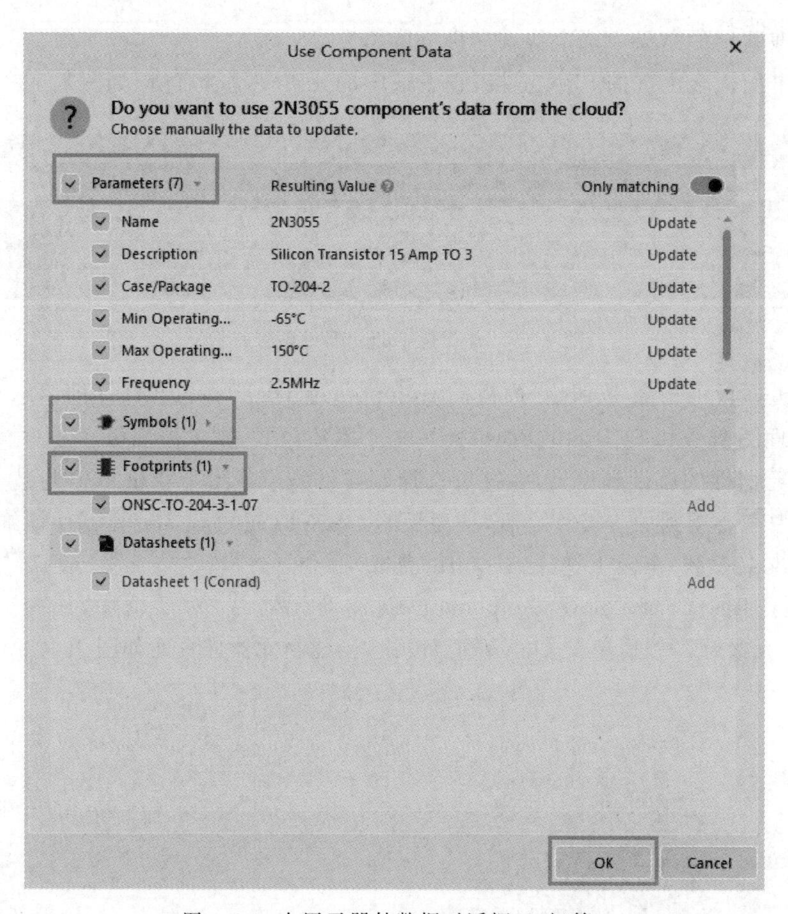

图 4.20　在用元器件数据对话框(三极管)

使用主菜单中的 File(文件)→Save to Server(保存到服务器)命令将新创建的元器件保存到已连接的工作区,保存新创建的元器件如图 4.21 所示。

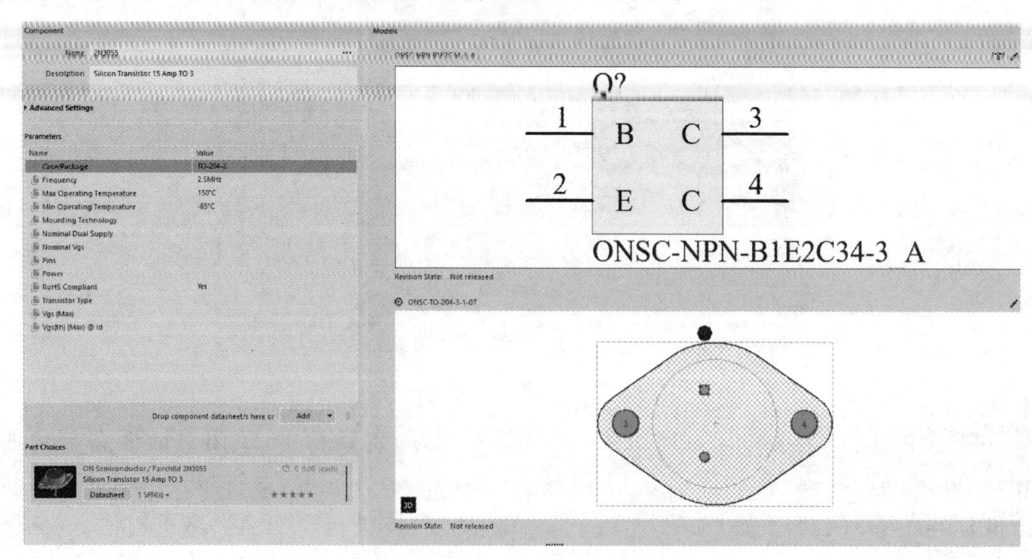

图 4.21　保存新创建的元器件

（8）此时将弹出 Edit Revision for Item（编辑项目版本）对话框，在 Release Notes（版本说明）字段中输入元器件修订版本的有意义的注释，然后单击 OK（确定）按钮。在将元器件保存到工作区的同时，会打开一个状态对话框，保存好之后，关闭 Component Editor（元器件编辑器）。

2）电容的查找和获取

（1）返回 Manufacturer Part Search（搜索元器件制造商）面板，在该面板的 Search（搜寻）字段中输入待搜寻电容的名称 Capacitor 100uF 16V。

（2）在查询结果中选择 KEMET T495D107K016ATE125，右击，从下拉菜单中选择 Acquire（获取）命令。

（3）在打开的 Create new component（创建新元器件）对话框中，选择元器件类型 Capacitors（电容），然后单击 OK（确定）按钮，创建新电容页面如图 4.22 所示。

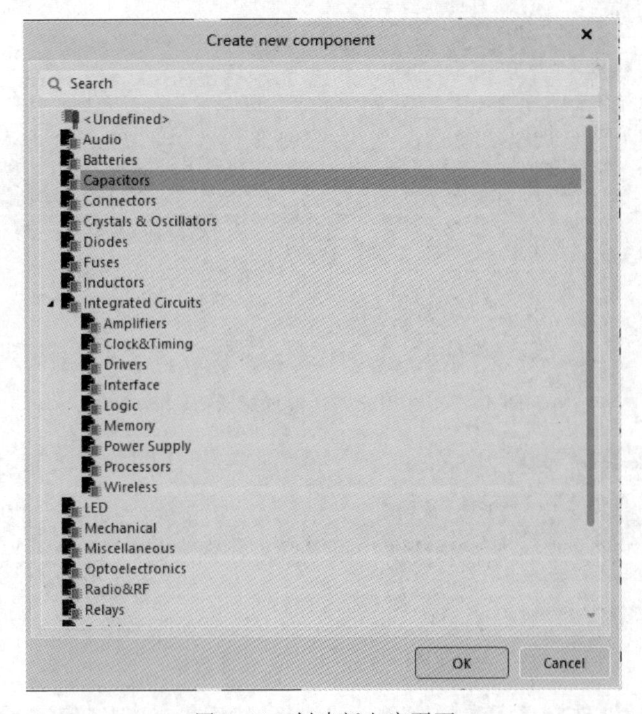

图 4.22　创建新电容页面

（4）在弹出的 Use Component Data（在用元器件数据）对话框中，关闭对话框右上角的 Only matching（唯一匹配）选项，启用 Parameters（参数）、Symbols（符号）、Footprints（封装）和 Datasheets（数据手册）选项，然后单击 OK（确定）按钮，在用元器件数据对话框（电容）如图 4.23 所示。

（5）此时将弹出选定数据的 Single Component Editor（单个元器件编辑器）对话框，选取加载的数据，在编辑器左上角 Component（元器件）域的 Name（名称）字段中，将元器件名称修改为 T495D107K016ATE125，选定电容的名称数据如图 4.24 所示。

（6）采用数据的默认值，使用主菜单中的 File（文件）→Save to Server（保存到服务器）命令将新创建的元器件保存到已连接的工作区。

（7）此时将打开 Edit Revision for Item（编辑项目版本）对话框，在 Release Notes（版本

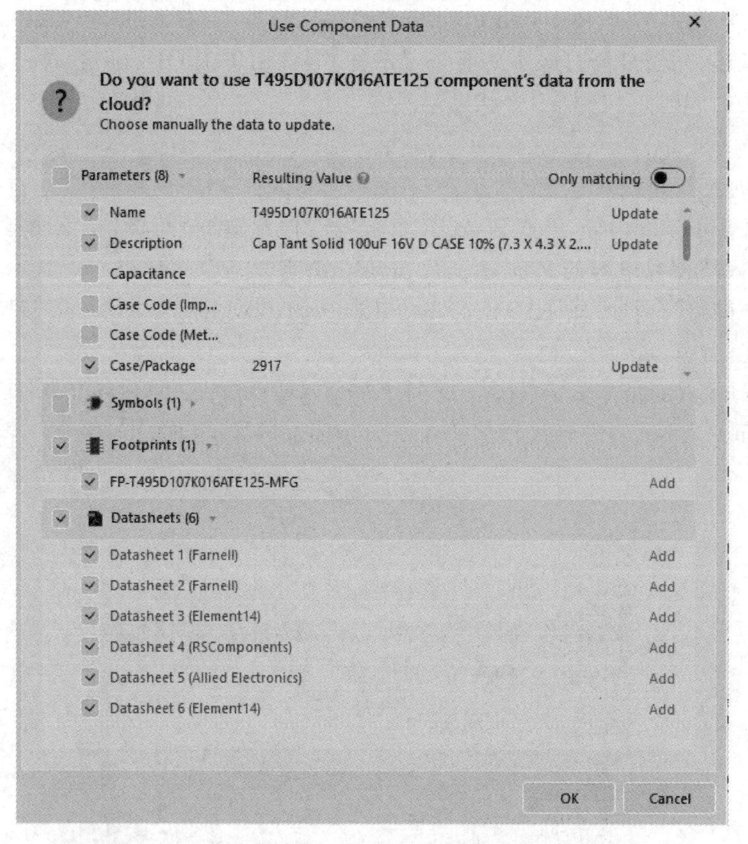

图 4.23　在用元器件数据对话框(电容)

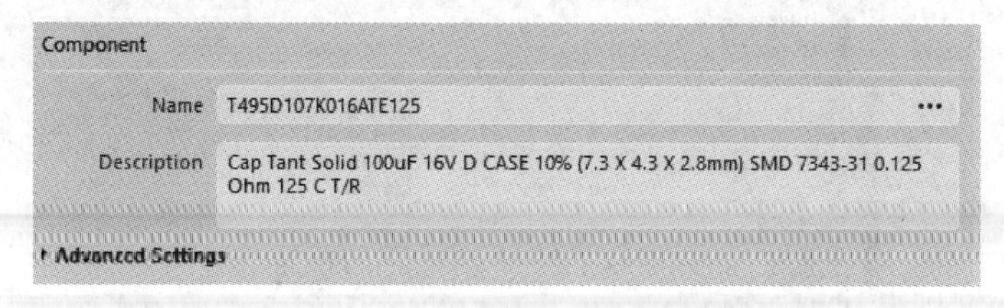

图 4.24　选定电容的名称数据

说明)字段中输入元器件修订版本的有意义的注释,然后单击 OK(确定)按钮。在将元器件保存到工作区的同时,会打开一个状态对话框,保存后,关闭 Component Editor(元器件编辑器)。

3) 电阻的查找和获取

(1) 返回并打开 Manufacturer Part Search(搜索元器件制造商)面板,在该面板的 Search(搜寻)字段中输入待搜寻电阻的名称 Resistor 270 5% 0805。

(2) 在查询结果中选择 Vishay CRCW0805270RFKEA,右击,从下拉菜单中选择 Acquire(获取)命令。

(3) 在打开的 Create new component(创建新元器件)对话框中,选择元器件类型 Resistors(电阻),单击 OK(确定)按钮。

(4) 在打开的 Use Component Data(在用元器件数据)对话框中,关闭对话框右上角的

Only matching(唯一匹配)选项,启用 Parameters(参数)、Symbols(符号)、Footprints(封装)和 Datasheets(数据手册)选项,然后单击 OK(确定)按钮。

(5) 弹出选定数据 Single Component Editor(单个元器件编辑器)对话框,选取加载的数据,在编辑器左上角 Component(元器件)域的 Name(名称)字段中,将元器件名称修改为 Resistor 270 5% 0805。

(6) 采用数据的默认值,使用主菜单中的 File(文件)→Save to Server(保存到服务器)命令将新创建的元器件保存到已连接的工作区。

(7) 此时将打开 Edit Revision for Item(编辑项目版本)对话框,在 Release Notes(版本说明)字段中输入元器件修订版本有意义的注释,然后单击 OK(确定)按钮。在将元器件保存到工作区的同时,会打开一个状态对话框,保存后,关闭 Component Editor(元器件编辑器)。

以同样的方式搜索和获取表 4.1 中的所有元器件。

4. 将选中的元器件放置到原理图上

Altium Designer 连接到工作区时,Components panel(元器件面板)将列出本项目设计工作区内可用的全部元器件。Components panel(元器件面板)具备与 Manufacturer Part Search(元器件制造商查询)面板相同的搜索功能,支持字符串的搜索、关键字搜索或将二者相结合,此外,还具备 Find Similar Components(查找相似元器件)的功能。

单击应用程序窗口右下角的 Panels 按钮,从菜单中选择 Components(元器件),打开元器件面板,元器件面板如图 4.25 所示。

元器件 Categories(类别)窗格(或面板紧凑模式下的下拉菜单中)All(全部类别)条目下列出了所有工作区内可用的元器件。当面板处于正常模式时,单击 Categories(类别)列表图标展开列表。类别结构反映了当前工作区上定义的元器件类型,可使用 Preferences(选项配置)对话框的 Data Management-Component Types page(数据管理-元器件类型)页面查看和管理元器件类型,浏览存储在工作区中的元器件页面如图 4.26 所示。

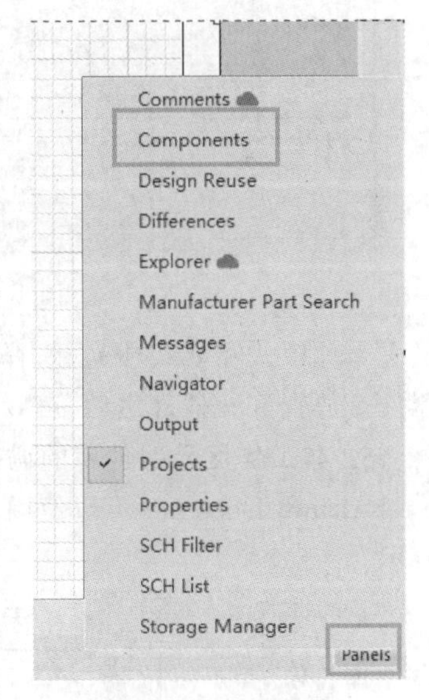

图 4.25 元器件面板

有三种不同方式将面板中的元器件放置到工作区。

(1) 单击 Component Details(元器件详细信息)窗格中的 Place(放置)按钮,光标自动移动到原理图图纸区内,光标上显示元器件,将其定位后,单击放置元器件。放置好一个元器件之后,光标上将出现相同类型元器件的另一个实例,右击退出放置模式。通过 Place(放置)按钮放置元器件如图 4.27 所示。

(2) 右击元器件,从出现的下拉菜单中选择 Place(放置)命令。元器件出现在光标上,将其定位后,单击放置。注意,如果面板漂浮在设计空间上,它会淡出以方便看到原理图并放置元器件。放置好一个元器件之后,光标上将出现相同类型元器件的另一个实例,右击退出放置模式。

(3) 单击 Hold&Drag(按住并拖动),单击元器件并将其从面板的栅格区拖到原理图图

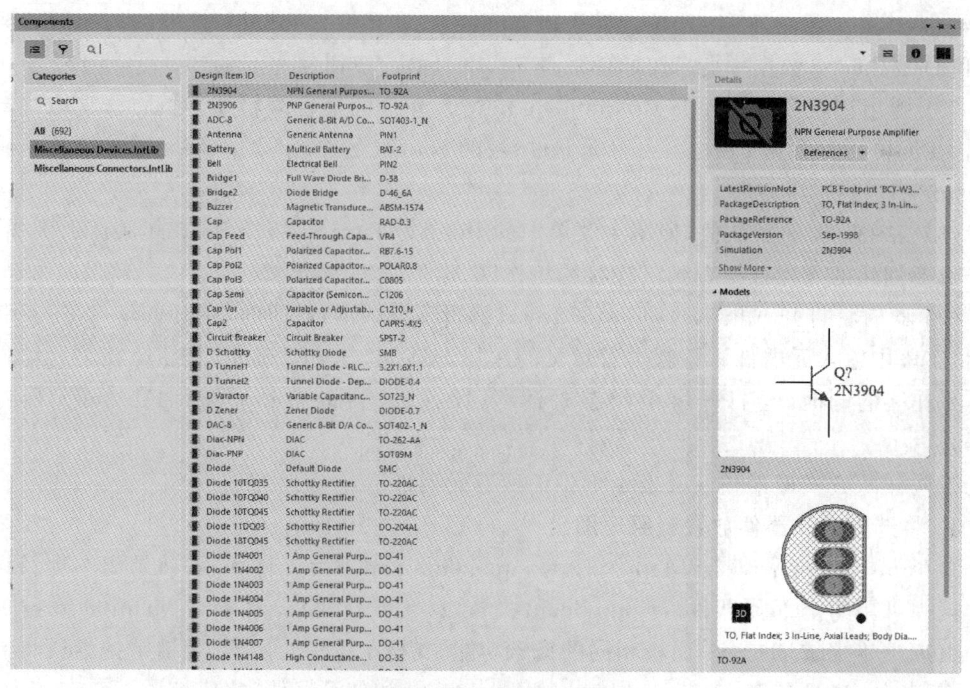

图 4.26 浏览存储在工作区中的元器件页面

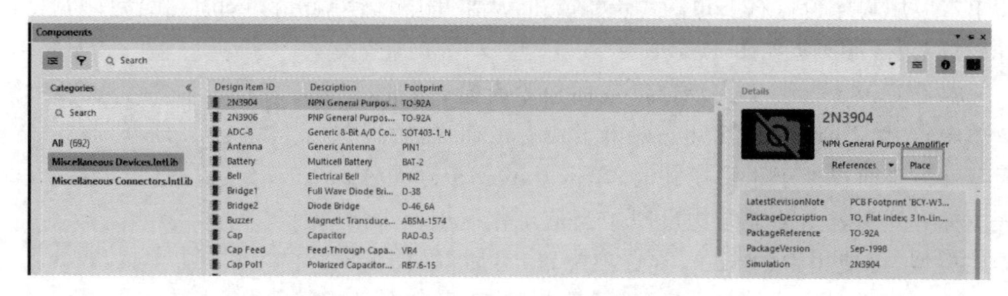

图 4.27 通过 Place(放置)按钮放置元器件

纸上。此模式需要按住光标,释放光标时放置元器件。使用这种方法一次只能放置一个元器件。放置好元器件之后,可以自由选择另一个元器件或其他命令。

5. 非工作区元器件库的调用

Altium Designer 可以使用四种非工作区元器件存储库,对应的库类型和功能如表 4.2 所示。

表 4.2 四种非工作区元器件存储库

库 类 型	功 能
原理图库	在原理图库中创建元器件的原理图符号,原理图库存储在本地。每个元器件的原理图符号都对应该元器件的 PCB 封装,可以根据元器件的产品规格书为其添加详细的元器件参数
PCB 库	PCB 封装(模型)存储在 PCB 库中,PCB 封装库存储在本地。PCB 封装包括元器件的电气特性,如焊盘;元器件的机械特性,如丝印层、尺寸、胶点等。此外,它还定义了元器件的三维影像,通过导入 STEP 模型来创建放置三维主体对象

续表

库　类　型	功　　能
元器件库包/集成库	除了直接利用原理图库和 PCB 库实现设计，还可以将元器件元素编译成集成库（*.IntLib，集成库存储在本地）。此时，将生成一个统一的可移植库，其中包含所有模型和符号。集成库由库文件包（*.LibPkg）编译而成，它本质上是一个特殊目的的项目文件，包含了源原理图库文件（*.SchLib）和 PCB 库文件（*.PcbLib），将二者作为源文件添加到集成库中。作为编译过程的一部分，还可以通过集成库检查潜在的问题，如模型缺失、原理图引脚和 PCB 焊盘之间不匹配等问题
Altium 数据库	中间数据库库文件（DbLib）将外部 ODBC 数据源显示为 Altium 元器件库（每条记录对应一个元器件）。Altium 模型（原理图符号、PCB 封装等）存储在基于文件的数据库中，可以引用数据库中的每条记录。将 DbLib 数据库字段映射为元器件参数，在放置元器件的同时，从 DbLib 中检索并添加到元器件属性中

Altium Designer 设计过程中，通过“可用的元器件库”放置元器件，“可用的元器件库”包括以下三种：当前工程中的库——如果库文件是该项目的一部分，那么其中的元器件可放置在本项目中；已安装的库——已在 Altium Designer 中安装好的库，库中的元器件可在任何开放项目中使用；已定义搜索路径上的库——可以定义包含多个库的文件夹的搜索路径。每次在面板中选择新元器件时都会搜索已定义搜索路径中的所有文件，这种方法只推荐用于包含简单模型定义的库，例如仿真模型，可以使用已定义搜索路径上的库；对于复杂模型，例如包含 3D 模型的封装库不推荐使用搜索路径。

1）安装库文件

已经安装好的库文件在 Available File_based Libraries（可用的库文件）对话框的 Installed（已安装）选项卡中。要打开该对话框，需单击 Components（元器件）面板顶部的 ≡ 按钮，从菜单中选择 File_based Libraries Preferences（库文件选项配置），已安装的元器件库页面如图 4.28 所示。

2）在库中搜索元器件

Altium Designer 的库搜索功能协助用户在已安装和当前未安装的库中查找相应的元器件，通过单击 Components（元器件）面板上的 ≡ 按钮，选择菜单中的 File_based Libraries Search（库文件查询）对话框。该对话框的上半部分定义需要查找什么内容，下半部分定义到哪里查找这些内容，在已安装的库或硬盘驱动器上的库中搜索元器件如图 4.29 所示。

可在以下库中搜索元器件。

（1）已安装的库（可用的库）。

（2）位于硬盘驱动器上的库（带路径的库）。路径设置为指向包含文件库的文件夹，例如提供的库存储在 D:\Users\Public\Documents\Altium\AD23\Library 中。

单击 Search（搜索）按钮开始搜索，当完成搜索后，搜索结果将显示在 Components（元器件）面板中。

只能从已安装的库中选取元器件进行放置，当试图从当前未安装的库中选取元器件放置时，会出现 Confirm the installation（请确认该库的安装情况）的提示。

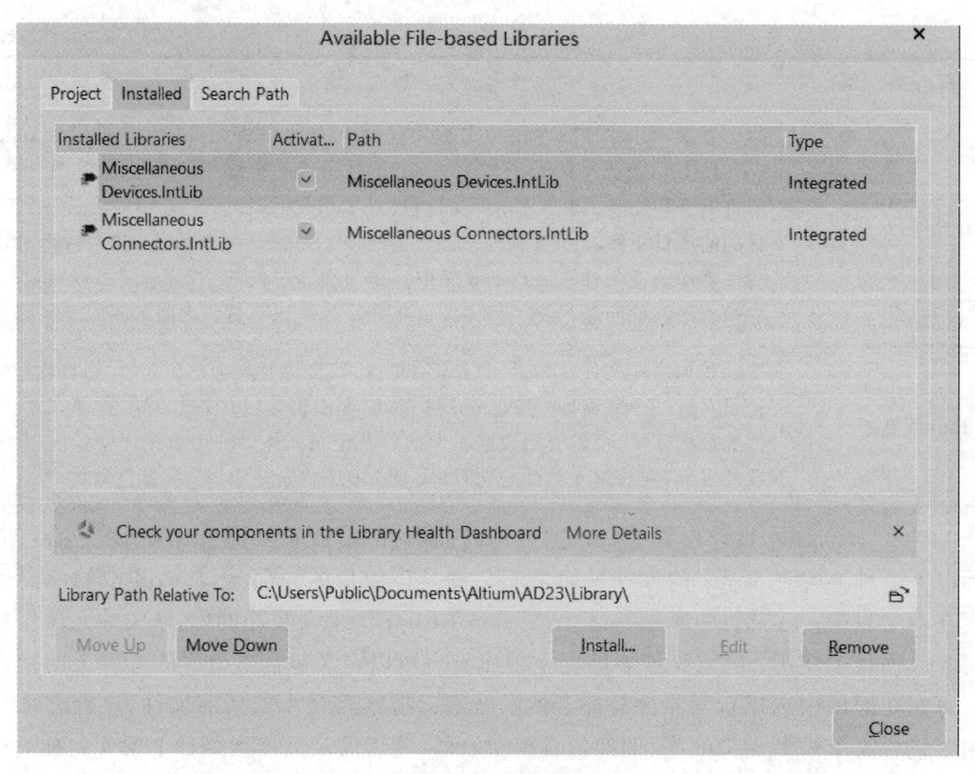

图 4.28 已安装的元器件库页面

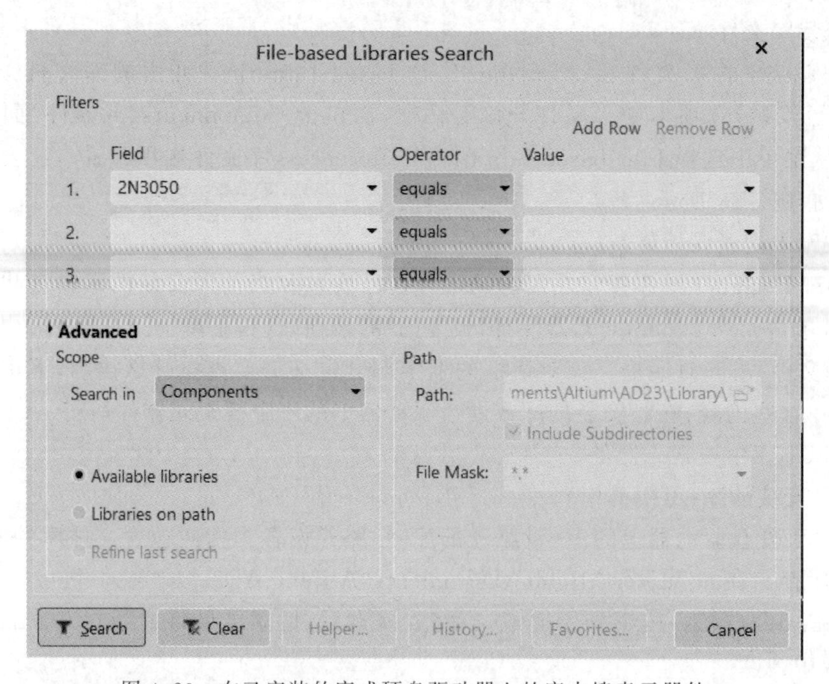

图 4.29 在已安装的库或硬盘驱动器上的库中搜索元器件

4.2.6 放置稳压器元器件

通过 Components(元器件)面板,将元器件放置到稳压器电原理图中,继续查找并放置全部元器件，如图 4.30 所示。

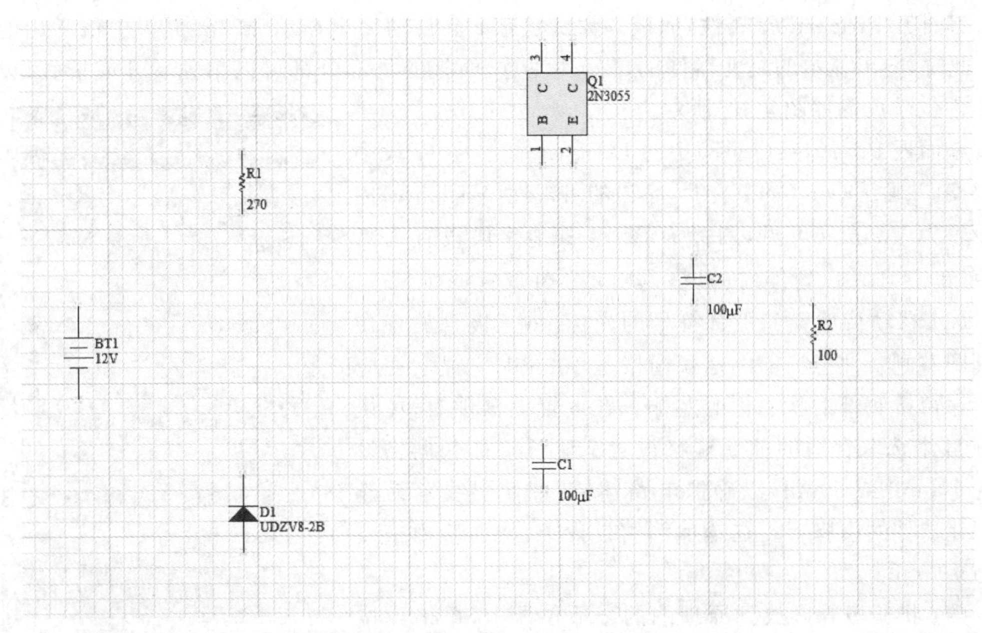

图 4.30　查找并放置全部元器件

1. 放置三极管

(1) 在主菜单中选择 View(查看)→Fit Document(平铺文档)(快捷键 V+D)命令，将编辑的原理图满屏平铺到编辑窗口中。

(2) 打开 Components(元器件)面板，单击应用程序窗口右下角的 Panels 按钮，从菜单中选择 Components(元器件)。

(3) 单击 Components(元器件)面板顶部的按钮，在菜单中选择 Refresh(刷新)命令，更新通过 Manufacturer Part Search(制造商器件搜索)获取到元器件的面板内容。

(4) 在面板的 Search(搜索)字段中输入 Transistor 2N3055(三极管 2N3055)。

(5) 单击面板中的按钮，在面板的 Component Details(元器件详细信息)窗格中(如果面板处于紧凑模式，则单击面板底部的按钮)，可以看到选中元器件的属性和模型。

(6) 在显示面板中，单击选择所需的三极管，然后单击 Place(放置)按钮，放置三极管页面如图 4.31 所示。光标将变为十字准线，此时将有一个三极管的符号浮现在光标上，处于元器件放置模式，四处移动光标，三极管将随之移动。

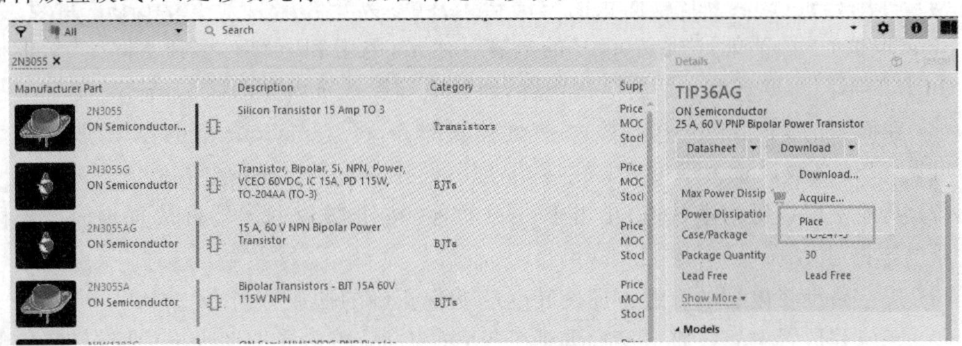

图 4.31　放置三极管页面

(7) 在将元器件放置到原理图上之前，可以编辑其属性。当三极管漂浮在光标上时，按 Tab 键打开 Properties(属性)面板。默认状态下会自动突出显示(高亮)面板中最常用的字段；此时，突出显示的是元器件的位号。注意，面板的每部分都可以单独展开或折叠，设置元器件位号页面如图 4.32 所示。

在面板 Properties(属性)中的 Designator(位号)字段中输入 Q1。确认 Comment(注释)字段的可视性(Visibility)控制设置为 Visible(可见，图标为)。其他字段设置为默认值，单击 Pause(暂停)按钮 返回元器件放置页面。

(8) 移动待放置三极管符号的光标，将三极管放置在原理图左侧。注意当前的捕获栅格是 100mil，它显示在应用程序窗口底部的状态栏的左侧。在放置元器件时，按快捷键 G 来选取合适的捕获栅格设置。建议将捕获栅格设定为 100mil 或 50mil，以确保电路整洁，并使引线容易连接到元器件的引脚上。在本示例的设计中，将捕获栅格设定为 100mil。

(9) 将三极管摆放到原理图的合适位置上，单击或按键盘上的 Enter(回车)键，将三极管放到原理图上。

(10) 移动光标，会发现 Altium Designer 已经将三极管的副本放置到原理图图纸上，此时仍处于元器件放置模式，三极管符号浮动在光标上。此功能允许放置多个相同类型的元器件。

(11) 右击或按键盘上的 Esc(退出)键，退出元器件摆放模式，光标恢复成一个标准箭头。

图 4.32 设置元器件位号页面

2. 放置电容

(1) 返回 Components 面板，在其中搜索 Capacitor 100μF 16V。

(2) 在搜索结果中，右击选定的电容，选择 Place(放置)命令。

(3) 此时将有一个电容的符号浮现在光标上，按 Tab 键打开 Properties(属性)面板。

(4) 在属性面板的 General(常规属性)中，输入电容的 Designator(位号)C1。

(5) 展开 Properties(属性)面板的 Parameters(参数)部分，打开 Footprint(封装)条目的 Value(取值)下拉菜单，选取 100μF 的电容。通常，电阻和电容有多种不同模型，根据所设计 PCB 的不同密度选取合适封装的电容，设置电容属性页面如图 4.33 所示。

(6) 在面板的 Parameters(参数)可视性控制部分，将 Capacitance(电容)的取值参数设置为可见，其他参数设置为不可见。之后，原理图设计空间上会显示电容值。

(7) 其他字段设置为默认值，单击 Pause(暂停)按钮 返回元器件放置页面。光标上会悬浮电容符号。

(8) 按空格键将电容的放置方向旋转 90°，确保正确的摆放方向。

(9) 定位并放置电容。将电容放置到三极管的右面，单击或按键盘上的回车键，将电容放到原理图上。

(10) 右击或按键盘上的 Esc(退出)键,退出元器件摆放模式,光标恢复成一个标准箭头。

3. 放置电阻

(1) 在 Components 面板中搜索 Resistor 270。

(2) 在搜索到的结果中选择阻值为 270Ω 电阻,在面板的 Models(模型)部分显示它的封装。电阻和电容有多种不同的封装模型,根据所设计 PCB 的不同密度选取合适封装的电阻,设置电阻属性页面如图 4.34 所示。

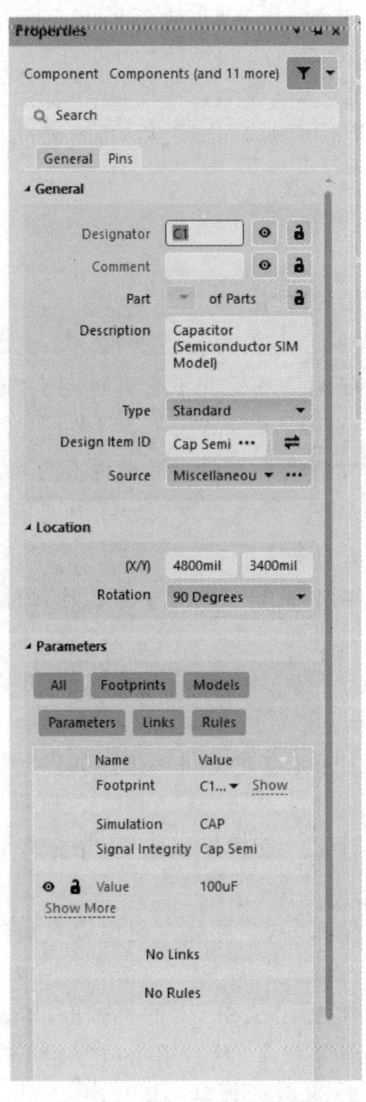

图 4.33 设置电容属性页面

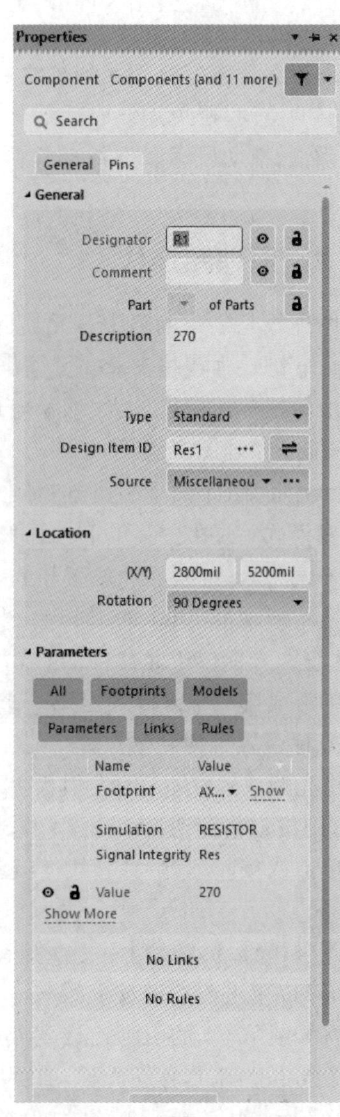

图 4.34 设置电阻属性页面

(3) 在搜索结果中,右击选定的电容,选择 Place(放置)按钮。

(4) 此时将有一个电阻符号浮现在光标上,按 Tab 键打开 Properties(属性)面板。在属性面板的 General(常规属性)中,输入电阻的 Designator(位号)R1。在面板的 Parameters(参数)可视性控制部分,将 Resistance(电阻)的取值参数设置为可见,其他参数设置为不可见。

之后，原理图设计空间上会显示电阻值。

(5) 其他字段设置为默认值，单击 Pause(暂停)按钮 返回元器件放置页面，此时，光标上会悬浮电阻符号。

(6) 按空格键将电阻的放置方向旋转 90°，确保正确的摆放方向。

(7) 定位并放置电阻。将电阻放置到三极管的左面，单击或按键盘上的回车键，将电阻放到原理图上。

(8) 按照上述方式，放置其余电阻 R2，放置第二个电阻时，元器件的位号会自动加一。

(9) 右击或按键盘上的 Esc(退出)键，退出元器件摆放模式，光标恢复成一个标准箭头。

在原理图上摆放好全部元器件之后，应确保图中各器件之间保持一定的距离间隔，为连线提供足够的空间，避免连线时元器件引脚之间短路。如需移动元器件，单击并保持该元器件的主体，然后拖动鼠标来重新定位它。当全部元器件均摆放完成之后，接下来准备给原理图连线。

4.2.7 原理图连线

原理图连线是创建电路中各元器件之间电气连接的过程。

按 PgUp 键放大或按 PgDn 键缩小电原理图，确保原理图有合适的视图。也可以按住 Ctrl 键并滚动鼠标滚轮以放大/缩小电原理图，或者按住 Ctrl 键和鼠标右键向上/向下拖动鼠标放大/缩小原理图视图。

(1) 将电阻器 R1 的下引脚连接到三极管 Q1 的发射极上。单击活动栏上的 按钮，进入导线放置模式；或在主菜单上选择 Place(放置)→Wire(导线)，进入导线放置模式；也可按快捷键 Ctrl+W，进入导线放置模式。之后，光标变为十字准线。

(2) 将光标放置在 R1 的引脚上，当处于正确位置时，光标处将显示红色连接标记(红色十字)。这表明光标位于元器件的有效电气连接点上。

(3) 单击或按回车键以固定第一个导线连接点。移动光标，随着光标的移动，将看到一根导线从光标位置延伸到锚点。

(4) 将光标放置在 Q1 的发射极上，直到光标变为一个红色连接标记。如果导线转角方向不正确，则按空格键切换。

(5) 单击或按回车键，将导线连接到 Q1 的发射极上。连接好线之后，光标将从该导线上释放出来。

(6) 此时，光标仍然是十字线，表示准备好放置另一条线。要完全退出放置模式返回到箭头光标，可以单击或按键盘上的 Esc(退出)键。

(7) 将导线从 C1 的引脚连接到 Q1 的基极。将光标定位在 C1 的引脚上，单击或按回车键启动新导线。垂直移动光标，直到它连接到 Q1 的基极上，然后单击或按回车键放置线段。同样，光标将从该导线上释放，保持处于连线模式，准备放置另一条导线。

(8) 将原理图的其余部分连上线。放置好所有导线后，单击或按 Esc 键退出连线模式，光标恢复成箭头。

为原理图中各元器件的引脚连好线之后，相互连接的每一组元件引脚便构成了一个网络。例如三极管 Q1 的基极、R1 的一个引脚和 C1 的一个引脚便构成了一个网络。Altium Designer 自动为每个网络分配一个系统生成的名称，该名称基于该网络中的一个元器件管脚。

为了便于在设计中识别重要的网络，可以人为指定网络名称，即添加网络标签。对于稳压器电路，将在电路中标记12V和GND网络。除了识别网络名称的功能，网络标签还用于创建同一原理图上两个独立的点之间的连接。

在原理图上摆放好全部元器件，对各个元器件的引脚连上线，添加好网络标签之后，第一张电原理图便完成了。但是，不要着急，在将原理图转换为PCB之前，需要配置项目选项并检查设计是否存在错误。

4.2.8　设置项目选项和动态编译

项目特定设置在Project Options（项目选项）对话框中配置，在主菜单中选择Project（项目）→Project Options（项目选项）命令。项目选项设置包括配置错误检查参数、连通矩阵、类生成设置、比较器设置、项目变更顺序（ECO）生成、输出路径和连接性选项、多通道命名格式和项目级参数等。

从File（文件）和Reports（报告）菜单中设置如装配输出、制造输出和报告等项目输出。这些设置存储在项目文件中，为本项目使用。此外，还可以通过输出作业文件来配置输出，将一个项目的输出作业文件复制到另一个项目中。

从打开项目的那一刻起，便使用统一数据模型（UDM），无须额外编译，这样不但可以加快编译速度，还可以在Navigator（导航器）面板中列出网络和元器件，从而节省时间，在每次用户操作后即时更新设计连接模型。这意味着查看Navigator（导航器）面板、运行物料清单（BOM）、执行电气规则检查（ERC）时不需要再一次手动编译项目，即实现所谓的动态编译。

4.2.9　检查原理图的电气特性

电原理图不仅是简单的连接图，还包含电路的电气连接信息。为此，可以使用连通矩阵来验证设计。通过Project（项目）→Validate PCB Project（验证PCB项目）命令编译项目时，软件会检查UDM（统一数据模型）和编译器设置之间的逻辑、电气和绘图错误，从而检测出任何违规设计。

1. 设置错误报告

Project Options（项目选项）对话框中的Error Reporting（错误报告）选项卡用于设置原理图和元器件配置检查。通过Report Mode（报告模式）设置显示违规的严重程度。如果需要更改设置，单击要更改的违规旁边的Report Mode（报告模式），从下拉列表中选择严重程度级别，错误报告选项卡页面如图4.35所示。

按照以下步骤设置错误报告。

(1) 选择Project（项目）→Project Options（项目选项）命令打开Options for PCB Project（PCB工程选项）对话框。

(2) 滚动错误检查列表，注意它们的分组，根据需要折叠每个组。

(3) 为每种错误检查设定好各自的Report Mode（报告模式），此时应注意哪些选项是可用的，哪些选项是不可用的。

2. 设置连通矩阵

在原理图设计过程中，会将原理图中每个网络中的引脚列表内置到内存中。Altium Designer检测每个引脚的类型（如输入、输出、无源等），然后检查每个网络中是否有不应该

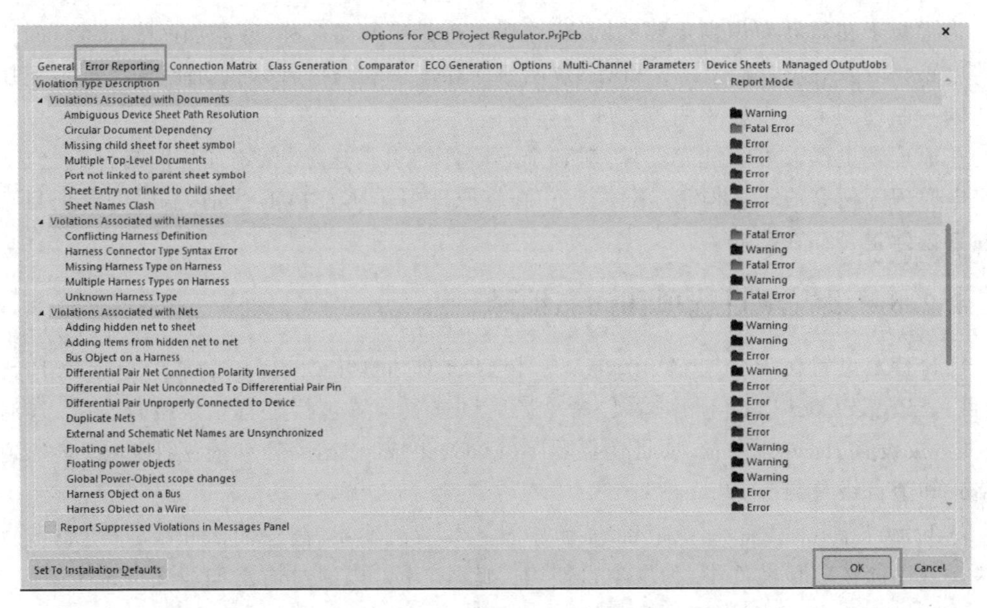

图 4.35 错误报告选项卡页面

相互连接的引脚类型，例如一个输出引脚是否已经连接到另一个输出引脚。利用在 Project Options（工程选项）对话框中的 Connection Matrix（连通矩阵）选项卡，配置允许相互连接的引脚类型。例如，查看矩阵图右侧的条目，找到 Output Pin（输出引脚）所在矩阵的行，再找到 Open Collector Pin（集电极开路引脚）列。二者相交的正方形是橙色的，表示连接到原理图上的 Open Collector Pin（集电极开路引脚）在编译工程时会生成一个错误条件。

可以为每种错误类型设置一个单独的错误级别，即从 No Report（不报错）到 Fatal Error（致命错误）四个不同级别的错误。单击彩色方块以更改设置，继续单击以移动到下一个检查级别。将连通矩阵设置为 Unconnected-Passive Pin（未连通的无源引脚）会报错。连通矩阵选项卡页面如图 4.36 所示。

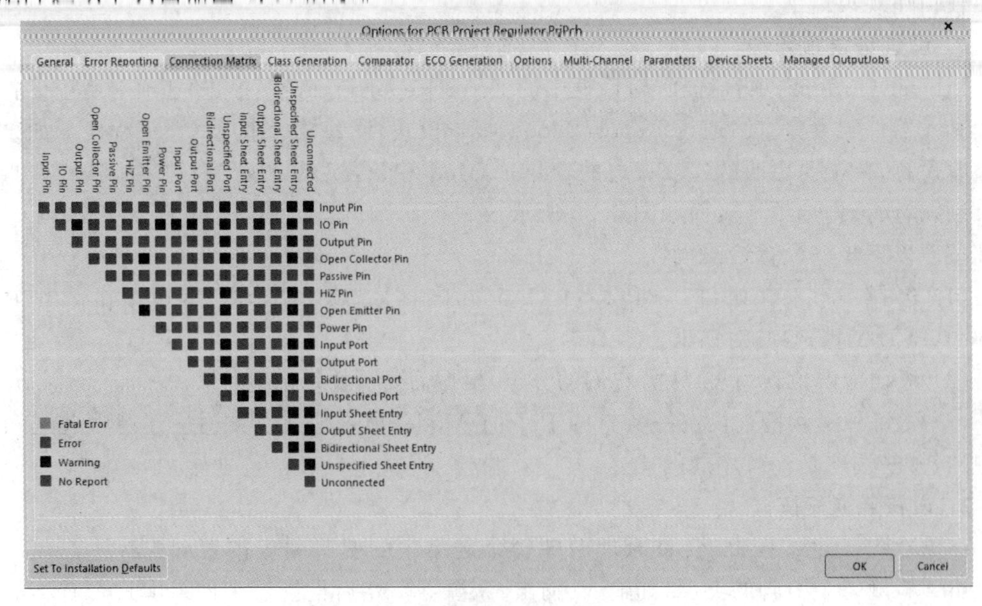

图 4.36 连通矩阵选项卡页面

按照以下步骤设置连通矩阵。

(1) 单击连通矩阵中的彩色小方块,变更它的设置,将循环显示四种可能的设置。注意,可以同时在所有设置中进行切换,还可将它们全部恢复到默认状态(当已经切换设置却忘记了它们的默认状态时非常方便)。

(2) 此时的电路中只包含无源引脚。对默认设置进行修改,使得连通矩阵能检测到未连接的无源引脚。向下查看行标签,找到 Passive Pin(无源引脚)行,查看矩阵的列标签,找到 Unconnected(未连接)。当在原理图中发现一个未连线无源引脚时报错,默认设置为绿色,表示不会报错。

(3) 单击交叉点框,让它变成橙色,在编译工程时,检测到未连线的无源引脚会报错。

3. 配置类生成选项

Project Options(项目选项)对话框中的 Class Generation(类生成)选项卡用于配置设计中生成的类的种类。默认情况下,Altium Designer 会为每张原理图生成元器件类和 Room,为设计中的每个总线生成网络类。对于只有一张原理图的简单工程,不需要生成元器件类或 Room。清除 Component Classes(元器件类)的勾选框,禁止为该类元器件创建 Room。

该对话框的此选项卡还包括 User_Defined Classes(用户自定义类)的选项。配置类生成选项卡页面如图 4.37 所示。

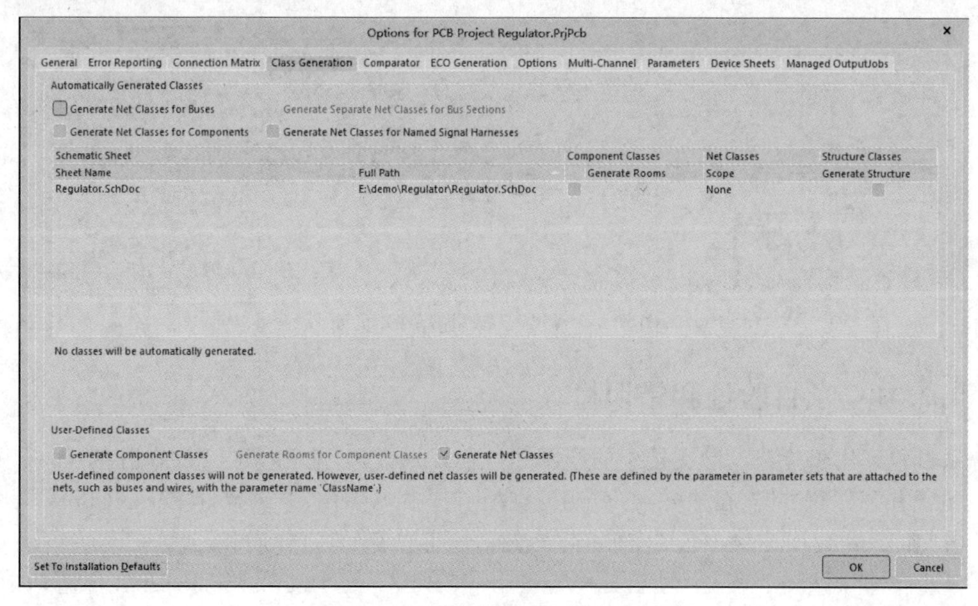

图 4.37 配置类生成选项卡页面

设置类生成选项包含以下内容。

(1) 清除 Component Classes(元器件类)复选框,自动禁用为本项目原理图创建放置 Room。

(2) 在本设计项目中没有总线,无须清除位于对话框顶部附近的 Generate Net Classes for Buses(为总线生成网络类)复选框。

在本设计工程中没有用户自定义的网络类(通过直接在导线上放置 Net 类指令来实

现)，因此无须清除对话框的 User Defined Classes(用户自定义类)区域中的 Generate Net Classes(创建网络类)复选框。

4. 设置比较器

Project Options(项目选项)对话框中的 Comparator(比较器)选项卡用于设置在编译项目时是否报告不同文件之间的差异，或是忽略不同文件之间的差异。通常，当向 PCB 添加了额外的细节时，例如添加了新的设计规则之后，不希望在设计同步期间删除这些设置，需要更改此选项卡中的设置。如果需要更精准的控制，则可以使用单独的比较设置来有选择地控制比较器。

本书的示例文件中，已启用 Ignore Rules Defined in PCB Only(忽略仅在 PCB 中定义规则)选项，设置比较器选项卡页面如图 4.38 所示。

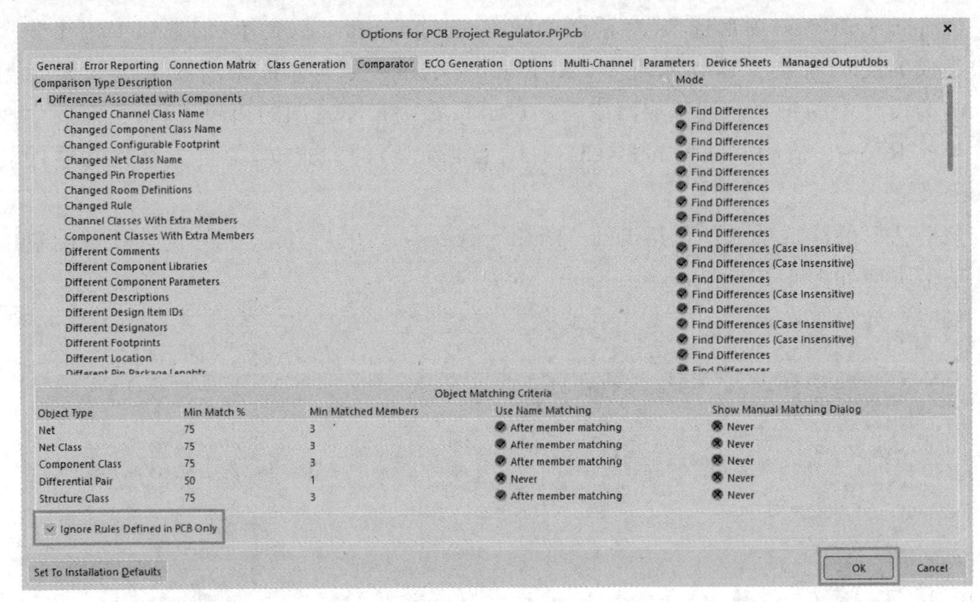

图 4.38 设置比较器选项卡页面

4.2.10 项目验证和错误检查

项目验证用于检查设计文档中的绘图和电气规则错误，并在 Messages(消息)面板中详细说明所有警告和错误，在 Project Options(项目选项)对话框中设置好 Error Checking(错误检查)和 Connection Matrix(连通矩阵)之后，便可以开始进行项目验证。

从主菜单中选择 Project(项目)→Validate PCB Project Regulator. PrjPcb(验证 PCB 项目 Regulator. PrjPcb)命令，对项目进行验证和错误检查。

1. 项目验证

按照以下步骤进行项目验证。

(1) 从主菜单中选择 Project(项目)→Validate PCB Project Regulator. PrjPcb(验证 PCB 项目 Regulator. PrjPcb)命令。

(2) 验证完成后，所有的警告和错误都将显示在消息面板中。Messages(消息)面板只有在检测到错误时才会自动打开(只有警告时不会自动打开)。单击右下角的 Panels 按钮，从菜单中选择 Messages(消息),手动打开消息面板。

(3) 如果绘制的原理图完全正确,消息面板不应包含任何错误,仅有 Compile successful no errors(编译成功,没有错误)的提示。如果消息面板中有错误提示,回过头检查绘制的电原理图,并对其进行修改,确保所有的线路和连接准确无误。

2. 再次验证

接下来,人为制造一个原理图错误,重新对项目验证。

(1) 单击位于设计空间顶部的 SchDoc 选项卡,使 Regulator. SchDo 成为当前活跃文档。

(2) 单击连接 R2 和 Q1 集电极之间的导线的中间,导线的两端将出现小的方形编辑句柄,选定导线将以虚线显示,表示它已被选中。按键盘上的 Delete(删除)键删除该导线。

(3) 从主菜单中选择 Project(项目)→Validate PCB Project Regulator. PrjPcb(验证 PCB 项目 Regulator. PrjPcb)命令重新编译项目,检查原理图是否有错。消息面板中将显示错误消息,指出电原理图中有未连接的引脚。

(4) 此时,Messages(消息)面板水平方向分成两部分。上半部分列出全部消息,右击可以保存、复制、删除这些消息;下半部分详细说明了当前原理图中的错误/告警。

(5) 双击 Messages(消息)面板中任一区域中的错误/告警信息,将自动定位到原理图中出现错误的对象上。光标悬停在错误的对象上,会出现描述错误条件的消息,消息面板报错信息如图 4.39 所示。

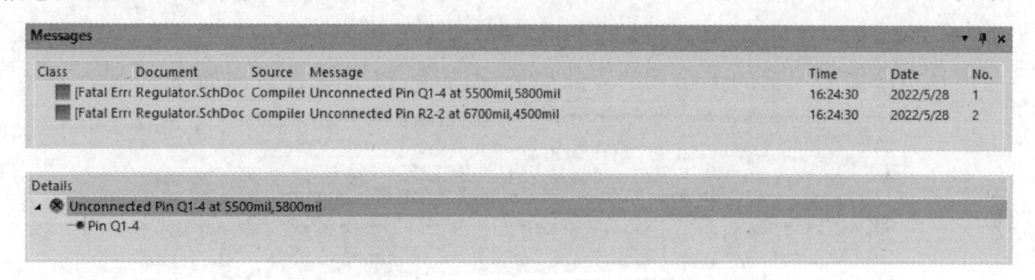

图 4.39 消息面板报错信息

3. 修复发生错误/告警的原理图

(1) 单击位于设计空间顶部的 SchDoc 选项卡,使 Regulator. SchDoc 成为当前活跃文档。

(2) 撤销删除动作(快捷键 Ctrl+Z),恢复之前删除的那条导线。

(3) 再次确认原理图准确无误,请重新编译项目,从主菜单中运行 Project(项目)→Validate PCB Project Regulator. PrjPcb(验证 PCB 项目 Regulator. PrjPcb)命令。Messages(消息)面板未显示任何错误。

(4) 将原埋图和项目文件保存到工作区,单击 Projects(项目)面板中的 Save to Server(保存到服务器)控件,确认文件名称为 Regulator. PrjPcb。在打开的 Save to Server(保存到服务器)对话框中勾选 Regulator. SchDoc 和 Regulator. PrjPcb 两个文件,在该对话框的注释字段中输入注释(如已创建并验证的原理图),然后单击 OK(确定)按钮。

至此,原理图设计告一段落,接下来,准备好创建 PCB 文件。

视频讲解

4.3 PCB 版图设计

4.3.1 创建新的 PCB 文件

将设计好的原理图迁移到 PCB 编辑器之前，首先需要创建一个空白 PCB 文件，对其命名之后，将其保存到项目文件夹中，如图 4.40 所示。

图 4.40　将空白 PCB 文件添加到项目中并保存

向项目中添加一块新的电路板的步骤如下，添加新 PCB 文件页面如图 4.41 所示。

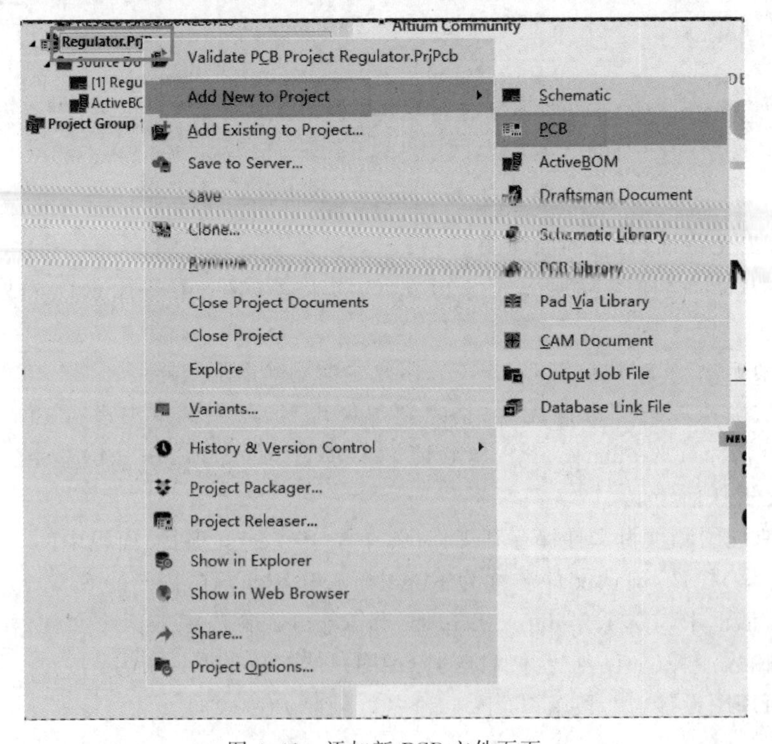

图 4.41　添加新 PCB 文件页面

（1）右击 Projects（项目）面板，选择 Add New to Project（向项目中添加一个新文件）→PCB（文件类型为 PCB 文件）命令。

（2）此时，PCB 文件将作为源文档出现在 Projects（项目）面板中，右击 Projects 面板中的 PCB 图标，选择 Save As（另存为）命令，并将其命名为 Regulator。无须在 Save As（另存为）对话框中输入文件扩展名，Altium Designer 23 会自动添加上扩展名。

（3）此时的项目文件中已经添加了新的 PCB 文件，需要将变动后的项目文件保存到本地，右击 Projects（工程）面板中的工程文件名，选择 Save（存盘）命令。

4.3.2　设置 PCB 的形状和位置

创建好空白 PCB 文件之后，将设计好的原理图迁移到 PCB 编辑器之前，需要设置空白 PCB 的诸多属性，其中包括以下几项，需要设置的 PCB 文档属性如表 4.3 所示。

表 4.3　PCB 文档属性设置

设置项目	具体过程
设置原点	PCB 编辑器有两个原点。绝对原点，即设计空间的左下角；用户自定义的相对原点，用于确定当前设计空间的位置，状态栏上显示的坐标对应相对原点。一种通用的方法是将相对原点设置在电路板形状的左下角。选择 Edit（编辑）→Origin（原点）→Set（设置）命令来设置相对原点；使用 Edit（编辑）→Origin（原点）→Reset（重新设置）命令将原点重置为绝对原点
设置单位（英制还是公制）	当前设计空间 X/Y 位置和栅格会显示在状态栏上，在编辑器的底部会显示状态栏。本书使用公制单位。按键盘上的 Q 键在英制单位和公制单位之间来回切换，或从主菜单中选择 View（查看）→Toggle Units（切换单位）命令来更改单位
选择合适的捕获栅格	将当前的捕获栅格设置为 5mil（或 0.127mm，即默认的英制捕获栅格）。若需要随时更改捕获栅格，则按 G 键以显示 Snap Grid（捕获栅格）菜单，从中选择英制值或公制值。还可以采用菜单中显示的快捷方式，按快捷键 Ctrl＋Shift＋G 打开 Snap Grid 对话框，在该对话框中捕获栅格值。另一个方法是按快捷键 Ctrl＋G，它会打开 Cartesian Grid Editor（笛卡儿栅格编辑器）对话框，在该对话框中，将栅格从点更改为线，并设置栅格颜色
重定义 PCB 的形状	PCB 的形状由带栅格的黑色区域表示，新 PCB 的默认尺寸是 6in×4in，本书中的示例 PCB 的尺寸为 45mm×45mm。关于为 PCB 重新定义尺寸的详细过程，会在接下来的内容中做详细描述
线路板的层叠配置	除了需要对 PCB 的覆铜层或电气层进行配置外，还需要配置通用机械层和专用层，如元器件的丝网、焊料掩模、粘贴掩模等

1. 设置原点和栅格

按照以下步骤设置 PCB 的原点和栅格。

（1）在设置原点之前，将当前 PCB 形状放大到合适的位置，可以看到编辑区域内的栅格线。将光标放置在电路板区域内的左下角，并按 PgUp 键，直到粗栅格和细栅格都可见，设置相对原点页面如图 4.42 所示。

（2）设置相对原点，选择 Edit（编辑）→Origin（原点）→Set（设置）命令，然后将光标放置在 PCB 的左下角，单击定位到相对原点。

（3）选择一个合适的捕获栅格，如表 4.3 所示。在设计过程中，更改栅格大小是非常常见的操作，例如在放置元器件期间可能使用粗栅格，在布线阶段则使用更精细的栅格。本示

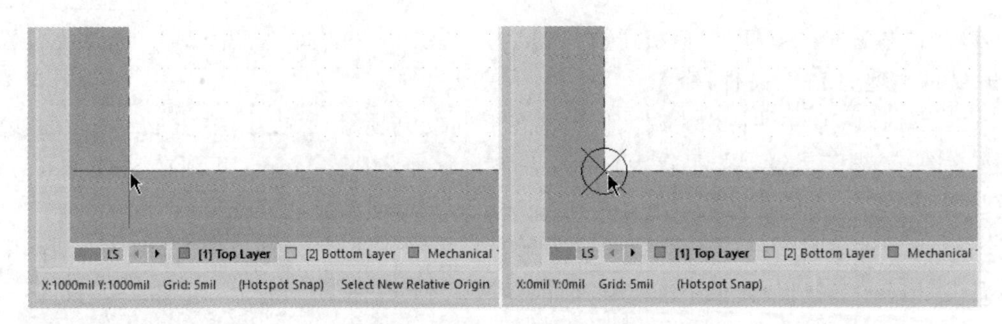

图 4.42 设置相对原点页面

例采用单位为公制的栅格。按快捷键 Ctrl+Shift+G 打开 Snap Grid(捕获栅格)对话框,在该对话框中输入 5mm,单击 OK(确定)按钮关闭对话框。输入公制栅格线数值之后,软件切换到公制栅格线,可以通过状态栏看到设置好的栅格值。设置好的公制捕获栅格如图 4.43 所示。

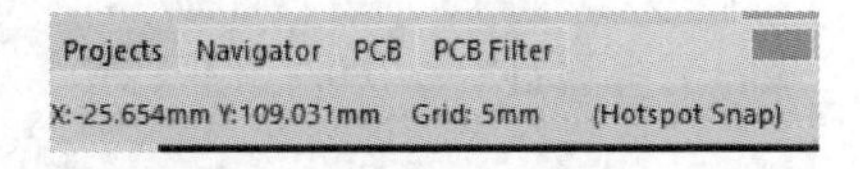

图 4.43 设置好的公制捕获栅格

2. 编辑 PCB 的形状大小

PCB 的默认尺寸是 6in×4in,本书示例 PCB 的尺寸为 45mm×45mm。按照以下步骤设置 PCB 的尺寸。

(1) 对 PCB 编辑区域进行缩放,从主菜单(快捷键 Ctrl+PgDn)中选择 View(查看)→Fit Board(线路板适配编辑区)命令,此时,PCB 将完全填满 PCB 编辑区。如需操作显示区大小,以看到 PCB 的边缘,按 Ctrl+Mouse Wheel(Ctrl 键加鼠标滚轮)缩放 PCB,或直接按 PgDn 键。

(2) 接下来,编辑修改 PCB 的形状大小,通常在 Board Planning Mode(规划 PCB 模式)下变更 PCB 的形状大小。在主菜单下选择 View(查看)→Board Planning Mode(规划 PCB 模式)命令,也可以按快捷键 1,PCB 显示模式发生改变,PCB 区域将显示为绿色。

(3) 在规划 PCB 模式下,可以重新定义 PCB 形状(重新绘制),也可以在现有 PCB 形状基础上对其进行编辑。本示例中的 PCB 是一块简单的矩形板,则在现有的 PCB 基础上进行编辑更加方便。从主菜单中选择 Design(设计)→Edit Board Shape(编辑电路板形状)命令。注意,只有在规划 PCB 模式下才能使用该命令。编辑控制柄将显示 PCB 每个角和每个边的中心,编辑 PCB 形状页面如图 4.44 所示。

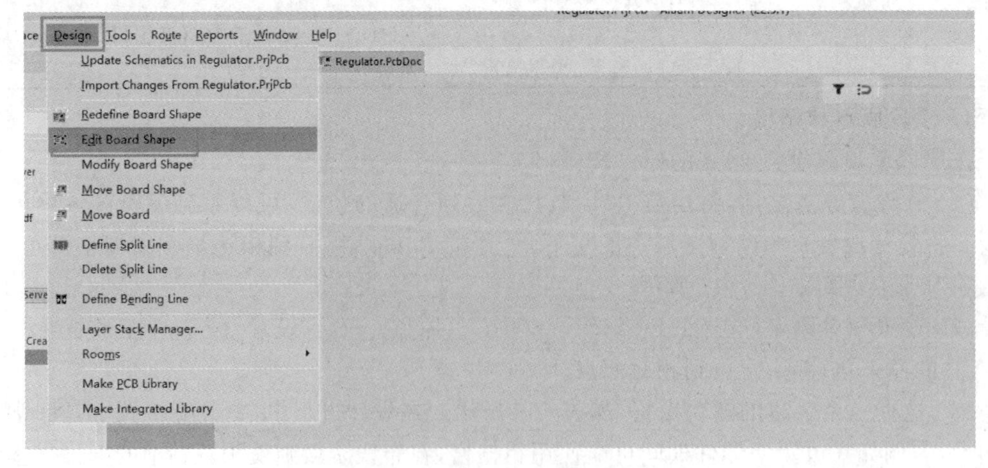

图 4.44 编辑 PCB 形状页面

(4) 接下来，需要调整PCB的大小以创建一个45mm×45mm的PCB，如图4.45所示。此时粗可见栅格为25mm(捕捉栅格的5倍)，细可见栅格为5mm，可以将栅格线大小作为参考，向下滑动上边缘，然后向左滑动右边缘，设置好正确的PCB大小，也可以拖动PCB的三个角，将位于原点的角留在当前位置。

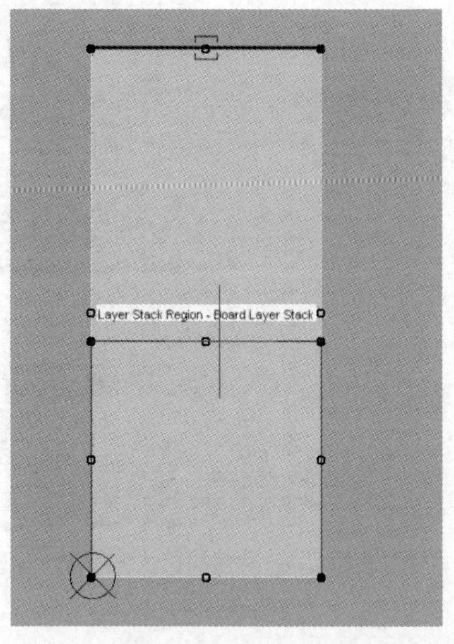

图4.45 显示调整大小光标，将PCB的大小调整到45mm×45mm

(5) 向下滑动上边缘。将光标放置在边缘上(不放置在手柄上)，当光标变为双头箭头时，单击并按住，然后将边缘拖动到新的位置，此时状态栏上的Y光标位置显示为45mm。重复此过程，移动右边缘，当状态栏X光标位置显示为45mm时定位。

(6) 单击设计空间中的任何位置以退出板体形状编辑模式。按快捷键2切换回二维布局模式。此时，已经重新定义好了PCB的形状大小。将栅格大小设置成适合放置元器件的值，例如1mm。将PCB设计文件保存到本地，调整好的PCB形状如图4.46所示。

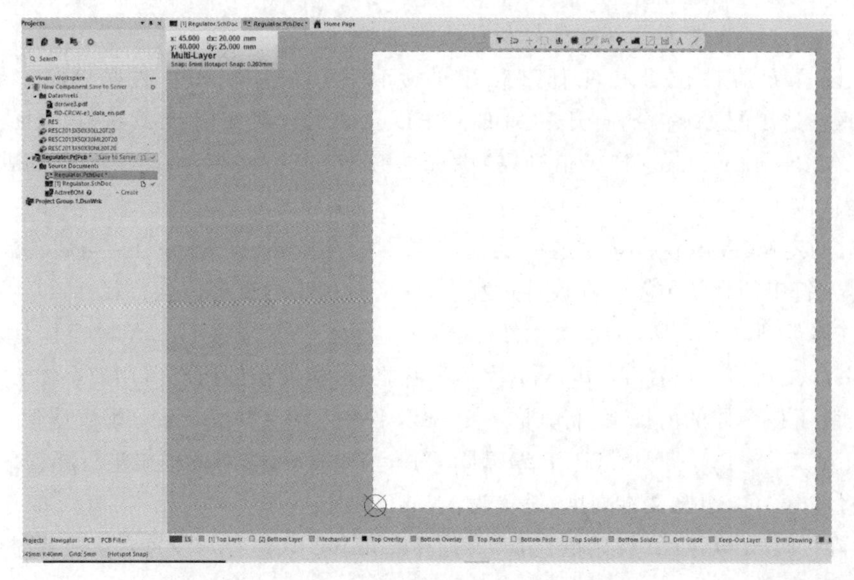

图4.46 调整好的PCB形状

4.3.3 设置默认属性值

当在PCB编辑器设计空间中放置元器件时，Altium Designer软件将根据以下条件定义对象的形状和属性，设置元器件的默认位号和默认注释页面如图4.47所示。

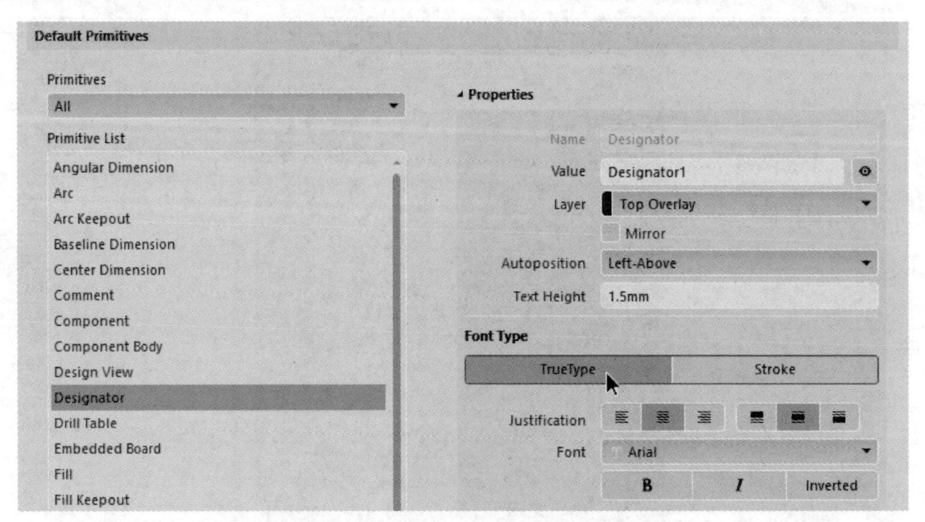

图4.47 设置元器件的默认位号和默认注释页面

1. 适用的设计规则

如果定义该元器件适用于此规则，便可根据此规则定义元器件的属性。例如，在交互布线时进行图层切换期间，将自动添加通孔，通孔尺寸等属性遵循布线通孔样式设计规则。

2. 默认设置

如果适用的设计规则不存在或不适用，则根据Preferences(选项配置)对话框中的PCB Editor-Defaults(PCB编辑器-默认值)页面中的默认配置设置元器件的属性。例如，当运行Place(放置)→Via(过孔)命令时，如果软件不知道该过孔是否成为网络的一部分，则将放置一个大小为默认值的过孔。

按照如下步骤设置元器件的位号和默认的注释。

(1) 设置元器件位号和注释字符串的默认值，在主菜单中选择Tools(工具)→Preferences(选项配置)命令，打开PCB Editor-Defaults(PCB编辑器-默认值)页面。

(2) 在Primitive List(初始值列表)中选择Designator(位号)，将显示它的默认属性。此时应确认以下三项。

① 自动定位(Autoposition)选项设置为位号左上方(Left Above)。当旋转元器件时，这是位号字符串的默认位置。在设计过程中，任何时刻均可重定位该位置。

② 字体类型(Font Type)设置为True Type，字体设置为Arial。笔画字体是软件可以生成的Gerber形状。设置True Type字体形状之后，能够访问所有可用的字体。在计算机内已经安装了该字体的前提下，将其嵌入PCB文件中。在Preferences(配置属性)对话框的PCB Editor_True Type Fonts(PCB编辑器_True Type字体)对话框中进行配置。

③ 将Text Height(文本高度)设置为1.5mm。

(3) 在Primitive List(初始值列表)中选择Comment(注释)，设置默认注释时应设置好以下几项。

① 自动定位(Autoposition)选项设置为位号左下方(Left. Below)。

② 将 Text Height(文本高度)设置为 1.5mm。

③ 字体类型(Font Type)设置为 True Type,字体设置为 Arial。

④ 注释的可见性设置为隐藏。这是默认值,如果需要,可以在设计过程中有选择地显示元器件注释字符串。

(4) 完成以上默认设置之后,单击 OK(确定)按钮,保存设置,关闭 Preferences(选项配置)对话框。

4.3.4 迁移设计

无须创建中间网表文件,便可实现原理图文件到 PCB 文件之间的直接迁移。在原理图编辑器页面,在主菜单中选择 Design(设计)→Update PCB Document Regulator. PcbDoc(更新 PCB 文件 Regulator. PcbDoc)命令,或者在 PCB 编辑器页面选择 Design(设计)→Import Changes from Regulator. PrjPcb(导入修改后的 Regulator. PrjPcb 文件)命令,执行 ECOs 之后的页面如图 4.48 所示。

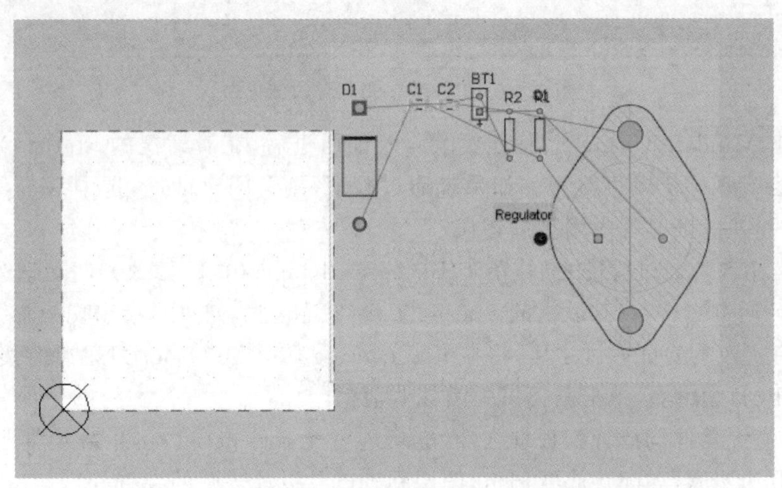

图 4.48 执行 ECOs 之后的页面

在执行上述操作过程中,Altium Designer 会创建一组工程变更列表。

列出设计中使用的所有元器件及其封装。执行 ECOs 时,软件将定位每种封装的元器件,并将它们放入 PCB 设计空间中。对于找不到封装的元器件,则会报错。软件是否能找到每种元器件的封装取决于以下因素:元器件的创建方式(库文件在工作区还是在非工作区库),对于非工作区的元器件库文件,软件会判断当前 PCB 库文件是否可用;PCB 占用空间库当前是否可用。在本书中,所有元器件都已从 Manufacturer Part Search(制造商部件搜索)面板中获取到已连接的工作区,因此软件可以引用工作区内每个元器件的封装。

创建所有网络(已连接的元器件引脚)列表(网表)。执行 ECO 时,软件会将全部网络添加到 PCB 中,然后尝试添加属于每个网络的引脚。如果无法添加引脚,则会报错,当软件无法找到元器件封装或者元器件封装上的引脚和原理图上符号引脚不匹配时,也会报错。此外,网络类和元器件类等其他信息也会随之迁移到 PCB 编辑器中。

按照以下步骤将设计从原理图迁移到 PCB 布局。

(1) 单击 Regulator. SchDoc 文件,使其成为活跃文档。

(2) 在原理图编辑主菜单中选择 Design(设计)→Update PCB Document Regulator. PcbDoc(更新 PCB 文件 Regulator. PcbDoc)命令,打开 Engineering Change Order dialog(工程顺序变更)对话框。工程顺序变更对话框页面如图 4.49 所示。

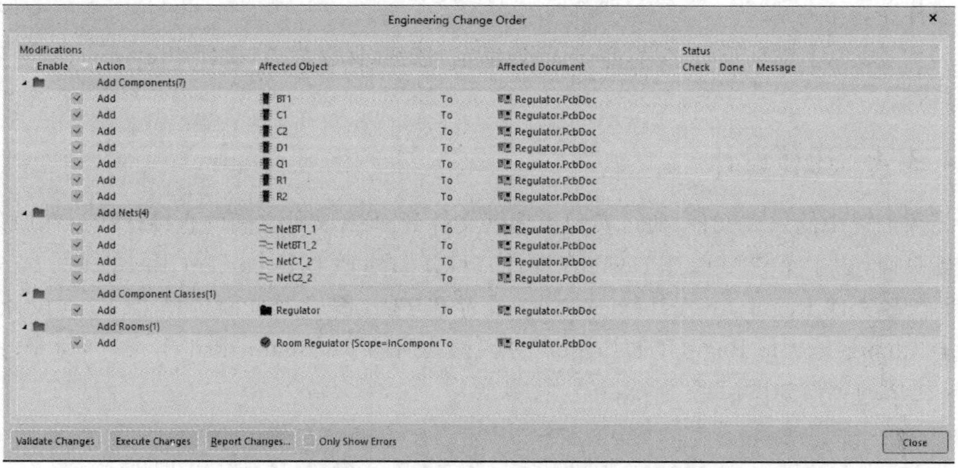

Engineering Change Order

Enable	Action	Affected Object		Affected Document	Check	Done	Message
	Add Components(7)						
✓	Add	BT1	To	Regulator.PcbDoc			
✓	Add	C1	To	Regulator.PcbDoc			
✓	Add	C2	To	Regulator.PcbDoc			
✓	Add	D1	To	Regulator.PcbDoc			
✓	Add	Q1	To	Regulator.PcbDoc			
✓	Add	R1	To	Regulator.PcbDoc			
✓	Add	R2	To	Regulator.PcbDoc			
	Add Nets(4)						
✓	Add	NetBT1_1	To	Regulator.PcbDoc			
✓	Add	NetBT1_2	To	Regulator.PcbDoc			
✓	Add	NetC1_2	To	Regulator.PcbDoc			
✓	Add	NetC2_2	To	Regulator.PcbDoc			
	Add Component Classes(1)						
✓	Add	Regulator	To	Regulator.PcbDoc			
	Add Rooms(1)						
✓	Add	Room Regulator (Scope=InCompon	To	Regulator.PcbDoc			

Validate Changes　Execute Changes　Report Changes...　Only Show Errors　Close

图 4.49　工程顺序变更对话框页面

(3) 单击 Validate Changes(验证更改),验证通过后,在对话框的 Status-Check(状态-检查)栏中,会出现一个绿色对勾。如果未通过验证,则关闭对话框,选中 Messages(消息)面板,查看并解决验证过程中发现的错误。

(4) 所有更改均通过验证之后,单击 Execute Changes(执行修改),将更改发送给 PCB 编辑器。验证通过之后,在对话框的 Status-Done(状态-完成)栏中,会出现一个绿色对勾。

(5) 所有更改均验证通过之后,将在 Engineering Change Order(工程顺序变更)对话框的后面打开 PCB 编辑器,单击鼠标以关闭该对话框。

此时,所有元器件均放置到板框之外,准备进行元器件布局。在开始元器件布局之前,还需要完成几个步骤,如配置放置栅格、图层配置以及设计规则的设置等。

4.3.5　配置层的显示方式

执行完 ECOs 之后,所有元器件和网络均出现在 PCB 设计空间中,PCB 框线的右侧,配置图层显示页面如图 4.48 所示,在 PCB 上定位元器件之前,需要对 PCB 设计空间进行一系列的配置,如图层设置、栅格设置和设计规则设置。

此时,在设计空间看到的 PCB 图是鸟瞰图,从上向下沿 Z 轴俯视 PCB。PCB 编辑器是一个分层设计环境,放置在信号层上的对象(焊盘、过孔和走线)在制板时为覆铜层,而字符串等放置在板表面的丝印上,放置在机械层上的备注则打印成为装配图上的说明。

设计 PCB 时由上至下俯瞰各个不同的层,将元器件放置在板的顶层和底层,将其他对象(如丝印、阻焊等)放置到覆铜层、丝印层、掩模层和机械层上。

除了用于制造电路板的电气层,如信号层、电源平面、掩模层和丝印层,PCB 编辑器还支持许多其他非电气层,这些图层通常按以下方式进行分组。

电气层包括 32 个信号层和 16 个内部电源平面层。

元器件层是元器件设计中使用的层，包括丝印层、阻焊料和粘贴层。如果在编辑元器件封装库时，将元器件封装放置到库编辑器中的某一个层，那么当把元器件从板的顶部翻转到底部时，在元器件层上检测的所有对象都将翻转到它们对应的元器件层上，其中包括所有用户定义的元器件层对(成对的机械层)上的所有对象。

Altium Designer 软件支持无限数量的通用机械层，用于设计任务，如尺寸、装配细节、装配说明等。如果需要，可以有选择性地生成这些层的打印和 Gerber 输出。也可以将机械层配对使用，当它们配对使用时，和元器件层的表现形式一样。成对的机械层适用于特定任务，如放置三维物体(元器件或接插件)、点胶点和选择性镀金的边缘连接器等。

其他层包括禁止布线层(用于定义禁止敷铜区)、多个层(用于将焊盘过孔等对象放置到全信号层上)、钻孔绘图层(用于放置钻孔信息，如钻台)和钻导层(用于显示指示钻孔位置和尺寸的标记)。

在 Layer Stack(层堆叠的设计)管理器中添加和删除覆铜，在 View Configuration(查看配置)面板中启用并配置所有其他层。

1. 显示各层和查看层配置

在 View Configuration(查看配置)面板中配置所有层的显示属性。执行以下其中一种操作打开面板，如图 4.50 所示。

(1) 单击应用程序窗口右下角的 Panels 按钮，从菜单中选择 View Configuration(查看配置)，或在菜单中选择 View(查看)→Panels(面板)→View Configuration(查看配置)命令。也可以按快捷键 L 或单击设计空间左下角的当前图层颜色图标。

(2) 除了显示图层状态和颜色设置外，View Configuration(查看配置)面板还允许访问其他显示设置。

① 系统颜色的色彩和可见性，如选定颜色或连线是否可见。

② 不同类型对象的显示方式(实体或草稿)及其透明度 Object Visibility(对象可见性)。

③ 各种视图选项，如是否显示原点标记(Origin Marker)、是否显示焊盘网名称(Pad Net)和是否显示焊盘号(Pad Numbers)附加选项部分(Additional Options)。

④ 对象变暗或掩盖时显示褪色的数量，即 Mask and Dim Settings(掩模和变暗设置)。

⑤ 图层集合的创建，Layers(图层)部分的控制提供了一种快速切换当前可见层的便利方法。

⑥ 通过创建和选择不同的 View Configuration(查看配置)，对所有图层的属性(如颜色、可见性、对象透明度等常规设置)进行预配置。

⑦ 视图配置的创建和选择，用于预配置所有图层属性，如颜色、可见性、对象透明度等(常规设置部分)。

(3) 按照以下步骤配置层可见性。

① 打开 View Configuration(查看配置)面板。在 Layers and Colors(图层和颜色)选项卡中，确认顶层和底层信号层可见。和系统层一样，使用此面板还可以控制屏蔽层和丝印层的显示。在元器件放置和布线过程中，为了提高视觉效果，避免多层之间的视觉混淆，应禁用元器件层对(除丝印层外)、机械层以及钻孔导向和钻孔图层的显示。

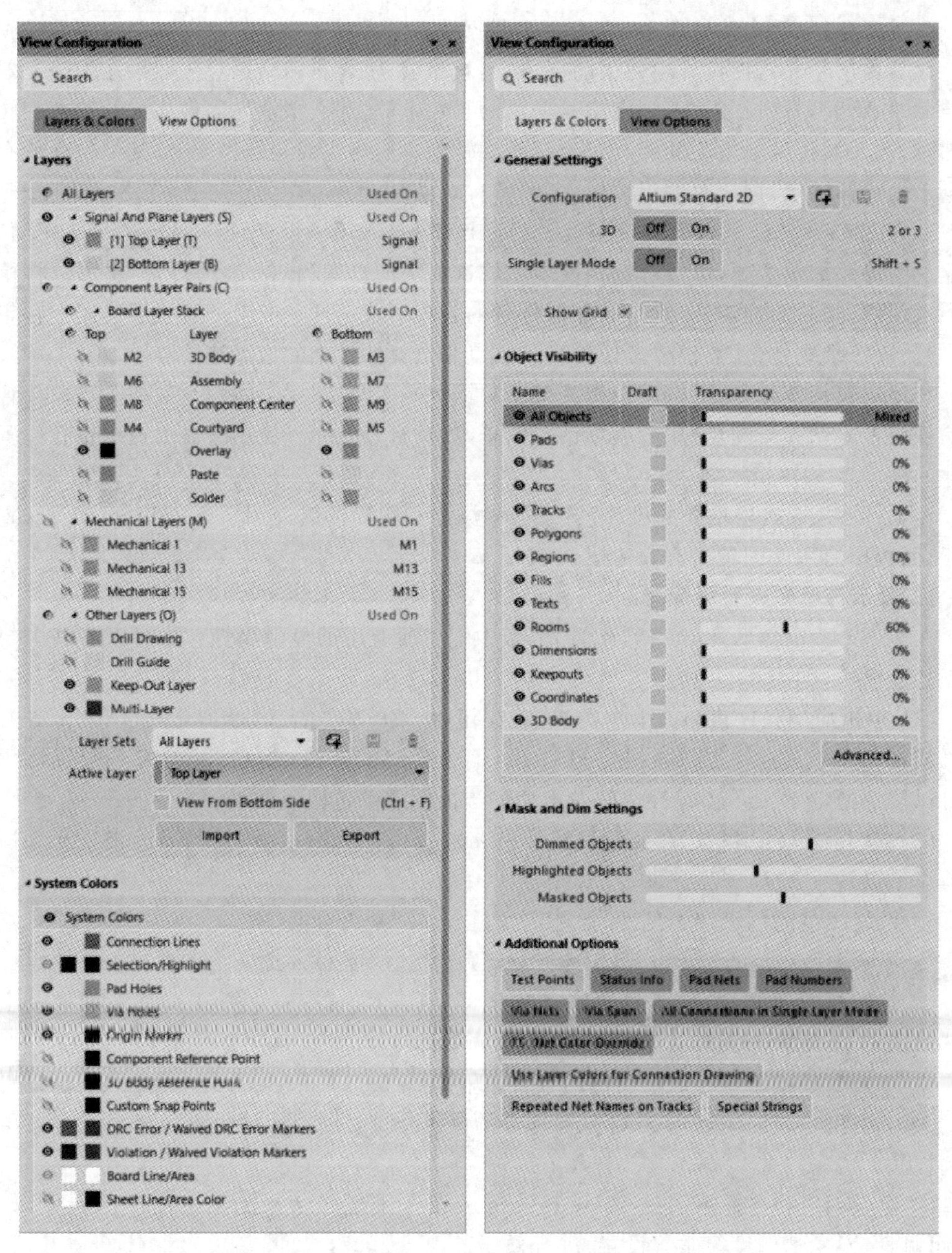

图 4.50　View Configuration(查看配置)面板中的两个选项卡

② 切换到 View Options(查看选项)选项卡,确认已勾选 Pad Nets(焊盘网络)和 Pad Numbers(焊盘号)复选框。

2. 物理层和层堆叠管理器

PCB 层堆叠的定义是 PCB 设计的关键因素。当今 PCB 设计不再仅仅是一系列简单的铜连接来传输电能,而是可看成系列的电路元件之间的电气互连,对于高频电路来说,可以将其视为传输线。在设计高速 PCB 时,层堆叠设计过程还需要考虑许多其他因素,例如层配对、精细过孔设计、背钻要求、刚性/柔性要求、铜平衡、层叠对称和材料符合性等。

在 Layer Stack Manager(层堆叠管理器)中对层堆叠进行配置,选择 Design(设计)→Layer Stack Manager(层堆叠管理器)命令打开它。

Layer Stack Manager(层堆叠管理器)有以下作用:

① 添加、删除和排序信号、平面和介电层;

② 从材质库中选择材质属性或手动配置它们;

③ 向层堆叠中添加其他用户自定义的字段;

④ 配置过孔类型,定义每种过孔跨越的图层;

⑤ 采用控制阻抗布线时配置阻抗属性;

⑥ 配置其他高级功能,如刚性柔性设计、印制电子设备和反钻等。

本教程中的示例 PCB 是一个简单的设计,为带通孔的双面板。按照以下步骤配置电路板层堆叠。

(1) 打开 Layer Stack Manager(层堆叠管理器)。从主菜单中选择 Design(设计)→Layer Stack Manager(层堆叠管理器)命令。新建 PCB 默认的层堆叠包括一个介质芯、两个铜层、顶部和底部的阻焊层和丝网印刷层。层堆叠管理器页面如图 4.51 所示。

#	Name	Material	Type	Weight	Thickness	Dk	Df
	Top Overlay		Overlay				
	Top Solder	Solder Resist	Solder Mask		0.01016mm	3.5	
1	Top Layer		Signal	1oz	0.03556mm		
	Dielectric 1	FR-4	Dielectric		0.32004mm	4.8	
2	Bottom Layer		Signal	1oz	0.03556mm		
	Bottom Solder	Solder Resist	Solder Mask		0.01016mm	3.5	
	Bottom Overlay		Overlay				

图 4.51 层堆叠管理器页面

(2) 为了简化图层的管理,应确保在 Properties(属性)面板中启用了 Stack Symmetry(对称堆叠)选项。启用此选项后,以中间介质层为中心,按照对称匹配的原则配置对称层。

(3) 要为特定层选用特定材质(如果启用对称,则使用一对图层),单击相应层中的 Material(材质)材质单元格,打开 Select Material dialog(选择材料)对话框。

(4) 为阻焊层、信号层和核心层选定各自的材质。注意,这里核心层的厚度指的是成品板的厚度。也可以在 Layer Stack Manager(层堆叠管理器)中直接输入数值。

(5) 单击 Layer Stack Manager(层堆叠管理器)底部的 Via Types(过孔类型)选项卡,确认有已定义的过孔类型为通孔(Thru)。

(6) 完成上述层堆叠管理器设置之后,保存层堆叠设置,单击 File(文件)→Save to PCB(保存到 PCB 文件中),右击 Layer Stack Manager(层堆叠管理器)选项卡关闭层堆叠管理器。

4.3.6 栅格设置

下一步是选择适合放置和布局元器件的栅格,在 PCB 设计过程中,放置在 PCB 设计空间中的所有对象都放置在当前捕获栅格上。

1. 英制栅格和公制栅格

从传统意义上来说,合适的栅格与元器件引脚间距相适应,方便线路板布线。从广义上来讲,线宽和走线之间的安全间距越大越好,走线尽可能宽,以降低制造成本,提高 PCB 的可靠性。然而，在实际项目设计中要根据项目的具体实际来选择线宽和走线之间的安全间距，需要考虑PCB的大小和具体设计需求等诸多因素，还与元器件布局布线密度相关。

随着制程和工艺的飞速发展，元器件引脚的尺寸和引脚间距都急剧缩小。早先元器件尺寸及其引脚间距（通孔直插引脚）均采用英制尺寸，目前，常见的采用表面安装引脚（SMT）已经逐渐转变为采用公制尺寸。如果要开始设计一块新的电路板，除非有充分的理由，例如设计一个替代电路板以适应现有（英制）产品，否则最好使用公制。因为较旧的英制元器件的直插引脚相对来说比较大，需要占用更大的空间。另外，小型表面贴装（SMT）设备均采用公制测量方法制造，精度更高，确保了制造和组装的准确度，从而提高了电子产品的可靠性。此外，由于PCB编辑器可以轻松处理到离网引脚的走线，因此在公制板上使用英制元器件并不算太麻烦。

2. 合适的栅格设置

本示例的栅格设置如表4.4所示。

表4.4 栅格设置

设　　置	数值（单位：mm）	描　　述
线宽	0.25	设计规则，线宽
安全间距	0.254	设计规则，安全间距
电路板栅格大小	5	笛卡儿坐标编辑器
元器件布置栅格	1	笛卡儿坐标编辑器
走线栅格	0.25	笛卡儿坐标编辑器
过孔外径	1	设计规则，过孔类型
过孔内径	0.6	设计规则，过孔类型

在理想状态下，选择一个较小的走线栅格，在布线时可以将走线有效地放置在任何地方，但实际上这并不是一个好办法。因为将栅格设置为等于“线宽＋安全间距”之后，能确保正确放置走线，不会在选择走线方式上浪费布线空间，从而更加优化布线空间。如果将栅格设置得非常细，可能会浪费更多的布线空间。

3. 设置捕获栅格

1）按照以下方法设置本书示例中的捕获栅格

（1）按快捷键G，显示Snap Grid（捕获栅格）菜单，在该菜单中选择英制还是公制。

（2）按快捷键Ctrl＋Shift＋G，打开Snap Grid（捕获栅格）对话框，在该对话框中输入新的栅格大小数值。

（3）按快捷键Ctrl＋G，打开Cartesian Grid Editor（笛卡儿栅格编辑器）对话框，在该对话框中输入新的栅格大小数值，同时可以设置栅格的显示方式。

（4）在Properties（属性）面板的Grid Manager（栅格管理器）部分编辑栅格。

2）按照以下操作步骤设置捕获栅格

（1）按快捷键Ctrl＋G，打开Cartesian Grid Editor（笛卡儿栅格编辑器）对话框。

（2）将Step X步长（X轴）字段的值设定为1mm，由于X轴字段和Y轴字段是相关联的，所以不需要定义Y轴的步长值。

（3）为使栅格在较低的缩放级别可见，将Multiplier（倍增）设置为5倍栅格步长，使得在较低的缩放级别下，可以方便地分辨出栅格。将Fine（细栅格）显示为浅色的点，将

Coarse(粗栅格)显示为颜色较深的线。

(4) 单击 OK(确认)按钮,关闭对话框。将捕获栅格设置为 1mm,如图 4.52 所示。

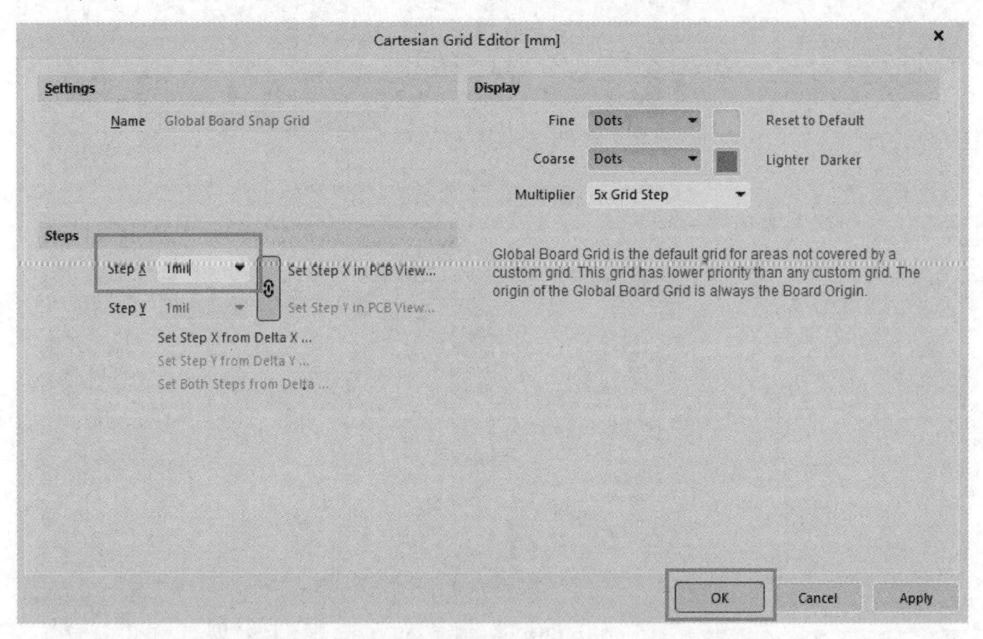

图 4.52　将捕获栅格设置为 1mm

4.3.7　设置设计规则

PCB 编辑器是一个规则驱动的环境,这意味着当执行设计操作(如放置走线、移动元器件或自动布线电路板)时,软件会监控每个操作并检查设计是否符合设计规则。如果违反了设计规则,则立即突出显示该错误为违规。在开始电路板布局布线之前,设置设计规则可以保持对设计任务的专注,确保软件一旦发现任何设计错误,都会立即将错误标记出来。

设计规则在 PCB Rules and Constraints Editor dialog(PCB 规则和约束编辑器)对话框中进行配置,设计规则编辑器页面如图 4.53 所示。这些规则分为十类,然后再进一步详细分为不同种类的设计规则。

1. 走线宽度设计规则

走线的宽度由走线宽度设计规则控制,当一个网络运行 Interactive Routing(交互式布线)命令时,软件自动选择该规则。

在配置该规则时,往往将最低优先级的规则设置为针对最大数目的网络,将优先级比较高的规则添加到具有特殊线宽要求的目标网络,如电源网络。如果一个网络被多条规则锁定,查找并只应用最高优先级的规则。

例如本书设计示例中包括多个信号网络和两个电源网络。可以将默认的走线宽度规则配置为 0.25mm 的信号网,将此规则的适用范围设置为 All,即适用于本设计中的所有网络。尽管 All 的范围也包含了电源网络,但也可以添加第二个高优先级规则,其范围为 InNet(12V)或 InNet(GND)。图 4.54 显示了这两个规则的配置信息,低优先级规则针对所有网络,优先级规则针对 12V 网络或 GND 网络。

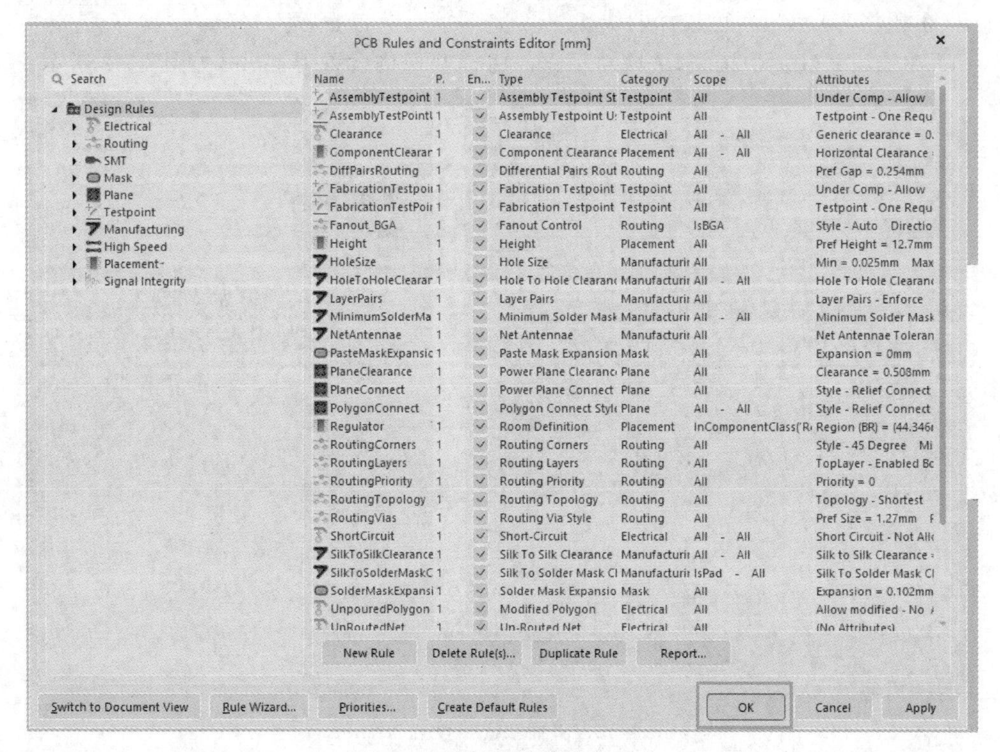

图 4.53　设计规则编辑器页面

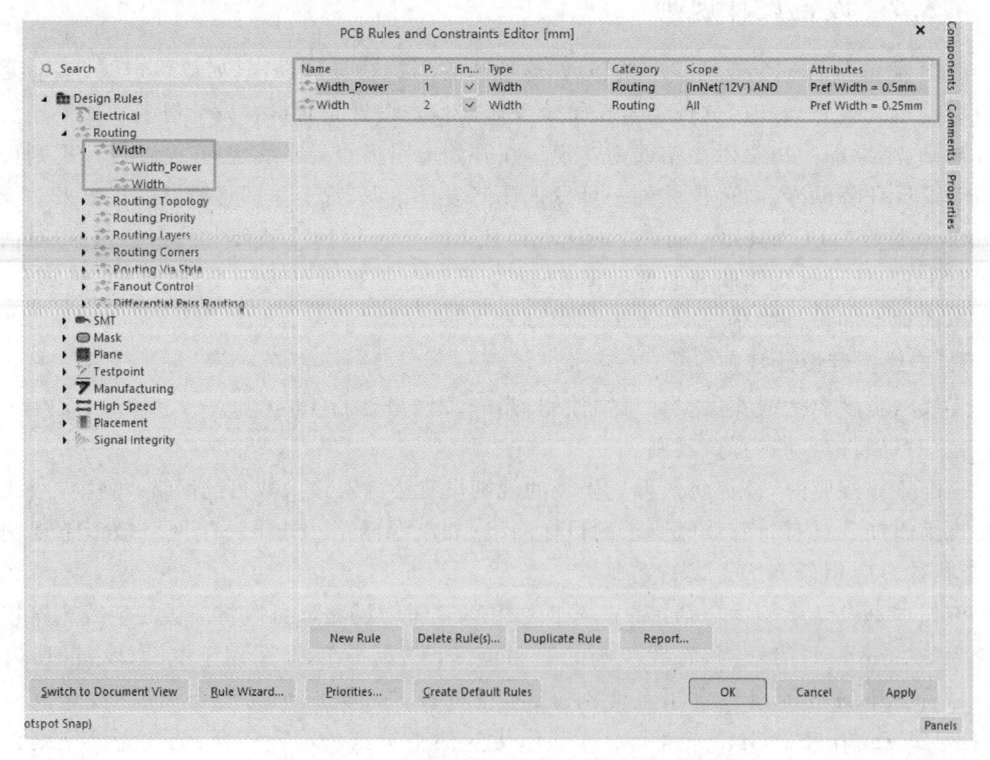

图 4.54　两个走线宽度设计规则的配置信息

1）按照以下步骤设置普通信号网络的走线宽度设计规则

（1）在当前活跃的PCB文档编辑页面，打开PCB Rules and Constraints Editor（PCB规则和约束编辑器）对话框。在左手边的对话框中，不同的Design Rules（设计规则）文件夹中显示出不同分类的设计规则。鼠标双击Routing（走线）分类文件夹，将其展开，可以看到相关的走线规则，鼠标双击Width（线宽），将显示当前已经定义好的走线宽度设计规则。

（2）鼠标单击当前走线宽度设计规则选中它，对话框的右侧显示该规则下的所有设置，包括规则的Where the First Object Matches（第一个对象匹配的位置），又称为规则的适用范围——希望此规则适用的目标对象以及该规则下对应的Constraints（约束条件）。

由于此规则的适用范围是设计中的大多数网（信号网），因此确认Where The Object Matches（对象匹配的位置）设置为All（全部）。针对电源网络，之后将添加一个优先级更高的走线宽度设计规则。

（3）将走线宽度设置为Min Width（最小宽度）=0.2mm，Preferred Width（首选宽度）=0.25mm，Max Width（最大宽度）=0.254mm。注意。所有设置都会在对话框底部显示的各个物理层中单独显示，也可以根据不同层配置不同的走线宽度。

（4）定义好该规则之后，鼠标单击Apply（应用）按钮保存设置，保持该对话框的打开状态，配置默认走线宽度页面如图4.55所示。

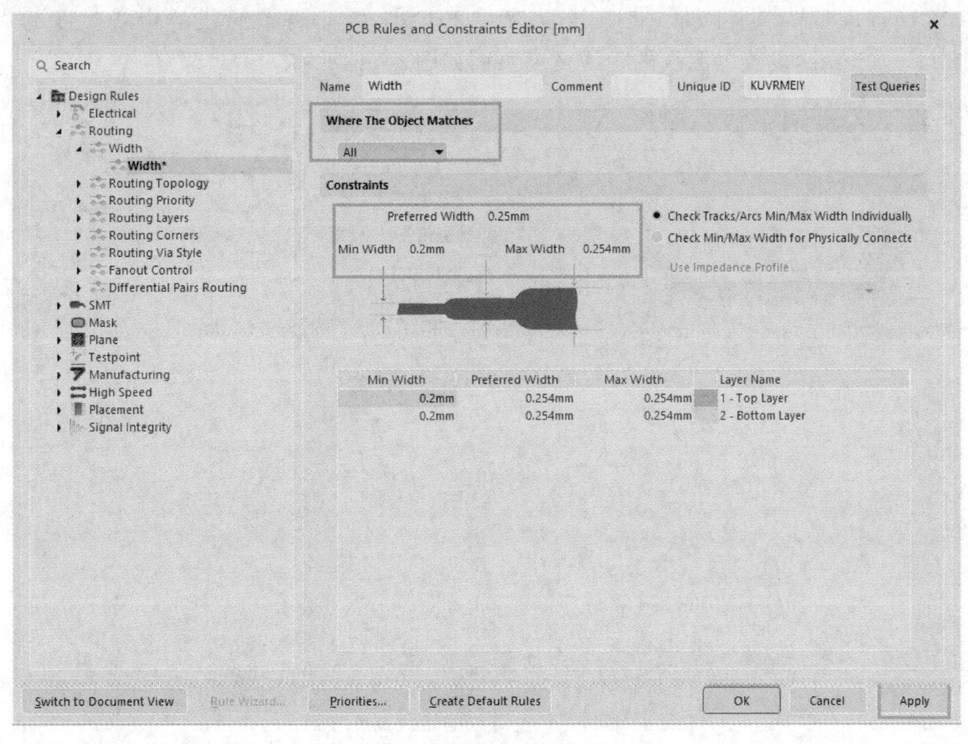

图4.55　配置默认走线宽度页面

2）为电源网络添加另一个更高优先级的走线宽度设计规则

（1）在当前活跃的PCB文档编辑页面，打开PCB Rules and Constraints Editor（PCB规则和约束编辑器）对话框。

(2) 添加一个新的设计规则来指定电源网络的走线宽度。在对话框左侧的 Design Rules(设计规则)树中选择现有的走线宽度规则后,右击选择 New Rule(新建规则)命令,添加一个新的走线宽度规则。此时将出现一个名为 Width_1 的新规则,单击设计规则树中的新规则,为其配置属性。

(3) 单击右侧的 Name(名称)字段,在该字段中输入走线宽度规则名称 Width_Power。单击 Where The Object Matches(对象匹配的位置)部分中的下拉列表,从列表中选择 Custom Query(自定义查询)。该对话框将更改为包含一个可输入自定义查询的编辑框。

(4) 单击 Query Builder(查询构建器)按钮打开 Query Builder dialog(查询构建器)对话框,将其配置为目标网络。

① 单击 Add first condition(添加第一个条件)文本框,选择 Belongs to Net(属于网络),将 Condition Value(条件值)设置为 12V。

② 单击 Add another condition(添加另一个条件)文本框,选择 Belongs to Net(属于网络),将 Condition Value(条件值)设置为 GND。

③ 此时,在两个条件语句之间将出现 AND(与)操作符,从下拉列表中选择 OR(或)。

(5) 单击 OK(确定)按钮以接受查询并返回到规则对话框。

(6) 为规则设置约束条件,编辑 Min Width/Preferred Width/Max Width values(最小宽度/首选宽度/最大宽度)值,将其设置为 0.25/0.5/0.5,将电源线的走线宽度约束在 0.25mm~0.5mm,设置电源线的走线宽度页面如图 4.56 所示。

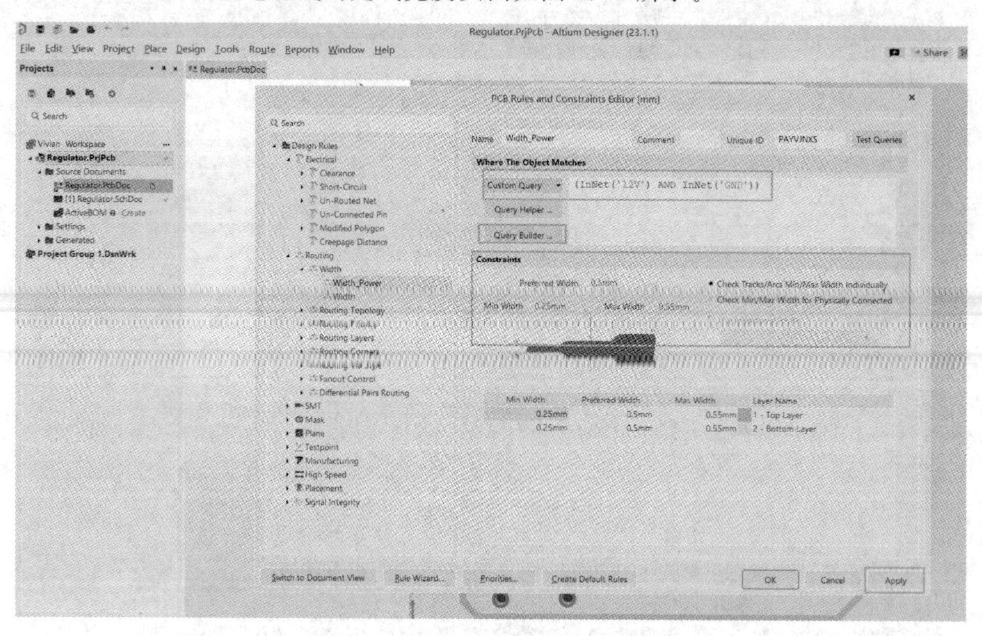

图 4.56 设置电源线的走线宽度页面

(7) 单击 Apply(应用)按钮保存设置,保持该对话框的打开状态。

2. 电气安全距离约束条件

接下来需要定义属于不同网络的不同对象(焊盘、过孔、走线)之间的最小电气安全距离,这部分的规则设置由 Electrical Clearance Constraint(电气安全距离约束器)来执行,在本章的示例文件中,将 PCB 上所有物体之间的最小电气安全距离设置为 0.254mm。

在 Minimum Clearance(最小安全距离)字段中输入数值,会自动应用于对话框底部栅格区域中的所有字段。当需要根据不同种类的对象定义不同的最小安全距离时,只需要在栅格区域中进行编辑,定义不同对象之间电气安全距离约束条件页面如图 4.57 所示。

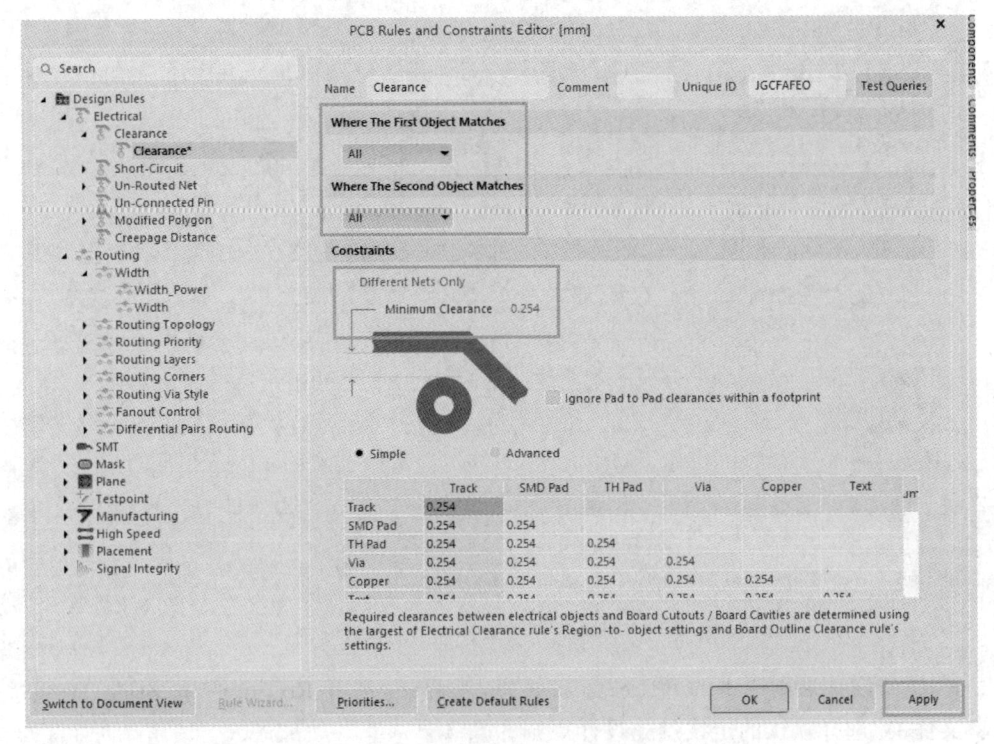

图 4.57　定义不同对象之间电气安全距离约束条件页面

按照以下步骤定义最小电气安全距离约束条件。

(1) 展开设计规则树中的 Electrical(电气)分类目录,展开 Clearance(安全距离)文件夹。

(2) 单击选中现有的 Clearance(安全距离)约束条件。注意,此规则有两个查询字段。规则引擎检查 Where The First Object Matches(第一个匹配对象)中设置的目标对象,并检查 Where The Second Object Matches(第二个匹配对象)中设置的目标对象,以确认它们满足指定的约束条件。对于本设计,将此规则配置为定义 All(所有)对象之间的安全距离。

(3) 在对话框的 Constraints(约束条件)字段中,将 Minimum Clearance(最小安全距离)设置为 0.254mm。

(4) 单击 Apply(应用)按钮保存设置,保持该对话框的打开状态。

3. 定义走线过孔样式

在布线过程中,如果需要跨层走线,则会自动添加一个过孔。此时,需要为过孔定义一个属性,即定义一个可用的走线过孔样式(Routing Via Style)设计规则。如果通过主菜单 Place(放置)命令放置过孔,则会添加一个系统默认的过孔。在本设计中,将通过 Routing Via Style(走线过孔样式)设计规则配置过孔的属性,设置适用于本设计中的过孔页面如图 4.58 所示。

按照以下步骤定义走线过孔样式设计规则。

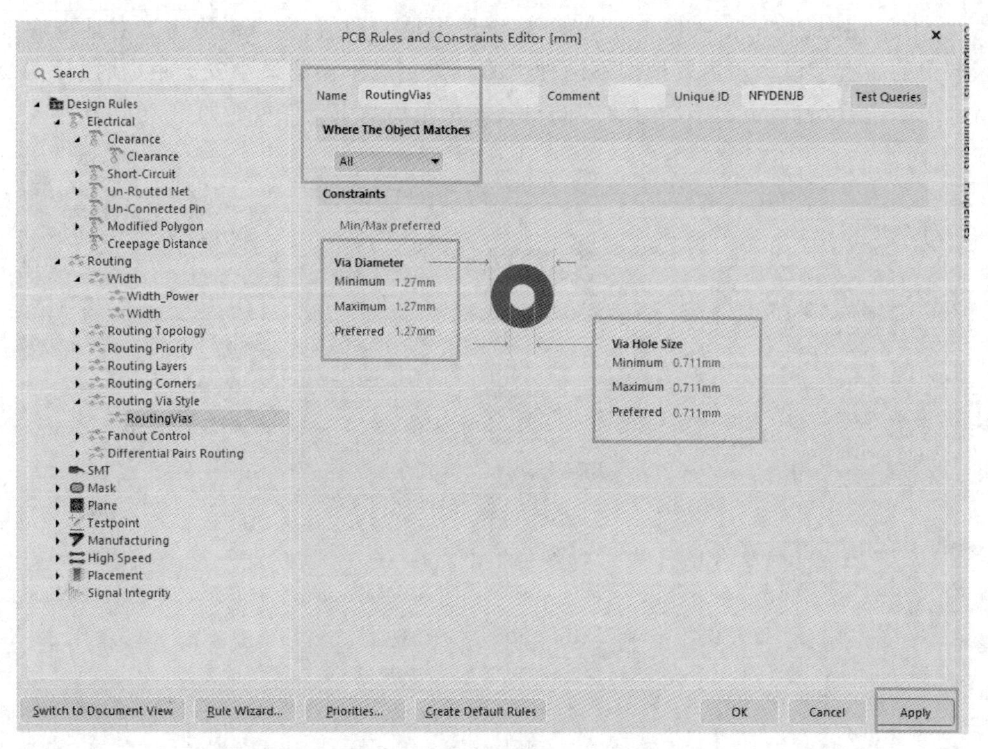

图 4.58 设置适用于本设计中的过孔页面

(1) 展开设计规则树中的 Routing(布线)分类目录,展开 Routing Via Style(走线过孔样式)文件夹,选择默认的走线过孔设计规则。

(2) 由于电源网络在板的单一面走线,因此没有必要为信号网络定义一个走线过孔样式,为电源网络定义另一个路由走线过孔样式。将规则设置为文前建议的值,即 Via Diameter(过孔直径)=1.27mm 和 Via Hole Size(过孔内径)=0.711mm。将所有字段(最小值、最大值、首选值)设置为相同的大小。

(3) 单击 OK(确定)按钮保存更改,关闭 PCB Rules and Constraints Editor(PCB 规则和约束编辑器)对话框。

(4) 将 PCB 文件保存到本地。

4. 检查设计规则

Altium Designer 软件创建的默认设计规则模板中,有许多规则在具体设计中不需要用到,需要对这些设计规则进行调整以适应具体的设计要求。因此,检查设计规则非常重要。可以在 PCB Rules and Constraints Editor(PCB 规则和约束编辑器)中检查设计规则。选择左侧规则树顶部的 Design Rules(设计规则),然后在 Attributes(属性)列中扫描所有规则,并快速找到需要调整其值的规则。

Altium Designer 软件默认状态下采用英制单位,如果电路板设计采用公制,有许多规则的数值在转换过程中采用四舍五入,如阻焊值从 4mil 变为 0.102mm,最小阻焊默认值从 10mil 变为 0.254mm。虽然最后一位数字显得无关紧要,例如 0.002mm,但是在文件输出时也不能忽略,因此可以在设计规则中手动编辑这些设置值。

在设计新项目过程中,有许多规则在具体设计中不需要用到,需要对这些设计规则进行调整以适应具体的设计要求。例如，在创建新PCB过程中，默认状态下会生成Assembly（装配）和Fabrication Testpoint（制造测试点）等设计规则，在本示例中，不会用到这些设计规则，需要禁用这些多余的设计规则。按照以下方法禁用多余的设计规则。

（1）打开PCB Rules and Constraints Editor（PCB规则和约束编辑器）对话框。

（2）单击Testpoint（测试点）分类目录，禁用四个测试点类型规则，禁用Enabled（已启用）列中的复选框。如果没有完成此操作，则在后续设计中会出现测试点违规的报错。禁用测试点规则如图4.59所示。

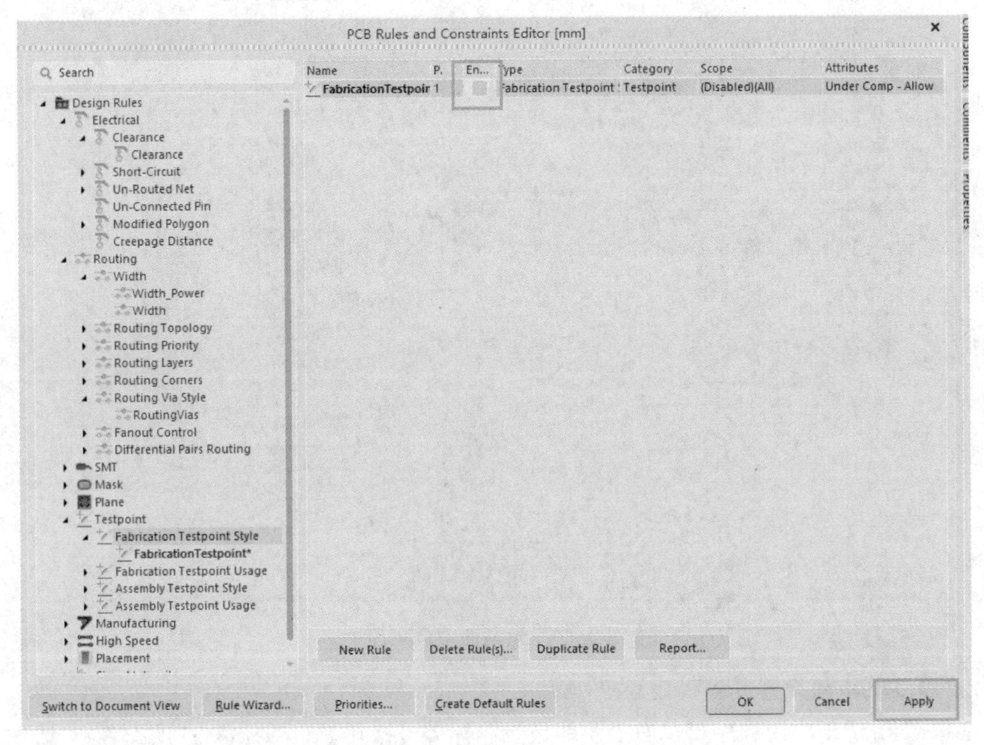

图4.59　在检查设计规则时，禁用测试点类型规则

4.3.8　元器件定位和放置

EDA设计过程分两个阶段，第一阶段是布局阶段，即元器件在PCB上的摆放；第二阶段是布线阶段，即实现元器件引脚之间的电气连接。通常，元器件的布局是重头戏，其重要程度占整个PCB设计任务的90%，合理的布局能优化走线，大大降低布线长度和复杂性。业界普遍认为，良好的元器件布局对于PCB设计至关重要，所谓元器件布局，即调整各元器件在PCB上的位置，使各元器件引脚之间的走线距离最优化。

1. 元器件定位和放置选项

单击并按住某个元器件进行移动，如果启用了Snap to Center（对齐居中）选项，则可将该元器件固定在参照点处。参照点为编辑元器件库时的坐标(0,0)。

利用Smart Component Snap（智能元器件捕获）选项可覆盖对齐居中，并将设置改为对齐到最近的元器件焊盘，该选项用于将特定焊盘定位到特定位置。元器件定位页面如图4.60所示。

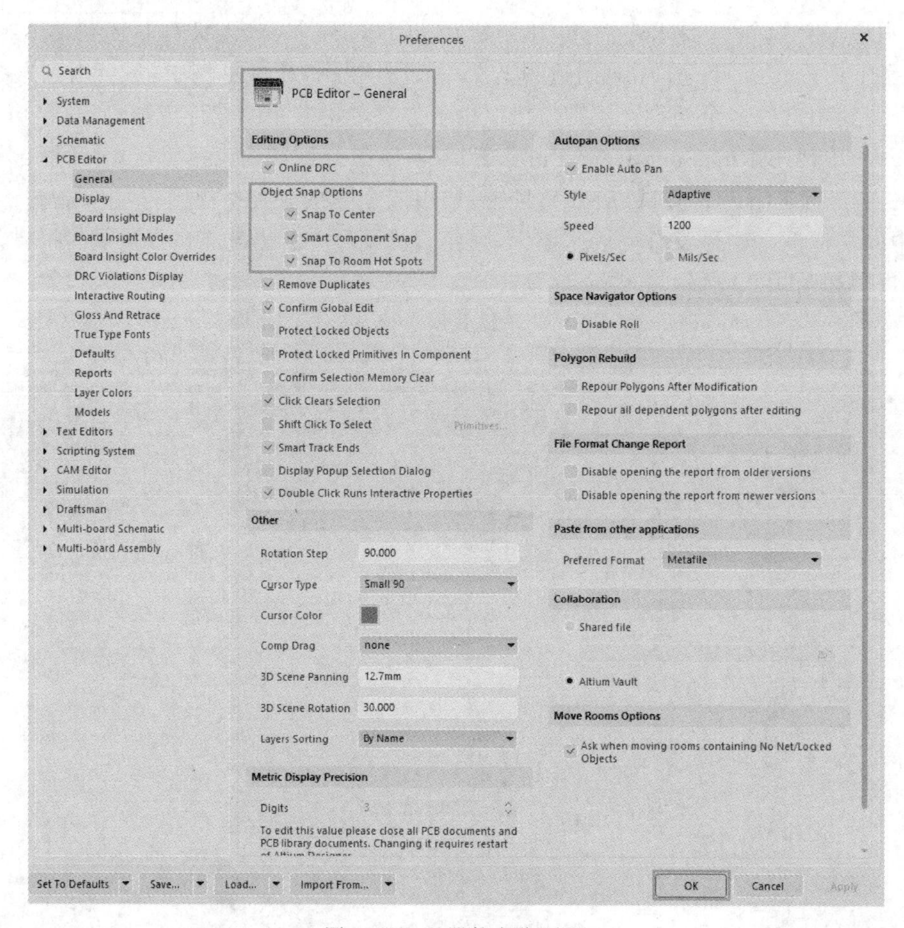

图 4.60 元器件定位页面

按照以下步骤设置元器件定位选项。

(1) 单击位于应用程序窗口右上角的齿轮图标 ,打开 Preferences(选项配置)对话框。

(2) 打开 Preferences(选项配置)对话框的 PCB Editor-General page(PCB 编辑器-常规)页面。在 Editing Options(编辑选项)部分,启用 Snap To Center(居中对齐)选项。确保定位元器件时,光标将定位到该元器件的参考点上。

(3) 启用 Smart Component Snap(智能元器件捕获)选项。单击并按住元器件使其更靠近目标焊盘,光标捕捉到元器件焊盘中心。利用该选项将特定焊盘固定到特定栅格上。如果使用的是小型表面贴元器件,则该选项的功能正好相反,光标捕捉到元器件的参照点上。

(4) 单击 OK(确定)按钮保存更改,关闭 Preferences(选项配置)对话框。

2. 在 PCB 上定位元器件

1) 将元器件放置到 PCB 电路板上的合适位置

将元件器定位到 PCB 电路板上如图 4.61 所示,放置元器件的方法有以下两种。

(1) 单击、按住并拖动元器件到所需位置,按空格键旋转元件,然后释放鼠标左键即可放置元器件。

(2) 或者运行 Edit(编辑)→Move(移动)→Component(元器件)命令,然后单击元器

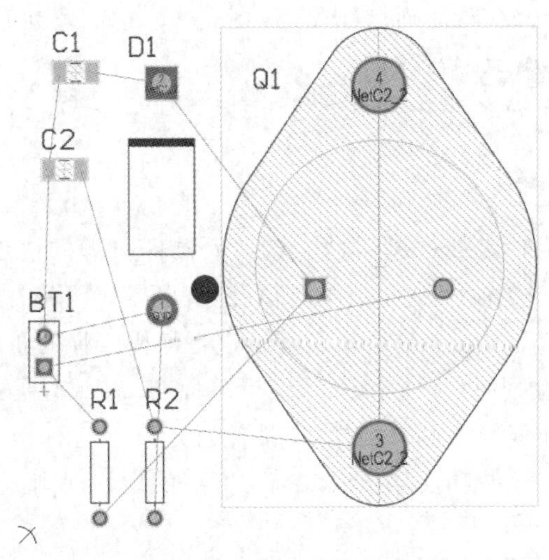

图 4.61　将元件器定位到 PCB 电路板上

件，将其拖动到所需位置，根据需要旋转元件，然后单击鼠标放置元器件。完成放置后，右击退出 Move Component(移动元器件)命令。

2) 按照以下步骤在 PCB 上移动元器件

(1) 缩放显示 PCB 和元器件。缩小(PgDn)电路板和元器件，使其在编辑区域内可以看见电路板上的全部元器件，选择 View(查看)→View Area(查看局部区域)，单击定义待查看的区域的左上角和右下角。

(2) 此时，元器件定位到当前捕获栅格上。为了简化元器件定位的过程，可以使用粗粒度的放置栅格，例如 1mm 距离的捕获栅格。查看 Status Bar(状态栏)中的信息，确认 Snap Grid(捕获栅格)已设置为 1mm；也可以按快捷键 Ctrl+Shift+G 修改捕获栅格的大小。

(3) 可参照图 4.61 放置本章示例中的元器件。放置电池 BT1 时，需将光标置于电池轮廓的中间，单击、按住并拖动元器件，光标将变为十字准线并跳转到相应的参照点。如果已经启用了 Smart Component Snap(智能元件捕获)选项，则光标会跳转到最近的焊盘中心，按住鼠标左键的同时，移动鼠标即可拖动元器件。

(4) 必要时按住 Spacebar(空格键)旋转元器件，并将封装定位到电路板的左侧。

(5) 当电池放置到位后，松开鼠标左键将其定位，此时元器件引脚连接线与元器件同时一起拖动。

(6) 按照图 4.61 的布局，重新定位其他元器件，在拖动的同时按 Spacebar(空格键)旋转元器件(按照逆时针 90°旋转)，使连接线的位置如图 4.61 所示。

(7) 采用同样的方法重新定位元器件的文本，单击并拖动文本，按 Spacebar(空格键)旋转文本。

(8) PCB 编辑器中同时提供交互式放置工具，利用这些工具可确保各元器件正确对齐并保持适当间隔。

(9) 单击设计空间中的任意其他位置，取消选中的元器件。必要时亦可对齐其他元器件，由于当前使用的是粗粒度粗捕获栅格，因此无须再次对齐。

(10) 重新定位元件位号。单击、按住并拖动元器件的位号，也可在设计空间中选中元器件的位号，使用 Properties（属性）面板中的 Autoposition（自动定位）选项。

（11）将 PCB 文件在本地存盘。

完成元器件定位和布局之后，接下来着手布线。

4.3.9 交互式布线

布线是在电路板上进行走线、放置过孔、连通元器件引脚的过程。Altium Designer 23 的 PCB 编辑器提供了先进的交互式布线工具 ActiveRoute，使得布线变得易如反掌，仅需单击一个按钮即可利用 ActiveRoute 对选定的连接进行最优路径的布线。

在本书的这一部分，将手动对整个 PCB 实行单面布线，所有走线均位于顶层。交互式布线工具大幅度提高了布线效率和灵活性，实现放置走线的光标引导、单击布线、推进障碍物、自动跟从现有连接等，这些功能均符合之前定义好的设计规则。

1. 准备工作

在开始布线之前，需要对 Preferences（选项配置）对话框的 PCB Editor-Interactive Routing（PCB 编辑器-交互式布线）页面的交互式布线选项进行配置，配置交互式布线选项页面如图 4.62 所示。

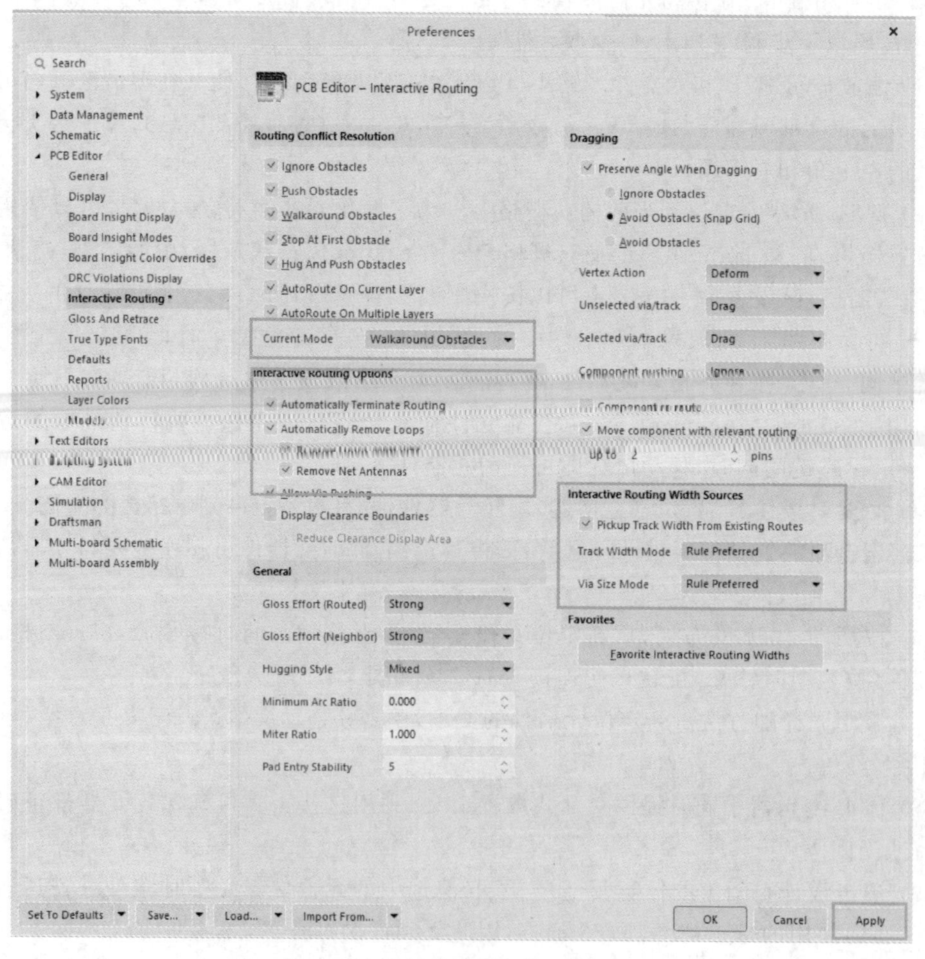

图 4.62 配置交互式布线选项页面

按照以下步骤，准备交互式布线。

(1) 打开 Preferences(选项配置)对话框的 PCB Editor-Interactive Routing(PCB 编辑器-交互式布线)页面。

(2) 将 Routing Conflict Resolution Current Mode(当前布线冲突解决模式)设置为 Walkaround Obstacles(环绕障碍物)。在布线时，可以按快捷键 Shift+R 循环浏览已启用的模式。

(3) 在 Interactive Routing Options(交互式布线选项)页面确认已启用 Automatically Terminate Routing(自动结束布线)和 Automatically Remove Loops(自动移除闭合回路)选项。启用 Automatically Terminate Routing(自动结束布线)选项，当完成最后一个焊盘连线后，自动释放光标，Automatically Remove Loops(自动移除闭合回路)选项启用后，可自动布线新路径来取代原有布线路径——布线新路径直接取代旧路径，右击完成布线。Altium Designer 23 会自动删除布线的冗余部分。

(4) 确认 Track Width Mode/Via Size Mode(交互式走线宽度/过孔大小)选项均设置为 Rule Preferred(优选规则)。

(5) 单击 OK(确定)按钮保存更改，关闭 Preferences(选项配置)对话框。

(6) 按快捷键 Ctrl+Shift+G 打开 Snap Grid(捕获栅格)对话框将 Snap Grid(捕获栅格)设置为 0.254mm。

2. 开始布线

单击“布线”按钮，或者在主菜单 Route(布线)下选择 Interactive Routing(交互式布线)命令启动交互式布线，快捷键为 Ctrl+W。

对于表面贴元器件比较多的 PCB 设计，可以简单地将线路布在 PCB 的顶层。PCB 上的走线由一系列直线段组成，每当改变方向时，将开始新的走线。此外，在默认状态下，PCB 编辑器的默认走线方向可以设置为垂直、水平或 45°方向，便于生成专业的走线。此外，还可以根据设计的特殊需求，自定义走线的角度和方向，在此示例中使用的是默认的走线方向。在交互式布线模式下，当走线到达目标焊盘时，软件会自动释放该连线，准备进行下一条连线，PCB 布线过程如图 4.63 所示。

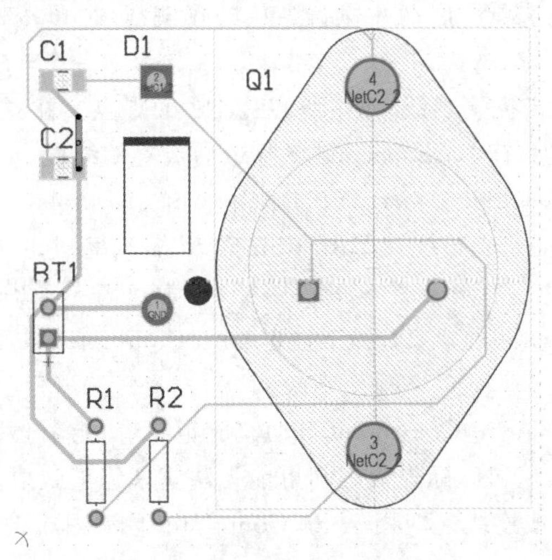

图 4.63 PCB 布线过程

按照以下步骤进行交互式布线。

(1) 通过查看设计空间底部的 Layer Tabs(层选项卡)检查当前可见的布线层。如果 Bottom Layer(底层)不可见,则按快捷键 L 可打开 View Configuration(查看配置)面板,在其中启用 Bottom Layer(底层)。

(2) 单击设计空间底部的 Top Layer(顶层)选项卡,使其成为当前层或活跃层,准备在该层实施布线。通常,在单层模式下布线更为便捷,按快捷键 Shift+S 可循环选择启用的不同层。

(3) 单击 PCB 编辑器 Active Bar(活动栏)的按钮,或者按快捷键 Ctrl+W,或者在主菜单的 Route(布线)命令中选择 Interactive Routing(交互式布线)按钮,启动交互式布线,此时光标将变为十字准线,表示正处于交互式布线模式。

(4) 将光标置于 BT1 中的焊盘上。将光标移近焊盘,会自动捕获焊盘中心。这是 Objects for snapping(自动捕获物体)功能,自动将光标拉到最近的电气对象上,在 Properties(属性)面板的捕获选项部分配置 Snap Distance(捕获距离)和 Objects for snapping(捕获对象)。有时,Objects for snapping(自动捕获物体)功能可能会在不必要的情况下影响到鼠标的拉动。此时,按 Ctrl 键可禁止自动捕获,或者按快捷键 Shift+E 在三种 Hotspot Snap(热点捕获)状态之间循环切换,即 Hotspot Snap All Layers(热点捕获所有布线层)、Hotspot Snap Only snaps on the current layer(热点仅捕获当前层)和/Off(关闭不显示任何内容)。当前热点捕获模式会显示在 Status Bar(状态栏)上。

(5) 左击或按回车键锚定走线的第一个点。将光标移向电阻 R2 的底部焊盘,单击放置一个垂直段。注意走线会有不同的显示方式,在布线期间线段可显示为三种状态,实心线段为已完成放置的线段,阴影线段为拟放置但尚未提交的线段,空心线段为预测线段,如图 4.64 所示。

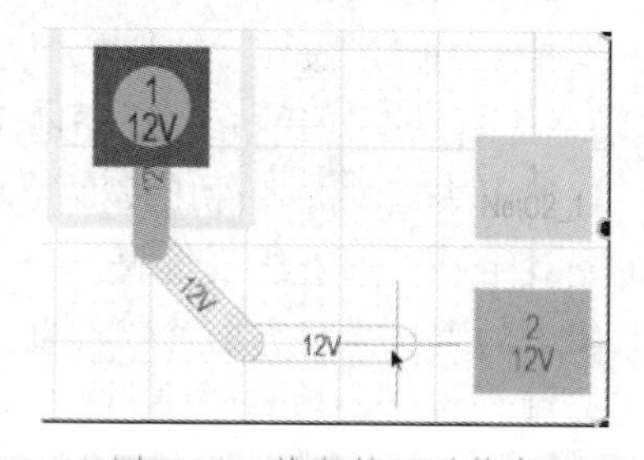

图 4.64 线段的显示状态

空心线段用于计算最后一个待放置线段的终点。单击鼠标无法放置空心线段,启用 Automatically Terminate Routing(自动结束布线)选项会启动并覆盖默认的预测线段,可按快捷键 1 打开/关闭预测模式。

(6) 手动布线时,单击提交走线,布线终点为 R2 的焊盘。注意每次单击时放置阴影线段。在当前布线的连线上,按 Backspace 键删除最后放置的线段。

(7) 选中目标焊盘后,可以按 Ctrl+单击使用 Auto. Complete(自动完成走线)功能,指示软件在全部连接上自动完成布线。Auto-Complete(自动完成走线)功能如下。

① 采用最短布线路径,有可能并非最佳路径,因为还需要考虑尚未布线的其他连接的路径。如果处于 Push mode(推挤模式)下,则 Auto-Complete(自动完成走线)功能将现有布线推挤至目标终点。

② 对于较长的连线,Auto-Complete(自动完成走线)功能未必始终有效,因为布线路径是逐段映射的,并且源焊盘和目标焊盘之间可能无法实现完整映射。

③ 可以直接在焊盘或连线上应用 Auto-Complete(自动完成走线)功能(Ctrl+单击)。

(8) PCB的布线不存在唯一的解决方案，即没有标准答案，相同的原理图可以有多种不同的PCB走线，当需要修改走线方式时，可以利用PCB编辑器中的功能和接口来变更走线。

(9) 完成布线后将设计存盘到本地。

3. 交互式布线模式

PCB编辑器的"交互式布线"引擎支持多种不同的模式，针对不同的应用场景，采用不同的交互式布线模式。在进行交互式布线时，按快捷键Shift+R可在不同模式之间循环切换。当前交互式布线会在"状态栏"和信息窗中显示。Altium Designer 23支持以下几种不同的交互式布线模式。

(1) Ignore Obstacles(忽略障碍物)。可以将走线放置在任何位置，可以放置在现有障碍物上，显示走线的同时允许潜在的违规行为。

(2) Stop at first Obstacle(在首个障碍物处终止)。在手动布线模式下，一旦遇到障碍物，则终止走线以避免产生违规。

(3) Walkaround Obstacles(环绕障碍物)。试图在障碍物周围寻找布线路径，而非直接将走线布到障碍物上。

(4) Hug & Push Obstacles(环抱并推挤障碍物)。是"环绕"和"推挤"模式的组合，在此模式下，走线会环抱并紧贴障碍物，如果走线安全距离不足以环绕障碍物，则尝试推挤固定的障碍物。

(5) Push Obstacles(推挤障碍物)。如果走线安全距离不足以环绕障碍物，则尝试移动对象(走线和过孔)，重新定位走线和过孔，以适应新的布线，避免发生违规。

(6) Autoroute on Current Layer(在当前层自动布线)。为交互式布线的基础自动布线功能。在考虑推挤距离与环绕距离之比以及布线长度的基础上，自动在环绕和推挤之间进行折中。此模式适用于比较复杂、密度比较高的电路板。

(7) Autoroute on Multiple Layers(跨层自动布线)。为交互式布线的基础自动布线功能。在考虑推挤距离与环绕距离之比以及布线长度的基础上，自动在环绕和推挤之间进行选择。此模式下可放置过孔并考虑使用跨层布线。此模式适用于比较复杂、密度比较高的电路板。

4. 布线技巧和提示信息

为了提高交互式布线的效率，PCB编辑器提供了一系列有助于提高交互式布线过程效率的功能，包括在布线过程中使用命令快捷键、通过"状态栏"提供的详细提示信息，以及在布线时显示间距边界等。表4.6列出了布线过程中常用到的快捷方式。

表4.6 布线过程中常用到的快捷方式

快 捷 键	功 能 描 述
Shift+F1	弹出交互式快捷键菜单，通过在弹出菜单中选取适当命令来更改设置
* 或 Ctrl+Shift+鼠标滚轮	切换到下一个可用的信号层，可自动添加"布线过孔样式"设计规则中定义的过孔
Tab	打开 Properties(属性)面板的 Interactive Routing mode(交互式布线模式)对话框，在其中修改走线设置
Shift+R	在已启用的不同布线冲突解决模式之间循环切换

续表

快　捷　键	功 能 描 述
Shift+S	在可用的 Single Layer Modes(单层模式)之间循环切换。此功能适用于多个层上存在多个对象的情况
空格键	切换当前选中对象的旋转转角方向
Shift+空格键	在不同的走线转角模式之间循环切换。可以选取任意角度、45°、45°带圆弧、90°和 90°带圆弧
Ctrl+Shift+G	在三个已布线优化效果(Gloss Effort(Routed))设置之间循环切换。当前设置会显示在“信息窗”和“状态栏”上
Ctrl+单击	自动完成当前布线的连接。如果遇到无法解决的障碍物冲突,则无法自动完成连线
1	打开/关闭预测模式
3	在走线宽度选择之间循环切换,最小值规则/首选规则/最大值规则/用户自定义规则
4	在过孔样式选择之间循环切换,最小值规则/首选项规则/最大值规则/用户自定义规则
6	循环浏览可用的“过孔类型”
Shift+E	在三种对象“热点捕获”模式之间循环切换。关闭/打开当前层/打开所有层
Ctrl	布线时暂停对象捕获功能
End	重新绘制走线
PgUp/PgDn	以当前光标位置为中心放大/缩小,或使用标准的 Windows 鼠标滚轮缩放和平移快捷键
Backspace	删除最后提交的走线
右击或 Esc	断开当前连接并保持“交互式布线”模式

5. 交互式布线信息提示

在 PCB 布线过程中,Heads. Up display(信息窗)和 Status Bar(状态栏)上会有大量详细提示信息,包括网络名称或当前线宽。布线空间的可视化功能还包括显示所有网络对象(走线和过孔)周围的安全间距。在为 12V 网络布线时,所有其他网络对象均会显示由电气安全间距约束条件定义的安全间距,在布线过程中禁止违反该约束条件定义的边界,交互式布线信息提示如图 4.65 所示。

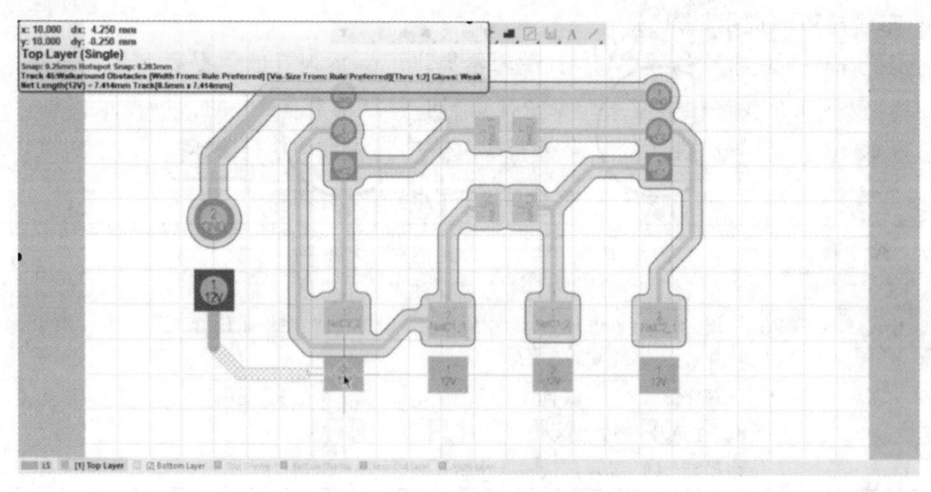

图 4.65　交互式布线信息提示

6. 重新布线

要修改现有布线，有两种方法，即重新布线或调整布线。

重新定义连接路径时无须取消原有走线，可以单击 Route(布线)按钮 开始新的走线路径。右击完成布线之后，Loop Removal(环路移除)功能将自动移除冗余走线段(和过孔)；还可以在任何位置开始和终止新的布线路径，并根据需要切换图层；也可以切换至 Ignore Obstacle mode(忽略障碍物)模式，先生成临时违规的走线，后续再解决违规现象。

若要以交互方式在电路板上重新调整走线，单击并拖动该走线，可以在 Preferences(选项配置)对话框的 PCB Editor-Interactive Routing(PCB 编辑器-交互式布线)页面配置默认拖动行为，PCB 编辑器将自动按照上述配置保持 45°/90°与线段相连接，并根据需要缩短或延长走线。

7. 自动布线

还有一种 PCB 的布线方法是使用 ActiveRoute 实现自动布线，即采用 Altium 的自动交互式布线器来布线。在自动布线模式下，只要选定待布线的一个或多个网络连接，选定待走线的层，然后运行 ActiveRoute，即可自动完成布线。ActiveRoute 提供高效的多网络布线算法，确保走线路径的最优化。ActiveRoute 还允许交互式定义布线路径或走线指导，重新定义新的布线路径。ActiveRoute 专为引脚密集型元器件的电路板开发而设计，从而大幅度提高布线效率。

在采用 ActiveRoute 实现自动布线之前，首先需在 PCB ActiveRoute(PCB 自动布线)面板上配置和运行 ActiveRoute。ActiveRoute 无法自动切换布线层，仅在 PCB ActiveRoute 面板已启用的层上创建单层焊盘间和焊盘与过孔间布线，因此，在使用 ActiveRoute 之前，必须将多引脚元器件的引脚扇出。可以在选定的焊盘/过孔/连接/单个网络/多个网络上实施 ActiveRoute。

1）选择待自动布线的连接和网络

(1) 将 PCB panel(PCB 面板)设置为 Nets(网络)模式，启用面板顶部的 Select(选中)复选框，单击网络名称选中网络。如需多选，请使用标准的 Windows 快捷方式进行操作。

(2) 利用复合键 Alt+单击拖动，在设计空间中以交互方式选择连接，方向为从右到左(按住 Alt 并从右到左拖动绿色选择框)，所有被绿色选择框触及的连接线都会被选中。按住 Shift 键可继续选择其他连接。

(3) 单击选择单个焊盘。

(4) 利用复合键 Ctrl+单击拖动，选择同一元器件中的多个焊盘(按住 Ctrl 并单击和拖动选择框以选择同一元器件中的多个焊盘)。从右到左拖动可选取选择框触及的焊盘。

选定待自动布线的连接和网络之后，在 PCB ActiveRoute(PCB 自动布线)面板中启用布线层。准备 ActiveRoute 自动布线的示例电路板如图 4.66 所示。

2）按照以下步骤进行自动布线

(1) 打开 PCB ActiveRoute(PCB 自动布线)面板，单击 Panels 选中 PCB 命令，打开 PCB 面板。

(2) 在面板顶部的下拉菜单中选择 Nets(网络)模式，勾选 Select(选中)复选框，启用 PCB ActiveRoute。

(3) 删除电路板上全部走线，在主菜单 Route(布线)下选中 Unroute(取消布线)→All(所有)。

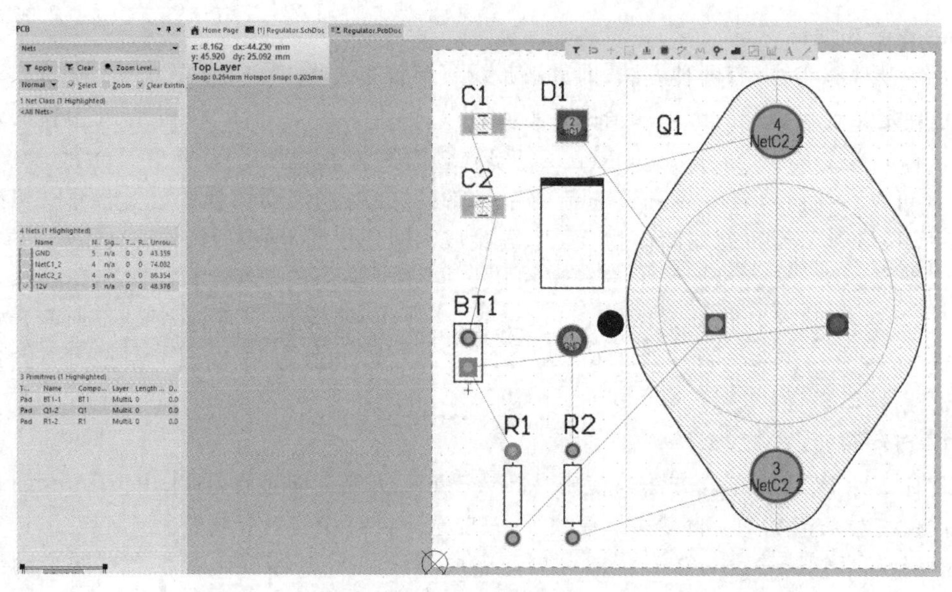

图 4.66 准备 ActiveRoute 自动布线的示例电路板

(4) 在网络面板的网络列表中，单击选中 12V 网络。

(5) 在 PCB ActiveRoute(PCB 自动布线)面板中，启用 Top Layer(顶层)。单击面板顶部的 ActiveRoute(自动布线)按钮，自动对 12V 网络进行布线。

(6) 选中 PCB 面板中的 GND 网络，单击 ActiveRoute 按钮。如果想使用 Shift+A 快捷键来启用 ActiveRoute，则必须在使用面板后单击一次设计工作空间，使得设计空间成为软件中的活动元素；否则，软件会将该快捷键解释为面板指令。

(7) 选中 PCB 面板中的其他网络，单击 ActiveRoute 按钮，对其他所有网络进行自动布线。由于 ActiveRoute 无法放置过孔，因此应手动为 C1_1 创建扇出，之后再运行 ActiveRoute。

(8) 进入 Interactive Routing(交互式布线)模式(快捷键 Ctrl+W)，从 C1_1 焊盘开始布线，将光标定位在焊盘左侧，切换布线层(复合键 Ctrl+Shift+鼠标滚轮)放置一个过孔。单击确认走线和过孔，退出 Interactive Routing(交互式布线)模式(右击删除当前连接的布线，然后再次右击退出"交互式布线"模式)，电容器的扇出页面如图 4.67 所示。

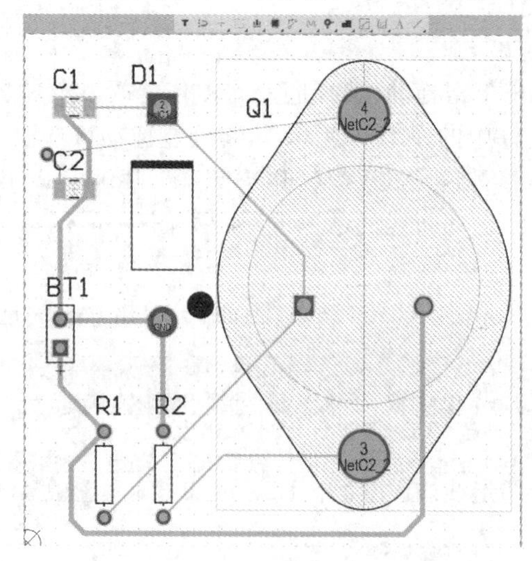

图 4.67 电容器的扇出页面

(9) 单击 PCB 面板中的 net(网络)NetC1_1,启用 PCB ActiveRoute 面板中的 Bottom Lay(底层),禁用 Top Layer(顶层),单击 ActiveRoute 按钮,对该连接实施布线。ActiveRoute 布线结果如图 4.68 所示。

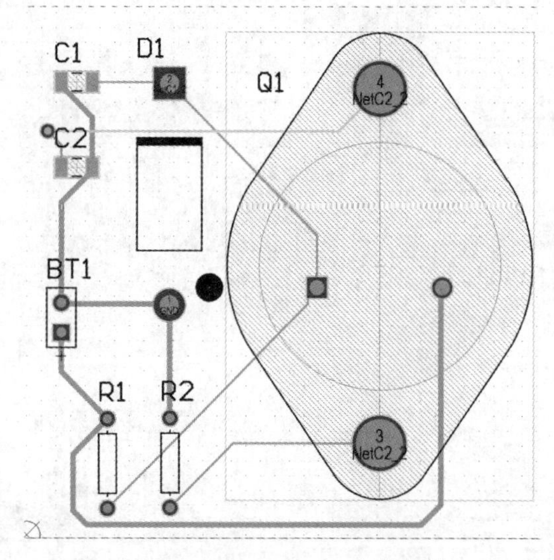

图 4.68 ActiveRoute 布线结果

4.4 PCB 设计验证

视频讲解

在利用 PCB 编辑器设计 PCB 时,需要为设计过程定义多种设计规则,以确保 PCB 信号的完整性。在完成 PCB 设计之后,启用在线设计规则检查(DRC)功能,检查设计是否符合预先定义好的设计规则,一旦检测到违规的设计,立即将违规之处突出显示出来。此外,还可以运行批 DRC 来测试设计是否符合规则,并生成详细的违规报告。

在验证 PCB 设计是否正确之前,首先应配置好违规显示方式和规则检查器,运行 DRC 规则检查,定位发生违规的错误,将 DRC 检测到的错误全部纠正修改之后,重新运行 DRC,直至将所有违规现象清零才算完成 PCB 的设计验证。

4.4.1 配置违规显示方式

Altium Designer 23 提供两种显示设计违规的方法,各有优势,在 Preferences(选项配置)对话框的 PCB Editor-DRC Violations Display(PCB 编辑器-DRC 违规显示)页面配置违规的显示方式,以颜色覆盖和详细消息两种方式显示违规如图 4.69 所示。

(1) 违规标识。通过高亮违规色彩表示违规错误,该高亮违规色彩由 DRC Error Markers(DRC 错误标记)选定颜色高亮显示,在 View Configuration(查看配置)面板中按 L 键打开 DRC 错误标记。默认状态下缩小对象时使其以纯色显示,放大对象时再更改为选定的 Violation Overlay Style(违规标识样式),如图 4.70 所示。默认设置为"样式 B",即一个带十字的圆圈。

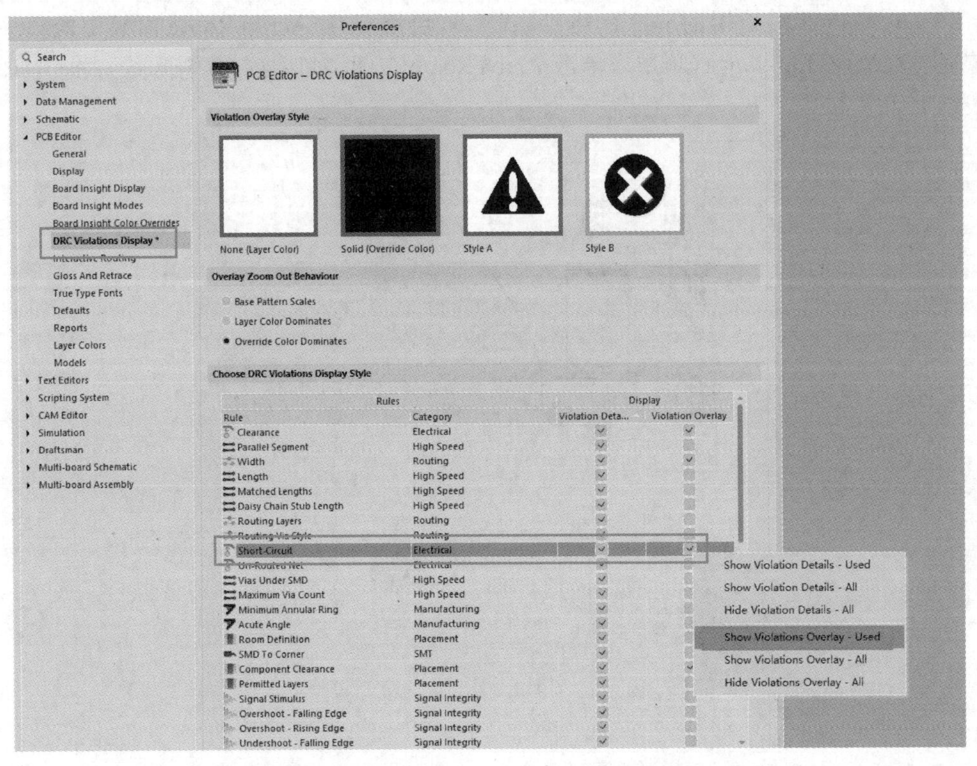

图 4.69　以颜色覆盖和详细消息两种方式显示违规

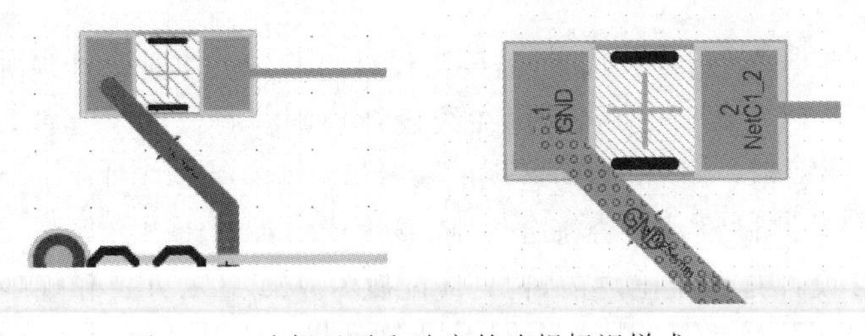

图 4.70　违规显示和选定的违规标识样式

（2）违规详情。继续放大对象时，显示内容中会加入 Violation Detail（违规详情），对错误性质做详细说明。违规详情中包括直接违规信息、违规类型以及显示违规错误的具体数值。

配置违规显示之前需要做好以下准备工作：

（1）在 Panels 中选择 View Configuration（查看配置），按快捷键 L 确认已启用 DRC Error visibility option（DRC 错误可见）选项，以显示 DRC 错误标记。

（2）确认在 Preferences（选项配置）对话框的 PCB Editor-General（PCB 编辑器-常规）页面上启用了 Online DRC（在线设计规则检查）系统。保持 Preferences（选项配置）对话框处于打开状态，切换到 PCB Editor-DRC Violations Display（PCB 编辑器-DRC 违规显示）页面。

（3）利用 Preferences（选项配置）对话框的 PCB Editor-DRC Violations Display（PCB 编辑器-DRC 违规显示）页面配置违规在设计空间中的显示方式。对于本示例，右击

Preferences(选项配置)对话框中 PCB Editor-DRC Violations Display(PCB 编辑器-DRC 违规显示)页面,在 Show Violation Details-Used(显示违规详情)域中,勾选 Show Violation Overlay-Used(显示违规详情-已启用)。

(4) 单击 OK(确定)按钮保存更改,关闭 Preferences(选项配置)对话框。

4.4.2 配置规则检查器

Altium Designer 23 通过运行设计规则检查器(Design Rule Checker,DRC)来检查设计是否存在违规。在 PCB 编辑器主菜单中选中 Tools(工具)→Design Rule Check(设计规则检查)命令打开对话框。进行在线和批量 DRC 配置,DRC 配置包括以下内容。

1. DRC 报告选项配置

在默认状态下,打开 Design Rule Checker(设计规则检查器)对话框,在对话框左侧的树中选择 Report Options(报告选项)页面,配置在线和批量规则检查页面如图 4.71 所示。对话框右侧显示常规报告选项列表。若需要了解选项的详细信息,将光标悬停在对话框上并按 F1。可保留这些选项的默认设置。

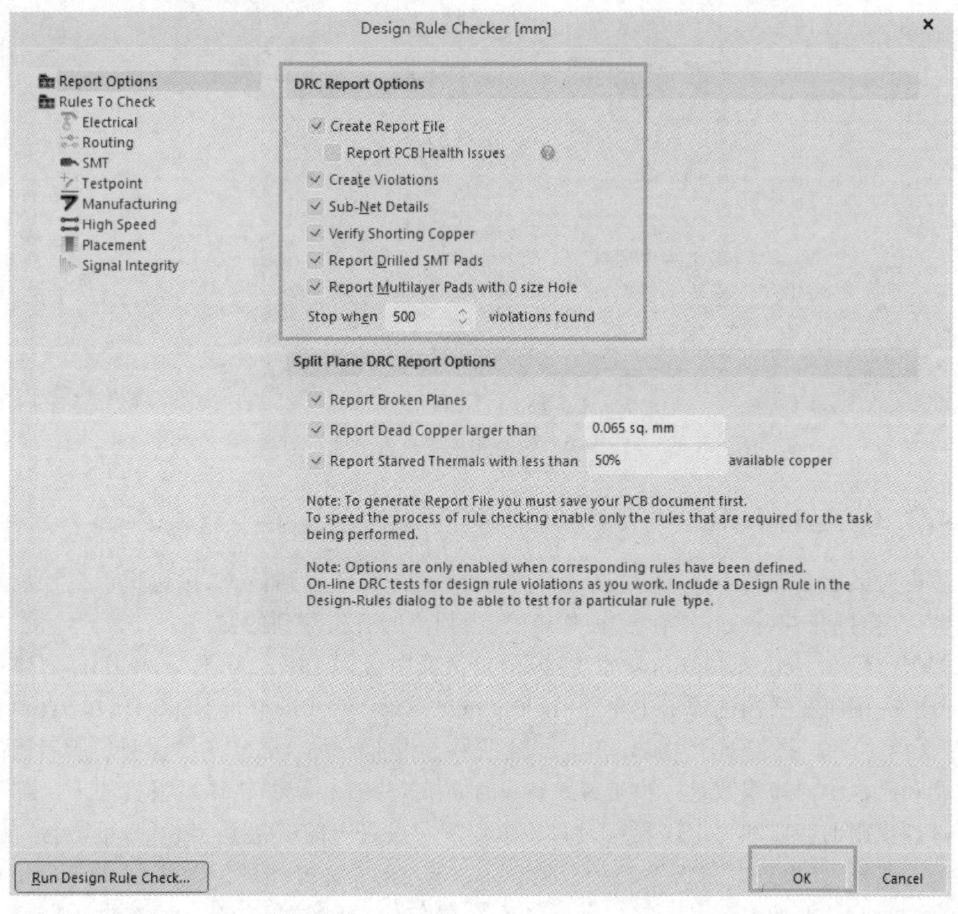

图 4.71 配置在线和批量规则检查页面

2. 待检查的 DRC 规则

在对话框的 Rules to Check(待检查规则)中配置特定规则的测试。在对话框左侧的树中选择此页面中的所有规则类型，按类型（例如电气）对其进行检查。对绝大多数规则提供Online（在线）设计规则检查和Batch（批量）设计规则检查。按照设计需求单击启用/禁用规则，或者右击显示上下文菜单，实现Online（在线）和Batch（批量）设计规则检查之间的快速切换。在本示例中，选择Batch DRC-Used On（批量DRC-已启用）条目，为每种规则配置检查功能页面如图4.72所示。

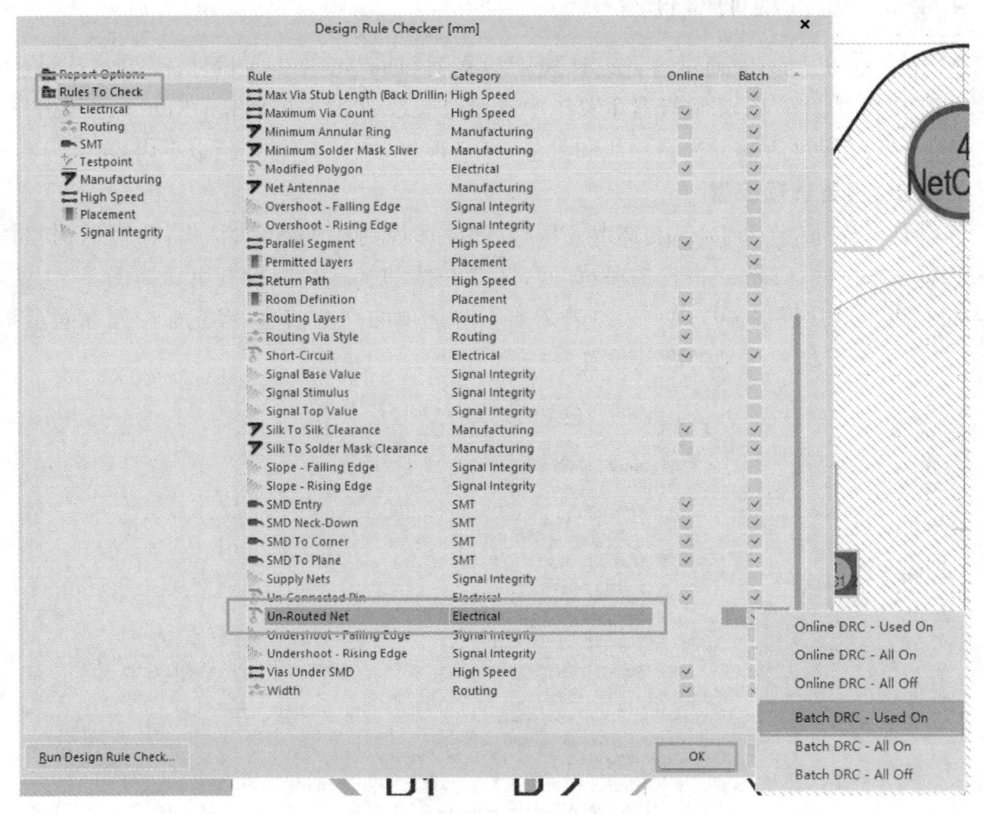

图4.72 为每种规则配置检查功能页面

4.4.3 运行DRC

单击对话框底部的Run Design Rule Check（运行设计规则检查）按钮执行设计规则检查。此后，会打开Messages（消息）面板，在其中列出所有检测到的错误。

如果已经在Report Options（报告选项）对话框中启用了Create Report File（创建报告文件）选项，则将在文档选项卡中单独打开Design Rule Verification Report（设计规则验证报告）文档。DRC报告如图4.73和图4.74所示。报告的上半部分详细说明了所启用的检查规则和已检测的违规数量。单击待跳转设计规则，检查相应的错误。报告的下半部分显示了违规规则的摘要和每个违规行为的具体细节。报告中的链接是实时的，单击特定错误以跳回电路板，并检查电路板上的相应错误。注意，此单击操作的缩放级别在Preferences（选项配置）对话框的System-Navigation（系统-导航）页面配置，在合适的缩放级别可以看到电路板上每个违规行为的具体细节。

Altium Designer

Design Rule Verification Report

Date: 2023/1/30
Time: 13:11:22
Elapsed Time: 00:00:01
Filename: E:\example\demo\Regulator.PcbDoc

Warnings: 0
Rule Violations: 17

Summary

Warnings	Count
Total	0

Rule Violations	Count
Clearance Constraint (Gap=0.254mm) (All),(All)	0
Short-Circuit Constraint (Allowed=No) (All),(All)	0

图 4.73　DRC 报告的上半部分

Clearance Constraint (Gap=0.25mm) (All),(All)

Clearance Constraint: (0.22mm < 0.25mm) Between Pad Q1-1(10mm,17.46mm) on Multi-Layer And Pad Q1-2(10mm,18.73mm) on Multi-Layer

Clearance Constraint: (0.22mm < 0.25mm) Between Pad Q1-2(10mm,18.73mm) on Multi-Layer And Pad Q1-3(10mm,20mm) on Multi-Layer

Clearance Constraint: (0.22mm < 0.25mm) Between Pad Q2-1(22mm,17.46mm) on Multi-Layer And Pad Q2-2(22mm,18.73mm) on Multi-Layer

Clearance Constraint: (0.22mm < 0.25mm) Between Pad Q2-2(22mm,18.73mm) on Multi-Layer And Pad Q2-3(22mm,20mm) on Multi-Layer

Back to top

Minimum Solder Mask Sliver (Gap=0.254mm) (All),(All)

Minimum Solder Mask Sliver Constraint: (0.017mm < 0.254mm) Between Pad Q1-1(10mm,17.46mm) on Multi-Layer And Pad Q1-2(10mm,18.73mm) on Multi-Layer [Top Solder] Mask Sliver [0.017mm] / [Bottom Solder] Mask Sliver [0.017mm]

Minimum Solder Mask Sliver Constraint: (0.017mm < 0.254mm) Between Pad Q1-2(10mm,18.73mm) on Multi-Layer And Pad Q1-3(10mm,20mm) on Multi-Layer [Top Solder] Mask Sliver [0.017mm] / [Bottom Solder] Mask Sliver [0.017mm]

Minimum Solder Mask Sliver Constraint: (0.017mm < 0.254mm) Between Pad Q2-1(22mm,17.46mm) on Multi-Layer And Pad Q2-2(22mm,18.73mm) on Multi-Layer [Top Solder] Mask Sliver [0.017mm] / [Bottom Solder] Mask Sliver [0.017mm]

Minimum Solder Mask Sliver Constraint: (0.017mm < 0.254mm) Between Pad Q2-2(22mm,18.73mm) on Multi-Layer And Pad Q2-3(22mm,20mm) on Multi-Layer [Top Solder] Mask Sliver [0.017mm] / [Bottom Solder] Mask Sliver [0.017mm]

Back to top

图 4.74　DRC 报告的下半部分

4.4.4　定位错误

初次学习 Altium Designer 23，看到长错误报告可能会惊慌失措。不要着急，因为这一切对于设计人员来说都是可控的。可以在设计的不同阶段在 Design Rule Check（设计规则检查器）对话框中启用和禁用某些规则实现对错误报告的控制。虽然这并不意味着当发生违规报错时直接禁用这些设计规则，目的是方便检查这些违规现象。

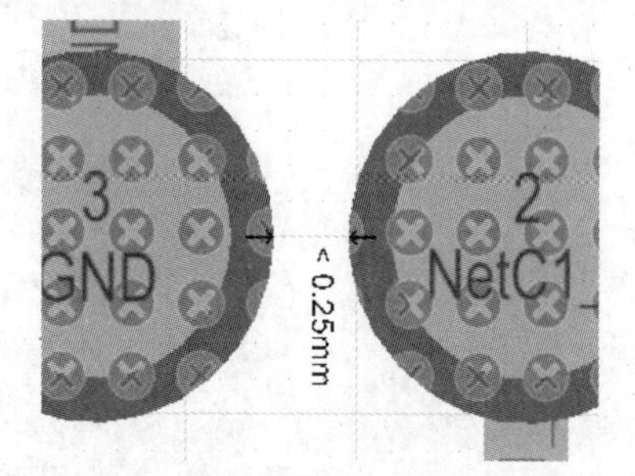

图 4.75　两个焊盘之间的间隙小于 0.25mm

在本示例的电路板上运行批量 DRC 时，DRC 报告了 4 个错误，即 4 个安全间距约束违规-信号层上对象之间的测量电气安全间距值小于此规则规定的最小值。

图 4.75 显示了安全间距约束错误的违规详情，由箭

头和 0.254mm 的文本指示，表明安全间距小于规则定义的 0.254mm 最小值。下一步是计算出实际值，得出错误差值，采取措施解决此错误。

1. 正确理解错误条件

一旦通过 DRC 检查发现了错误，如何理解错误发生的原因和次数？作为设计者，需要根据错误报告中的基本信息来决定如何解决发生的错误。例如，如果规则允许的最小阻焊安全间距为 0.254mm，而实际值为 0.24mm，那么情况不算太糟，可以通过调整规则设置来接受此值。但如果实际值为 0.02mm，那么光靠调整规则设置可能无法解决此问题。

除了实测距离外，还可通过多种方法确定违规的程度，包括以下四点。

(1) 单击报告文件中的链接。

(2) 右击 Violations(违规)子菜单。

(3) 单击 PCB Rules and Violations panel(PCB 规则和违规)面板。

(4) 双击 Messages(消息)面板中的详细信息，说明实际值与指定值之间的差距。

2. "违规"子菜单

右击 Violations(违规)子菜单，检查违规规则和违规条件如图 4.76 所示，其中显示了 Violations(违规)子菜单中对测量到的违规条件的详细说明。

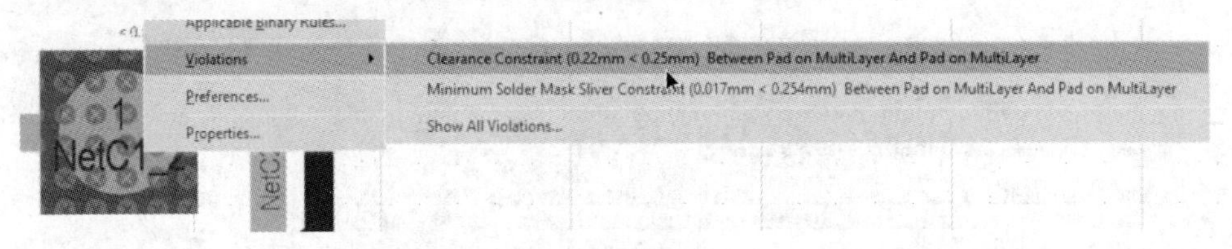

图 4.76 检查违规规则和违规条件

按照如下步骤，利用 PCB Rules And Violations(PCB 规则和违规)面板定位和了解错误详情，违规详情面板如图 4.77 所示。

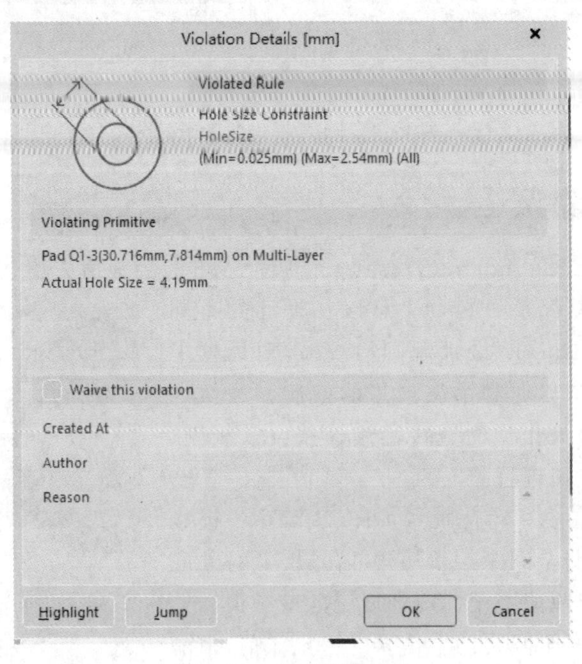

图 4.77 违规详情面板

（1）单击 Panels（面板）按钮，从菜单中选择并显示 PCB Rules And Violations（PCB 规则和违规）面板。默认在 Rule Classes（规则类）列表中显示 All Rules（全部规则）。确定感兴趣的规则类型后，选择该特定规则类，则面板底部仅显示该特定规则的违规行为。

（2）单击列表中的违规行为可跳转到电路板上显示违规；双击违规可打开 Violation Details（违规详情）对话框。

3. 解决违规行为

作为设计人员，应找出解决每种设计违规的方法，下面从相关的阻焊层错误入手，找出 DRC 报告中出现的错误情况的解决方案。

1）最小阻焊层安全间距违规

阻焊层是涂在电路板外表面上的一层薄薄的漆状层，目的是为镀铜提供保护和绝缘覆盖。阻焊层和元器件线路之间有一个开口，在 PCB 编辑器的阻焊层上会显示这些开口。在制造过程中，可以使用不同的技术来应用阻焊层。成本最低的方法是通过掩模将其丝印到电路板表面。考虑到层对齐问题，掩模开口通常大于焊盘，其默认设计规则中定义为 0.1mm。还可以利用其他技术提高层对准和形状定义的准确性，此时阻焊层扩展值可缩小，甚至为零。减少阻焊层扩展值意味着减少阻焊安全间距、丝印与阻焊层之间出现安全间距违规的机会，阻焊安全间距错误页面如图 4.78 所示。

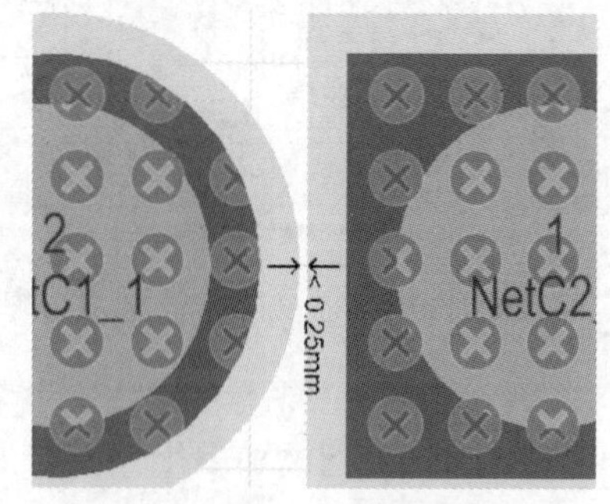

图 4.78　阻焊安全间距错误页面

考虑到成品板的制造技术，应及时解决阻焊层安全间距违规问题。例如，在设计复杂的多层板时，需采用高质量的阻焊技术，以缩小阻焊层的扩展或将其减为零。本示例中的简单双面板则可使用低成本的阻焊技术，此时通过减少整个电路板的阻焊层扩展值来解决阻焊层错误并不是一个明智的选择。PCB 的设计需要考虑众多因素，解决方案的选择也是考虑众多因素之后的折中考虑。

有多种方法解决此类违规：①增加阻焊层开口完全移除三极管焊盘之间的掩模；②减少可接受的最小阻焊安全间距的宽度；③减小掩模开口以将阻焊宽度扩大到可接受的范围。

可以根据对元器件的制造和装配技术的了解程度在以上三种方法中做出决策。第一种方法通过增加阻焊层开口完全移除三极管焊盘之间的掩模增加了焊盘之间产生焊桥的可能；如果减小掩模开口则该裂口的可接受度不确定，并且也可能带来掩模与焊盘对准的问题。本示例结合第二种和第三种方法，在减小最小安全距离宽度的同时，减小掩模阻焊宽度扩展值。

减少允许的阻焊层安全间距的宽度页面如图 4.79 所示，按照以下步骤解决阻焊层安全间距违规。

（1）减少允许的阻焊层安全间距的宽度。打开 PCB Rules and Constraints Editor（PCB 规则和约束编辑器），在 Manufacturing（制造）部分找到并选择 Minimum Solder Mask Sliver（最小阻焊层安全间距）规则。在本示例中，可以接受的数值为 0.2mm。在规则的 Constraints（约束条件）域，将 Minimum Solder Mask Sliver（最小阻焊层安全间距）值编辑为 0.2mm。

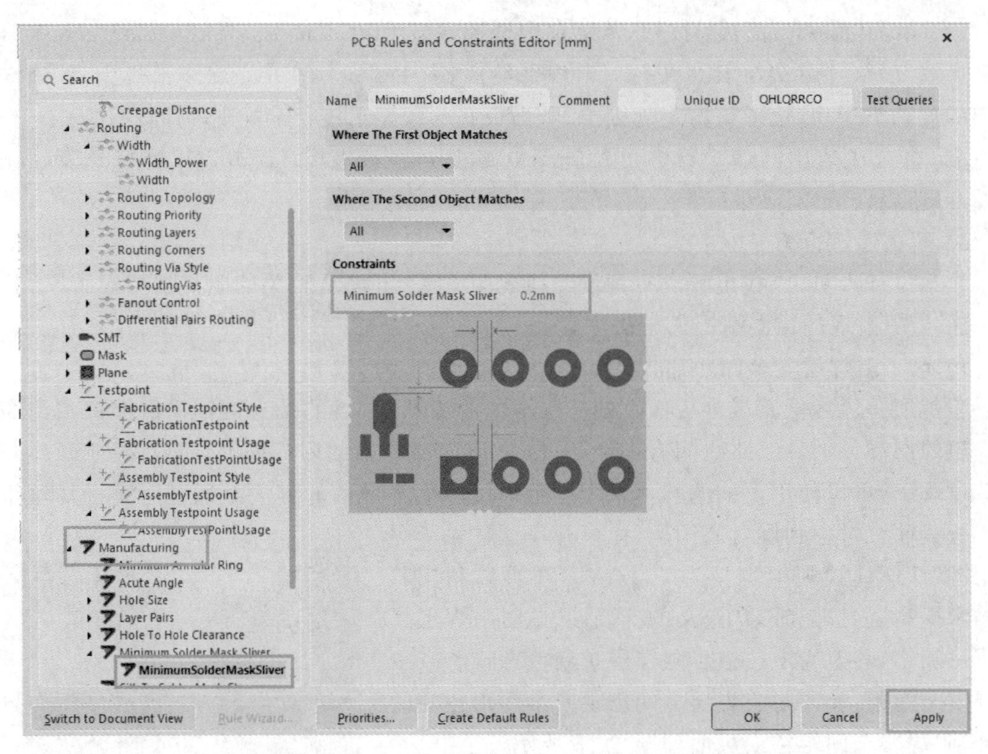

图 4.79　减少允许的阻焊层安全间距的宽度页面

(2) 为三极管添加一个掩模扩展规则,令掩模扩展值为零,使得阻焊层中的开口与焊盘大小相等,即焊盘之间的阻焊裂口宽度与其间距(0.2mm)相等。单击 PCB Rules and Constraints Editor(PCB 规则和约束编辑器)对话框左侧树中的 Mask(掩模)以显示当前的 Solder Mask Expansion(阻焊层扩展)规则。在 Solder Mask Expansion(阻焊层扩展)规则中有一个名为 Solder Mask Expansion 的规则,双击选择该规则并显示其设置,指定该规则扩展值为 0.102mm(4mil)。由于仅有三极管焊盘违规,因此无须编辑此值,而是需要创建一个新规则,如图 4.80 所示。

(3) 创建一个新的 Solder Mask Expansion(阻焊层扩展),右击左侧树中的现有规则,从上下文菜单中选择 New Rule(新建规则)命令,创建一个名为 Solder Mask Expansion_1 的新规则,单击显示其设置。对其进行如下设置。

① Name(名称)设置为 Solder Mask Expansion_Transistor。

② Where the Object Matches(对象匹配的位置),在下拉列表中选择 Footprint(封装),在出现的第二个下拉列表中选择 ONSC.TO.204.3.1.07(三极管封装的名称)。

③ Expansion top/bottom(扩展顶层/底层)设置为 0mm。

(4) 单击 Apply(应用)按钮接受更改,并保持 PCB Rules and Constraints Editor(PCB 规则和约束编辑器)处于打开状态。

2) 安全距离违规

通常,有两种方法可以解决安全距离违规问题。减小三极管焊盘的尺寸以增加焊盘之间的距离,或重新配置设计规则,使得三极管封装焊盘之间的安全距离变小。

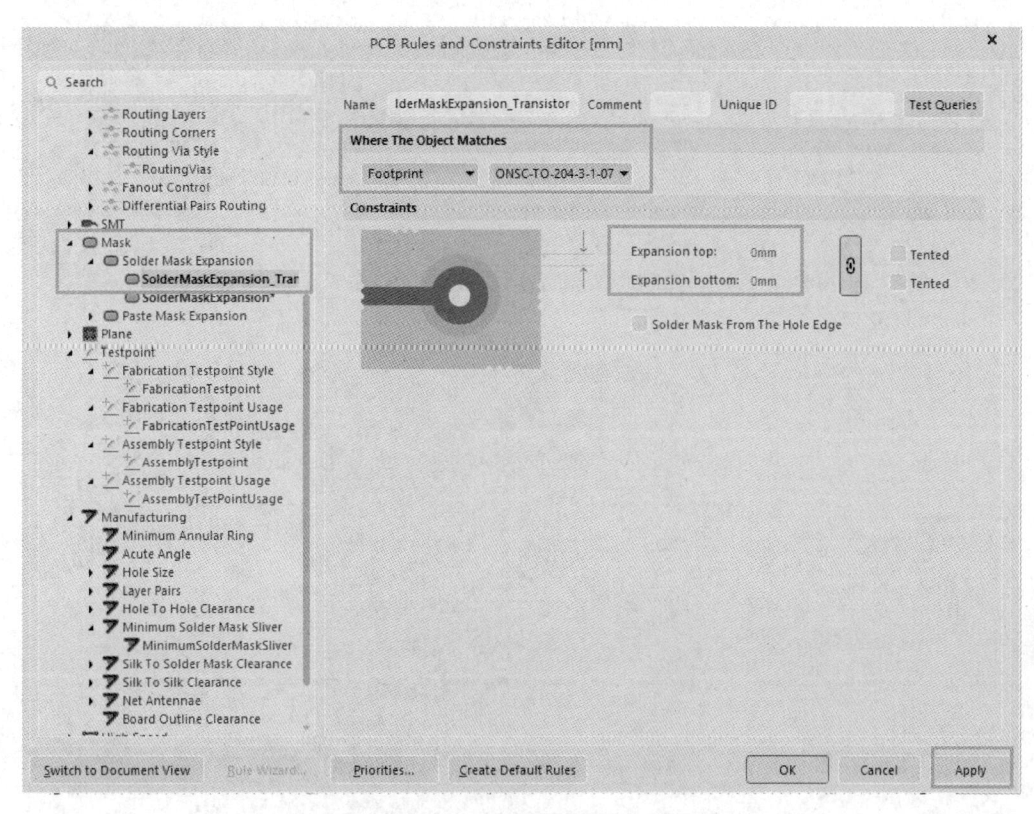

图 4.80 解决阻焊层安全间距违规

由于 0.254mm 的安全距离过大，而实际安全距离接近 0.2mm，因此，在这种情况下，理想的选择是通过配置规则来减小安全距离。可在现有的“安全距离约束条件”设计规则基础上来完成配置。在规则约束的栅格区域将 TH 焊盘的间距值改为 0.2mm。编辑单元格时，先选择好待编辑的单元格，然后按 F2 键。在本示例中，这一解决方案可以接受，因为唯一具有通孔焊盘的元器件是连接器，其焊盘间隔超过 1mm。否则，最好的解决方案是添加第二个仅针对三极管焊盘的安全距离约束条件，与阻焊层扩展规则的情况类似，编辑“安全间距约束条件”页面如图 4.81 所示。

3) 丝印与丝印之间的安全距离违规

最后一种需要解决的错误是丝印与丝印之间的安全距离违规。这种违规发生的原因是相邻元器件的位号过于靠近。在密度比较小的简单 PCB 设计中，此类违规行为发生的概率比较小。一旦发生这类违规现象，可以重新定位元器件的位号。单击、按住并拖动元器件的位号，该位号移动到新位置。位号符的移动受当前捕获栅格的约束。如果当前栅格过于粗糙，则按快捷键 Ctrl+G 输入新的栅格值，重新定位导致丝印与丝印之间安全距离违规，如图 4.82 所示。

4. 解决全部违规之后再次运行 DRC

解决 DRC 错误报告中的全部违规之后，按照以下步骤运行 DRC。

(1) 将 PCB 文件在本地存盘。

(2) 打开 Design Rule Checker(设计规则检查器)对话框，在 PCB 编辑器主菜单的 Tools(工具)中选择 Design Rule Check(设计规则检查)命令，此时，应确保在 Report Options(报

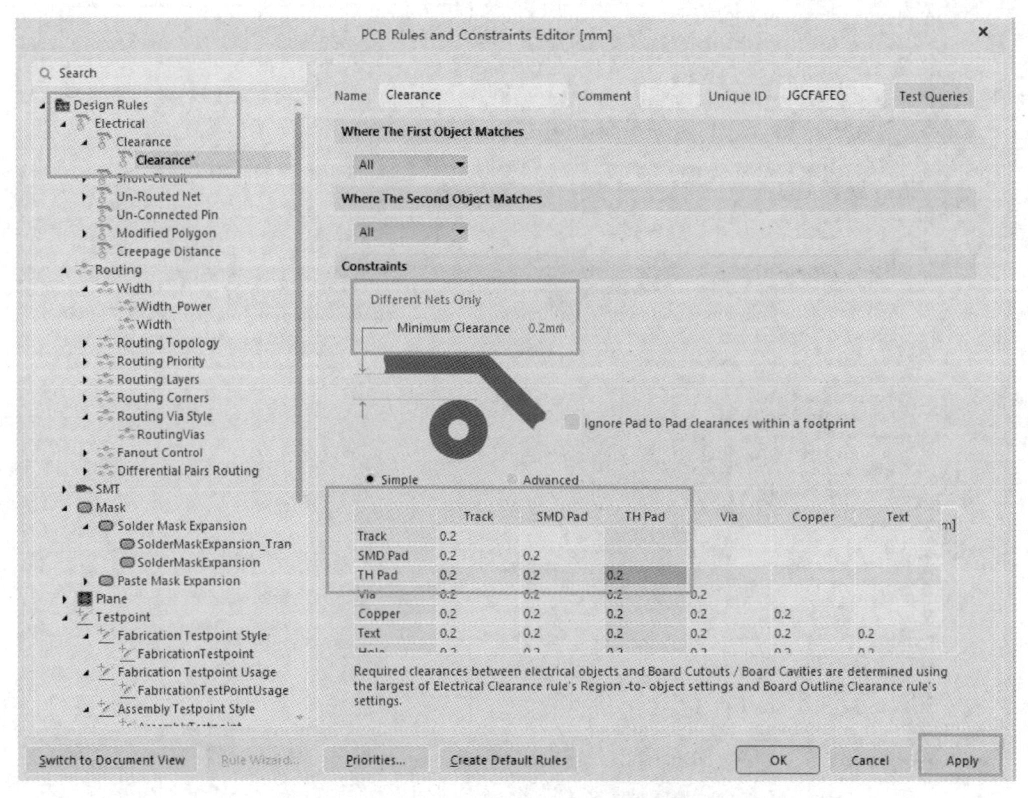

	Track	SMD Pad	TH Pad	Via	Copper	Text
Track	0.2					
SMD Pad	0.2	0.2				
TH Pad	0.2	0.2	0.2			
Via	0.2	0.2	0.2	0.2		
Copper	0.2	0.2	0.2	0.2	0.2	
Text	0.2	0.2	0.2	0.2	0.2	0.2

图 4.81　编辑“安全间距约束条件”页面

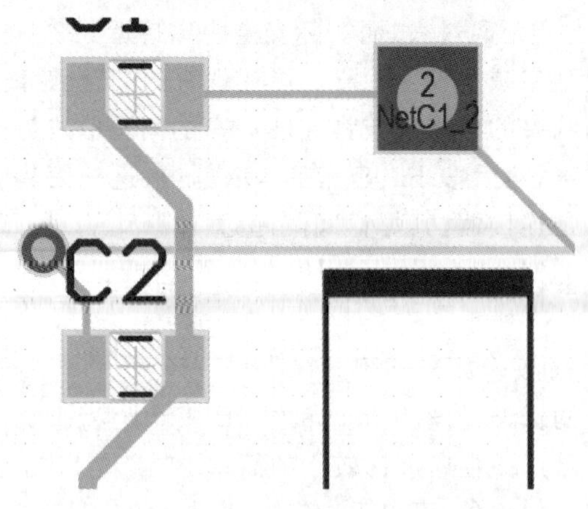

图 4.82　重新定位导致丝印与丝印之间安全距离违规

告选项）页面上启用了 Create Report File（创建报告文件）选项。

（3）单击 Run Design Rule Check（运行设计规则检查）按钮，将生成并打开一个新的 DRC 报告，在新的 DRC 报告中，已经没有任何违规错误。如依然有违规报告，说明尚未全部解决违规现象，应重新返回 PCB 文档并予以解决，再次生成报告。

（4）从项目文件中删除已生成的 DRC 报告，避免该报告在设计发布过程中发布出去。在 Projects（项目）面板中的 Generated\Documents（已生成\文档）子文件夹中找到 DRC 报告文件，右击选中该文件，选择 Remove from Project（从项目中移除），在打开的 Remove from Project(从项目中移除)对话框中,选择 Delete file(删除文件)选项。

(5) 将 PCB 和项目保存到工作区,关闭 PCB 文件。

5. 以 3D 方式查看电路板

Altium Designer 23 能够查看电路板的 3 维图像。在主菜单 View(查看)页面选择 3D LayoutMode(3D 模式)命令,或按快捷键 3,切换到 3D 模式。此时将显示电路板的 3 维影像。在 3D 模式下,利用以下控件可以流畅地缩放、平移和旋转视图,如图 4.83 所示。

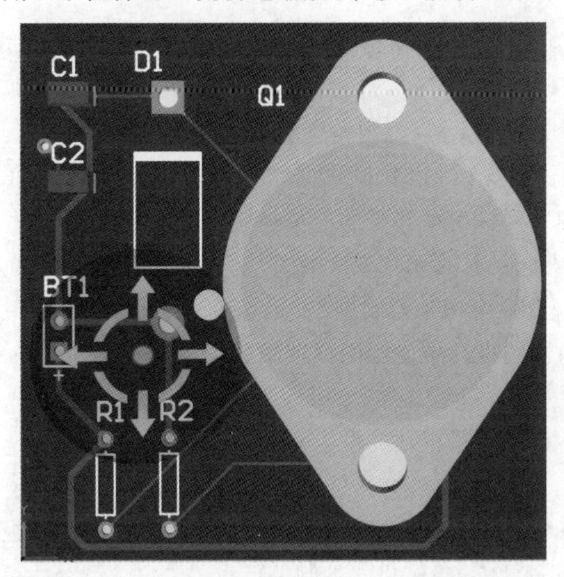

图 4.83　利用控件缩放、平移和旋转视图

(1) 缩放。Ctrl+右击、按住并拖动;Ctrl+鼠标滚轮;按 PgUp/PgDn 键。

(2) 平移。右击、按住并拖动;标准的 Windows 鼠标滚轮控件。

(3) 旋转。Shift+右击、按住并拖动。注意,当按下 Shift 键时,当前光标位置会出现一个定向球体。使用以下控件使模型围绕球体中心旋转移动(在按 Shift 键定位球体之前先定位光标)。移动鼠标以突出显示所需的控件。

① 当"中心点"突出显示时,右击、按住并拖动球体,可向任何方向旋转。

② 当"水平箭头"突出显示时,右击、按住并拖动球体,可围绕 Y 轴旋转视图。

③ 当"垂直箭头"突出显示时,右击、按住并拖动球体,可围绕 X 轴旋转视图。

④ 当"圆形"突出显示时,右击、按住并拖动球体,可围绕 Z 平面旋转视图。

4.5 项目输出

完成了 PCB 的设计和检查之后,可以准备制作 PCB 审查、制造和装配所需的输出文档。

4.5.1 输出文档种类

由于 PCB 的制造过程使用了多种技术和方法,因此 Altium Designer 23 软件能够针对不同目的生成多种不同的输出文档,其中包括以下几点。

1. 装配输出文档

(1) 装配图：电路板各侧的元器件位置和方向。

(2) 安装和放置文件：利用机器手将元器件放置到电路板上。

(3) 测试点报告：ASCII 文件，有 3 种格式，用于详细说明被指定为测试点的焊盘/过孔位置。

2. 文档输出

(1) PCB 打印文档：配置打印输出（页面），排列图层和显示元器件；创建打印输出文档；如装配图等。

(2) PCB 3D 打印文档：从 3D 视图角度查看电路板。

(3) PCB 3D 视频：根据 PCB 编辑器的 PCB 3D Movie Editor(PCB 3D 视频编辑器)面板中定义的 3D 关键帧序列输出电路板的简单视频。

(4) PDF 3D：生成电路板的 3D PDF 视图，支持在 Adobe Acrobat® 中缩放、平移和旋转 3D 影像。PDF 中包含一个用于控制网络、元器件和丝印显示的模型树。

(5) 原理图打印文档：设计中使用的原理图。

3. 制造输出文档

(1) 复合钻孔图：显示电路板钻孔位置和尺寸的图纸。

(2) 钻孔图/指南：显示电路板钻孔位置和尺寸(使用符号)的独立图纸。

(3) 成品图纸：将各种制造输出组合在一起的单个可打印输出文档。

(4) Gerber 文件：创建 Gerber 格式的制造信息。

(5) GerberX2 文件：包含高级设计信息并且向后兼容原始 Gerber 格式的一种新标准。

(6) IPC.2581 文件：在单个文件中包含高级设计信息的一种新标准。

(7) NC 钻孔文件：创建供数控钻孔机使用的制造信息。

(8) ODB++：以 ODB++数据库格式创建制造信息。

(9) 电源平面打印：创建内部和分割平面图。

(10) 阻焊层/锡膏层图纸：创建阻焊层和锡膏层图纸。

(11) 测试点报告：为设计创建各种格式的测试点输出。

4. 网表输出

网表描述了元器件之间的逻辑连接，有助于将设计迁移到其他电子设计应用，Altium Designer 23 支持多种网表格式。

5. 报告输出

(1) 物料清单：创建制造电路板所需的全部元器件和数量清单。

(2) 元器件交叉引用报告：根据设计中的原理图创建元器件列表。

(3) 报告项目层次结构：创建项目中使用的源文档列表。

(4) 报告单个引脚网络：创建一份报告，在其中列出全部仅有一个连接的网络。

4.5.2 独立的输出作业文件

Altium Designer 23 PCB 编辑器具有三种独立的输出作业配置和生成机制。

1. 独立机制

每种输出类型的设置均存储在项目文件中。可以在需要时通过 Fabrication Outputs(制造输出)、Assembly Outputs(装配输出)和 Export(导出)子菜单有选择地生成输出。

2. 采用输出作业文件

每种输出类型的设置均存储在输出作业文件中,该文件是支持所有可能输出类型的专用输出文档设置。可手动生成这些输出或将其作为项目发布。

3. 设计发布过程

在项目全部"输出作业"文件中设置的输出文档可以作为集成项目发布过程的一部分生成,并且可用于设计验证。

Output Job(输出作业)文件,又称为 OutJob 文件,会将每个输出映射到输出容器中。在输出设置中定义待输出的内容,在容器中定义输出写入的位置。可在 Output Job 中添加任意数量的输出,并可将输出映射成独立或共享的输出容器,"输出作业"配置页面如图 4.84 所示。

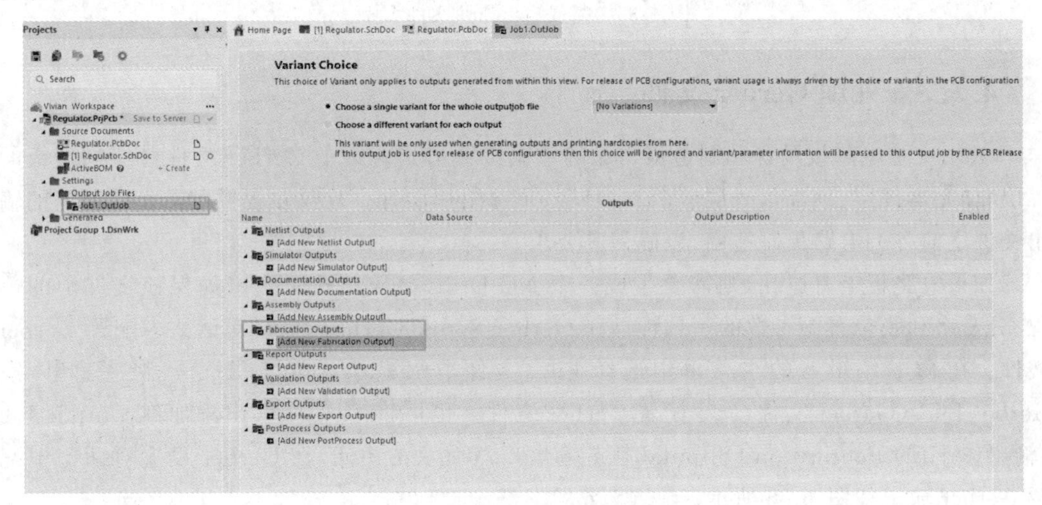

图 4.84 "输出作业"配置页面

按照以下步骤配置输出作业文件。

(1) 右击 Projects(项目)面板中的项目名称,选择 Add New to Project(向项目中添加新文件)→Output Job File(输出作业文件)命令,为项目添加一个新的 OutJob。

(2) 将 OutJob 命名为 Fabrication,存储到本地。该文件将自动保存在与项目文件相同的文件夹中。

(3) 添加新的 Gerber 输出。单击 Fabrication Outputs(制造输出)中的 [Add New Fabrication Output] 链接,选择 Gerber Files(Gerber 文件)→PCB Document(PCB 文档)选项。选择了 PCB Document(PCB 文档)选项之后,则自动选中 PCB 项目,可以在不同项目间复制 OutJob 文件,无须更新此设置。如果项目中有多个 PCB,则需要选中特定的电路板。

此时,Gerber 输出已经添加到项目中,接下来需要对 Gerber 文件进行配置,配置输出作业文件页面如图 4.85 所示。

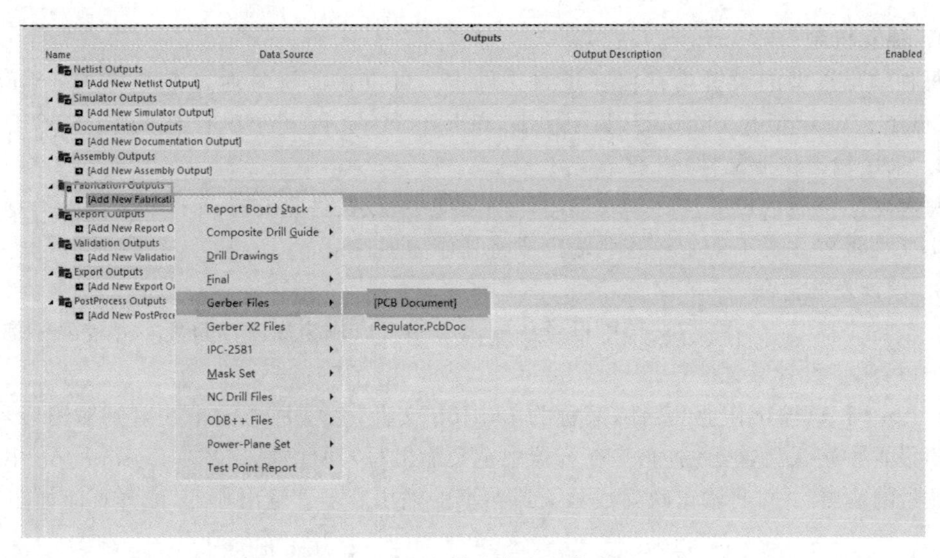

图 4.85　配置输出作业文件页面

4.5.3　处理 Gerber 文件

Gerber 是电路板设计和制造最常见的数据传输形式。每个 Gerber 文件对应物理板的一层，如元器件层、顶部信号层、底部信号层、顶部阻焊层等。建议在提供制造设计所需的输出文件之前咨询电路板制造商，以确认其要求。

如果电路板上有过孔，则需要生成一个 NC Drill（数控钻孔）文件，确保该文件中的单位、分辨率和膜位置等参数的一致性。在 Gerber Setup（Gerber 设置）对话框中配置 Gerber 文件。在 PCB 编辑器的主菜单中选择 File（文件）→Fabrication Outputs（制造输出）→Gerber Files（Gerber 文件）命令配置 Gerber 文件。也可将 Gerber 输出添加到 Output Job（输出作业）的 Fabrication Outputs（制造输出），然后双击访问，在 Gerber 设置对话框中配置 Gerber 输出如图 4.86 所示。

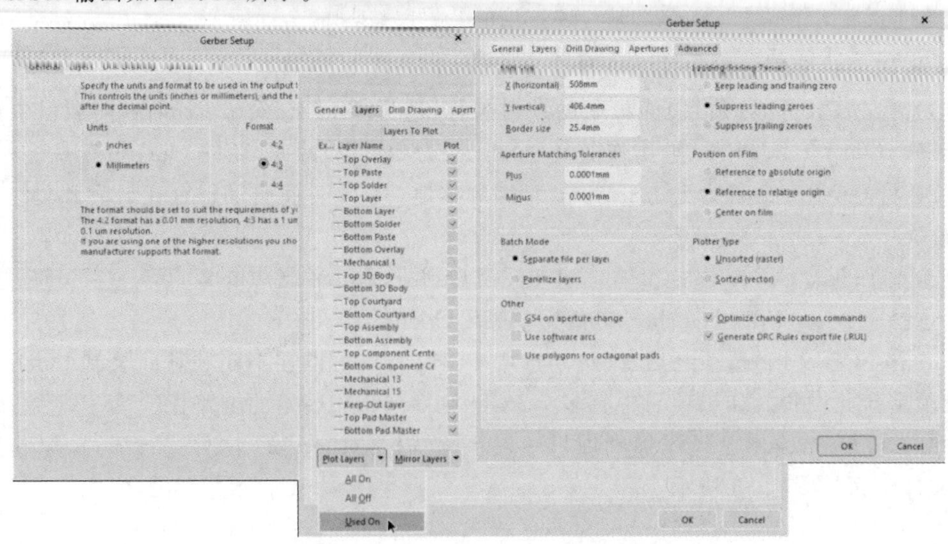

图 4.86　在 Gerber 设置对话框中配置 Gerber 输出

按照以下步骤配置 Gerber 文件。

(1) 在 OutJob 中,双击已添加的 Gerber Files(Gerber 文件)输出。打开 Gerber Setup (Gerber 设置)对话框。

(2) 为了确保 NC drill 文件单位和格式的一致性,在 General(常规)选项卡上将 Format(格式)设置为 4∶3。由于电路板设计采用的是公制单位,因此,在对话框的 General (常规)选项卡上将 Units(单位)设置为 Millimeters(毫米)。

(3) 切换到 Layers(图层)选项卡,单击 Plot Layers(绘制图层)按钮,选择 Used On(已使用)。注意,此时可以启用机械层,机械层通常不会单独执行 Gerbered 作业。禁用在对话框的 Layers to Plot(待绘制图层)中启用的所有机械图层。

(4) 单击对话框的 Advanced(高级)选项卡。将 Position on Film(胶片位置)选项设置为 Reference to relative origin(参考相对原点)。注意 NC drill 文件的单位、格式和胶片位置必须始终与 Gerber 文件保持一致;否则,钻孔位置将与焊盘位置不匹配。

(5) 单击 OK(确定)按钮接受其他默认设置,关闭 Gerber Setup(Gerber 设置)对话框。

(6) 以同样的方式将 NC drill 输出添加到 OutJob 文件,单击 OutJob 的 Fabrication Outputs(制造输出)部分的链接 [Add New Fabrication Output],选择 NC Drill Files(NC drill 文件)→PCB Document(PCB 文档)。

(7) 双击已添加的 NC drill 文件输出以访问 NC drill 对话框。将 Units(单位)设置为 Millimeters(毫米),将 Format(格式)设置为 4∶3。将 Coordinate Position(坐标位置)选项设置为 Reference to relative origin(参考相对原点),单击 OK(确定)按钮接受其他默认设置,关闭对话框,配置 NC Drill 设置对话框页面如图 4.87 所示。

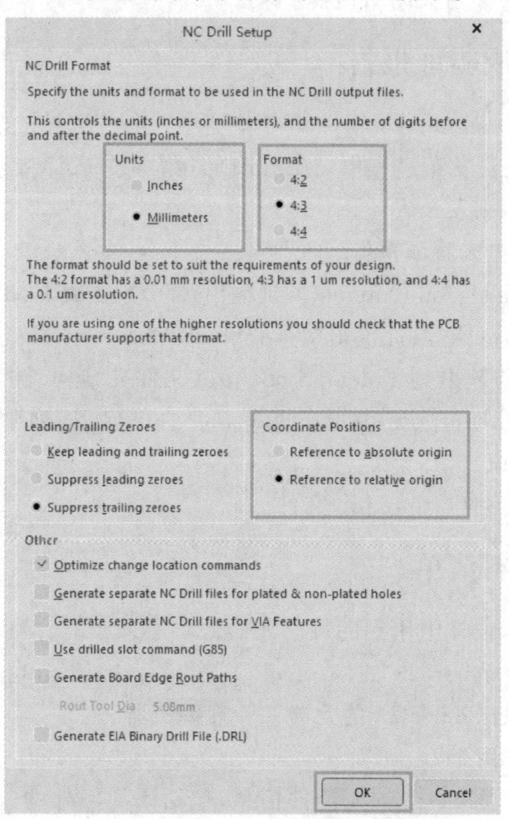

图 4.87　配置 NC Drill 设置对话框页面

至此,Gerber 和 NC Drill 设置已配置完成,下一步是配置其命名和输出位置。为此,需将其映射到 OutJob 右侧的 Output Container(输出容器)。具有独立文件格式的离散文件需使用 Folder Structure(文件夹结构)容器。在"输出容器"列表中选择 Folder Structure(文件夹结构),单击 Outputs(输出)的 Enabled(已启用)列中的 Gerber 和 NC Drill 文件的单选按钮,将这些输出映射到选定的容器,通过 OutJob 配置将 Gerber 和 NC Drill 输出生成独立文件如图 4.88 所示。

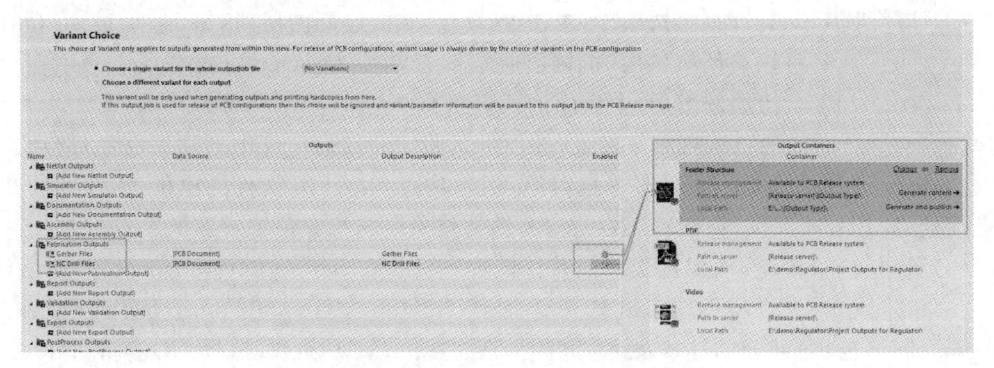

图 4.88　通过 OutJob 配置将 Gerber 和 NC Drill 输出生成独立文件

(8) 单击容器中的 Change(更改)链接,打开 Folder Structure settings(文件夹结构)设置对话框。对话框的顶部有一组控件,用于配置发布管理或手动管理输出,将其设置为 Release Managed(发布管理)。

(9) 单击 OK(确定)按钮关闭对话框。

4.5.4　配置生成验证报告

在众多的 Altium Designer 23 软件输出验证中,还包括输出的验证,在输出时能生成 HTML 报告文件。在项目发布过程中 Altium Designer 23 软件将检查过往修改发布历史,如果没有通过验证检查,则发布失败。

按照以下步骤配置生成验证报告。

(1) 在 OutJob 的 Validation Outputs(验证输出)部分单击 [Add New Validation Output] 链接,选择 Design Rules Check(设计规则检查)→PCB Document(PCB 文档)。

(2) 将已添加的报告映射到 Folder Structure(文件夹结构)输出容器,选中 OutJob 右侧列表中的容器后,单击 Outputs(输出)的 Enabled(已启用)列中的 Design Rules Check(设计规则检查)单选按钮。

(3) 存储至本地,关闭 Output Job 文件。

4.5.5　配置物料清单

在设计的收尾阶段,设计中用到的每个元器件均必须具有详细的供应链信息。在整个设计周期内,Altium Designer 23 的 ActiveBOM(*.BomDoc)功能随时添加物料清单。ActiveBOM 是 Altium Designer 23 的元器件管理编辑器。

1. ActiveBOM 的作用

(1) 配置物料清单(BOM)中的元器件信息,包括添加额外的非 PCB 元件 BOM 项目,例如裸板、点胶、安装硬件等。

（2）添加满足装配厂要求的额外列（例如行号列）。

（3）将每个设计元器件映射成真实制造商部件，如图 4.89 所示。

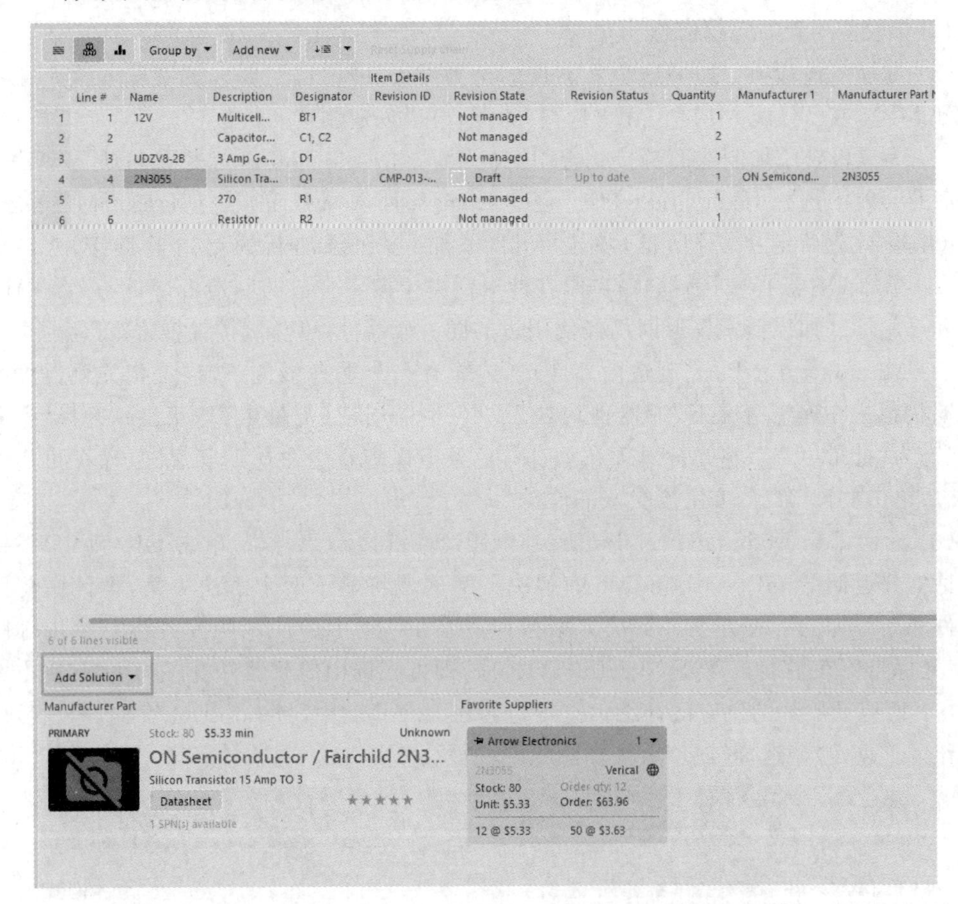

图 4.89　ActiveBOM 用于将设计中的元器件映射为实际部件

（4）按照明确的制造单位数量验证每个部件的供应链和价格。

（5）按照明确的制造单位数量计算成本。

2. 配置 *.BomDoc 的步骤

（1）从主菜单中选择 File（文件）→New（新建）→ActiveBOM Document（ActiveBOM 文档），一个 PCB 项目只能包含一个 BomDoc。此时将创建 BomDoc 文档，文档中包含本项目用到的所有元件。在 Properties（属性）面板中配置 BomDoc，在该面板上定义生产数量、货币种类、供应链和 BOM 项等参数设置。此外，面板顶部包含一个搜索字段，可方便地快速定位控件或参数。浏览面板的 Columns（列）选项卡，BOM 中的数据可以有不同的渠道来源，统一通过 Sources（来源）按钮控制。

（2）BomDoc 的主栅格区域有全部元器件的详细介绍。默认有一个标题为 Line #（行号 #）的列，单击 Set Line Numbers（设置行号）按钮 可填充此列。由于 PCB 项目中用到的元器件均从 Manufacturer Part Search（制造商部件搜索）面板中获取而来，因此已包含所有元器件的供应链信息。当单击 BOM 项栅格中的某个器件时，其供应链信息将显示在

BomDoc 的下方区域。BomDoc 下方区域中显示的每一行为“解决方案”，左侧显示制造商部件编号(Manufacturer Part Number，MPN)，右侧的平铺图则显示供应商部件编号(Suppliers Part Number，SPN)。BOM 项包括右侧的 BOM 状态列，将光标悬停在状态图标上，可获取检测到的问题信息。

(3) 选择三极管项。如果这个元器件标记为 Obsolete(已过时)，则意味着这个元器件未分配 MPN 或已分配 MPN 但无供应商，为此，可以创建制造商链接。

(4) 为三极管添加制造商链接。选中三极管，单击 Add Solution(添加解决方案)按钮，从出现的菜单中选择 Create/Edit PCL(创建/编辑部件选择列表)。打开 Edit Manufacturer Links(编辑制造商链接)对话框，单击 Add(添加)按钮添加新的制造商链接，Add Part Choices(添加部件选择)对话框将打开，在此对话框中搜索合适的制造商部件，查看供应商、价格和可用性。如果搜索仅返回已经使用过的同一元器件，可尝试扩大搜索范围。

(5) Manufacturer Part(制造商部件)列边缘有一个垂直彩色条，显示相关元器件的生命周期状态。在理想情况下，元器件均处于绿色生命周期(批量生产)状态。选择“生命周期”状态为“批量生产”(将光标悬停在垂直彩色条上以查看生命周期状态)且库存可用的部件，然后单击 OK(确定)按钮接受该部件。

(6) 返回 Edit Manufacturer Links(编辑制造商链接)对话框。单击 OK(确定)按钮关闭对话框并返回 BomDoc。BomDoc 的解决方案区域将显示两个解决方案，设计中使用的元器件和新添加的解决方案。解决方案按照其在 BOM 中的使用顺序列出。使用排序功能，将光标悬停在星形上，然后单击所需的排序，即可将选中的元器件升序为主“解决方案”。

(7) 所有元器件的供应链详细信息均包含在 BomDoc 中，将 BomDoc 存储，将项目保存到工作区。创建“制造商链接”页面如图 4.90 所示。

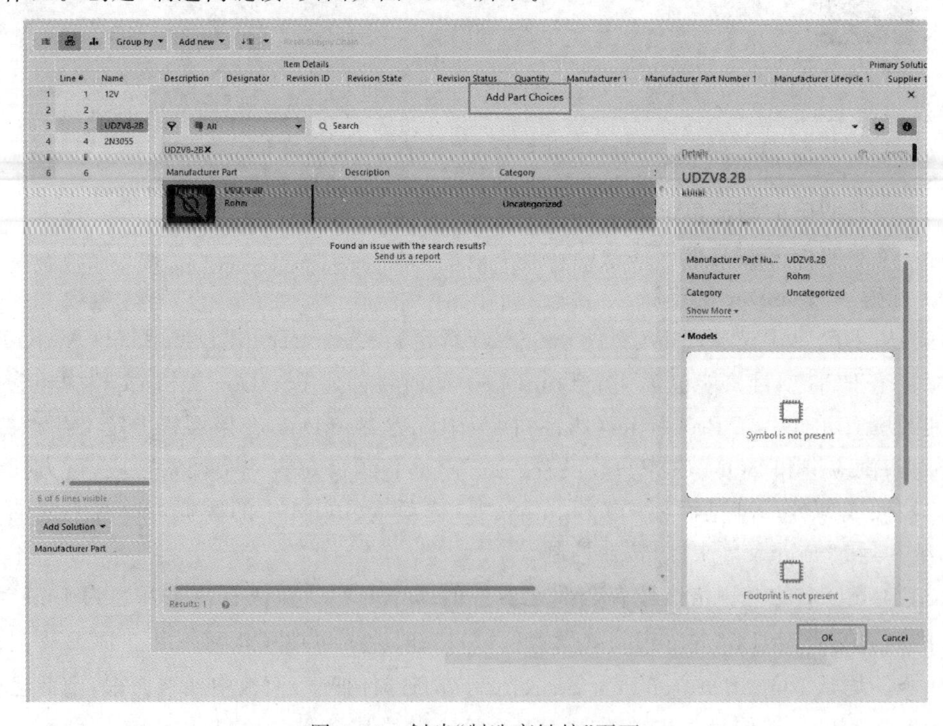

图 4.90 创建“制造商链接”页面

4.5.6 输出物料清单

利用 Report Manager(报告管理器)输出 BOM 文件。报告管理器是一个可配置的报告生成引擎,可生成包括文本、CSV、PDF、HTML 和 Excel 在内的多种格式的输出,还可以输出自定义格式的 Excel 表格文件。即便在没有安装 Microsoft Excel 的情况下,也能生成 Excel 格式的物料清单;在 File Format(文件格式)下拉菜单中选择 MS Excel 文件选项即可。

Report Manager(报告管理器)通过 Bill of Materials for Project(项目物料清单)对话框输出 BOM,可通过以下几种方式访问该对话框。

(1) 选择原理图编辑器或 PCB 编辑器的主菜单 Reports(报告)→Bill of Materials(物料清单)。

(2) 向项目添加 BomDoc 并运行 BomDoc 中的 Reports(报告)→Bill of Materials(物料清单)命令。

(3) 将物料清单添加到 Output Job(输出作业)的 Report Outputs(报告输出)。

在默认状态下,如果项目中已经包含了 BomDoc,则 Report Manager(报告管理器)参照 BomDoc 中的配置显示元器件详情,可通过对话框 Properties(属性)域的 Columns(列)选项卡添加和删除列;如果项目中未包含 BomDoc,则 Columns(列)选项卡包含一个附加域,用于定义如何识别相似元件,将相似元器件进行聚类,将元器件属性拖放到对话框的 Drag a column to group(拖动列到分组)域即可实现聚类。

对话框的主栅格区域为 BOM 的内容,可以单击并拖动列进行重新排序,单击列标题进行排序,按 Ctrl+单击进行子类排序,并在每个列标题的小下拉框内定义该列特定值的筛选。

在默认状态下,BOM 生成器从原理图文档中获取信息,也允许使用其他信息来源,通过对话框 Properties(属性)域的 Columns(列)选项卡中的按钮启用其他来源。如果启用 PCB 参数,则可以包括元器件位置和板边等详细信息,"报告管理器"从 BomDoc 中获取配置页面如图 4.91 所示。

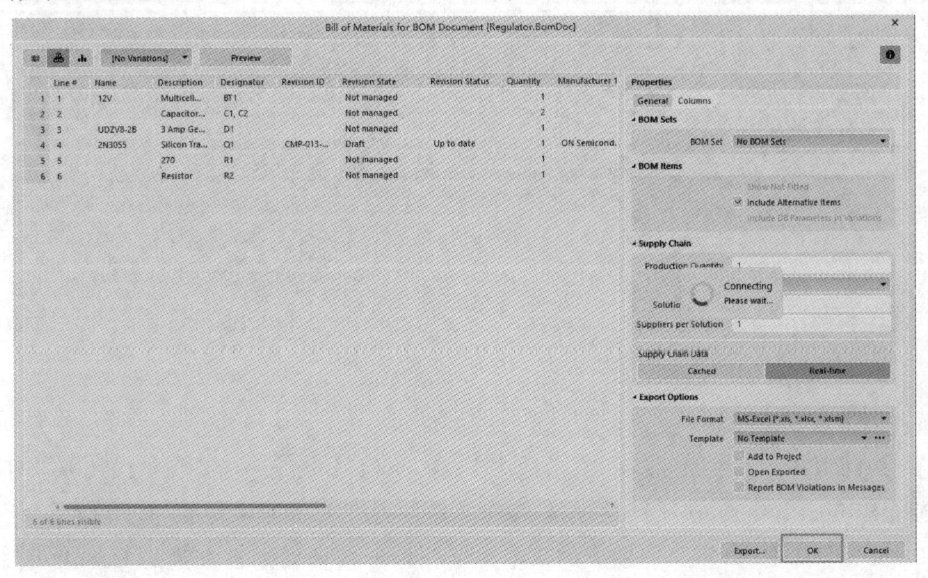

图 4.91 "报告管理器"从 BomDoc 中获取配置页面

4.6 项目发布

在 OutJob 文件中配置好输出文档之后，可将项目发布到互连工作区。电路板设计发布是一个自动化过程，在发布特定项目时会拍摄设计源快照，该快照将与全部已生成的输出一起存档，代表由该设计公司的研发部研发并可公开销售的有形产品。

项目发布通过 Altium Designer 的 Project Releaser（项目发布）执行，其用户界面由专用的 Release（发布）视图提供，整个项目发布流程可分为多个不同阶段，从视图左侧的条目可以浏览当前所处的阶段。发布选项设置页面如图 4.92 所示。

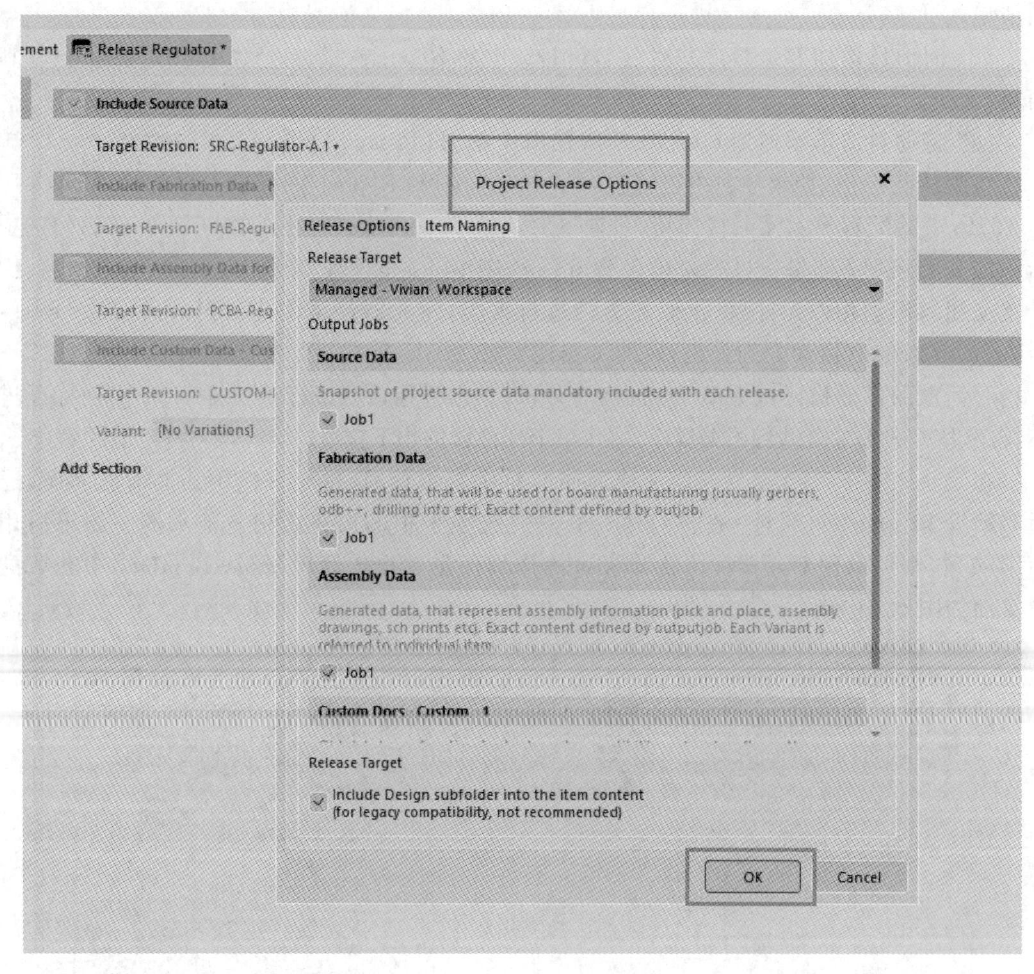

图 4.92 发布选项设置页面

按照以下步骤发布项目。

（1）访问 Release（发布）视图，右击选中 Project（项目）面板中的项目文件，从上下文菜单中选择 Project Releaser（项目发布器）命令。单独打开 Release（发布）视图文档。

（2）配置发布服务，定义待生成的数据类型。单击数据集标题右侧的 Details（详情）控件，访问待生成数据集的详细内容。

(3) 单击视图左下角的 Options(选项)按钮,访问 Project Release Options(项目发布选项)对话框。在对话框的选项卡 Release Options(发布选项)上,选择托管< WorkspaceName >作为 Release Target(发布目标); 为 Fabrication Data(制造数据)分配制造,为 Assembly Data(装配数据)分配装配。单击 OK(确定)按钮关闭对话框,返回 Release(发布)视图。

(4) 应保证待发布的项目中包含制造和装配"数据项",启用 Include Fabrication Data(包含制造数据)和 Include Assembly Data for No Variant(包含无变量装配数据)两个选项,单击 Prepare 按钮继续。

(5) 打开 Creation Project(项目创建)对话框,其中列出了工作区待创建的目标发布项目列表。选择 Create Items(创建条目)选项,确认条目创建。如果打开的文档中出现未在本地存储的更改,Project Modified(项目已修改)对话框将打开,此时,选择 Save and Commit changes(保存并提交)更改选项,将更改保存到工作区。

(6) 在打开的 Commit to Version Control(提交至版本控制)对话框中,确保已启用修改好的项目源文件以及未在版本控制范围的源文件,输入注释(例如项目准备发布),单击 Commit and Push(提交并推送)按钮。

(7) 如果在已分配的 OutJob 文件中检测到一个或多个验证类型报告,则自动运行 Validate Project(验证项目)。由于 Fabrication OutJob(制造输出作业)文件中已经包括了 DRC 报告,因此可以运行验证输出生成器。

(8) 验证成功之后,进入发布过程的 Generate Data(生成数据)阶段。自动运行 Generate Data(生成数据),此时需运行全部输出,将生成数据发布到工作区的相关目标项。

(9) 所有验证检查均已通过,生成输出数据之后,进入 Review Data(审核数据)阶段,对生成的数据进行全面审核。单击 View(查看)链接可在 Altium Designer 23 的编辑器或其他外部应用程序(例如 PDF 阅读器)中打开相关数据文件或文件集。如果生成的数据没有问题,则单击视图右下角的 Release(发布)按钮继续发布。

(10) Confirm Release(确认发布)对话框将打开,其中汇总了待发布到工作区的项目配置。输入 Release Note(发布备注,如发布版本信息),单击 OK(确定)按钮。

(11) Altium Designer 23 自动 Upload Data(上传数据),同时软件会跟踪数据上传进度。

(12) 发布过程的最后阶段为 Execution Report(执行报告),并提供发布摘要。通过视图右下角的 Close(关闭)按钮关闭 Release(发布)视图。

4.7 项目历史记录

结合项目设计工作区,利用 Altium Designer 23 可以查看 Project History(项目历史)时间轴并与之交互。专用的 History(历史)视图提供与项目相关的主要事件的时间表,其中包括项目创建、项目提交、项目发布、克隆和 MCAD 交换等,稳压器项目的"历史"视图如图 4.93 所示。

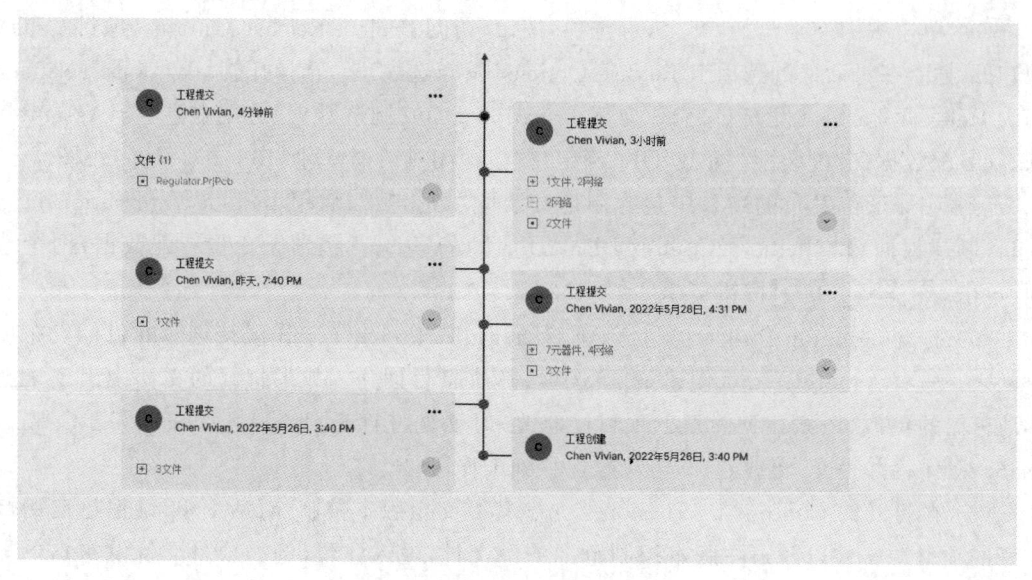

图 4.93　稳压器项目的“历史”视图

History(历史)视图由以下三个关键部分组成。

(1) 主干时间轴：事件年表采用自下而上的顺序排列，第一个事件(即项目的创建)将出现在时间轴的底部。后续事件显示在上方，最新事件(当前事件)则显示在时间轴的顶部。

(2) 事件：每次发生与项目相关的支持事件，如项目创建、保存到工作区和项目发布等，这些事件将作为专用平铺图添加到时间轴中。每种类型的事件的平铺图颜色各不相同，并且与时间轴主干直接链接。

(3) 搜索：单击视图右上角的控件 Q| 可访问搜索字段，便于对项目历史进行搜索，输入搜索字符串时，时间轴将自动筛选，仅显示与该搜索相关的事件。

按照以下步骤查看项目历史。

(1) 在 Projects(项目)面板中右击其条目，访问项目的 History(历史)视图，从上下文菜单中选择 History & Version Control(历史和版本控制)→Show Project History(显示项目历史)命令。此时，History(历史)视图以文档的方式呈现。

(2) 查看项目历史中的相关事件，包括项目创建(时间轴底部的平铺图)、项目提交(将其保存到工作区)、项目发布(时间轴顶部的平铺图，作为“重大”事件与时间线主干链接)。

(3) 单击视图右上角的控件 Q|，访问搜索字段，执行与 R1 电阻器相关的事件搜索。在搜索字段中输入 R1 会筛选出一个平铺图，在事件详细信息中突出显示搜索字符串。

(4) 清除搜索字段，清除当前筛选，返回主干时间轴——在汇总显示事件数量的框中单击 Clear Filter(清除筛选器)控件(位于视图顶部)或单击搜索字段最右侧的控件。

(5) 关闭 History(历史)视图，右击其文档选项卡并从上下文菜单中选择 Close Regulator History(关闭 Regulator 历史)命令，使用 History(历史)视图页面如图 4.94 所示。

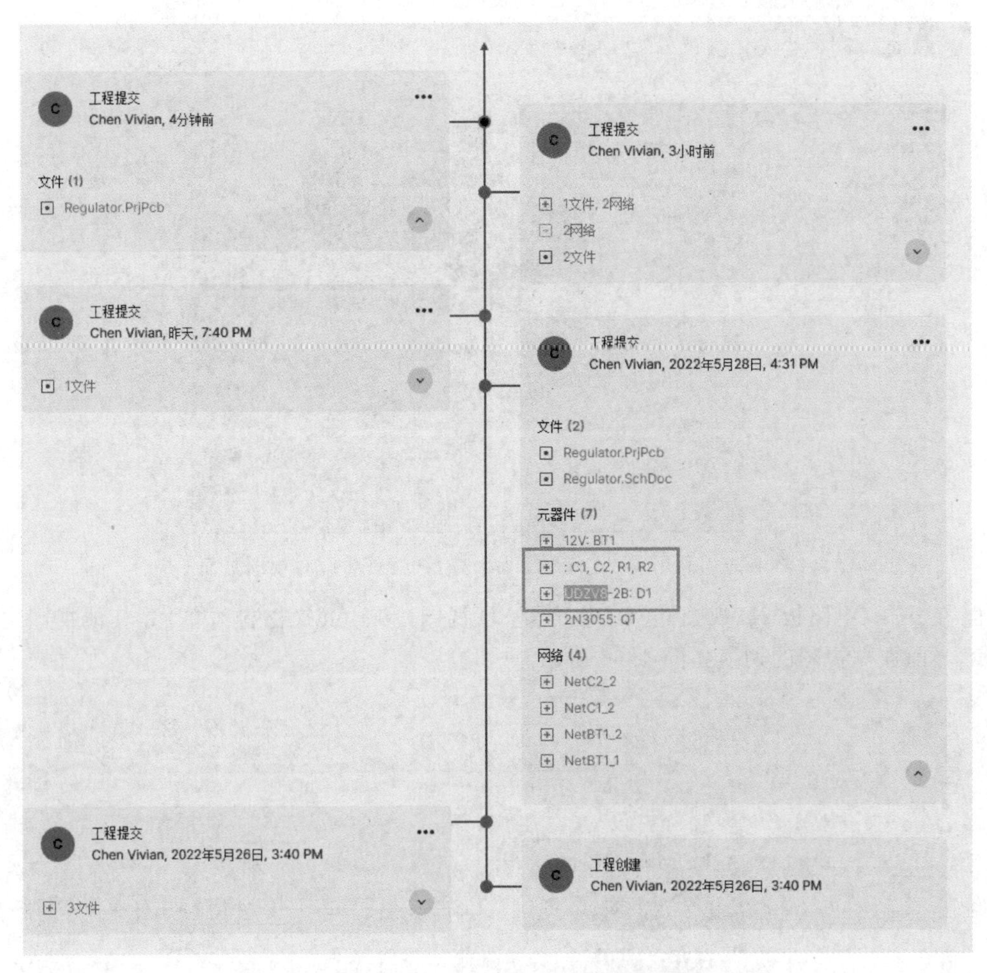

图 4.94 使用 History(历史)视图页面

4.8 在 Web 浏览器中查看设计信息

利用工作区的 Web Viewer 界面,可通过标准的网络浏览器访问 PCB 项目文档。浏览器技术使得用户可以浏览项目结构,与设计文档交互,突出显示不同区域或对象并提供注释,在设计过程中对元器件和网络进行搜索、交叉探测、选择和检查。利用 Web Viewer 界面查看电路板的 3D 视图页面如图 4.95 所示。

通过 Web Viewer 界面可以看到不同数据的信息,查看源设计时,在四个数据视图上分别显示源原理图、电路板 2D 视图、电路板 3D 视图和物料清单。用于特定项目的 Web Viewer 界面可直接从工作区浏览器界面访问,或从 Altium Designer 23 内部间接访问。

按照以下步骤通过 Web Viewer 界面查看项目。

(1) 右击选中 Projects(项目)面板中的项目条目,从上下文菜单中选择 Show in Web Browser(在网络浏览器中显示)命令,将在默认网络浏览器中打开项目的详细管理页面,显示项目的 Design(设计)视图。

(2) 在默认状态下,打开项目的源原理图 SCH 数据视图。使用主查看区域顶部的视图

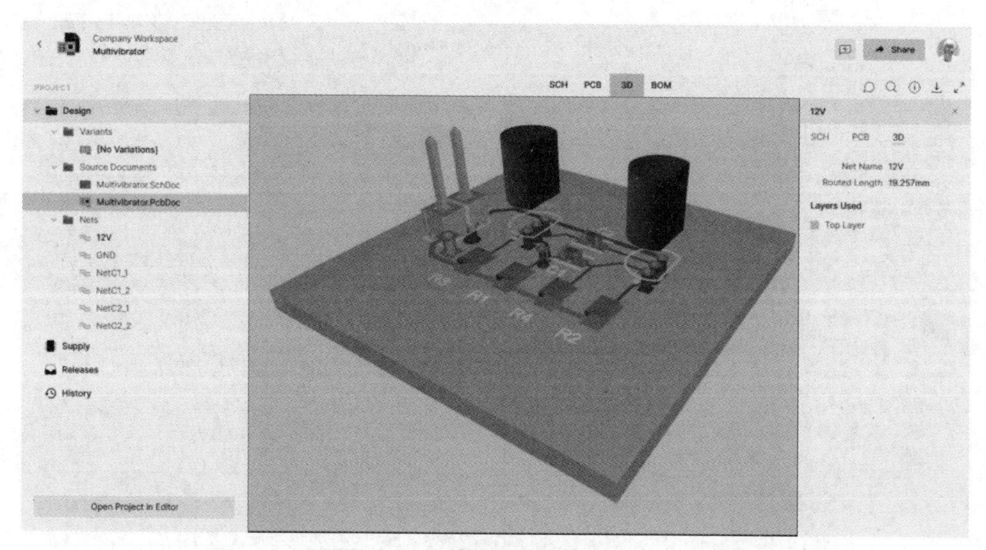

图 4.95　利用 Web Viewer 界面查看电路板的 3D 视图页面

按钮，在 PCB(电路板 2D 视图)、3D(电路板 3D 视图)和 BOM(物料清单)等其他视图之间切换，当前数据视图的切换如图 4.96 所示。

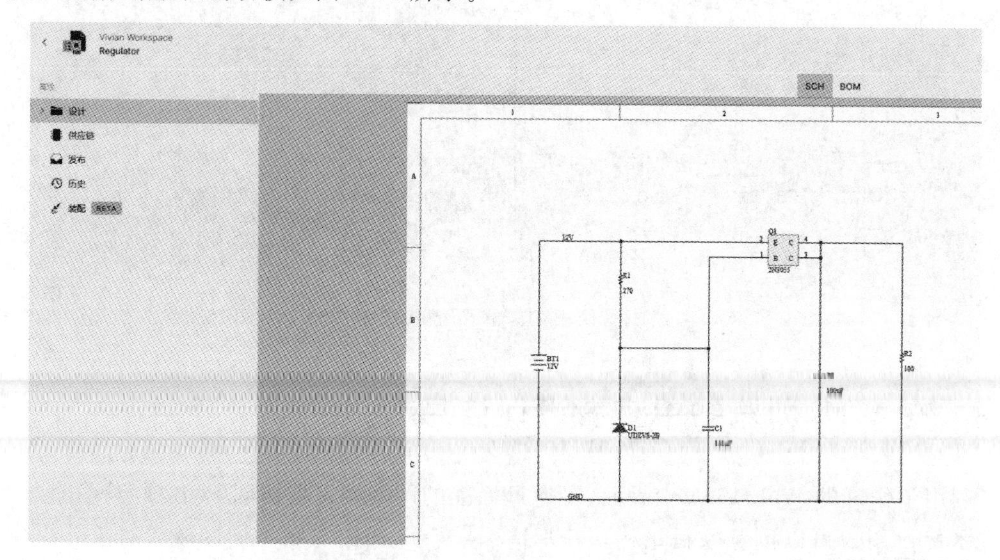

图 4.96　当前数据视图的切换

(3) 在 SCH 数据视图中，使用鼠标滚轮执行放大/缩小操作；通过单击、按住并拖动(或右击、按住并拖动)的操作平移文档。将光标悬停在元器件上，单击选中元器件，并在右侧窗格中显示其详细信息。将光标悬停在走线上，单击选择网络，并在右侧窗格中显示其详细信息。使用右侧窗格顶部的按钮来交叉探测其他数据视图上选中的对象。选择元器件或网络时，使用这些按钮可切换到其他数据视图，并在其中选中、居中和缩放同一对象。在原理图视图上选择 12V 网络，单击详情窗格中的 PCB 按钮，切换到包含选中、居中和缩放网络的 PCB 数据视图，交叉探测控件页面如图 4.97 所示。

(4) 在 PCB 数据视图中，使用鼠标滚轮执行放大/缩小操作；通过单击、按住并拖动(或右击、按住并拖动)的操作平移文档。单击视图左上角的控件访问“图层”窗格，并通过该窗

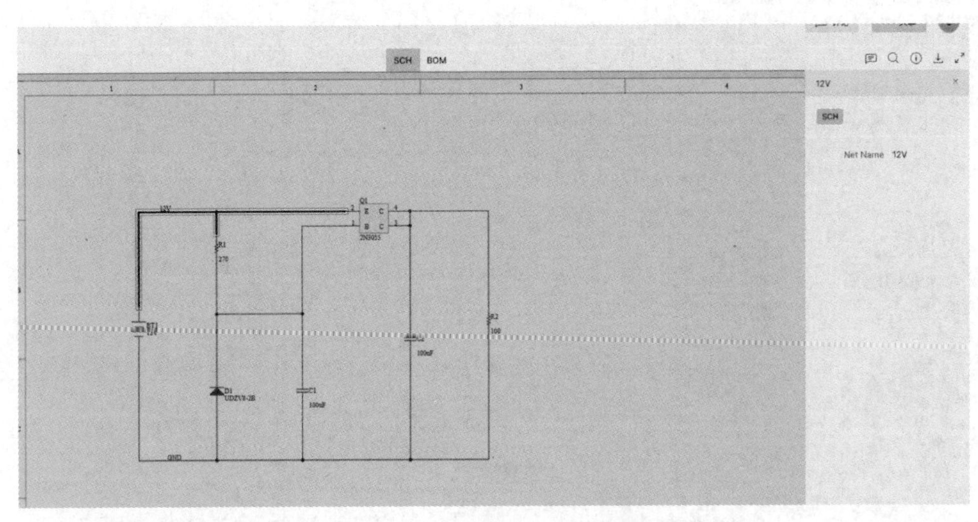

图 4.97　交叉探测控件页面

格控制图层可见性。通过窗格顶部的 Top View(顶视图)和 Bottom View(底视图)控件分别控制电路板的俯视视图和仰视视图。

(5) 切换到 3D 视图。使用鼠标滚轮执行放大/缩小操作;通过单击、按住并拖动的操作可旋转文档;通过右击、按住并拖动的操作平移电路板。单击右上角控件聚类中的控件 可访问"搜索"工具,从而搜索元器件和/或网络。在搜索字段中键入 C1 可显示匹配元器件和网络列表。单击 12V 可在当前数据视图中选中相应的网络。

(6) 切换到 BOM 数据视图。使用 Name(名称)列中的链接在 Octopart 中打开元器件页面。在访问 BOM 数据视图之前,使用 Designator(位号)列中的链接对活动数据视图上的元器件进行交叉探测。

4.9 文件批注

通过 Web Viewer 界面可以对设计文档进行批注。支持对页面数据视图上的特定点、对象或区域添加批注,还可以获取其他用户的回复。在不改变共享数据源的情况下,批注有助于促进用户之间的协作,注释会独立于数据存储在工作区中,在 Web Viewer 界面为原理图添加批注如图 4.98 所示。

按照以下步骤,在 Web 页面为设计添加批注。

(1) 在 Web Viewer 界面打开项目后,切换到 SCH 数据视图。单击右上角控件聚类中的控件 显示 Comments(批注)窗格,项目注释将出现在该窗格中。

(2) 单击 Comments(批注)窗格顶部的按钮 Place a Comment 。此时光标将变为十字准线,表示进入批注放置模式。

(3) 左击 C1 电容器接地端。在所提供的字段中输入批注,然后单击 Post(发布),批注内容将显示在主查看区域中。

(4) 在 Altium Designer 23 的原理图编辑器中打开原理图。此时注意到 C1 电容器旁边的批注标记 1 。单击该标记可显示批注对话框,双击该对话框可打开 Comments(批注)

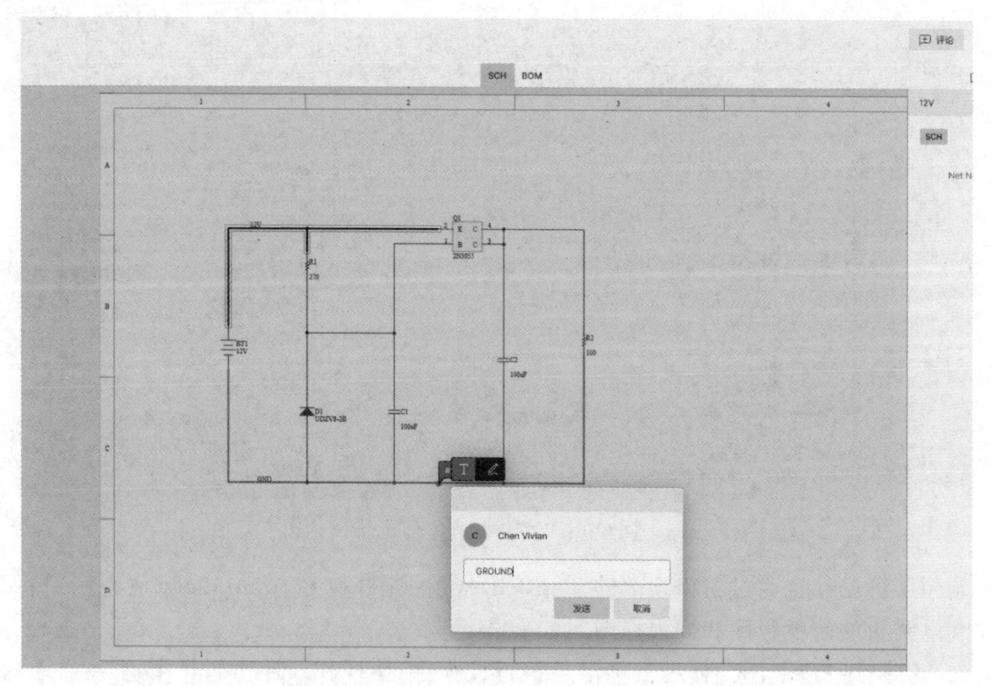

图 4.98 在 Web Viewer 界面为原理图添加批注

面板。在批注窗口的 Reply(回复)字段输入对批注的回复,单击 Reply(回复)按钮。

(5) 单击对话框右上角的按钮 ✓,将批释标记为已解决,将其完成关闭。

4.10 项目共享

在协同设计或项目审核阶段,需要确定哪些用户可以访问该项目。配置项目的访问权限,确定哪些成员可以共享项目。可以在工作区的浏览器界面执行项目共享,也可以直接在 Altium Designer 23 编辑器中执行项目共享,和其他用户(包括工作区以外的用户)共享项目页面如图 4.99 所示。

1. 按照以下步骤实现项目共享

(1) 在 Altium Designer 23 中,单击应用程序窗口右上角的 → Share 按钮,打开 Share dialog(共享对话框)。单击共享控件查看当前谁有访问项目的权限。

(2) 默认状态下,工作区内的所有成员均有权限编辑项目内容,Workspace Members(工作区成员)条目中的所有人可在工作区右侧对项目进行编辑。单击 Can Edit(可编辑),从下拉列表中选择 Can View(可查看),工作区成员可以访问该项目,但其仅能查看和批注,项目的编辑权限属于项目所有者(创建项目的用户)和工作区管理员。

(3) 单击 Save(保存)按钮存储访问权限设置,可以单击 Who has access(谁拥有访问控制权限)返回有权访问项目的实体列表,确保已完成权限更改。

(4) 创建和共享设计快照,即分享项目开发的特定时间点的设计,实现与他人的协作。单击选择 Share(共享)对话框左侧 Snapshot on the Web(网络快照)条目。该对话框的默认设置为 Share By Link(通过链接共享),即可以生成一个链接,所有获得该链接的人可在 48

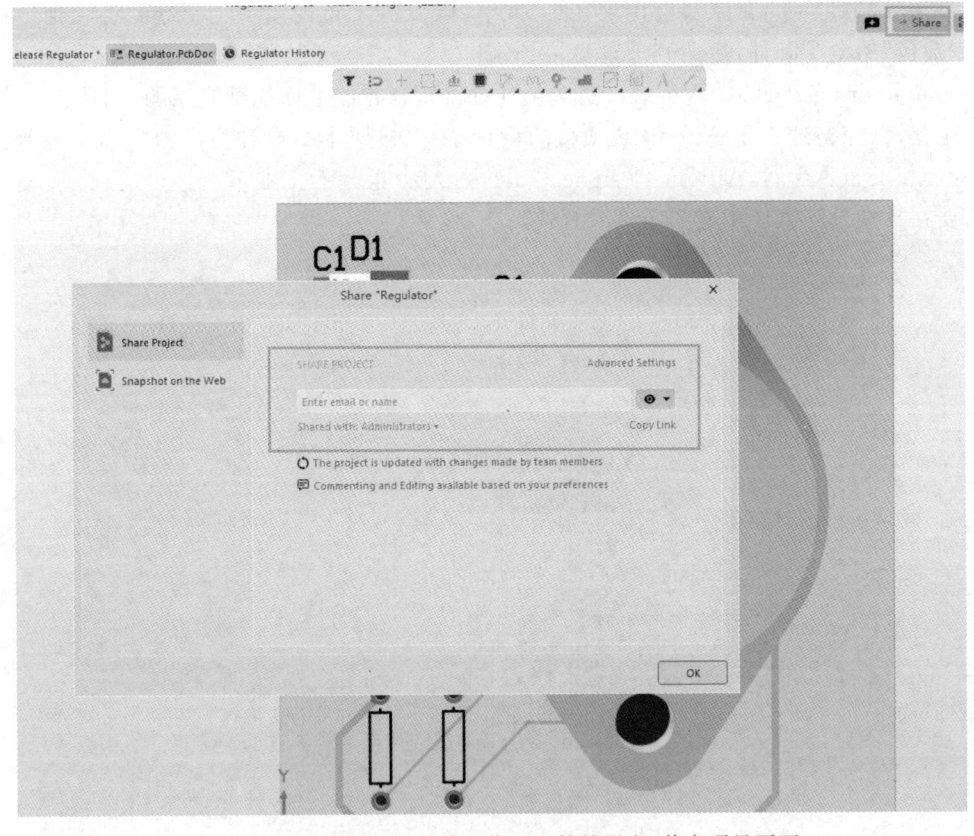

图 4.99　和其他用户（包括工作区以外的用户）共享项目页面

小时内通过网络浏览器查看该设计快照。单击按钮 Generate link 生成指向设计快照的链接。

(5) 生成网络链接之后，单击 Copy link 按钮复制该链接，便可以在网络浏览器中打开该链接。进入 altium.com 主站点上的"Altium 365 查看器"，设计已在该站点上得到处理并加载。

Altium 365 支持设计项目的全局和共享，借助 Altium 365，可以便捷地与管理层、采购人员或潜在制造商分享当前的设计进度。项目发布到 Altium 365 工作区之后，可以通过明确的"制造包"与制造商共享设计数据，在无须访问工作区的情况下，下载 Build Package（构建包），据此制造和装配电路板。

2. 按照以下步骤与制造商分享制造数据包

(1) 在工作区的浏览器界面打开项目。单击左侧菜单中的 Releases（发布）条目，访问项目发布版本列表。

(2) 单击与发布条目关联的 Send to Manufacturer 按钮，显示 Sending to Manufacturer（发送至制造商）窗口，在该窗口内配置制造包的内容以及发送给谁。在默认状态下，向"制造包"中添加制造和装配数据。在 Description（描述）字段输入对"制造包"内容的详细描述，在 Manufacturer Email（制造商电子邮件）字段输入电子邮件地址。可以保留其他字段的默认值，然后单击 Send 按钮。"制造包"出现在 Releases（发布）视图的 Sent（已发送）区域，与指定的制造商共享。

发送“制造包”后，其条目将出现在“已发送”区域的发布视图中。制造商将收到一封包含“制造包”的电子邮件，邀请其通过 Altium 365 访问该制造包。登录 Altium 365 平台，进入 Manufacturing Package Viewer（制造包查看器），查看器上面加载共享的“制造包”。

至此，已完整地走了一遍 PCB 项目的设计流程，按照本章设计指南的内容实现项目设计、管理和发布。当然，Altium Designer 23 的强大功能远不止本章所述内容，许多设计技巧需要在日常设计工作中充实丰富和提高。

第5章

利用Altium Designer 23制作元器件库

利用 Altium Designer 23 实现电子电路设计的实质是将各种电子元器件有序连通组合，开发出有特定功能的电子产品。产品开发中最富有挑战性的任务是如何高效利用各种不同元器件形成独到的设计。因此，元器件的创建和维护成了大多数电路设计人员的主要工作，元器件库是 PCB 设计的基础，也是公司的宝贵资源，它们准确地代表了现实世界中的电子元器件。

在使用过程中，每一个正式安装到电路板上的元器件对应不同的电子设计领域，均有其各自的模型。在电原理图上有一个与之对应的符号，在电路仿真阶段有仿真模型，在信号完整性分析阶段有 IBIS 模型，在可视化过程中有 3D 模型、3D 安全距离检查等。

PCB 设计过程中用到的所有元器件均包含在元器件存储库中，Altium Designer 23 支持以下几种元器件存储库。

1. 原理图库

在原理图库（*.SchLib）中创建元器件的原理图符号，原理图库存储在本地。每个元器件的原理图符号都对应该元器件的 PCB 封装，可以根据元器件的产品规格书为其添加详细的元器件参数。

2. PCB 库

PCB 封装（模型）存储在 PCB 库中（*.PcbLib），PCB 封装库存储在本地。PCB 封装包括元器件的电气特性，如焊盘；元器件的机械特性，如丝印层、尺寸、胶点等。此外，它还定义了元器件的三维影像，通过导入 STEP 模型来创建放置三维主体对象。

3. 集成库/元器件库包

除了直接利用原理图库和 PCB 库实现设计，还可以将元器件元素编译成集成库（*.IntLib），集成库存储在本地。此时，将生成一个统一的可移植库，其中包含所有模型和符号。集成库本质上是一个特殊目的的项目文件，由库文件包（*.LibPkg）编译生成，包含了源原理图库文件（*.SchLib）和 PCB 库文件（*.PcbLib）。作为编译过程的一部分，还可以通过集成库检查潜在的问题，如模型缺失、原理图引脚和 PCB 焊盘之间的不匹配等。

本章分别对原理图库的制作、PCB 库的制作以及集成库的制作和维护做详细说明。

5.1 原理图库制作

元器件原理图符号反映元器件功能、形状和引脚。如何在电原理图中表示一个元器件完全由设计人员决定。在电原理图设计过程中，可以用一个符号完整地表示一个物理元器件，也可将一个物理元器件拆成多个子部件来描述，例如四与门中的每个与门，或继电器中的线圈和触点，可以用一个符号来表示，也可以分开画。

原理图符号的创建包括放置主体构件图形对象和元器件上的物理焊盘。原理图符号在Altium Designer 23原理图库编辑器的原理图库中创建，其文件扩展名为SchLib，可以在原理图库中创建任意数量的元器件符号。

不管元器件模型如何定义和存储，一旦将元器件放置在原理图上之后，它便成为一个统一的设计元器件。该符号显示在原理图上，经过编辑后，将体现完整的元器件属性集，包括其他域模型及其参数列表。

在设计的不同阶段，可以有多种不同的方式表示一个实际安装到PCB上的元器件，在电原理图设计阶段，元器件在电原理图上表示为一个逻辑符号；在SPICE仿真阶段，元器件可以表示为SPICE模型；在PCB设计阶段，元器件由封装来表示。元器件在不同阶段有其不同的域模型，一个真实的元器件便是各种不同域模型的总和。

电原理图符号便是元器件域模型之一，它与其他域模型一起构成了一个元器件的标准定义。元器件的电原理图符号有两种自然属性。作为简单的域模型，电原理图符号用图形和引脚来表示一个元器件；与此同时，元器件的电原理图符号又与对应的其他域模型相关联，即每一个元器件的电原理图符号均对应各自的PCB封装，并且通过元器件库将二者相关联。

元器件库的制作是EDA设计的基础，在设计的初始阶段，首先应准备好各元器件的原理图库和对应的封装库。通常元器件的原理图库和对应的封装库来源有三种方式。

(1) 通过Altium Designer 23电原理图的搜索面板获取；

(2) 使用第三方提供的电原理图库和封装库，如DigiPCBA等；

(3) 创建和编辑自定义的电原理图库和封装库。

在早期的EDA设计之初，创建和编辑自定义的电原理图库和封装库是设计人员必备的基本功，随着设计集成度的提高，已经有越来越多设计好的现成原理图库和封装库供设计人员使用，设计人员无须从无到有设计电原理图库和封装库，直接调用第三方提供的电原理图库和封装库即可。为了确保本书的完整性，将元器件库的制作作为单独一章进行详细描述，接下来，从头开始指导读者制作自己的原理图器件库。

5.1.1 准备阶段

在默认状态下，原理图和原理图库栅格的默认单位是英制。所有的Altium Designer 23元器件都是在英制栅格上设计。英制栅格可以与公制图纸一起使用，例如使用A3的图纸时不需要更改为公制栅格。当前图纸的单位在Properties(属性)面板的Library Option

(库选项)模式下的 General(常规)选项卡中定义。将原理图库栅格的默认单位设为英制的页面如图 5.1 所示。

在 Library Options(库选项)模式下,使用 Properties(属性)面板的 General(常规)域来设置当前原理图纸的单位。

将对象(符号和引脚)放置到当前的捕获栅格上,在设计空间底部状态栏的右侧显示当前栅格。按快捷键 G,循环切换当前捕获栅格,也可以在 Preferences(选项配置)对话框的 Schematic-Grids(原理图-栅格)页面上进行编辑,设置 Schematic-Grids 原理图捕获栅格页面如图 5.2 所示。

在 Preferences(选项配置)对话框的 Schematic-Grids(原理图-栅格)页面上设置 Schematic-Grids 原理图捕获栅格。

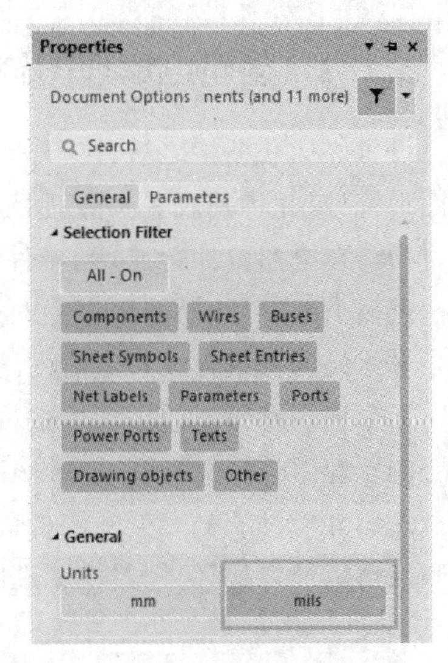

图 5.1 将原理图库栅格的默认单位设为英制的页面

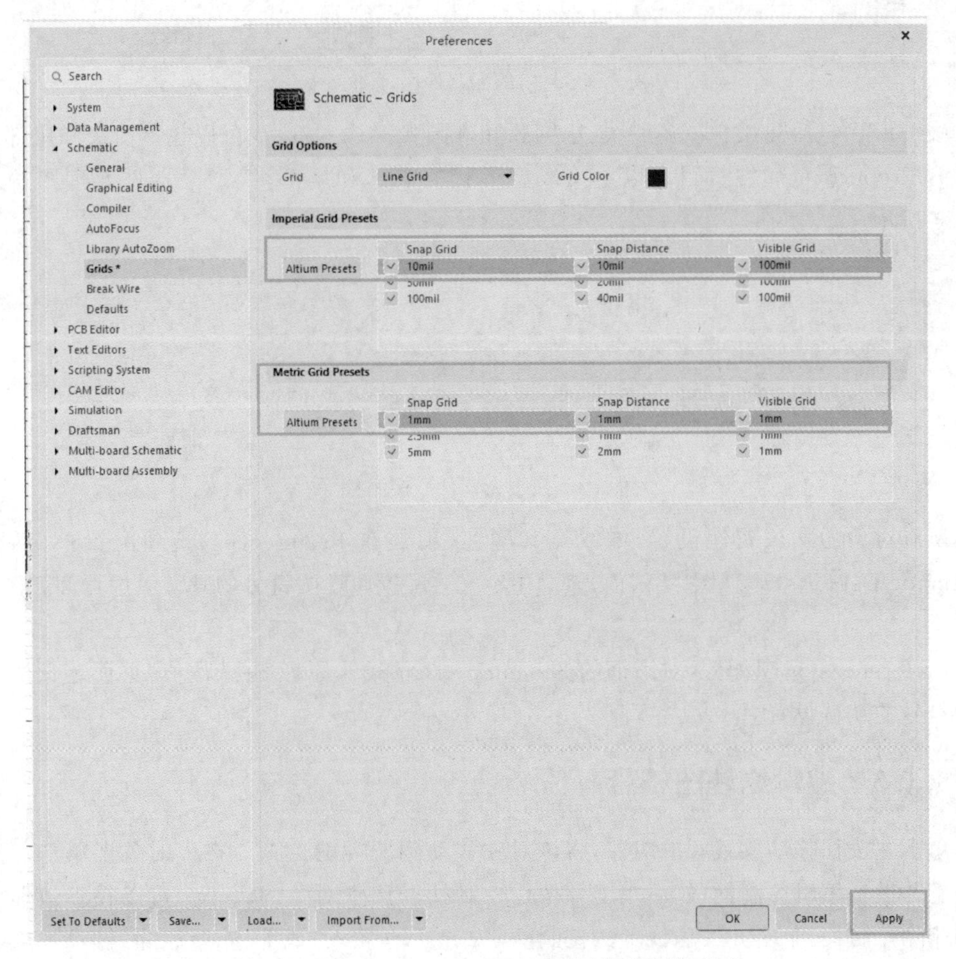

图 5.2 设置 Schematic-Grids 原理图捕获栅格页面

5.1.2 创建电原理图符号

设置好捕获栅格之后，接下来需要绘制一个图形来表示元器件，即绘制一个代表元器件的图形符号，并将其放置到原理图上。从原理上来说，可以选择任意符号来表示一个元器件，但是，在电路设计行业，元器件的标识符遵循统一的标准。Altium Designer 23 的设计方法遵循 IEEE 315 标准，它不仅涵盖了最常见的电路元器件，而且还明确定义了如何将多个半导体元器件组合成特定器件的方法。

在原理图编辑器的主菜单中，选中 Place(放置)命令放置元器件主体图形符号。双击已放置的原理图符号以打开 Properties(属性)面板进一步定义每个具体形状。

Altium Designer 23 元器件原理图符号包括各种封闭的符号形状，如矩形、多边形、椭圆和圆角矩形，封闭的元器件原理图符号如图 5.3 所示。

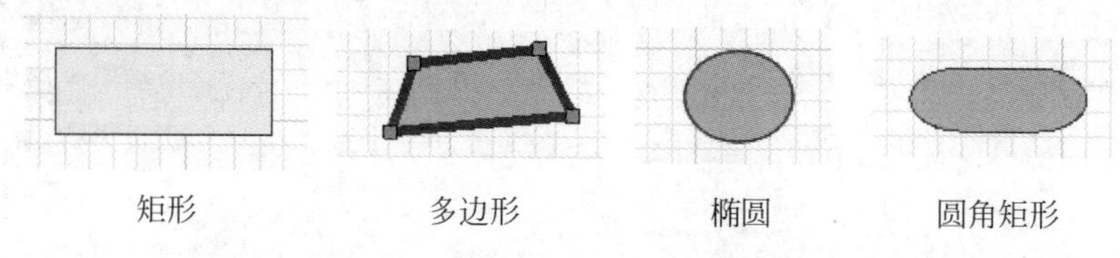

图 5.3　封闭的元器件原理图符号

线型形状包括圆弧、线/多段线、小圆弧和椭圆弧。线/多段线可以包括箭头和尾部。双击打开 Properties(属性)面板，以定义线型形状的头部和尾部，线型元器件原理图符号如图 5.4 所示。

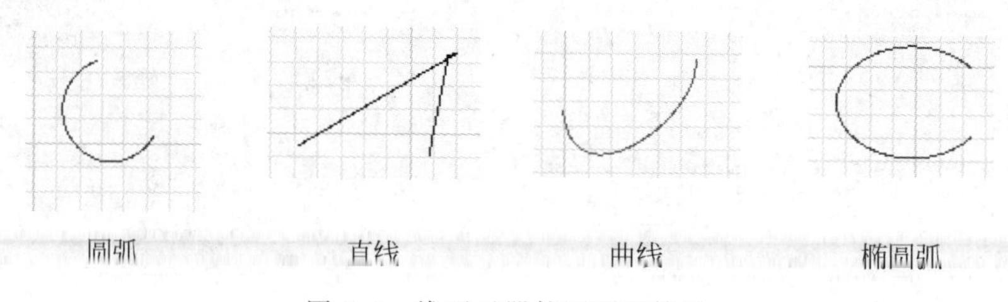

图 5.4　线型元器件原理图符号

所有对象的默认属性设置，如线宽和颜色，都是在 Preferences(选项配置)对话框的 Schematic-Defaults(原理图-默认值)页面中定义。配置原理图符号的默认属性页面如图 5.5 所示。

Preferences(选项配置)对话框的 Schematic-Defaults(原理图-默认值)页面定义所有原理图符号的默认设置。

5.1.3 编辑原理图符号

单击并按住移动放置好的对象，将该对象移动到所需的位置。在该对象上单击一次以选中它并显示编辑控制柄，然后单击并按住控制柄以调整对象的大小。可以在多边形中添加和删除控制柄，单击并按住线上的控制柄，按 Insert(插入)或 Delete(删除)键添加或删除控制柄。

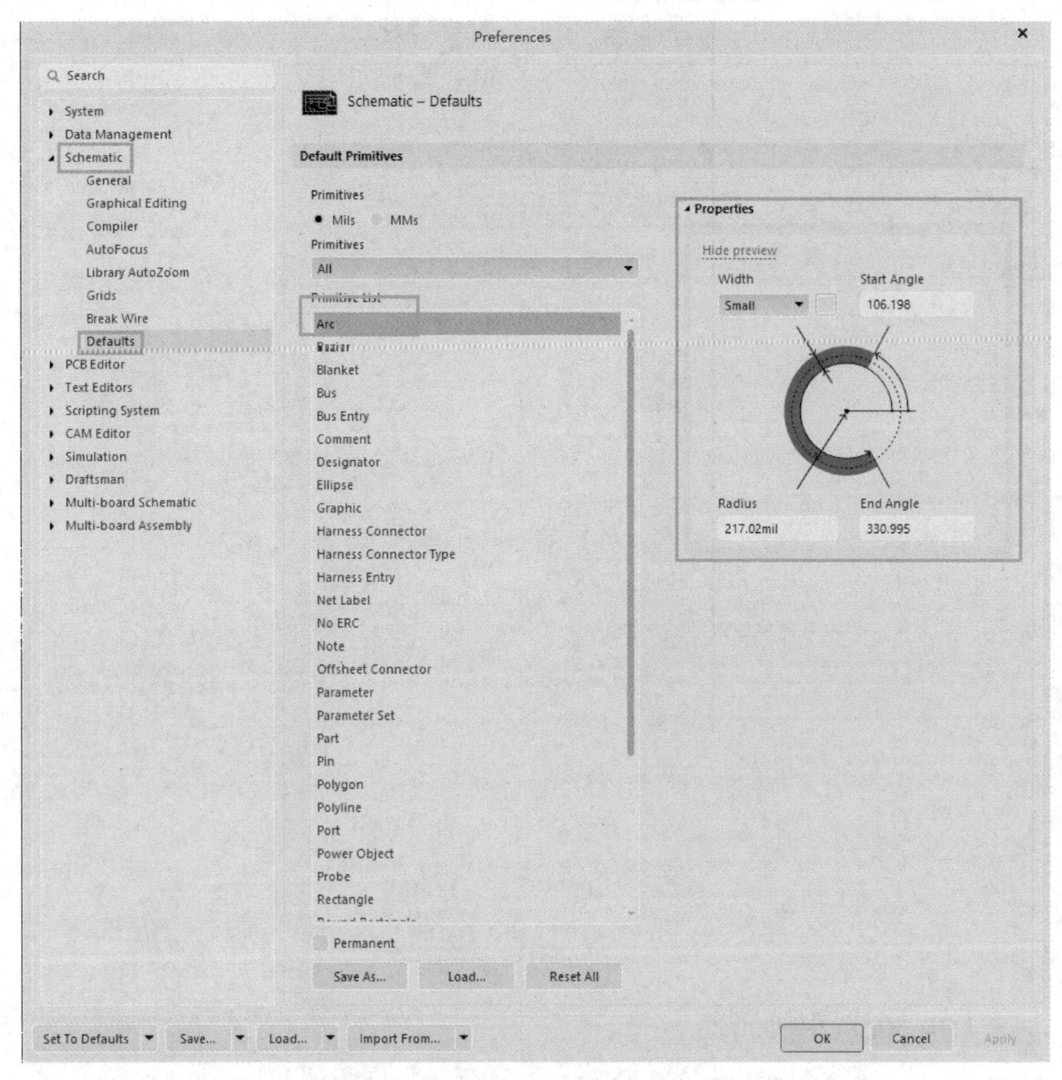

图 5.5　配置原理图符号的默认属性页面

放置和编辑好元器件符号之后，向符号中添加引脚。元器件的引脚赋予了元器件的电气特性，定义了不同引脚之间的互相连接和信号输入输出的不同走向。原理图库中元器件的每只引脚对应 PCB 封装库中元器件的一个或多个焊盘。可以有以下多种方式为原理图库文件中的元器件添加引脚，通过下述操作之一后，引脚均漂浮在电端光标上，根据需要旋转和/或翻转引脚，单击以实现放置。

(1) 使用 Place(放置)→Pin(引脚)命令(或按快捷键 P+P)。

(2) 单击 Utilities(工具栏)下拉列表上的 按钮。

(3) 单击 Active Bar(活跃工具栏)上的 按钮。

(4) 在设计空间中未选择任何对象时，如图 5.6 所示，使用 Properties(属性)面板中的 Component(元器件)，单击 Pins(引脚)选项卡上的 按钮，打开 Component Pin Editor(元器件引脚编辑器)对话框，在该对话框中添加和编辑引脚。

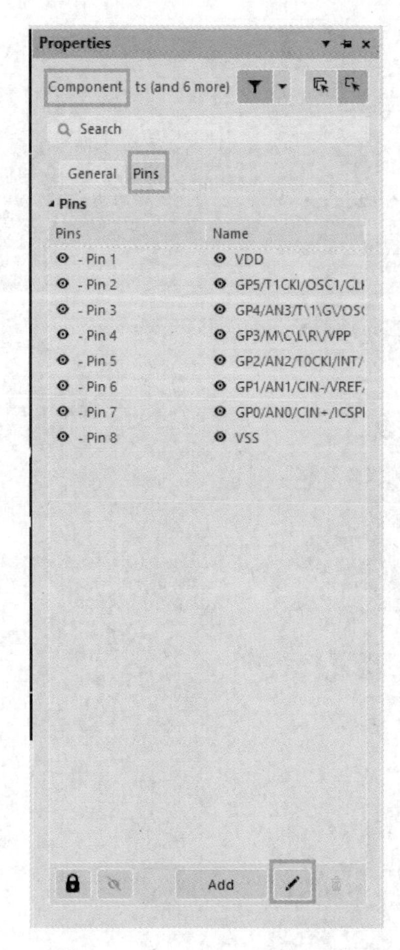

图 5.6 Properties(属性)面板

5.1.4 配置引脚属性

在将编辑好的元器件符号放置到电原理图上之前,应配置好各只引脚的属性。在 Properties(属性)面板中按 Tab 键打开 Component(元器件)模式,编辑各引脚的属性,编辑好一只引脚之后,引脚序号自动加一。在 Preferences(选项配置)对话框的 Schematic-General(原理图-常规项)中设置 Auto-Increment During Placement(放置时自动增量),也可以使用负值来自动递减,在 Preferences(选项配置)对话框的 Schematic-General(原理图-常规项)中设置引脚自动增量页面如图 5.7 所示。

在放置或移动引脚时,应注意引脚的电气端(又称为引脚的热点端)应远离元器件的主体。引脚的电气端代表了该引脚与其他引脚之间的电气连接,所以应远离元器件的主体,方向朝着引脚连线端。按空格键旋转引脚,正确放置好引脚的电气端之后,开始编辑引脚的属性。

每只引脚均包含多个属性,包括引脚名称和位号。引脚的位号与 PCB 封装中的焊盘号对应。引脚 Name(名称)和 Designator(位号)之间的默认距离在元器件库编辑器中进行设置。在 Preferences(属性)对话框的 Schematic-General(原理图-常规项)的 Pin Margin(引

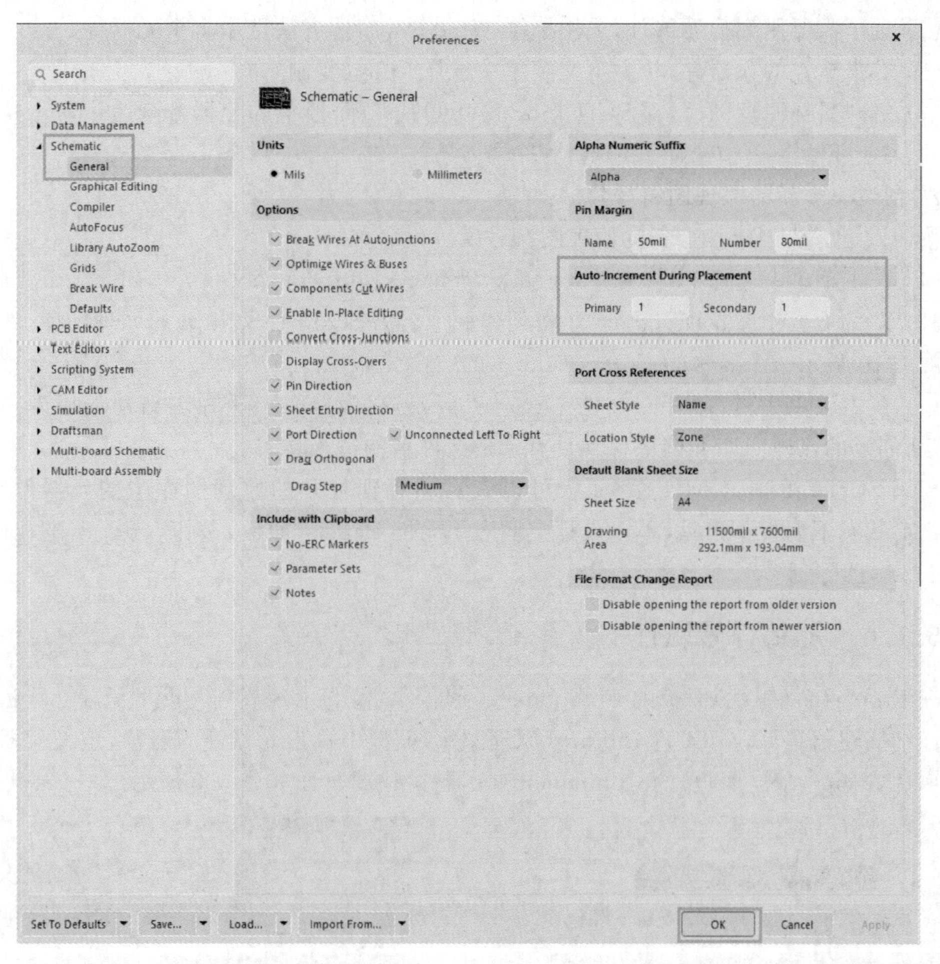

图 5.7　在 Preferences(选项配置)对话框的 Schematic-General(原理图-常规项)中设置引脚自动增量页面

脚余量)中配置引脚 Name(名称)和 Designator(位号)之间的默认距离；在 Component Pin Editor(元器件引脚编辑器)对话框的 Name(名称)域单独编辑元器件的名称。

每只引脚还包括 Electrical Type(电气类型)属性，Altium 规则检查器利用引脚的电气属性来验证引脚之间的连接是否正确有效。在 Component Pin Editor(元器件引脚编辑器)对话框中设置引脚的电气属性。默认的 Pin Length(引脚长度)必须与选定的捕获栅格相匹配。

5.1.5　利用原理图库面板创建原理图符号

通常，在原理图库编辑器中创建元器件，也可以通过原理图库编辑器将元器件符号从电原理图中复制到元器件库中。在设计过程中，最常用到的创建元器件方法是到现有的原理图库中复制一个原理图符号。

1. 到现有原理图库中复制原理图符号

按照以下方法到现有的原理图库中复制一个原理图符号。

(1) 打开源原理图库和 SCH Library(SCH 库)面板，单击设计空间右下角的 Panels(面板)按钮，从弹出菜单中选择 SCH Library(SCH 库)。

(2) 选中需要用到的元器件,采用标准 Windows 多选方法选中多个元器件。

(3) 右击选定的元器件,从上下文菜单中选择 Copy(复制)命令。

(4) 打开目标原理图库,在 SCH Library(SCH 库)面板中的元器件列表中右击选定的元器件,从上下文菜单中选择 Paste(粘贴)命令。

2. 创建一个新的原理图符号集

按照以下方法创建一个新的原理图符号库。

(1) 在主菜单中选择 File(文件)→New(新建)→Library(库文件)→Schematic Library(原理图库)命令,Altium Designer 23 将创建一个名为 Schlib1. SchLib 的原理图库,在该新创建的库中,显示一个名称为 Component_1 的空白元器件。

(2) 在主菜单中选择 File(文件)→Save As(另存为)命令,重命名新建的原理图库文件,将新创建的原理图库文档保存到具有合适文件名的适当位置。

使用 SCH Library(SCH 库)面板可以查看和管理打开的原理图库中的元器件符号。如果当前状态下面板不可见,单击设计空间右下角的 Panels(面板)按钮,选择 SCH Library(SCH 库)打开它。

5.1.6 定义符号属性

在 Properties(属性)面板的 Component(元器件)模式中编辑符号属性,如位号和元器件的详细描述信息等,在 SCH Library(原理图库)面板中双击元器件的名称,定义元器件符号的属性,Properties(面板)的 Component(元器件)模式页面如图 5.8 所示。

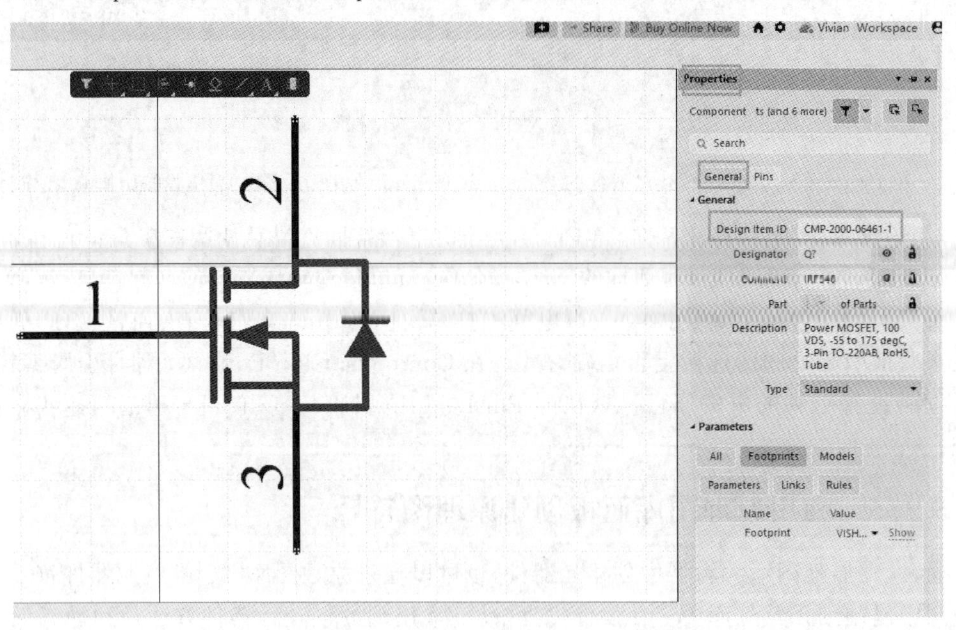

图 5.8 Properties(面板)的 Component(元器件)模式页面

如果元器件符号作为纯粹单域模型创建,则只需要对原理图库中的符号配置以下属性。

1. Design Item ID(设计项目 ID)

如果符号是通用元器件的符号,如电阻、电容或三极管,可以保留此空白项。如果符号是特定元器件的专用符号,需要编辑注释字符串,以反映原理图上所需的专用符号,在画

PCB图时，会将该属性传递给PCB。

2. Designator(位号)

输入前缀为Q？的位号。

3. Description(描述)

有助于搜索元器件的描述字符串。

如果元器件符号为非单域模型，则需要为其添加其他特殊参数。如可以设置特殊的Design Item ID(设计项目ID)，也可以在Parameters(参数)域中加入其他特定的信息。Type(种类)域定义了该符号代表何种类型的元器件，对于非标准类的元器件，可以在创建元器件符号时加入公司的图标，并将它添加到项目中，定义标准元器件类型页面如图5.9所示。

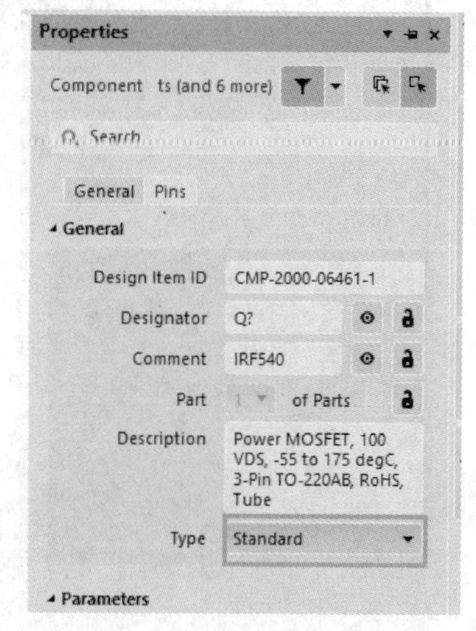

图5.9 定义标准元器件类型页面

目前大规模的BGA封装的元器件需要配置和放置成百乃至上千个引脚，需要花费大量的时间和精力创建元器件符号。一些正规大厂的元器件制造商在供货时，为方便设计人员，往往会提供元器件的符号库，设计人员在选用元器件时，首先可以向供货商询要元器件符号库，如果有，均会附带元器件符号库；如果供货商不提供，还可以到第三方寻求元器件符号库，如DigiPCBA等；在前两种方法均没有现成元器件符号库的情况下，只有自己动手制作。

5.1.7 原理图符号生成工具

为了方便电路设计人员，提高设计效率，Altium Designer 23提供了Schematic symbol generation tool(原理图符号生成工具)向导，协助设计人员创建元器件符号和编辑元器件引脚。它具备自动符号图形生成、栅格化引脚表和智能数据粘贴等高端功能。

Schematic symbol generation tool(原理图符号生成工具)是一个扩展软件，在软件安装时与该软件一起自动安装。在Extension Manager(扩展软件管理器)的Installed(已安装)选项卡中可以看到Schematic symbol generation tool(原理图符号生成工具)。

利用Schematic symbol generation tool(原理图符号生成工具)创建一个新原理图符号。首先，在SCH Library panel(原理图库面板)中单击Add(添加)按钮，在打开的New Component dialog(新建元器件对话框)中输入新建元器件的名称；然后利用Tools(工具)菜单下的Symbol Wizard(符号向导)创建新原理图符号，符号向导对话框页面如图5.10所示。

在该对话框中对符号的基本配置进行设置，包括其Layout Style(布局样式)和Number of Pins(引脚数量)。设置LayoutStyle(布局样式)时，可以从一组预定义的模式中选择自动分配引脚，在下拉列表中选择首选的引脚分配。右侧的预览图和侧边列中的数据将根据不同的选择进行相应更新。

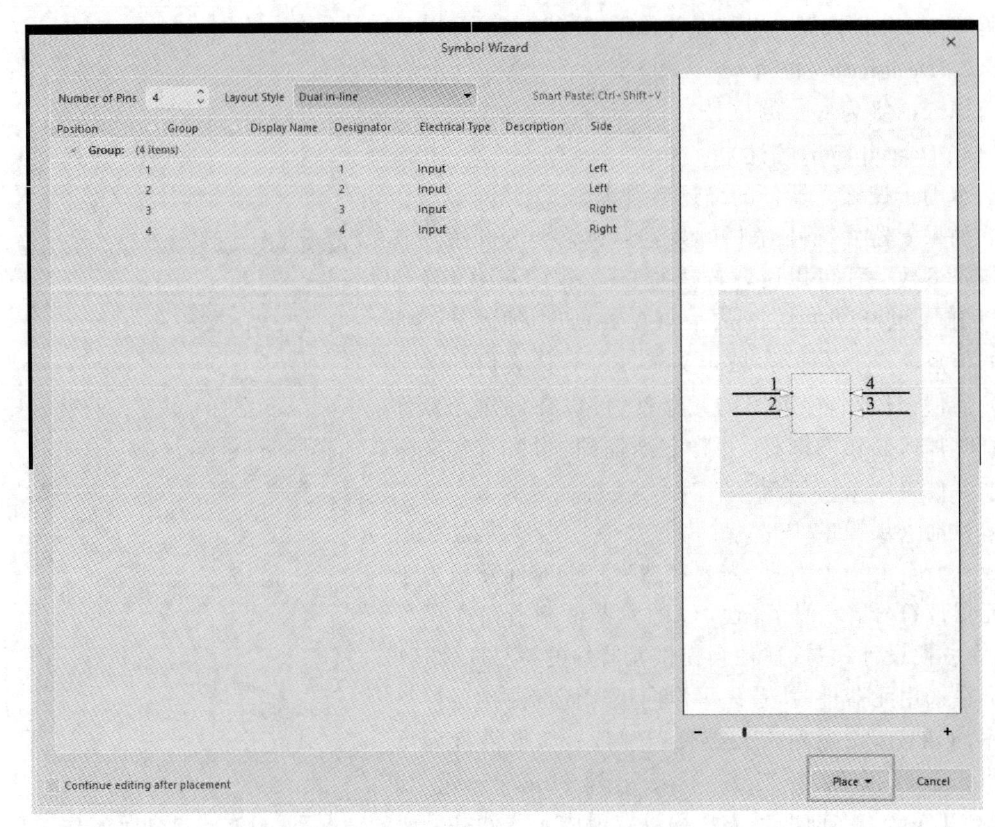

图 5.10 符号向导对话框页面

视频讲解

5.2 PCB 封装库制作

虽然 Altium Designer 23 和 Altium Live(Altium 社区)均提供了海量的 PCB 封装库和集成库,但是如果这些库依然满足不了特定的设计需求,设计人员需创建自定义的 PCB 封装库。通常,在 PCB 库编辑器中创建元器件的 PCB 封装,此外,诸如公司标志(Logo)、生产制造定义等其他对象也可以保存为 PCB 元器件。

在原理图设计阶段,用原理图符号来表示真实的元器件;在 PCB 设计阶段,则用 PCB 封装来表示一个元器件。PCB 封装的来源可以有多种,如可以在本地封装库中创建元器件封装,也可以从托管的内容服务器中获取。

托管的内容服务器是一个全局可访问的元器件存储系统,它包含成千上万个元器件,包括每个元器件的原理图符号、PCB 封装、元器件参数和供应商链接。

5.2.1 手动创建元器件封装

按照以下步骤手动创建元器件的 PCB 封装。

(1) 设置参考点。

元器件的 PCB 封装应该建立在 PCBLIB 编辑器中心的工作区参考点周围。使用快捷键 J、R 可以直接跳转到参考点。如果在开始构建元器件的 PCB 封装之前忘记移动到参考点，则可以使用 Edit（编辑）→Set Reference（设置参考点）子菜单命令在元器件的 PCB 封装中设置参考焊盘。

（2）根据元器件数据表（Datasheet）文件中的要求放置焊盘。

运行 Place（放置）→Pad（焊盘）命令。按 Tab 键打开 Properties（属性）面板，定义好焊盘的属性，焊盘属性包括焊盘的位号、形状和大小，以及所在层和通孔的内径等。放置好一个焊盘之后，焊盘位号会自动加一。如果焊盘为表面贴焊盘，将 Layer（所在层）设置为 Top Layer（顶层）；如果焊盘是通孔焊盘，将 Layer（所在层）设置为 Multi_Layer（多层）。

（3）放置焊盘。

为了确保焊盘位置的准确性，应专门为此设置一个栅格。使用快捷键 Ctrl＋G 打开 Cartesian Grid Editor（笛卡儿栅格编辑器）对话框，使用 Q 键将栅格从英制切换到公制。若要通过移动鼠标准确地放置焊盘，应使用键盘箭头键移动光标。此外，按住 Shift 键将以 10 倍于栅格的步长移动。当前 X、Y 坐标位置在状态栏和 Heads Up（抬头）中显示。Heads Up（抬头）中同时显示从上次单击位置到当前光标位置的位置增量。使用快捷键 Shift＋H 打开或关闭 Heads Up（抬头）显示。也可双击编辑放置的焊盘，在 Properties（属性）面板中输入所需的 X 和 Y 坐标位置。

Altium Designer 23 会根据焊盘的尺寸和适用的掩模设计规则自动计算焊盘的属性，如阻焊掩模和粘贴掩模。也可以为每个焊盘手动定义掩模设置，但在元器件封装库中这样做好之后，很难在以后的 PCB 设计过程中修改这些设置。通常，只有当无法通过设计规则来定位焊盘时才会这样做。注意，在电路板设计期间，设计规则是在 PCB 编辑器中定义的。

（4）使用走线、圆弧和其他原始对象来定义丝网印刷图层上的元器件轮廓。

（5）将线条和其他原始对象放置在机械层上，以定义额外的机械细节，如放置空间。机械层是一种通用的层，应该分配好这些层的功能，并在制作 PCB 封装时使用它们。

（6）放置三维主体对象以定义元器件的三维形状。

可以放置多个三维体对象来构建形状，或者将 STEP 格式的 3D 组件模型导入三维主体对象中。

（7）在机械层上放置附加的位号和注释字符串。

在制作元器件 PCB 封装过程中，会自动将位号和注释字符串添加到封装的丝印层中。可以在机械层上放置附加的位号和注释字符串。

（8）输入元器件封装名称。

在 PCB Library（PCB 库）面板中双击 Footprints（封装）列表，打开 PCB Library Footprint（PCB 库封装）对话框，在该对话框中重新命名已经编辑好的元器件封装，输入元器件封装名称，封装名称最多不超过 255 字符。

5.2.2　利用 IPC 兼容封装向导创建元器件 PCB 封装

利用 IPC 兼容的封装向导创建兼容 IPC 的元器件封装时，使用元器件实际的尺寸信息，根据 IPC 发布的算法计算出合适的焊盘和封装属性，如图 5.11 所示。

按照以下步骤利用 IPC 兼容的封装向导创建兼容 IPC 的元器件封装。

（1）在 PCB Library（PCB 库 *.PcbLib）编辑页面的主菜单 Tools（工具）中选择 IPC Compliant Footprint Wizard（兼容 IPC 封装向导），运行 IPC Compliant Footprint Wizard

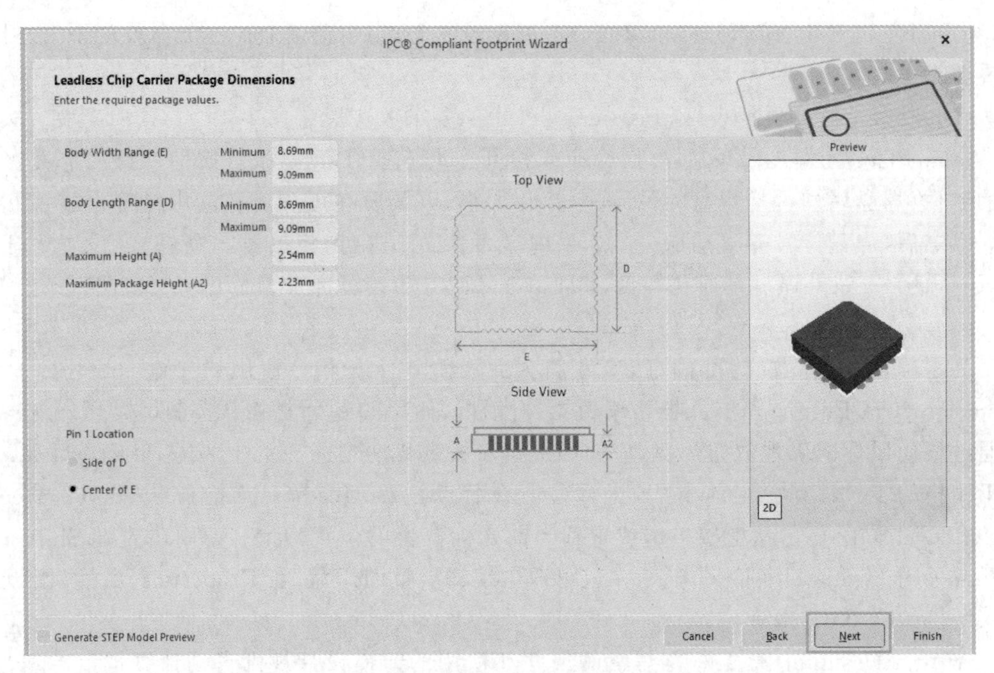

图 5.11　利用 IPC 兼容的封装向导创建兼容 IPC 的元器件封装

（兼容 IPC 封装向导）。

（2）兼容 IPC 封装向导可以创建以下封装类型的元器件封装：BGA、BQFP、CAPAE、CFP、CHIP Array、DFN、CHIP、CQFP、DPAK、LCC、LGA、MELF、MOLDED、PLCC、PQFN、PQFP、PSON、QFN、QFN _ 2ROW、SODFL、SOIC、SOJ、SON、SOP/TSOP、SOT143/343、SOT223、SOT23、SOT89 和 SOTFL 等。

（3）兼容 IPC 的封装向导根据 IPC 发布的标准使用元器件的尺寸信息。

兼容 IPC 封装向导具备以下特性。

（1）可以输入并立即查看完整的包装尺寸、引脚信息、引脚间距、焊料圆角和公差。

（2）可以输入机械尺寸，如中心、装配和部件信息。

（3）该向导是重进入的，可以审查并调整封装尺寸，在每个阶段都会显示出该封装的预览。

（4）可以在任何阶段按下完成按钮生成当前封装预览的图。

5.2.3　利用 IPC 封装批处理生成器创建元器件封装

IPC Footprints Batch Generator（IPC 封装批量生成器）可生成多个封装，生成器从 Excel 电子表格或以逗号分隔的文件中读取电子元器件的维度数据，应用 IPC 等式来构建 IPC 兼容的元器件封装，利用 IPC 封装批处理生成器创建输入文件列表中的全部元器件封装页面如图 5.12 所示。IPC 封装批量生成器支持以下文件。

（1）安装 Altium Designer 23 时，在\Templates 目录文件夹中的空白模板文件包；

（2）包含一个或多个元器件封装的输入文件包，可以是 Excel 或 CSV 格式文件。

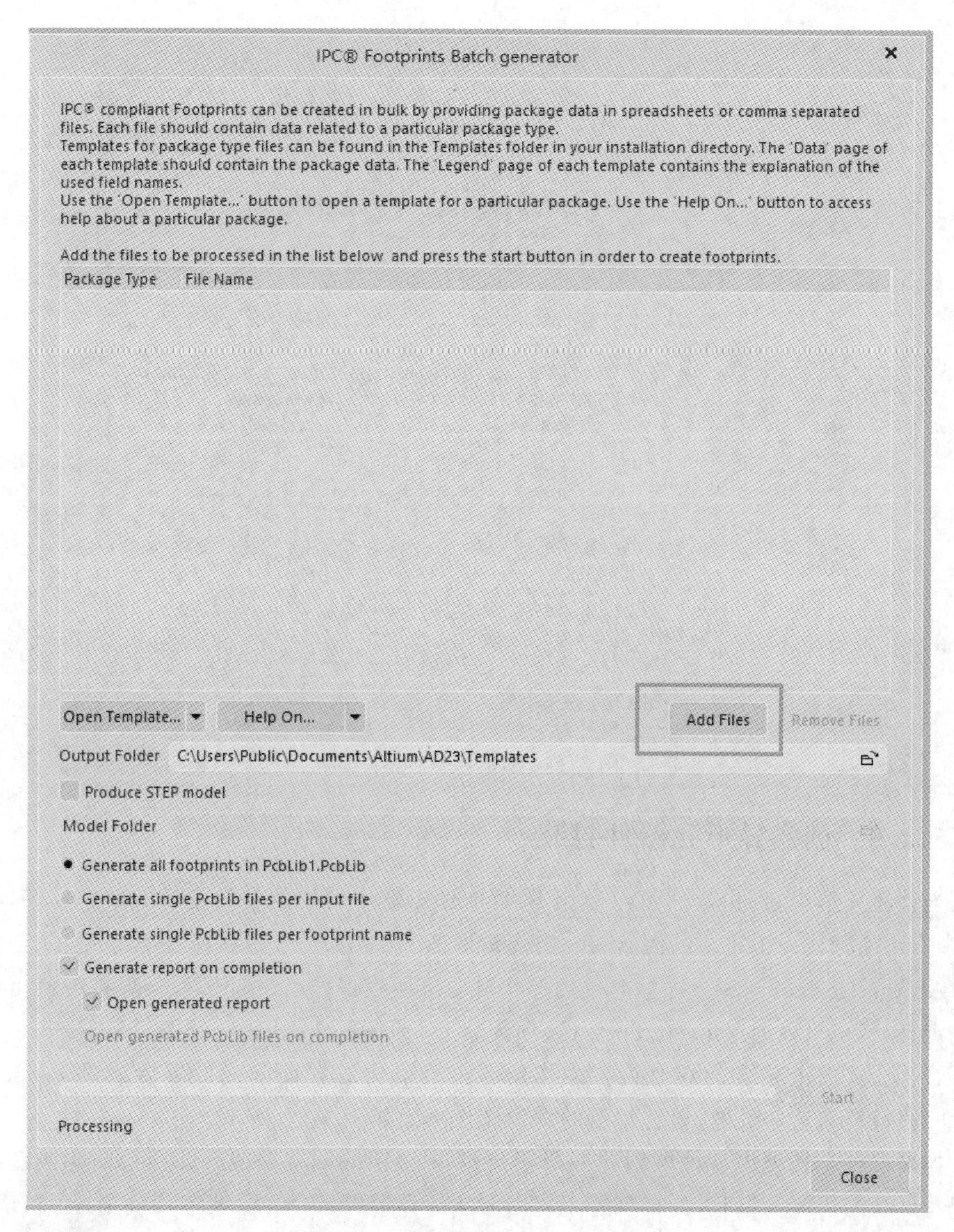

图 5.12　利用 IPC 封装批处理生成器创建输入文件列表中的全部元器件封装页面

5.2.4　利用封装向导创建元器件封装

PCB 库编辑器包含一个 Footprint Wizard(封装向导)。按照此向导的引导,可以从各种程序包中选取适当的信息,根据这些信息构建元器件封装。在该元器件封装向导中,可以输入焊盘大小和元器件丝印层的尺寸,启动封装向导页面如图 5.13 所示。

右击 PCB Library(PCB 库)中的 Footprints(封装),选择 Footprint Wizard(封装向导)启动 Footprint Wizard(封装向导);也可以在主菜单中选择 Tools(工具)→Footprint Wizard(封装向导)命令,启动 Footprint Wizard(封装向导)。

图 5.13　启动封装向导页面

5.2.5　创建异形元器件封装

当创建异形焊盘时，虽然可以使用 PCB 库编辑器中可用的任何设计对象来实现，但这样做时，还须记住一个重要的因素——阻焊扩展值。

Altium Designer 23 会根据对象的形状自动添加阻焊，默认情况下，阻焊扩展值由设计规则定义，但也可以通过 Preferences（选项配置）对话框的 PCB Editor_Defaults（PCB 编辑器_默认值）页面上包含的焊盘设置来指定。也可以在放置期间或放置后通过 Properties（属性）面板覆盖这些设置，设置焊盘的默认属性页面如图 5.14 所示。

如果仅仅是利用焊盘对象创建一个异形焊盘，Altium Designer 23 会自动生成匹配异形焊盘形状的扩展。但是，如果创建不规则形状的异形焊盘，如线（轨迹）、填充、区域、焊盘、通孔或弧，则需要手动配置焊接掩模。

所有对象均具有焊料掩模属性，填充和区域对象也具有粘贴掩模展开属性。如果这些对象是放置在顶层以创建异形焊盘，则可以启用这些对象的焊接掩模属性来遵守适用的设计规则，或使用手动设置展开值。如果填充和区域对象用于建立一个异形焊盘，那么粘贴掩模也可以作为对象的一个附加属性来启用。

当未正确地将掩模形状创建为自定义形状的对象集展开（或折叠）时，还可以通过直接在相应的焊料或粘贴填充物层上放置线（轨迹）、填充、区域或圆弧基元来实现手动定义的焊料或粘贴掩模展开。

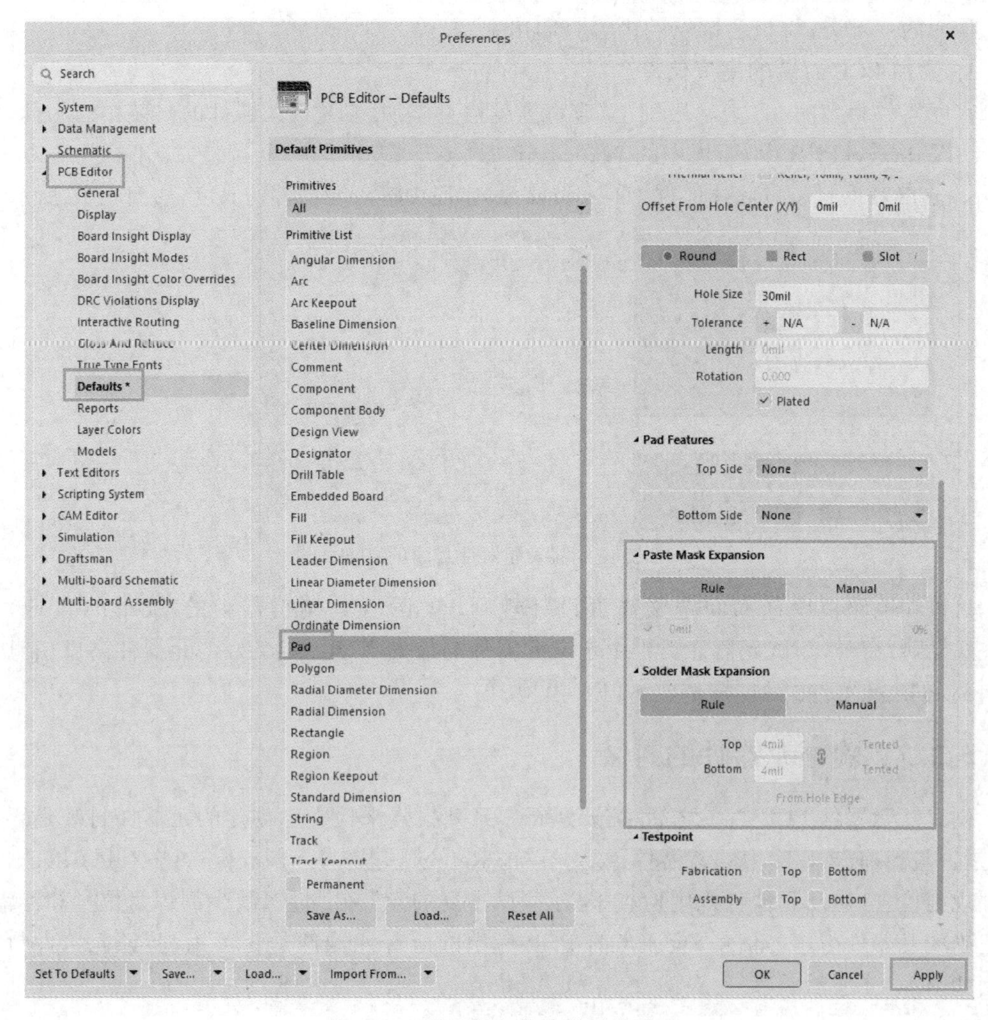

图 5.14 设置焊盘的默认属性页面

5.2.6 位号和批注字符串

1. 默认位号和批注字符串

当将一个元器件封装放置到 PCB 上时，会从设计的原理图中提取出该封装的位号和批注信息。无须手动定义位号和批注信息。位号和批注信息字符串的位置取决于 Properties（属性）面板中的指定符和注释字符串 Autoposition（自动转换）选项。位号和批注信息字符串的默认位置和大小在 Preferences（选项配置）对话框的 PCB Editor_Defaults（PCB 编辑器_默认值）页面的相应原始信息中配置。

2. 其他位号和批注字符串

在某些特殊情况下，有时可能需要添加位号和批注信息字符串的额外副本。例如，装配厂可能需要一份详细的装配图，要求有每个元器件的轮廓，而公司内部的要求规定位号应位于最终 PCB 上元器件上方的丝印层。对附加位号和批注信息要求可以通过在封装位号中添加特殊字符串来实现，在批注中添加其他层位置信息的特殊字符串。

为了满足装配方的要求，应将位号字符串放置在库编辑器中的一个机械层上，作为设计装配说明的一部分，将包含该层的内容打印出来。

3. 添加 PCB 封装的高度信息

在元器件封装的 3D 表示级别上，应将高度信息添加到 PCB 元器件的封装中。为此，双击 PCB Library(PCB 库)面板中的 Footprints(封装)列表中的一个封装，打开 PCB Library Footprint(PCB 库封装)对话框。在 Height(高度)字段中输入元器件的高度，如图 5.15 所示。

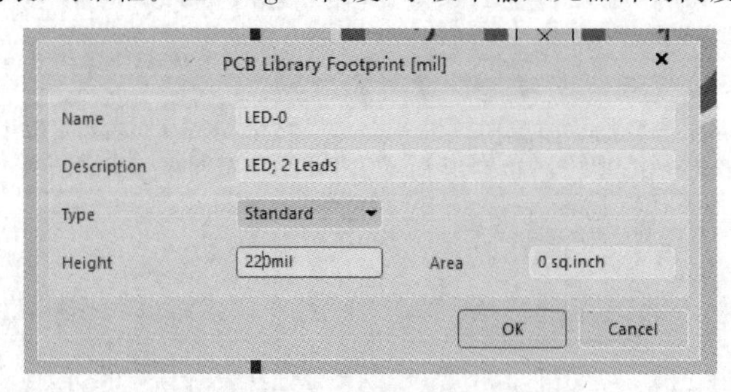

图 5.15　输入元器件封装的高度

可以在电路板设计期间定义高度设计规则，单击 PCB 编辑器中的 Design(设计)→Rules(规则)命令，测试元器件类别中定义元器件的最大高度。定义好的元器件高度信息会添加到 PCB 元器件的 3D 模型或 STEP 模型中。

5.2.7　验证元器件的封装

创建好元器件 PCB 封装之后，需要运行一系列报告来检查已创建的元器件封装是否正确，是否与当前 PCB 库中的元器件重复。单击 Reports(报告)→Component Rule Check(元器件规则检查)启动元器件规则检查报告，测试重复的元器件封装、缺少的焊盘位号和浮铜、不正确的元器件引用等信息，验证当前 PCB 库中的所有元器件是否可用，验证元器件封装页面如图 5.16 所示。

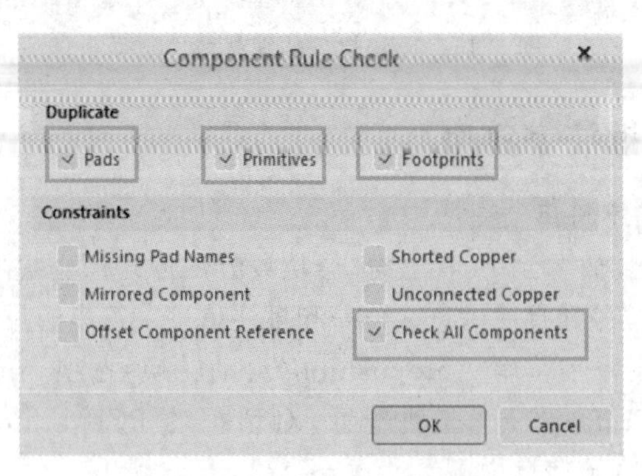

图 5.16　验证元器件封装页面

5.2.8　更新 PCB 封装

有两种办法更新 PCB 封装：推送封装更新 PCB 库或从 PCB 编辑器中拉取封装更新 PCB 库。推送封装更新 PCB 库时，从 PCB 库中选中一个元器件封装，用它来更新包含该元器件封装的所有打开的 PCB 文档，当需要全部替换时，这种方法是最佳选择；从 PCB 编辑器中拉取封装更新 PCB 库，可以在执行更新之前检查现有元器件封装和原有库中元器件封装之间的所有差异，选中要从库中更新的对象，当需要找出板上的元器件封装和库中元器件封装之间发生变化时，这种方法是最佳选择。

1. 推送封装更新 PCB 库

在 PCBLIB 编辑器中，使用 Tools（工具）选择 Update PCB with Current Footprint（更新当前 PCB 封装）或 Update PCB With All Footprints（更新所有 PCB 封装）。在 PCB Library（PCB 库）面板中，右击选中 Components（元器件）域，选择 Update PCB with Component（更新 PCB 上的元器件）或 Update PCB with All（更新 PCB 上的全部元器件）。运行这些命令打开 Component(s) Update Options（元器件更新选项）对话框，在该对话框选择要更新的元器件/属性。

2. 从 PCB 编辑器中拉取封装更新 PCB 库

在 PCB 编辑器中，选择 Tools（工具）→Update From PCB Libraries（从 PCB 库中更新）命令，该命令打开 Update From PCB Libraries_Options（从 PCB 库更新_选项）对话框，单击 OK（确定）按钮打开 Update From PCB Libraries（从 PCB 库中更新）对话框，更新 PCB 库文件页面如图 5.17 所示。

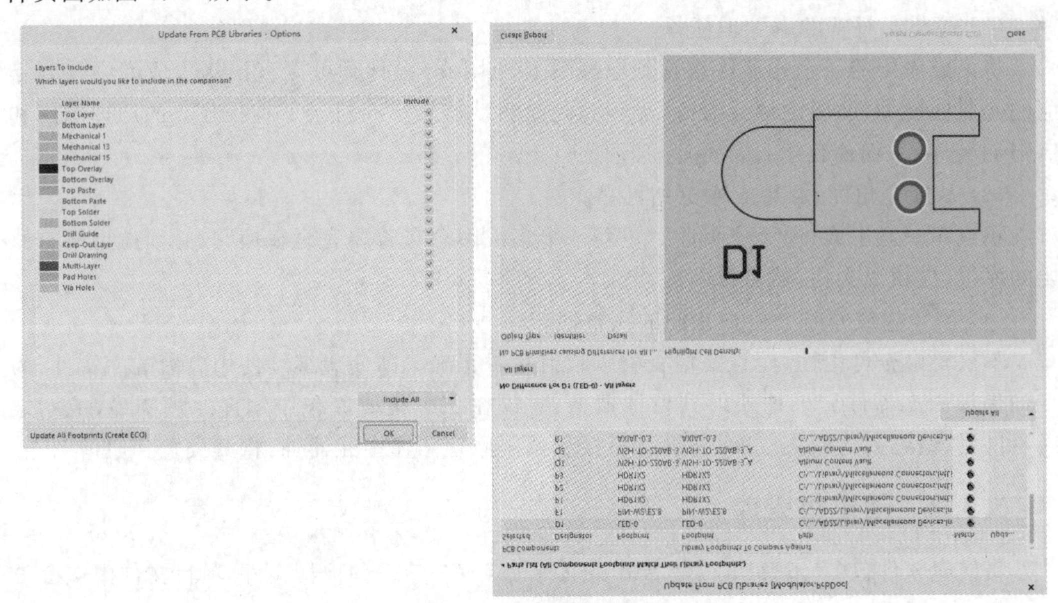

图 5.17　更新 PCB 库文件页面

5.2.9　将创建好的 PCB 封装发布到服务器上

可以直接将创建好的 PCB 2D/3D 元器件封装模型正式发布到服务器上，通过 Explorer panel（探索面板）的 Server's support for direct editing（支持服务器端直接编辑）命令，或者通过元器件编辑器的 Single Component Editor mode（单个元器件编辑模式），将新创建的元器件封装初始版本发送给服务器。可以通过服务器上加载的临时编辑器直接编辑新创建的元器件封装，编辑完成之后，将元器件封装的实体发布到后续的版本中，并关闭临时编辑器。

视频讲解

5.3 集成库的制作

集成库是 Altium Designer 23 的集成元器件模型，在集成库中，利用原理图库文件中的原理图符号为元器件构建高水平模型，并为其添加其他模型的链接和元器件参数。包括原理图符号库和 PCB 封装库在内的所有原始库文件，均在项目的 Integrated Library Package（集成库文件包）中定义，随后编译成一个单一独立的文件——集成库文件（IntLib）。

本节将介绍创建集成库的各种方式，以及对集成库中元器件的放置和修改。

5.3.1 集成库的优点

将元器件库文件编译成集成库之后有以下优点。

（1）可以在一个可移植的文件中获得所有元器件信息。

由于将元器件的所有模型都打包到了集成库中，因此在重定位项目时，只需要将一个集成库文件移植到新项目。当需要将工作分配到不同的工作站中或想与他人分享设计时，集成库的这种可移植性有助于提高工作效率。

（2）简化了日常的库管理任务。

将集成库中的一个元器件放置到原理图上，Altium 设计师可以直接从集成库中找到相应的元器件模型，准确定位元器件，无须到硬盘驱动器的不同目录下查找独立的原理图库和 PCB 封装库，从而简化了日常的库管理任务。

（3）从安全角度看，集成库更加可靠。

集成库一旦生成，便无法更改。更新一个集成库意味着要完全替换它，必须拉出所有原始的库包，更新源文档，然后重新编译。

（4）编译集成库时会检查它们的完整性。

不仅要检查可用性，而且要检查引脚映射是否正确。即使想继续使用离散的库文件，为了确保将源元器件正确地映射到目标模型，建议在一个集成库包中编译原理图库，成功之后，可以忽略已创建的集成库，并继续直接从调用原理图库中元器件，将其放置到原理图上。

5.3.2 创建集成库

集成库软件包（*.LibPkg）是 Altium Designer 23 的一种项目文件，项目文件中包含了生成集成库所需的全部设计文档。在原理图库编辑器中绘制原理图符号，并为每个符号定义好模型引用/链接，以及其他参数信息，将它们存储到一个或多个原理图库文件中。参考的模型可以包括 PCB 2D/3D 元器件模型、电路仿真模型和信号完整性模型等。

必须将原理图库文件添加到集成库包中，此外包含 PCB 2D/3D 模型和仿真模型/子电路的文件，可以位于项目内的任何有效搜索位置、已安装库列表中、指定的搜索路径中。然后，将库包编译成一个单一的集成库文件（*.IntLib）。

综上所述，创建一个集成库需要经过以下四个步骤。

1. 创建一个源库文件包

通过从主菜单中选择 File（文件）→New（新建）→Library（库）→Integrated Library（集成库）命令，创建新的集成库包，新创建的库软件包项目将被添加到 Projects panel（项目面板)项目面板中,此时,其中将不包含任何文档。

2. 创建并添加必要的源原理图库文件

创建包含项目用到的所有元器件的源原理图库文件(*.SchLib),为其中的所有元器件添加模型链接和参数信息,可以有多种方法创建源原理图库文件(*.SchLib)。

1) 创建源原理图库文件

(1) 从头开始创建源原理图库文件(*.SchLib),使用File(文件)→New(新建)→Library(库)→Schematic Library(原理图库)命令。使用原理图库编辑器创建新的元器件,或从其他开放的原理图库中复制现有的元器件。

(2) 右击Projects(项目)面板中库包的条目,然后从上下文菜单中选择Add New to Project(向项目中添加)→Schematic Library(原理图库)命令。

(3) 使用Design(设计)→Make Schematic Library command(制作原理图库)命令,将项目中原理图库上已有的元器件创建为源原理图库文件。

2) 将源原理图添加到库包中

准备好源原理图库后,使用以下方法之一将其添加到库包中,添加好原理图库之后的集成库如图5.18所示。

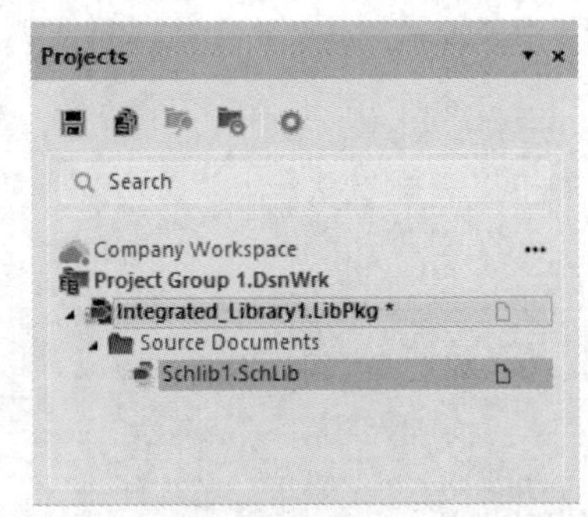

图5.18　添加好原理图库之后的集成库

(1) 使用Project(项目)→Add Existing to Project command(将现有内容添加到项目中)命令。

(2) 右击Projects panel(项目面板)中库包的条目,然后从上下文菜单中选择Add Existing to Project command(将现有内容添加到项目中)命令。

3. 创建并添加(或指向)所需的域模型文件

1) 创建PCB库中的PCB 2D/3D元器件模型

创建与元器件原理图关联的其他相关模型,如PCB库中的PCB 2D/3D元器件模型*.PcbLib、仿真模型*.Mdl和子电路*.Ckt文件。其中,最重要的模型是PCB 2D/3D元器件模型,因为它与原理图库一一对应,可以通过以下几种方式创建PCB库中的PCB 2D/3D元器件模型。

(1) 在菜单中选择File(文件)→New(新建)→PCB Library(PCB库)命令,在PCB库编辑器中创建新的2D封装(并添加3D信息),或从其他开放的PCB库中复制元器件的封装。

(2) 右击Projects panel(项目面板)中库包的条目,从上下文菜单中选择Add New to Project(向项目中添加新建文件)命令。

(3) 对于已经放置到PCB文件中的元器件,选择Design(设计)→Make PCB Library(制作PCB库)命令创建2D/3D PCB元器件库。

2) 定位可用的模型

对于已经定义好的模型文件,需要让集成库包知道它们的位置,包括存储目录路径和文件名称,供原理图库中的元器件参考引用。无论是在构建集成库包还是在进行原理图设计过程中,Altium Designer 23提供一个标准的系统来定位模型文件。通常,有以下三种方法定位可用的模型。

(1) 直接将元器件库/模型添加到项目中。

（2）安装“已安装的库”列表中的库/模型。该方法适用于所有的设计项目。

（3）定义指向库/模型的搜索路径。

以上三种方法有各自的优点，所以要根据项目的实际需要选择最适合的实践方法。不同的模型也可以用不同的方法定位。例如，当打开模型库包之后，可能不希望在项目面板中列出大量的仿真模型，但可能希望看到 2D/3D 元器件 PCB 模型库。在这种情况下，可以定义存储仿真模型文件夹的搜索路径，并将 PCB 库添加到库包中。

总地来说，这三种方法均来源于可用的基于文件的库（对项目来说可用），均可在 Available File_based Libraries dialog（可用的库对话框）定义，通过单击 Components panel（元器件面板）右上角的 ≡ 按钮，选择 File_based Libraries Preferences（基于文件的库选项配置）命令来访问，Available File_based Libraries（可用的基于文件的库）对话框如图 5.19 所示。

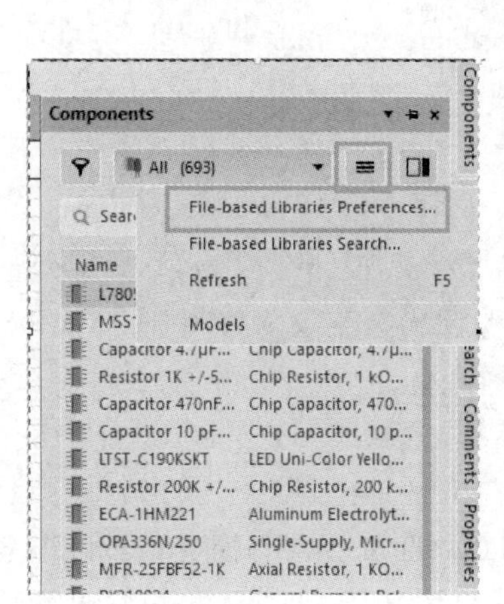

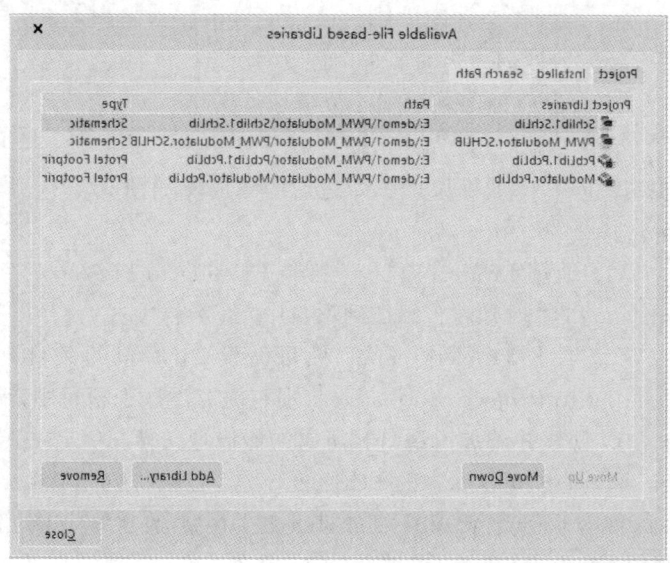

图 5.19　Available File_based Libraries（可用的基于文件的库）对话框

还可以使用 Add Existing to Project command（将现有文件添加到项目中）命令将 PCB 库（以及其他模型文件）直接添加到库包中，该命令可以从主 Project（项目）菜单或右击与 Projects panel（项目面板）中库包条目关联的菜单中获得。将源 PcbLib 文件添加到集成库包中之后，添加到集成库包中的源 PcbLib 文件如图 5.20 所示。

图 5.20　添加到集成库包中的源 PcbLib 文件

从 Available File_based Libraries dialog（可用的基于文件的库）对话框的 Search Path（搜索路径）选项卡中定义模型文件的搜索路径，访问 Options for Integrated Library（集成库选项）对话框的 Search Paths tab（搜索路径）选项卡，根据需要添加一个或多个路径，Altium Designer 23 沿着这些路径搜索模型文件。单击 Refresh List（刷新列表）按钮，以验证是否确实找到了所需的模型文件，在必要时亦可对路径做一些调整。

4. 编译库文件包以生成集成库文件

定义好模型文件的搜索路径,将源库文件添加到库包中之后,编译该集成库包以最终生成集成库文件。在编译过程中,集成库包的编译器将生成一个警告和/或错误消息的列表,例如未找到模型的警告。此外,编译器还会检查引脚映射错误,例如当实际焊盘为 A 和 K 时,将焊盘映射为 1 和 2。

在运行编译之前,谨慎的做法是先浏览 Options for Integrated Library(集成库选项)对话框的 Error Reporting tab(错误报告)选项卡,设置错误报告发生条件。设置错误报告选项和严重性级别页面如图 5.21 所示。

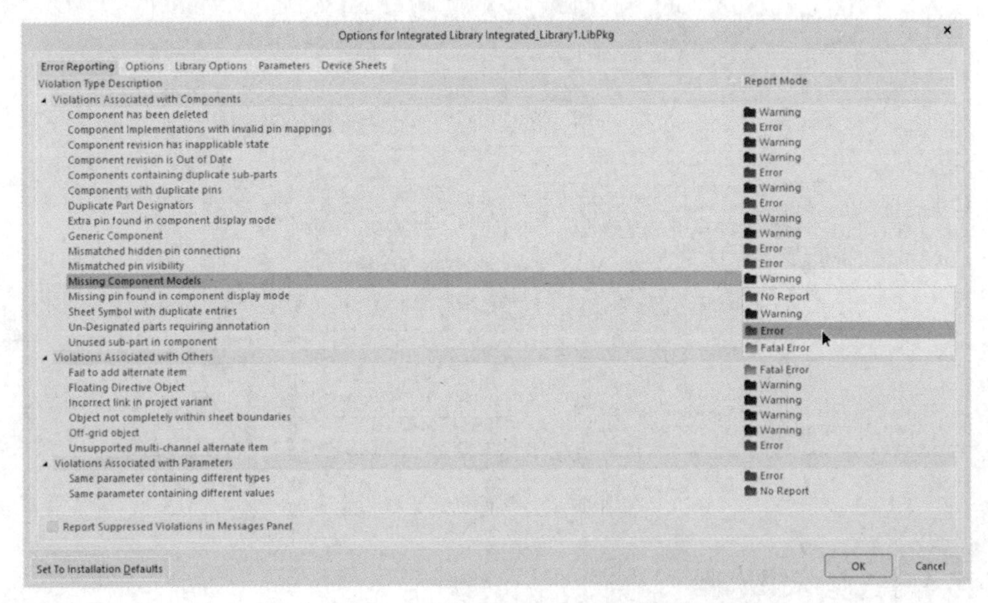

图 5.21 设置错误报告选项和严重性级别页面

从主 Project(项目)菜单或与 Projects panel(项目面板)中库包条目关联的右键菜单中选择 Compile Integrated Library command(编译集成库)命令。源原理图库文件和模型文件被编译成一个以源库包命名的集成库< LibraryPackageName >. IntLib。与此同时,编译器将检查是否有违规发生,发现的所有错误或警告均将在 Messages panel(消息面板)中列出。修复源库中的全部问题,然后重新编译。

编译好的集成库保存在 Options for Integrated Library(集成库选项)对话框的 Options tab(选项)选项卡上指定的输出文件夹中(默认情况下,是项目位置的子文件夹\Project Outputs),并在 Preferences(选项配置)对话框的 Installed(已安装)选项卡中,自动添加到 Available File_based Libraries dialog(可用的基于文件的库)对话框和 Data Management-File_based Libraries page(数据管理_基于文件的库)页面中。

5.3.3 根据项目文件创建集成库包 IntLib

可以直接由项目文档(源原理图和 PCB 文档)生成集成库,在原理图编辑器或 PCB 编辑器的主菜单 Design(设计)中选择 Make Integrated Library command(创建集成库)命令,具体步骤如下。

(1) 打开全部源原理图文档,创建一个原理图库。

(2) 根据 PCB 文档制作一个 PCB 库。

(3) 将这些库编译成一个以项目命名的集成库<ProjectName>.IntLib。

将 IntLib 添加到项目中,在 Projects panel(项目面板)的 Libraries\Compiled Libraries(库\已编译的库)下可以查看,通过 Components panel(元器件面板)面板 Available File_based Libraries(可用的基于文件的库)的已安装库访问,根据项目文件创建集成库包页面如图 5.22 所示。

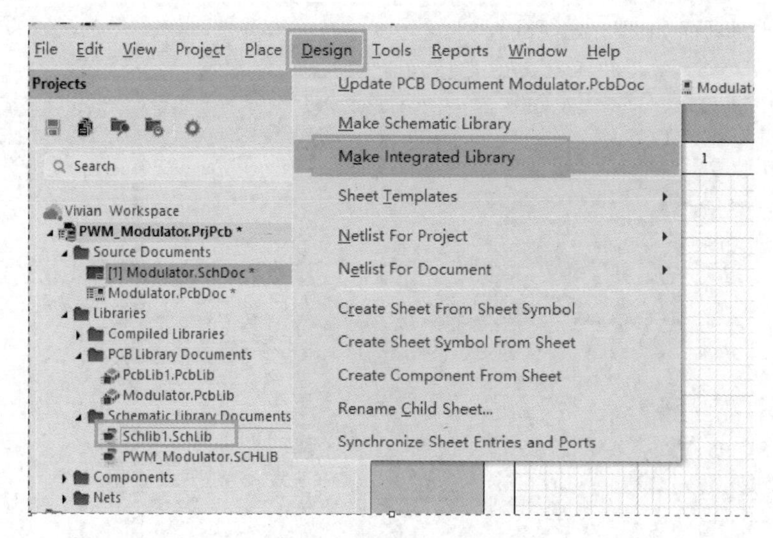

图 5.22 根据项目文件创建集成库包页面

5.3.4 修改集成库

通过集成库放置元器件时,无法直接编辑集成库中的元器件。如果要对集成库进行修改,应首先在源库中进行修改,然后重新编译集成库包,以生成更改后新的集成库。按照以下步骤修改集成库。

(1) 打开需要修改的集成库源库软件包。

(2) 打开要修改的源原理图库或模型库。

(3) 根据需要进行修改,保存好修改后的库,然后将它们关闭。

(4) 重新编译库包。新生成的集成库将取代旧版本集成库。

5.3.5 集成库反编译

如 5.3.4 节所述,无法直接对集成库进行修改,但是,出于某些特殊的原因,可能需要对集成库中的源库进行修改,在无法直接编辑集成库的情况下,可以将它们反编译回源符号库和模型库。执行以下操作,实现集成库的反编译。按照以下三种方式之一打开包含源库文件的集成库。

(1) 选择 File(文件)→Open(打开)命令,在 Choose Document to Open(选择要打开的文档)对话框中浏览到集成库,单击 Open(打开)按钮。

(2) 将 IntLib 文件从 Windows 文件资源管理器拖放到 Altium Designer 窗口中。

(3) 在出现的 Open Integrated Library(打开集成库)对话框中,单击 Extract(提取)按钮。

源原理图库和模型库被提取出来,并保存到一个新的文件夹中,该文件夹以原始集成库所在的文件夹中的集成库文件名命名。创建< IntegratedLibraryFileName >. LibPkg,将源原理图和 PCB 库添加到项目中,并在项目面板中显示出来。仿真模型和子电路文件不会自动添加到项目中,从集成库中提取源库页面如图 5.23 所示。

图 5.23 从集成库中提取源库页面

仿真分析进阶篇

对 Altium Designer 23 有了一定了解后，开始进入本篇的学习，本篇的知识具有一定的独立性，同时也会有一些关联性，涉及电路设计中最常用的信号完整性分析技术、电路仿真技术和高速电路板设计技术，每个知识点都结合 Altium Designer 23 的设计实例，读者可以边学习边进行实际操作练习，有助于提高学习效果。

本篇对如何利用 Altium Designer 23 对电路实现仿真分析进行了全面而详细的讲解，从简单的技术开始，再循序渐进地深入，各章节之间有一定联系。本篇共包含 3 章，有一定基础的读者可以挑选自己感兴趣的章节阅读。

第 6 章介绍了如何利用 Altium Designer 23 进行信号完整性(SI)分析，包括设置设计规则和信号完整性模型的参数、对原理图和 PCB 图中的网络进行信号完整性分析、配置用于网络筛选分析的测试、对选定的网络进行深度分析、信号线的终端和处理生成的波形等。通过电路的信号完整性分析，定位阻抗不匹配等潜在的信号完整性问题。

第 7 章介绍了 Altium Designer 23 的仿真器以及如何利用 Altium Designer 23 的仿真器实现电路仿真，从而验证设计的正确性。Altium Designer 23 的仿真器是一个真正意义上的混合信号仿真器，它既可以分析模拟电路，又可以分析数字电路。仿真器使用了增强版本的 XSpice 模型，兼容 SPICE3f5，支持 PSpice 模型和 LTSpice 模型。

第 8 章介绍了用 Altium Designer 23 进行高速 PCB 设计时遇到的问题及注意事项。

第6章

信号完整性分析

在完成了电原理图和PCB版图之后，可以利用Altium Designer 23分析PCB的信号完整性，根据预定义的测试评估指标对网络进行筛选，对特定网络进行反射和串扰分析，并在Waveform Analysis（波形分析）窗口中显示和操作波形。

Altium Designer 23的信号完整性（SI）分析包括设置设计规则和信号完整性模型的参数、对原理图和PCB图中的网络进行信号完整性分析、配置用于网络筛选分析的测试、对选定的网络进行深度分析、信号线的终端和处理生成的波形等。

利用信号完整性分析器，可以对设计的电路做实验，例如可以尝试用不同的终端来降低网络上的振铃，根据需求说明书对电路或PCB进行更改，重新运行信号完整性分析，直到达到所要求的结果。

6.1 信号完整性概述

Altium Designer 23包括布线前和布线后的信号完整性分析功能，将传输线的计算结果和输入输出缓存的宏模型作为电路的输入，在快速反射和串扰仿真模型的基础上，利用经过业界验证好的算法，通过信号完整性分析仪对电路进行精确的仿真。

设计好原理图之后，在进行PCB布板之前，可以进行阻抗和反射仿真。仿真可以定位阻抗不匹配等潜在的信号完整性问题，并在PCB布板之前将其解决。

完成PCB布板之后，可以对最终的PCB进行全阻抗、信号反射和串扰分析，以检查设计的正确性。Altium Designer 23内置的信号完整性筛选设计规则系统可以作为设计规则检查（DRC）过程的一部分，检查电路板的设计是否违反了信号完整性规则。当发现信号完整性问题时，Altium Designer 23会显示各种终端的不同仿真结果，为寻求最佳设计方案提供依据。

Altium Designer 23的信号完整性分析功能作为平台的扩展功能，如需进行电路板的信号完整性分析，应在安装Altium Designer 23的选择设计功能页面勾选信号完整性分析功能，如图6.1所示。

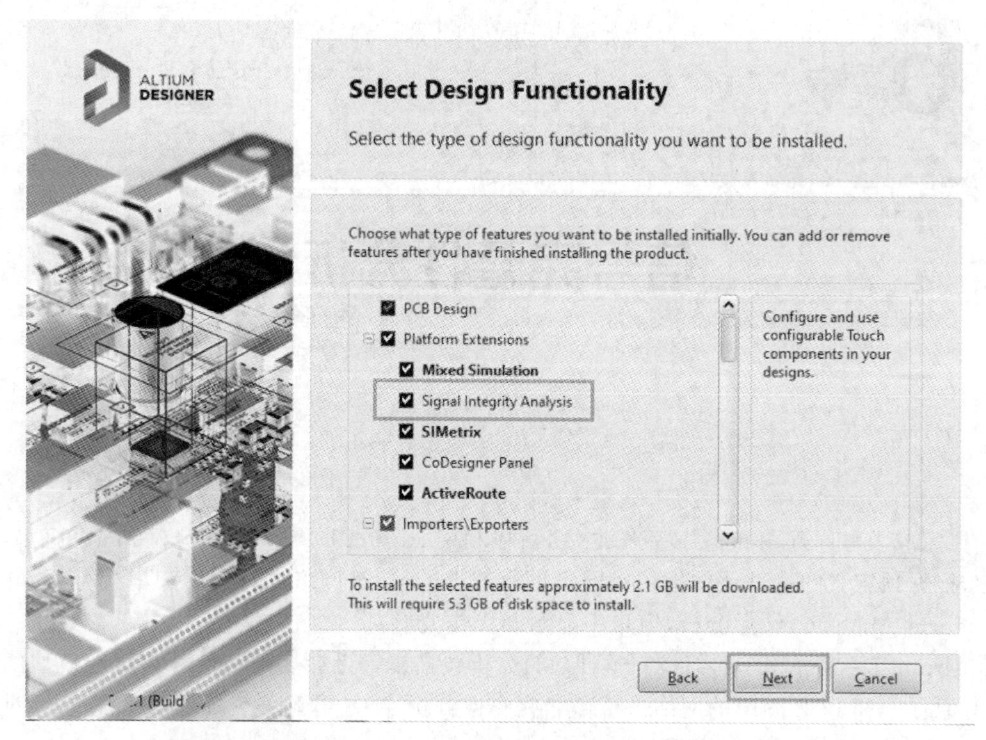

图 6.1　在 Altium Designer 23 的安装页面勾选信号完整性分析功能

6.1.1　对只有原理图的项目运行信号进行完整性分析

在没有完成 PCB 布线之前，可以只对原理图设计进行信号完整性分析。进行信号完整性分析的原理图必须是项目的一部分，无法在 Free Documents（自由文档）上进行信号完整性分析，由于没有进行 PCB 布线，因此此时的预分析不包括串扰分析。

对只有原理图的项目进行信号完整性分析时，可以使用信号完整性设置选项来定义默认的平均线长和阻抗。信号完整性分析器还可以从原理图的激励网络和电源网络中读取 PCB 的设计规则，在原理图中将这些规则添加为 PCB 布局指令或参数集指令。

在原理图编辑器中，打开原理图，从主菜单中选择 Tools（工具）→ Signal Integrity（信号完整性）命令。在这里首先设置好必要的信号完整性模型，然后显示信号完整性面板，在信号完整性面板中可以查看初始结果和深入分析结果。

6.1.2　对项目的 PCB 文档运行信号进行完整性分析

对 PCB 文档运行信号进行完整性分析时，PCB 应与相关原理图一起成为项目的一部分。注意，对项目中的原理图文档进行信号完整性时，它与从 PCB 文档进行信号完整性分析具有相同的结果。对 PCB 文档进行信号完整性分析时，可以同时进行反射分析和串扰分析。

从 PCB 编辑器的主菜单中选择 Tools（工具）→Signal Integrity（信号完整性）命令，具体操作步骤和过程与对原理图运行信号完整性分析相同。

当对 PCB 文档运行信号完整性分析时，PCB 上的元器件应与原理图上的元器件相关联。在主菜单中选择 Project（项目）→Component Links（元器件链接）命令来检查项目中的元器件是否已经关联。此外还要注意，在信号完整性分析过程中，对于 PCB 中没有走线的网络，均使用引脚之间的曼哈顿长度作为走线长度估计值。

6.2　前期准备工作

在执行信号完整性分析之前，应做好以下准备工作，以获取完整的分析结果。

(1) 至少需要有一个集成电路(IC)的输出引脚。

为了获得有意义的仿真结果，网络上至少需要有一个集成电路(IC)的输出引脚，该引脚为网络提供激励，给出所需的仿真结果。例如电阻器、电容器和电感器都是没有驱动源的无源器件，因此不会为它们单独提供仿真结果。

(2) 每个元器件的相关信号完整性模型必须正确。

在编辑与原理图源文档上的元器件关联的信号完整性模型时，可以通过 Model Assignments(模型分配)对话框，手动设置 Signal Integrity Model(信号完整性模型)对话框中的 Type(类型)字段的正确条目。如果未定义此条目，则 Model Assignments(模型分配)对话框将尝试猜测元器件的类型。

(3) 必须有电源网络的设计规则。

一般来说，至少应该有两个规则，一个是电源网络的设计规则，另一个是接地网络的设计规则。无法对电源网络进行信号完整性进行分析。

(4) 应配置一个信号激励的设计规则。

(5) PCB 的层叠必须设置正确。

信号完整性分析器需要连续的电源平面，不支持分割的电源平面。如果不存在连续的电源平面，则假设它们存在，所以最好添加连续的电源平面，并进行恰当的设置，包括所有层厚度、芯厚度和预浸料的厚度。使用 Design(设计)→Layer Stack Manager(层堆叠管理器)命令可以在 PCB 编辑器中设置图层堆叠。在仅原理图模式下运行信号完整性时，默认使用具有两个平面的两层板。

6.2.1　使用模型分配对话框添加 SI 模型

向设计中添加信号完整性模型的最简单方法是使用 Model Assignments(模型分配)对话框。

1. 从主菜单中选择 Tools(工具)→Signal Integrity(信号的完整性)命令

如果是首次在项目上启动信号完整性，没有为元器件添加信号完整性模型，则在 Model Assignments(模型分配)对话框中会报错或告警，提示使用 Model Assignments(模型分配)对话框为元器件分配信号完整性模型，如图 6.2 所示。

单击 Continue(继续)按钮，显示 Signal Integrity(信号完整性)面板，单击 Model Assignments(模型分配)按钮，打开 Model Assignments(模型分配)对话框。此时，如果模型分配有任何改动，将清除和重新计算所有结果，原有结果失效。如果为所有元器件均设置好了信号完整性模型，则显示 SI Setup Options(SI 设置选项)对话框。

2. 显示 Signal Integrity Models Assignments(信号完整性模型分配)对话框

如果在 Errors or warnings found(发现的错误或警告)对话框中单击 Model Assignments

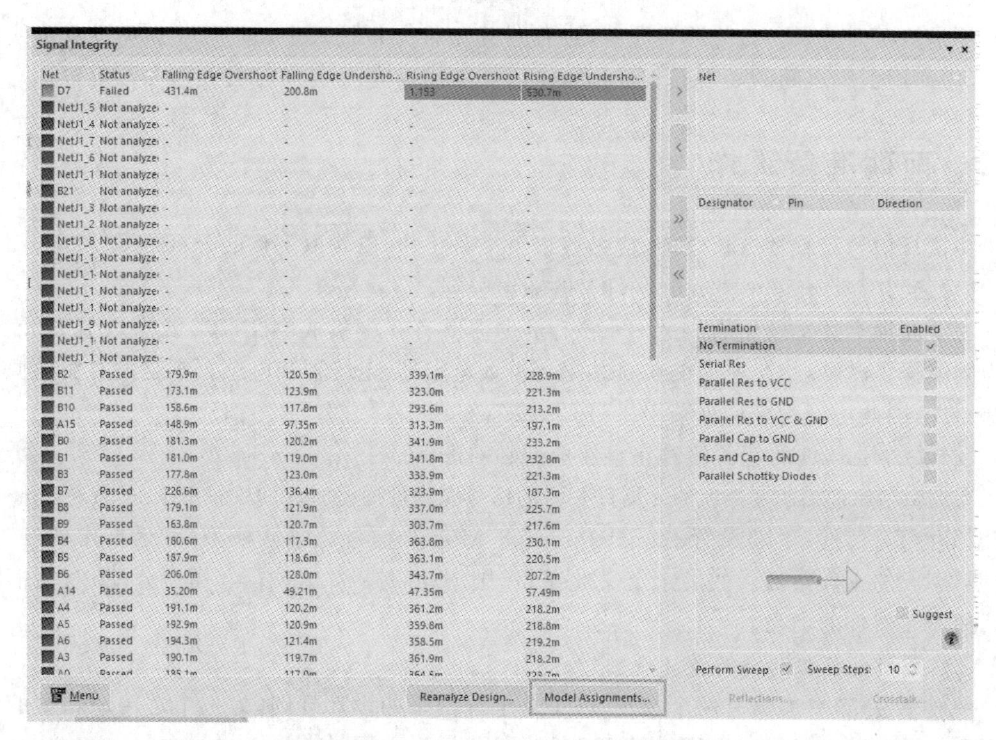

图 6.2　使用 Model Assignments(模型分配)对话框为元器件分配信号完整性模型

(模型分配),则显示 Signal Integrity Models Assignments(信号完整性模型分配)对话框。

运行信号完整性分析时,Model Assignments(模型分配)对话框会对那些没有信号完整性模型的元器件进行合理猜测,包括已经定义了信号完整性模型的所有元器件,都将显示在 Model Assignments(模型分配)对话框中。每个元器件的不同状态信息如表 6.1 所示。

表 6.1　元器件的不同状态信息

状　　态	描　　述
不匹配	模型分配对话框未找到该元器件的特征信息,需要手动添加
低可靠度	模型分配对话框为该器件选定信号完整性模型,证据不足
中可靠度	模型分配对话框为该器件选定信号完整性模型,有可靠的依据
高可靠度	模型分配对话框为该器件选定信号完整性模型,有明确的关联度
模型已找到	已经为该元器件找到信号完整性模型
模型已修改	已通过模型分配对话框修改信号完整性模型
模型已添加	已经保存修改过的信号完整性模型

6.2.2　使用模型分配对话框修改元器件模型

选中需要修改其信号完整性模型的元器件。选择正确的器件类型,有电阻、电容、电感、二极管、BJT、连接器和集成电路七种类型信号完整性元器件可供选择。通过下拉列表选择器件类型,也可通过右击菜单来选择。

设置电阻、电容或电感的值。Model Assignments(模型分配)对话框会根据元器件的注释字段和参数在此列中放置元器件的正确值。如果需要修改数值,则应在此前进行参数修改。特殊元器件(如电阻排)的数值,则通过单击列中的单独对话框完成。

如果该元器件是一个集成电路，那么类型的选择则尤为重要，这将决定在仿真过程中使用的引脚特性，可以通过下拉列表进行选择，也可以通过右击菜单进行访问。

最后，需要在 Model Assignments（模型分配）对话框中指定更多的细节，例如 IBIS 模型，可以右击菜单选择高级菜单来添加。

6.2.3 保存模型

为所有元器件选定了模型之后，就可以更新原理图文档，将这些信息存储。

勾选 Setup Signal Integrity（设置信号完整性）对话框中待更新的元器件，单击 Update Models in Schematic（在原理图中的更新模型）按钮。

所有选定元器件的信号完整性模型（或修改后的模型）均将添加到原理图文档中，将原理图文档存储。必须保存模型之后才能继续进行下一步信号完整性分析。如果未存储，则按照 Model Assignments（模型分配）对话框中显示的模型进行分析，但是，下次使用信号完整性工具时，先前的更改都将丢失。

6.2.4 手动为元器件添加信号完整性模型

元器件的信号完整性模型与元器件的集成库相关联，它包含在元器件的集成库中。

1. 为原理图编辑器中已放置的元器件添加信号完整性模型

双击元器件，打开元器件的 Component Properties（元器件属性）对话框，为原理图编辑器中已放置的元器件添加信号完整性模型页面如图 6.3 所示。

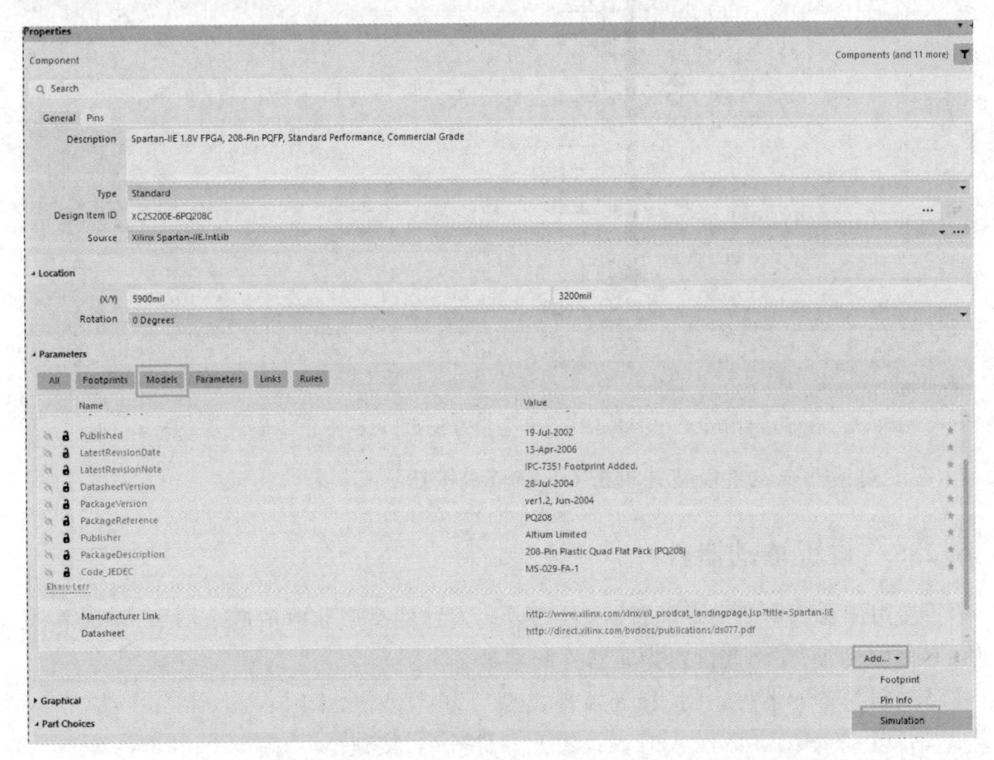

图 6.3 为原理图编辑器中已放置的元器件添加信号完整性模型页面

2. 显示 Signal Integrity Model(信号完整性模型)对话框

单击模型列表域中的 Add(添加)按钮,在 Add New Model(添加新模型)对话框中选择 Signal Integrity(信号完整性)。单击 OK(确定)按钮,此时将显示 Signal Integrity Model (信号完整性模型)对话框,如图 6.4 所示。

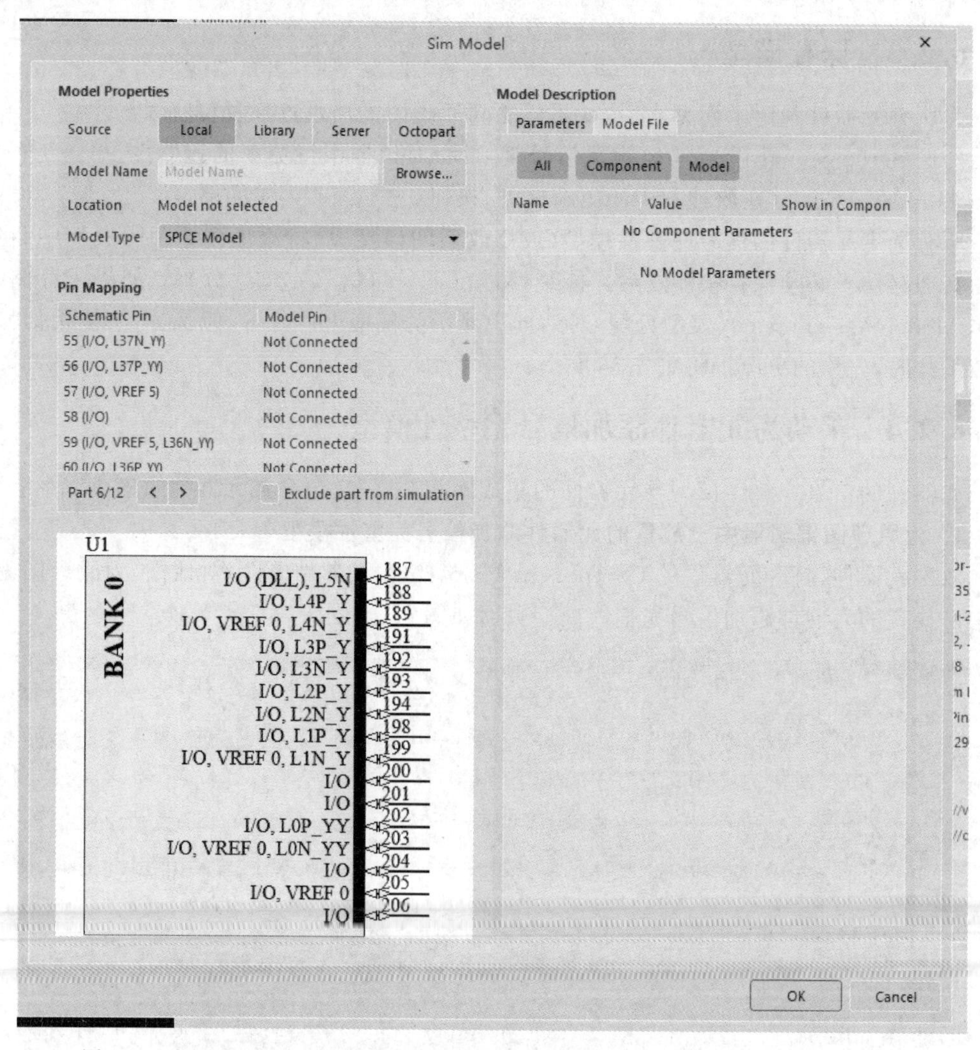

图 6.4 在 Signal Integrity Model(信号完整性模型)对话框中添加信号完整性模型

3. 在该对话框中设置模型并单击 OK(确定)按钮

6.2.5 设置被动器件

当设置电阻和电容等被动器件时,只需要输入器件类型和取值两个参数,可以在 Value (数值)字段中输入,并将其设置为元器件的参数。

支持电阻排等元器件,在选择元器件类型后,单击 Signal Integrity Model(信号完整性模型)对话框中的 Setup Part Array(设置元器件阵列)按钮。

6.2.6 设置集成电路

在为集成电路设置模型时,可以有以下几种选择。

在选择了集成电路后,需要为该集成电路选择一种技术类型,以确保在仿真时为该集成电路分配适当的引脚。

如果需要更多的控制,可以为集成电路的各引脚做详细配置,可以通过 Signal Integrity Model(信号完整性模型)对话框底部的引脚列表中的下拉列表来实现。

6.2.7 导入 IBIS 文件

此外,还需要导入 IBIS(输入/输出缓冲区信息)文件。

利用 IBIS 文件来指定 IC 模型的输入和输出特征,单击 Signal Integrity Model(信号完整性模型)对话框中的 Import IBIS(导入 IBIS)按钮。从 Open IBIS File(打开 IBIS 文件)对话框中选择 IBIS 文件,然后单击 Open(打开)按钮。此时将显示 IBIS Converter(IBIS 转换器)对话框,导入 IBIS 文件如图 6.5 所示。

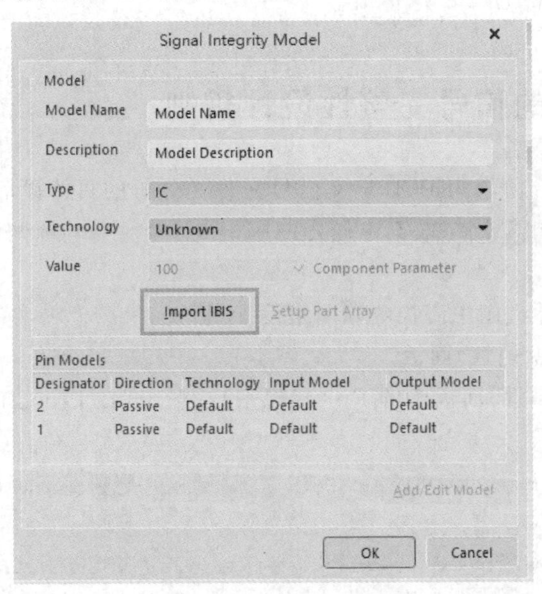

图 6.5 导入 IBIS 文件

选择 IBIS 文件对应的元器件之后,Altium Designer 23 将读取 IBIS 文件,并将 pin 模型从 IBIS 文件导入已安装的 pin 模型库中。如果找到了一个重复的模型,系统会询问是否希望覆盖现有的模型,元器件上的所有引脚都将具有在 IBIS 文件中指定的相应引脚的模型。

此时,将自动生成一个报告,说明哪些引脚分配成功,哪些引脚分配未成功。对于那些未添加成功的引脚,可以手动为其选择适当的引脚模型进行定制。

单击 OK(确定)按钮以完成 IBIS 信息的导入,返回 Signal Integrity Model(信号完整性模型)对话框。

6.2.8 编辑引脚模型

可以对现有引脚的模型进行编辑,为引脚添加各种电气特性。对于其他类型,如 BJTs、连接器和二极管，也可以对其模型进行编辑，编辑元器件的引脚如图 6.6 所示。

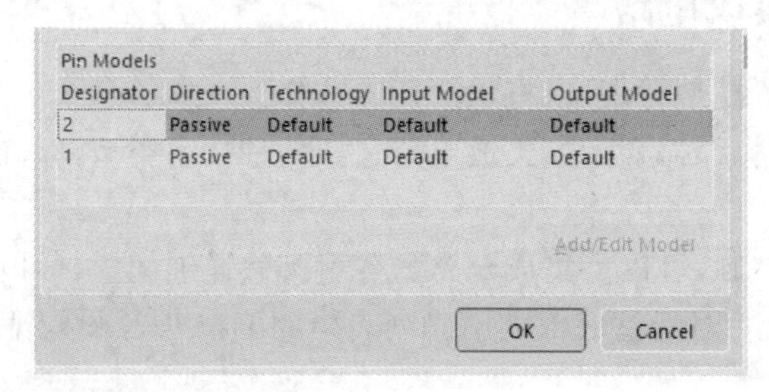

图 6.6 编辑元器件的引脚模型

单击 Signal Integrity Model（信号完整性模型）对话框中的 Add/Edit Model（添加/编辑模型），编辑修改引脚模型，如果允许对该模型进行编辑，则显示 Pin Model Editor dialog（引脚模型编辑器）对话框。

在 Model Name（模型名称）的下拉列表中单击 New（新建）按钮，进行必要的修改后，单击 OK（确定）按钮。如果这是一个新的引脚模型，该模型可以被当前元器件或其他元器件选用。

6.3 原理图中的信号完整性设计规则

可以在原理图设计阶段为 PCB 定义信号完整性分析的具体设计规则，首先，需要添加一个 PCB 规则来识别电源网络及其电压，在原理图上为每个电源网络添加一个 PCB 信号完整性分析设计规则。

按照以下步骤在原理图中添加电源网络设计规则。

1. 打开 Properties（属性）面板

单击 Properties（属性）面板中的 Rules（规则）选项卡，在 Properties（属性）面板中选择添加规则如图 6.7 所示。

图 6.7 在 Properties（属性）面板中选择添加规则

2. 添加未定义的规则

单击 Add(添加)按钮添加未定义的规则,以显示 Choose Design Rule Type(选择设计规则类型)对话框,在其中选择规则类型,Choose Design Rule Type(选择设计规则类型)对话框如图 6.8 所示。

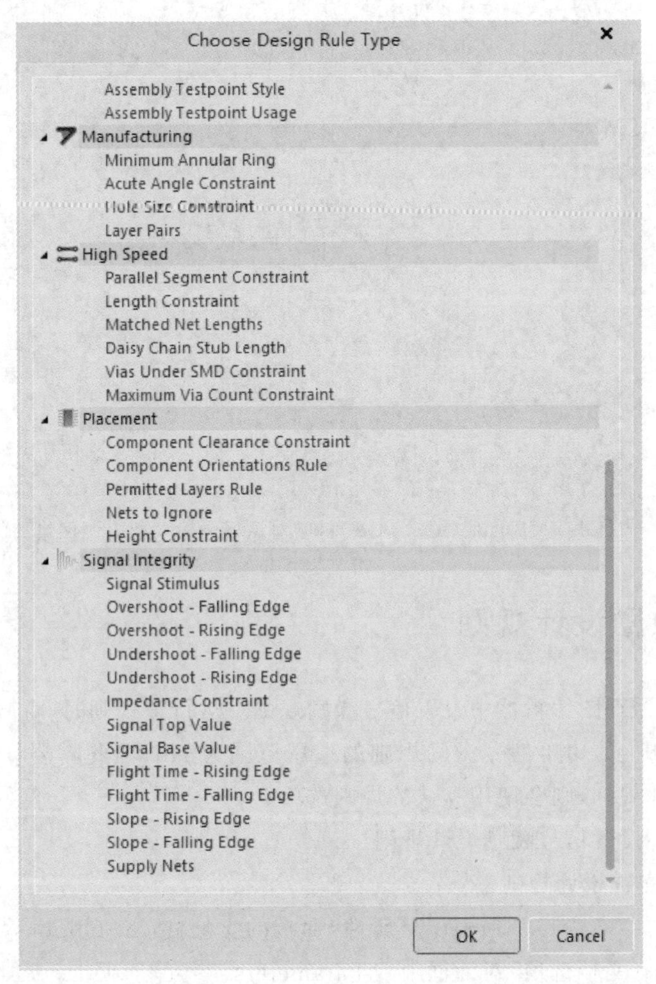

图 6.8　Choose Design Rule Type(选择设计规则类型)对话框

3. 显示 Edit PCB Rule(编辑 PCB 规则)对话框

向下滚动到信号完整性规则,选择 Supply Nets(电源网络)。单击 OK(确定)按钮,此时将显示 Edit PCB Rule(编辑 PCB 规则)对话框。输入此电源网络的电压值,单击 OK(确定)按钮,并关闭所有对话框,在 Edit PCB Rule(编辑 PCB 规则)对话框中输入此电源网络的电压值如图 6.9 所示。

4. 将 PCB 规则指令放置在相应的网络上

正确添加指令后,会出现一个点。将设计迁移到 PCB 编辑器,会自动将该规则添加到 PCB 设计规则中。为 GND 网络(电压=0)创建一个 PCB 规则指令,右击以结束指令放置模式。

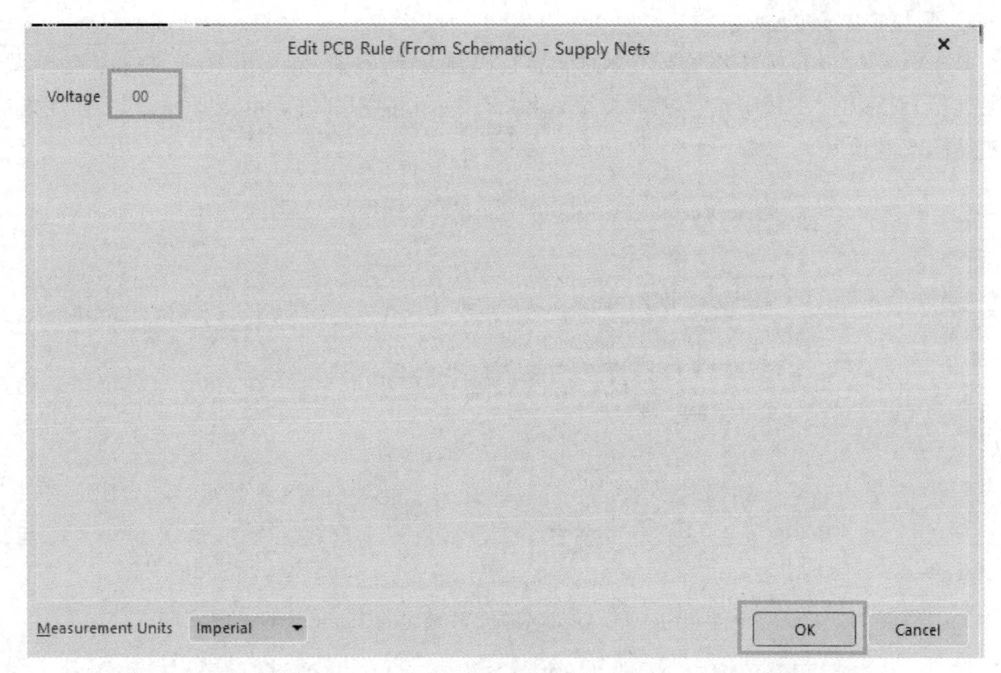

图 6.9　在 Edit PCB Rule(编辑 PCB 规则)对话框中输入此电源网络的电压值

6.4　信号激励设计规则

此外,需要在原理图编辑器中设置信号激励规则。运行该规则时,将激励注入待分析网络的各个输出引脚上。由于信号激励规则的适用范围为 All,因此需要创建一个工作表参数。如果未设置此规则,则会使用默认的规则选项。

按照以下步骤设置信号激励设计规则。

1. 选择信号激励设计规则

在原理图编辑器中打开 Properties(属性)面板的 Document Options(文档选项),单击 Document Options(文档选项)对话框中的 Parameters(参数)选项卡,添加图纸参数。单击 Add as Rule(添加为规则)以显示 Parameter Properties(参数属性)对话框。设置信号激励设计规则如图 6.10 所示。

2. 设置信号激励设计规则

单击 Edit Rule Values(编辑规则值)以显示 Choose Design Rule Type(选择设计规则类型)对话框,向下滚动至 Signal Integrity(信号完整性),选择 Signal Stimulus(信号激励)。单击 OK(确定)按钮,此时将显示 Edit PCB Rule(From Schematic)-Signal Stimulus(编辑 PCB 规则(来自原理图-信号激励)对话框,设置信号激励设计规则如图 6.11 所示。

3. 选择激励的类型、起始电平和时间

选择激励的类型、起始电平和时间,单击 OK(确定)按钮关闭该对话框。

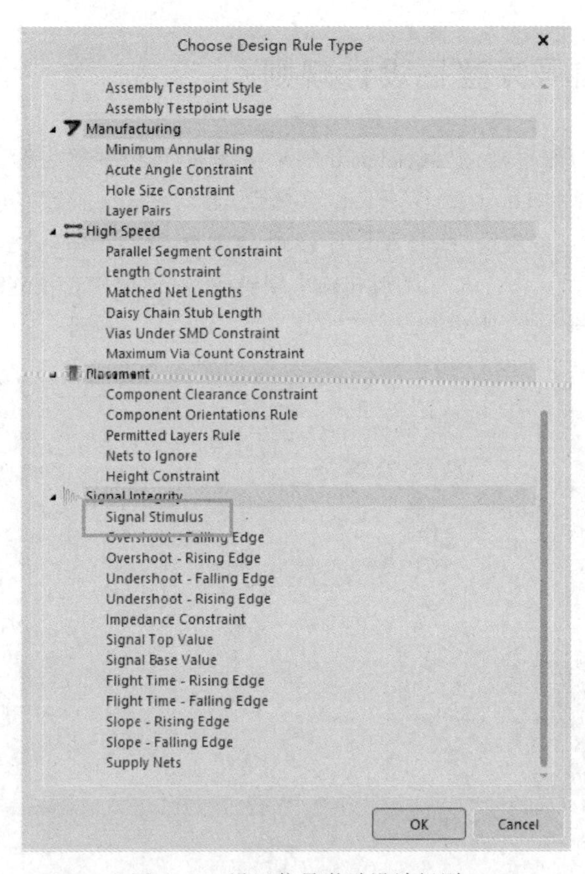

图 6.10 设置信号激励设计规则

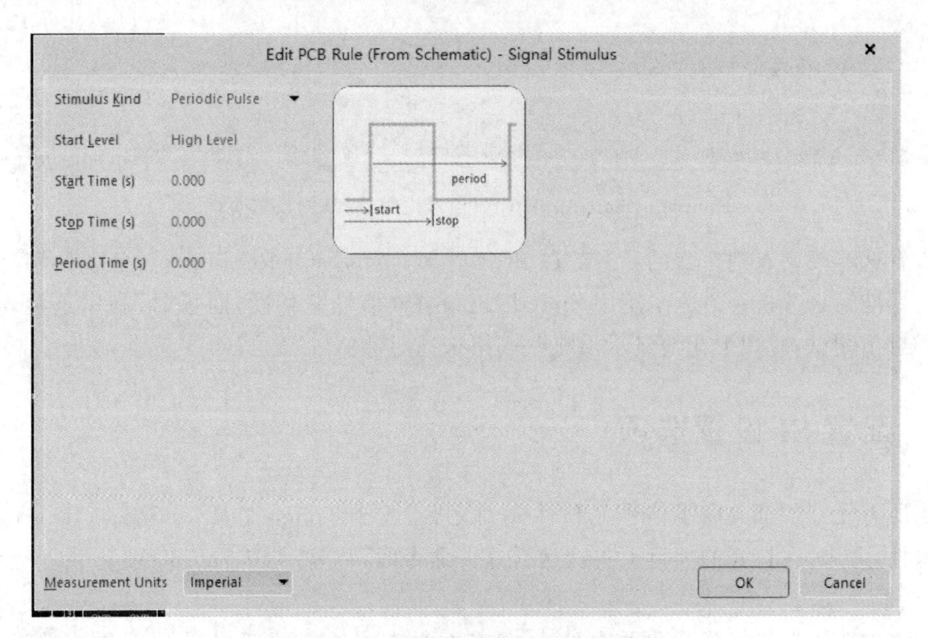

图 6.11 设置信号激励设计规则

6.5 PCB的信号完整性设计规则

信号完整性参数，如超调、欠调、阻抗和信号斜率等，可以理解为标准的PCB设计规则。在PCB编辑器中选择Design(设计)→Rules(规则)来设置这些参数。也可以使用原理图编辑器中的参数来设置这些规则，在将设计迁移到PCB编辑器之后，这些参数将出现在PCB Rules and Constraint Editor(PCB规则和约束编辑器)对话框中，Signal Integrity(信号完整性)规则设置页面如图6.12所示。

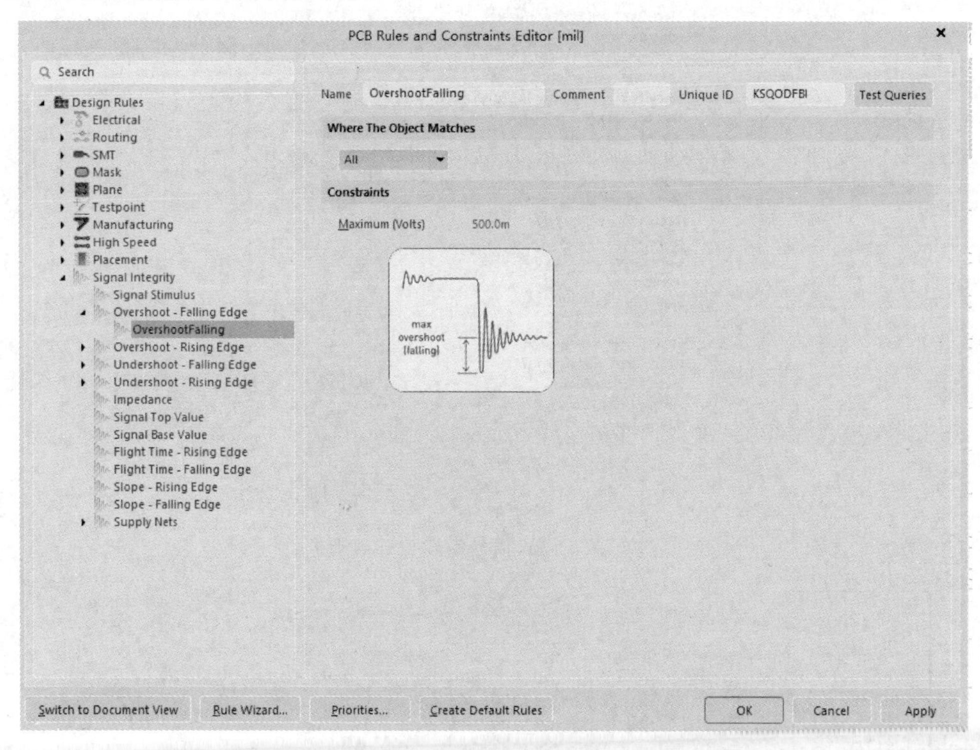

图6.12 Signal Integrity(信号完整性)规则设置页面

设置这些规则有两个目的：一是在PCB内部运行标准DRC检查时，可以使用这些规则进行标准筛选分析；二是在使用Signal Integrity(信号完整性)面板时，利用这些规则来配置和启用测试，并图形化地显示出哪些网络未通过测试。

6.6 配置SI设置选项

当所有元器件都关联了信号完整性模型之后，选择Tools(工具)→Signal Integrity(信号完整性)命令，在打开的项目上首次运行这一命令时，将显示SI Setup Options(SI设置选项)对话框。

根据需要设置走线阻抗和平均线长，只有在没有将原理图迁移到PCB图中或PCB尚未布线时，才需要输入这些走线特性参数。值得注意的是，只有在原理图模式下，才会显示Supply Nets(电源网络)和Stimulus(激励)选项卡。

单击 Analyze Design(分析设计)命令运行初始默认筛选分析,并显示 Signal Integrity(信号完整性)面板,从中进一步选择要分析的网络以进行反射或串扰分析。

第一次进行分析设计,原理图或 PCB 中设置的四种默认公差规则和全部信号完整性规则都会启用并运行,之后,可以在 Signal Integrity(信号完整性)面板中单击 Menu(菜单)按钮并选择 Set Tolerances(设置公差)来设置这些公差。

6.7 单原理图模式下的信号完整性设置选项

视频讲解

如果项目中没有可用的 PCB,可以通过选择 Setup Options(设置选项),随时更改 Signal Integrity(信号完整性)面板中的 SI 设置选项,此时将显示 SI Setup Options(SI 设置选项)对话框。

利用 Track Setup(线路设置)选项卡设置仿真时默认的线长。当 PCB 使用线宽规则时,则不使用此值,即如果 Use Manhattan length(使用曼哈顿长度)选项被禁用,则 PCB 使用此值。同理,在此选项卡中设置好 Track Impedance(线路阻抗)。

单击 Supply Nets(电源网络)和 Stimulus(激励)选项卡,显示并启用网络和激励规则信息。这些选项卡提供了特殊的定义特性的接口,而非在 PCB 或原理图上常规的规则定义方法。

6.7.1 使用信号完整性面板

在执行初始设置之后,Signal Integrity(信号完整性)面板将加载来自初始筛选分析的数据,此时,在面板左侧的列表中,会显示出筛选分析的结果和通过测试的网络。

注意,此时系统中只有一个此分析的副本,再次运行 Tools(工具)→Signal Integrity(信号完整性),将清除现有的面板,并重新加载一组新的分析结果。每次对项目中的 PCB 或原理图文档进行更改或在开始分析新项目时,均刷新分析结果。

6.7.2 查看筛选结果

初始筛选分析对项目中的全部网络进行快速仿真,通过初始筛选,能够获得大致信息并识别出关键网络,以便后续进行更详细的检测,如进一步实施反射和/或串扰分析。

初始筛选分析将单个网络分为通过、未通过和未分析三类。

1. 通过初始筛选分析的网络

通过初始筛选分析网络的所有值都在定义的测试边界之内。

2. 未通过初始筛选分析的网络

未通过初始筛选分析网络至少有一个值超出了定义的公差级别,所有未通过的值都是浅红色。

通常,无法通过初始筛选分析的常见原因为连接器、二极管或三极管、输出引脚缺失或有多个输出引脚。包含双向引脚的网络,且网络中没有输出引脚时,将双向引脚分别仿真为一个输出引脚。未通过初始筛选分析的网络,仍然可以进行反射和串扰仿真。也有可能出现其他错误导致无法通过初始筛选分析,或在进一步仿真中出现不正确的分析结果。没有通过初始筛选分析的网络会用亮红色突出显示。此外,已经通过仿真的网络会呈现浅灰色。

3. 未分析的网络

由于某种原因，无法分析该网络，右击 Show/Hide Columns（显示/隐藏列），启用 Analysis Errors（错误分析）查看具体原因。

选中一个用亮红色突出显示的网络，然后右击选择 Show Errors（显示错误）。将错误消息添加到 Messages（消息）面板，交叉探测以修复出现的问题，查看完整的详细信息如图 6.13 所示。

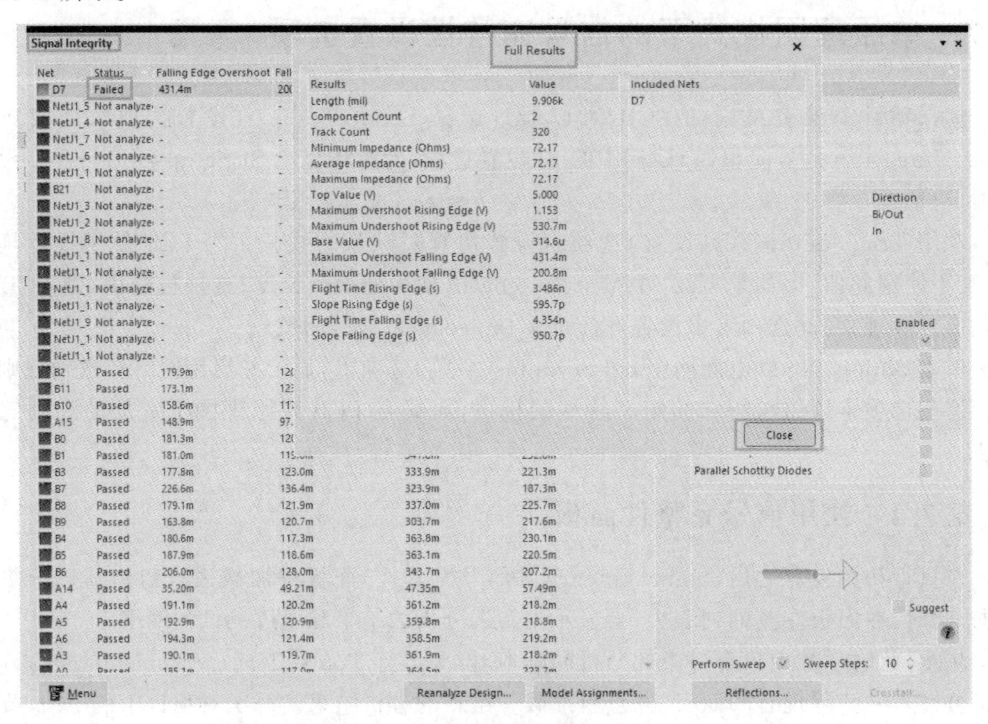

图 6.13 查看完整的详细信息

若要查看所选网络的全部可用信息，右击选择 Details（详细信息）。Full Details（完整的详细信息）对话框中会显示筛选分析计算出的全部信息。

从右键菜单中选择 Cross Probe（交叉探测）命令，交叉探测会跳转到原理图或 PCB 上的特定网络。使用快捷键 F4 在信号完整性面板和设计之间切换显示。

选中所需的网络，右击查找耦合网络，显示哪些网络是单个网络，哪些网络是相互耦合的一组网络。网络耦合标准在 Preferences（选项配置）对话框中设置，在 Signal Integrity（信号完整性）面板中单击 Menu（菜单）按钮选择 Preferences（选项配置）。

可以将有用的信息复制到剪贴板，并粘贴到其他应用程序中进行进一步处理或报告。选中所需的网，从右键菜单中选择 Copy（复制）。此外，可以使用右键菜单中的 Show/Hide Columns（显示/隐藏列）命令自定义显示信息。

从 Signal Integrity（信号完整性）面板的右键菜单中选择 Display Report（显示报告），可以获得生成结果的分析报告，可以在文本编辑器中打开信号完整性测试报告文件 Report.txt，并将其添加到项目中。

6.7.3 选项设置

可以指定应用于信号完整性分析的各种选项，包括一般设置、集成方法和精度阈值等多种选项。对配置选项所做的全部更改适用于所有项目，所有选项设置都存储在名为 SignalIntegrity. ini 的文件中，该文件位于\Documents and Settings\User_name\Application Data\Altium Designer 文件夹中。

单击 Signal Integrity(信号完整性)面板中的 Menu(菜单)按钮，选择 Preferences(选项配置)，打开 Signal Integrity Preferences(信号完整性选项配置)对话框，如图 6.14 所示。

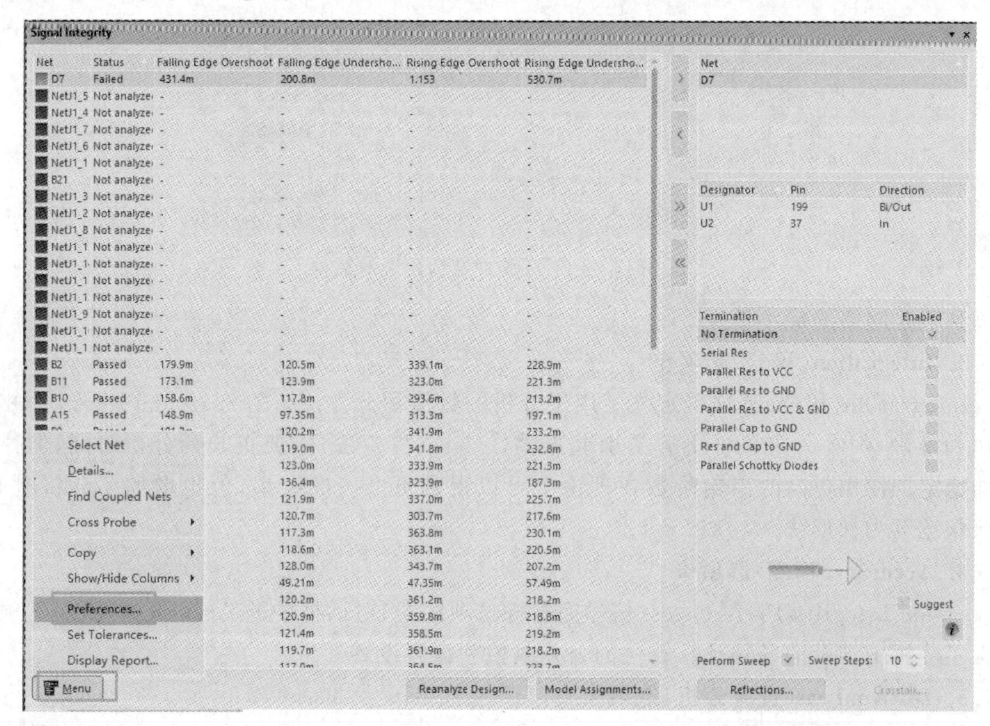

图 6.14 打开 Signal Integrity Preferences(信号完整性选项配置)对话框

单击相关选项卡设置好选项，单击 OK(确定)按钮。通过单击 Signal Integrity Preferences(信号完整性选项配置)对话框中的 Defaults(默认值)按钮，可以让所有信号完整性配置选项均返回到其默认值，信号完整性选项配置对话框如图 6.15 所示。

1. General(常规)选项卡

使用 General(常规)选项卡可以设置设计中处理错误提示或警告的选项。遇到的全部提示或警告都将作为消息在 Messages(消息)面板中列出。如果启用了 Show Warnings(显示警告)选项并且发生了警告，则在访问 Signal Integrity(信号完整性)面板时将出现警告确认对话框。此外，还可以在选择显示波形后，选择隐藏 Signal Integrity(信号完整性)面板。还可以定义信号完整性测量的默认单位，即当结果波形显示在 Waveform Analysis(波形分析)窗口中时，是否显示绘图标题和 FFT 图表。

2. Configuration(配置)选项卡

在 Configuration(配置)选项卡中定义各种与仿真相关的阈值，例如耦合网之间的最大

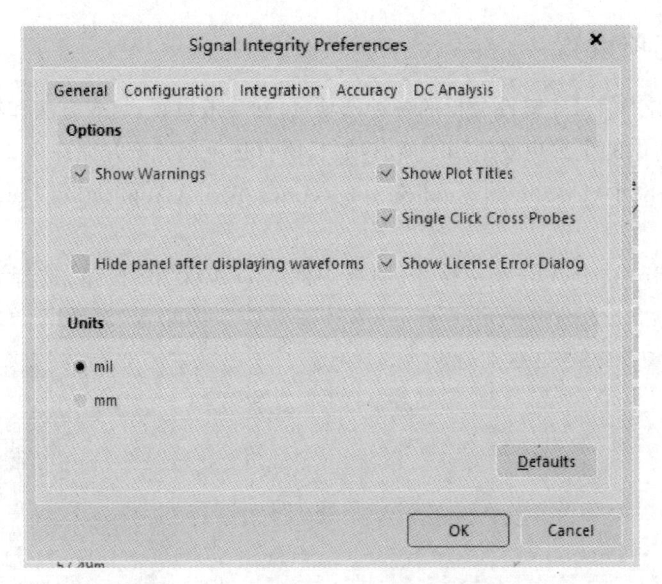

图 6.15 信号完整性选项配置对话框

距离和耦合网络的最小长度。

3. Integration(积分)选项卡

Integration(积分)选项卡定义了用于分析的数值积分方法。Trapezoidal(梯形法)相对快速和准确,但在一定条件下容易引起振荡。Gear(齿轮法)需要更长的分析时间,但往往更加稳定。使用更高的齿轮阶数在理论上可以得到更准确的结果,但也增加了分析时间。默认状态下为梯形法。

4. Accuracy(精度)选项卡

Signal Integrity Preferences(信号完整性选项配置)对话框中的Accuracy(精度)选项卡定义了分析中涉及的各种计算算法的公差阈值和极限设置。

5. DC Analysis(直流分析)选项卡

使用DC Analysis(直流分析)选项卡定义与直流分析相关的各种参数的公差阈值和极限设置。

6.7.4 设置公差

在第一次做信号完整性分析时,在原理图或PCB中设置的四种默认公差规则和所有信号完整性规则都会启用运行。

若要启用或禁用这些规则,单击Signal Integrity(信号完整性)面板中的Menu(菜单)按钮,选择Set Tolerances(设置公差)。此时将显示Set Screening Analysis Tolerances(设置筛选分析公差)对话框。单击规则类型旁边的Enabled(已启用)复选框,以便在分析设计时运行该规则,公差设置面板如图6.16所示。

单击PCB Signal Integrity Rules(PCB信号完整性规则)按钮,打开PCB Rules and Constraints Editor(PCB规则和约束编辑器),在其中添加或修改所需的信号完整性规则。单击OK(确定)按钮,返回Signal Integrity(信号完整性)面板。

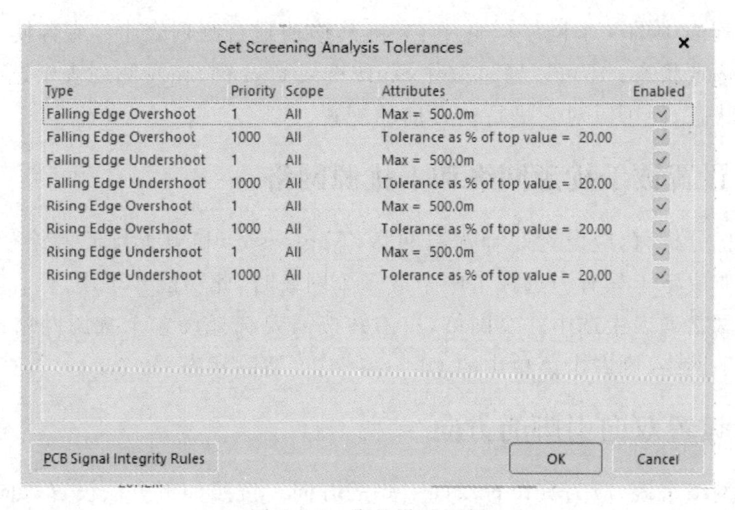

图 6.16　公差设置面板

6.8　选定待分析的网络

在运行信号完整性分析之前，首先应选中需要分析的网络。编辑缓冲区来查看或更改元器件的引脚属性，按需要为网络添加终端。

6.8.1　选择待分析的网络

为了对具体网络做深入的反射和/或串扰分析，应在 Signal Integrity(信号完整性)面板的右侧列表中选中网络，选择待分析的网络如图 6.17 所示。

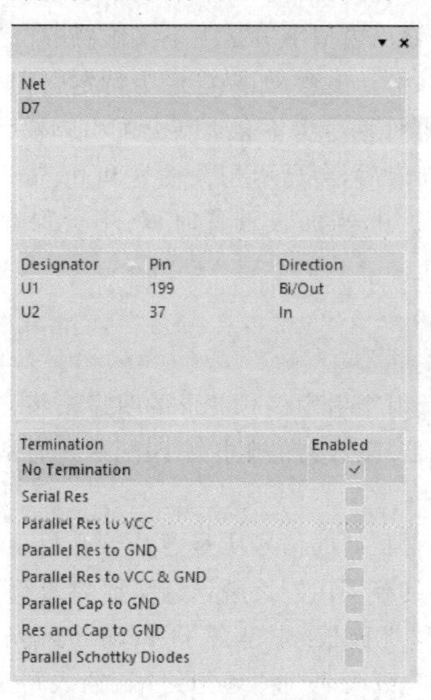

图 6.17　选择待分析的网络

双击左侧列表中的一个网络以选中它，将其移动到右侧列表中；或者使用箭头按钮将网络移动到此选定状态；还可以通过按住 Shift 键或 Ctrl 键，在左侧列表中选择网络。一旦网络处于选中状态，便可以对它进行仿真前的配置。

6.8.2 设置被干扰源网络和干扰源网络

在进行串扰分析时，应设置好干扰源网络(Aggressor)和被干扰源网络(Victim)，因为串扰分析的性质决定了只有当选择了两个或多个网络时，此功能才可用。

在右边的网络列表中选中一个网络，右击并按需要选择设置干扰源网络或被干扰源网络。若需要取消网络，则右击菜单中的 Clear Status(清除状态)命令。

6.8.3 设置双向引脚的方向

对于双向网络来说，应为其设置双向引脚的方向。按照如下方法设置双向网络的方向：在右上角的网列表中选择双向网络，将显示双向网络的引脚列表；在引脚列表中，右击菜单选择双向引脚的输入/输出状态，更改每个选定的双向引脚的输入/输出状态；这些输入/输出设置将与项目一起保存，供下次使用此面板时使用；还可以通过从右键菜单中选择 Cross Probe options(交叉探测)选项来交叉探测到相关的原理图或 PCB 文档。

6.8.4 编辑缓冲区

如果需要查看或更改元器件的引脚属性，如输入/输出模型和引脚方向，在网络列表中选中元器件的特定网络，右击引脚列表中的特定引脚，选中 Edit Buffer option(编辑缓冲区)选项，访问元器件数据对话框。

不同元器件的引脚对应不同的对话框和选项，例如电阻、双极性晶体管等。

元器件种类、输入模型和输出模型字段是上下文敏感的。当选择好一种元器件之后，该元器件的默认模型便已经定好了。注意，如果已经为特定引脚分配好了模型(例如已导入的 IBIS 模型)，那么即便更改了器件型号也不会重新分配引脚模型。

在选择好引脚种类和方向之后，会显示相关输入和/或输出模型的列表，引脚种类和方向的更改在分析中仅在本地使用，当面板重置时，将不会保存更改。更改完成之后，单击 OK(确定)按钮。

6.8.5 终端

传输线(线路)上的多次反射会引发信号波形的明显振荡，这些反射或“振铃”在 PCB 设计中经常发生，其原因为驱动器/接收器的阻抗不匹配——通常是低阻抗驱动器匹配了高阻抗接收器。

在理想状态下，负载下获得良好的信号质量意味着零反射(没有振铃)。可使用终端设计，将振铃水平降低到可接受的范围内。终端设计页面如图 6.18 所示。

Signal Integrity(信号完整性面板)中包含了 Termination advisor(终端建议列表)，通过 Termination advisor(终端建议列表)将“虚拟终端”插入特定的网络中。通过这种方式，在无须对电路进行物理修改的情况下，可测试各种不同的终端策略。

可用的终端仿真有 Series Res(串联电阻); Parallel Res to VCC(在 VCC 上并联电阻); Parallel Res to GND(在 GND 上并联电阻); Parallel Res to VCC and GND(在 VCC 和 GND 上并联电阻); Res and Cap to GND(在 GND 上并联电阻和电容); Parallel and Cap to GND(在 GND 上并联电容); Parallel Schottky Diodes(并联肖特基二极管)。

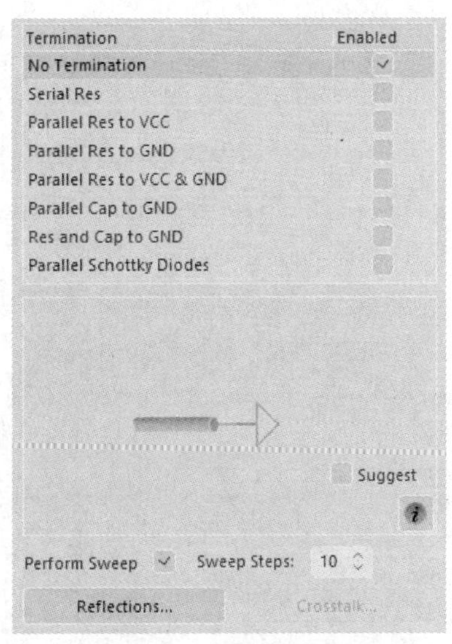

图 6.18 终端设计页面

在终端列表中启用或禁用不同类型的终端,当运行反射或串扰分析时,将尝试启用不同类型的终端,并生成独立的波形。当使用串联电阻(Series Res)时,会将串联电阻放置在所选网中的所有输出引脚上。对于其他类型的终端,将终端放置到网络的所有输入引脚上。

为了获得最佳结果的终端策略,还需要根据网络的特性来设定端子的具体数值。选定了终端种类之后,会显示终端列表图,在终端列表图中设置电阻电容端子的最大值和最小值。在扫描计数时,会用到端子的最大值和最小值。

如果需要采用建议值,则可以启用 Suggest(建议)选项,Altium Designer 23 将根据各种终端信息弹出窗口中标注的公式,计算出建议值,并显示为浅灰色。可以接受建议值或禁用 Suggest(建议)选项,并根据需要输入自定义的值。

如果需要设置扫描,应启用 Perform Sweep(执行扫描)选项,并确保在运行分析时设置好所需的扫描步长。为了进行更好的比较,可以将每次扫描生成一组独立的波形。

6.8.6 在原理图上放置终端

波形生成之后,检测出最佳终端,可以通过终端列表中的右键菜单来将该终端放置到原理图上,放置的端子只适用于当前选中的网络。按照以下步骤将虚拟终端放置到原理图上。

1. 将终端放置到原理图上

在 Signal Integrity(信号完整性)面板的 Termination(终端)处,右击选择 Place on Schematic(放置到原理图上),Place Termination(放置终端)对话框如图 6.19 所示。

2. 属性设置

可以在放置终端对话框中设置各种属性,例如采用库中的哪个元器件作为终端、是自动还是手动放置、放置到所有引脚上还是仅放置到选定的引脚上。设置好属性之后,单击 OK(确定)按钮。

3. 添加端子器件和电源对象

信号完整性分析查找引脚所属的源原理图文档,在文档上的空白空间中,添加端子器件(电阻、电容或其他必要的元器件)和电源对象,将该终端电路连接到原理图中相应的引脚上。如果涉及 PCB 文档,则需要将添加的端子同步到 PCB 中。通过选择 Design(设计)→Update PCB(更新 PCB)命令将添加的端子同步到 PCB 文件中。

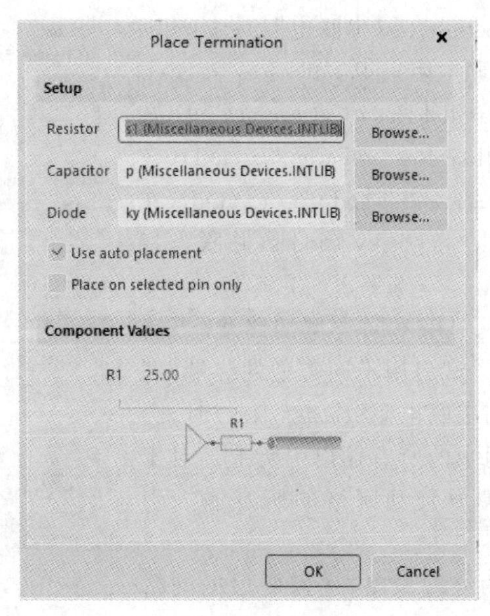

图 6.19 放置终端对话框

6.9 运行信号完整性分析

按需要配置好网络(选择好终端类型)后,单击 Signal Integrity(信号完整性)面板中的 Reflections(反射)或 Crosstalks(串扰)按钮,开始运行信号完整性分析。

生成一个仿真波形文件(PCB Design Name. sdf),此文件位于 Generated\Simulation documents(已生成的\仿真文档)文件夹下的 Projects(项目)面板中,作为一个独立的选项卡打开,在仿真数据编辑器的 Waveform Analysis(波形分析)窗口中显示出分析结果。

信号完整性分析器为选中的各个网络,生成一个图表,在 Waveform Analysis(波形分析)窗口中显示出来,仿真波形显示窗口如图 6.20 所示。

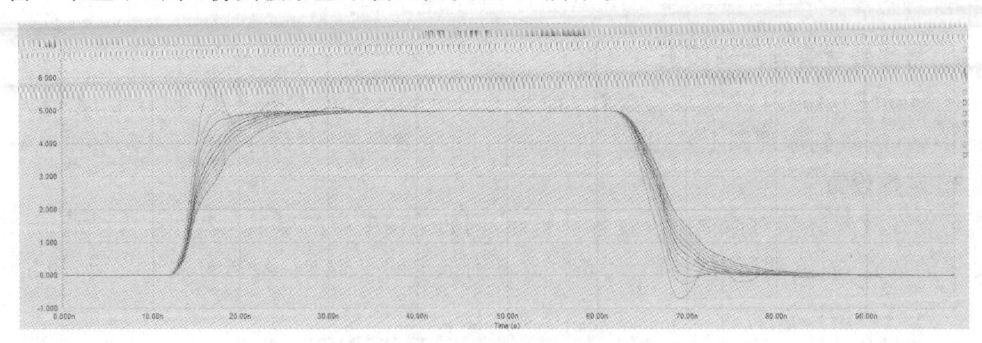

图 6.20 仿真波形显示窗口

1. 反射

反射分析可以仿真一个或多个网络。然而网络数量应保持在一个合理的范围内,当分析的网络数量增大时,分析时间也会大大增加。

信号完整性分析器利用 PCB 上相关驱动器和接收器 I/O 缓冲器模型的走线和层叠信

息来计算网络节点上的电压,二维场求解器自动计算传输线路的电气特性,建模过程假设直流路径损耗足够小,可以忽略不计。

会为每个选中的网络生成一个仿真结果的图表,在波形分析窗口中标记为网络的名称,该图表包含所有终端上的波形。

2. 串扰

串扰分析至少需要两个网络,在进行串扰分析时,通常会同时考虑两个或三个网,即网络和它的两个近邻网络。

串扰的电平(或电磁干扰 EMI 的范围)与信号线上的反射成正比。如果达到了信号质量条件,并通过正确的信号终端将反射降低到一个几乎可忽略的水平,即信号以最小的信号杂散传递到其目标地,串扰会最小化。

在串扰分析中,所有的网络都将显示在一个名为 Crosstalk Analysis(串扰分析)的图表中。

3. 使用波形分析窗口

仿真数据编辑器的 Waveform Analysis(波形分析)窗口包括一个或多个选项卡,对应所执行的不同仿真分析结果。每个选项卡包含一个或多个波图。一个波图中又可以包含多个波形,每个波形表示一组仿真数据。在此窗口中,最多可以同时显示四个缩放的波形。

初始源数据包括在信号完整性设置期间选中的所有网络,并在 SimData(仿真数据)面板的波形区域中列出,可以进一步定义活动图表中使用到的源仿真波形列表。

选择 Chart(图表)→Source Data(源数据)命令,或单击 Sim Data(仿真数据)面板中的 Source Data(源数据)按钮,此时将显示 Source Data(源数据)对话框,该对话框中列出了可与活动图表一起使用的全部源仿真波形,如图 6.21 所示。

单击 Create(创建)按钮打开 Create Source Waveform(创建源波形)对话框,从中可以为一系列数据点输入相应 X、Y 值来定义新的波形,或创建自定义正弦波/脉冲波,如图 6.22 所示。

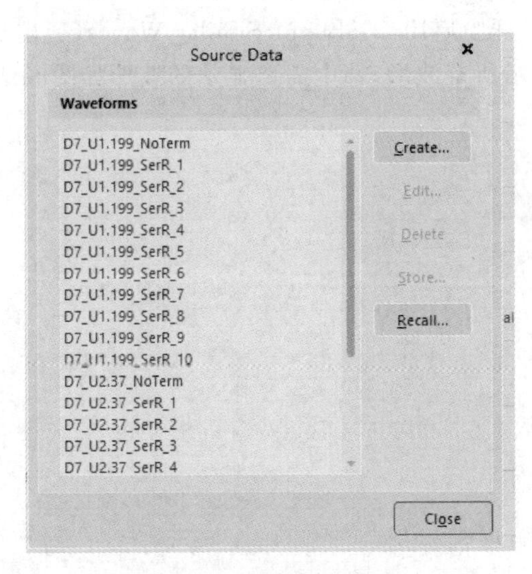

图 6.21　源数据对话框

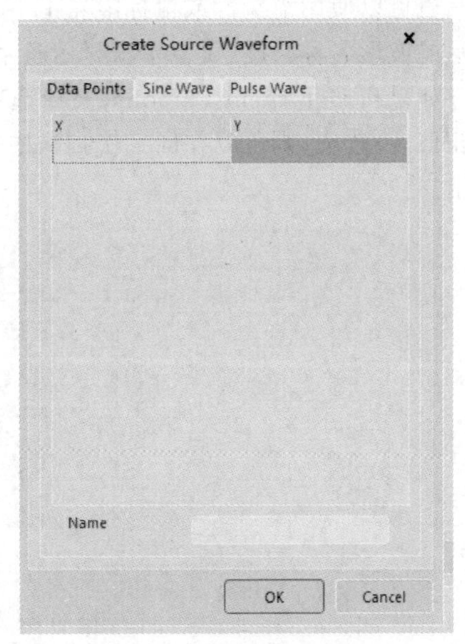

图 6.22　创建源波形对话框

单击 Create(创建),创建一个新的信号波形,并将波形添加到 SimData(仿真数据)面板的可用波形列表中。

通过 Source Data(源数据)对话框,还可以将任何波形存储为 ASCII 文本文件 WaveformName. wdf,随时可以将这些波形文件加载到列表中。通过单击 Edit(编辑)按钮,编辑用户自定义波形。

6.10 波形分析窗口

单击 Waveform Analysis(波形分析)窗口底部的选项卡名称来选中图表,单击波形图区域内的任何位置,激活该图表。

1. 文档选项

在主菜单的 Tools(工具)中选择 Document Options(文档选项)选项,打开 Document Options(文档选项)对话框,或在 Waveform Analysis(波形分析)窗口中选中 Document Options(文档选项)对话框。如果在 Document Options(文档选项)对话框中,将 Number of Plots Visible(可见图数目)选项设置为 All(全部),则可通过围绕波形名称的黑色实线来区分活跃波形图。

如果 Number of Plots Visible(可见图数目)选项设置为 1、2、3 或 4,则由其显示区域左侧的黑色箭头来区分活跃波形图。

2. 选择波形

单击 Waveform Analysis(波形分析)窗口中的名称来选择一个波形。被选中波形的颜色将变为粗体,在名称后边出现一个点,其他的波形将被屏蔽,颜色变暗。单击 Mask Level(屏蔽程度)按钮设置屏蔽色彩对比度,使用 Clear(清除)按钮(快捷键为 Shift+C 或 Esc 键)清除选中和屏蔽。

也可以使用箭头键或鼠标滚轮上下移动波形名称,如果波形名称长度超出了图上可以显示的波形名称长度,可以单击显示整个列表的滚动箭头。

如果在 Document Options(文档选项)对话框中启用 Highlight Similar Waves(突出显示相似波)选项,则可以在同一次扫描中突出显示所有波形,选中需要显示的波形如图 6.23 所示。

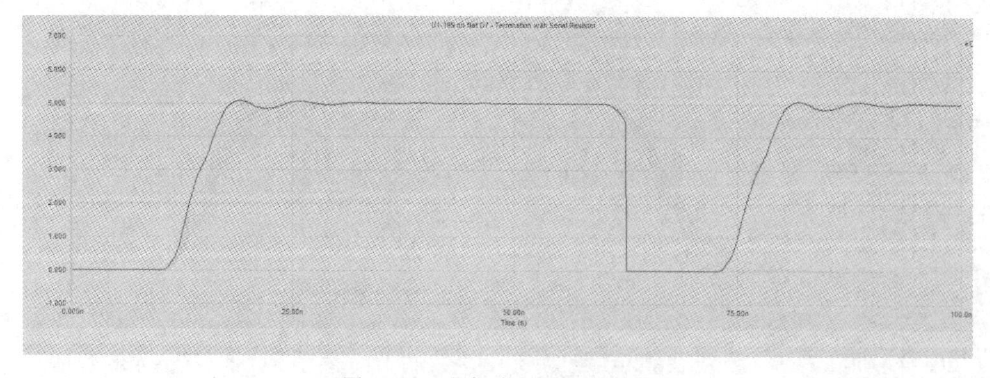

图 6.23 选中需要显示的波形

1）波形放大

可以在波形的周围拖动选择框放大波形，查看波形细节。若要再次回看完整波形，右击从菜单中选择 Fit Document（适配文档）。

2）移动波形

如果希望将波形从一个波图移动到另一个波图，应单击波形名称，并将其拖动到所需波图的名称区域。

3. 在自定义的坐标图中查看波形

如果希望在自定义的坐标图中查看一个波形，应将 Number of Plots Visible（可见图数目）选项设置为 All（全部），单击波形名称，将其拖动到现有的空白坐标图中，创建一个新的坐标图。

4. 向坐标图中添加波形

按照以下方法在当前图表的活跃坐标图中添加一个新的波形：通过单击坐标图区域内的任意位置，激活将要加入新波形的坐标图。选择 Wave（波形）→Add Wave（添加波形）命令，显示 Add Wave to Plot（将波形添加到坐标图中）对话框。从可用的仿真波形的列表中选中一个波形。如果需要，还可以创建一个数学表达式，应用于一个或多个基波，通过向表达式中添加函数来创建新的波形。单击 Create（创建）按钮，将波形添加到活跃的坐标图中。

5. 编辑用户自定义的波形

可以利用 Create Source Waveform（创建源波形）对话框手动创建的用户自定义波形，但无法编辑通过仿真生成的波形，若需要更改仿真生成的波形，则要修改电路、PCB 及设置，重新运行信号完整性分析。利用 Edit Wave（编辑波形）命令可以在现有波形基础上创建新的表达式。

单击波形的名称，在 Waveform Analysis（波形分析）窗口中选中需要编辑的波形，选择 Wave（波形）→Edit Wave（编辑波形）命令，显示 Edit Waveform（编辑波形）对话框，在该对话框中，可以在现有波形基础上利用表达式创建一个新波形，也可以从可用波形列表中选取一个新的波形。

6. 保存和回放波形

在主菜单中选择 Tools（工具）→Store Waveform（存储波形）命令，将波形保存为 ASCII 文本文件 WaveformName. wdf_A，. wdf 文件包含波形的数据点集合，每个数据点由一对 X、Y 值表示，一旦存储了用户自定义的波形之后，就无法再编辑它们了。

选择 Tools（工具）→Recall Waveform（回放波形）命令回调已保存的波形，从 Recall Stored Waveform（调回存储波形）对话框中选择一个已保存的. wdf 波形文件，将该波形加载到活动图表的源仿真数据波形列表中。

7. 创建新图表

通过 Create New Chart（新建图表）对话框可以创建已添加到当前的. sdf 文件中的新图表，如图 6.24 所示。

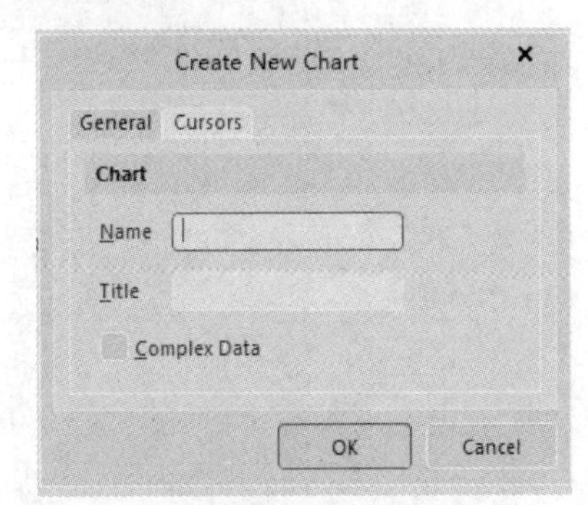

图 6.24 通过 Create New Chart（新建图表）对话框创建新图表

选择 Chart（图表）→New Chart（新建图表）命

令，以显示 Create New Chart(新建图表)对话框。定义图表的名称和标题，以及 X 轴的标题和单位，指定是否可以在图表中显示复杂的数据。单击 OK(确定)按钮，Waveform Analysis (波形分析)窗口中将出现一个新的空白图表，添加到文档中最后一个图表的选项卡之后。

8. 创建 FFT 图表

在活动图表上执行快速傅里叶变换(FFT)，并将结果显示在一个新的图表中。

单击 Waveform Analysis(波形分析)窗口底部的选项卡，选中希望执行快速傅里叶变换的图表。选择 Chart(图表)→Create FFT Chart(创建 FFT 图表)命令，执行 FFT，并将结果显示在新图表中，添加新创建的选项卡< netname >_FFT，在窗口中创建活跃图表，创建 FFT 图表如图 6.25 所示。

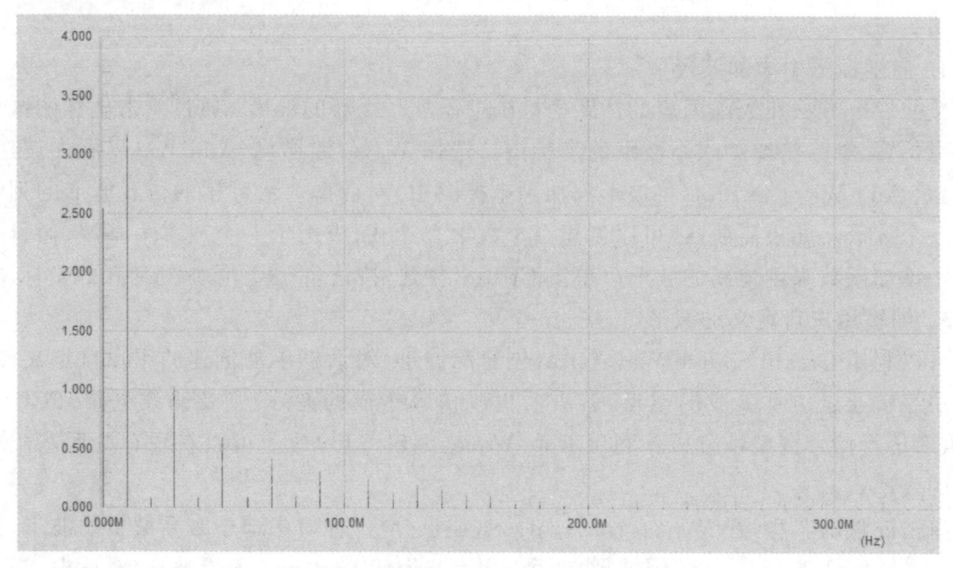

图 6.25　创建 FFT 图表

9. 创建新坐标图

可以使用 Plot Wizard(坐标图向导)添加新的坐标图。选择 Plot(坐标图)→New Plot (新建坐标图)命令，此时将显示坐标图向导的第一页，为新坐标图指定一个名称，单击 Next (下一步)按钮，创建新坐标图向导如图 6.26 所示。

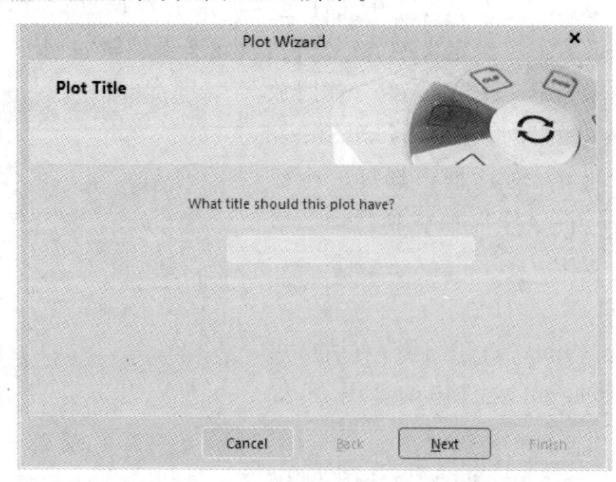

图 6.26　创建新坐标图向导

设置坐标图的外观，单击 Next（下一步）按钮。单击 Add Wave to Plot（将波形添加到坐标图中）对话框中的 Add（添加）按钮，选择要绘制的波形或添加表达式，单击 Create（创建）按钮。单击 Next（下一步）按钮，创建好坐标图之后，单击 Finish（完成）按钮退出向导。新的坐标图将在 Waveform Analysis（波形分析）窗口中显示。

10. 使用 SimData（仿真数据）面板

利用 SimData 面板将可用源数据中的波形添加到活动坐标图中，并根据所选的波形和使用测量光标计算的测量值，以获取测量信息。

面板顶部的 Source Data（源数据）中包含执行仿真的所有可用源数据信号波形的列表，它与 Source Data（源数据）对话框中显示的列表相同。单击 Source Data（源数据）按钮，打开 Source Data（源数据）对话框。

1）通过 SimData 面板向坐标图中添加波形

单击 SimData 面板中的 Add Wave to Plot（将波形添加到坐标图中）按钮，将选定的波形添加到 Waveform Analysis（波形分析）窗口中当前选定的坐标图中。

2）测量游标

当使用一个或两个测量游标时，面板的 Measurement Cursors（测量游标）反映了当前和计算的测量值。

在 Waveform Analysis（波形分析）窗口中右击选定的波形名称，可以获得两个测量游标（A 和 B），将游标拖动到所需的位置。

这两个游标显示游标当前波形名称以及 X 轴和 Y 轴数据值，这些数值与游标所在波形的位置相关。计算好的 X 值和 Y 值将出现在 SimData 面板的 Measurement Cursors（测量游标）中。

3）波形测量

Waveform Measurements（波形测量）对话框中显示了在 Waveform Analysis（波形分析）窗口中选中波形的各种常规测量值，如上升时间和下降时间等。

第7章

混合信号仿真

电路设计完成之后，在实施生产制造之前，需要对设计的电路进行仿真，以验证设计的正确性，通过仿真测度，可以准确获取电路的各种参数，实现对电路精准的测量。

Altium Designer 23 的仿真器是一个真正意义上的混合信号仿真器，它既可以分析模拟电路，又可以分析数字电路。仿真器使用了增强版本的 XSpice 模型，兼容 SPICE3f5，支持 PSpice 模型和 LTSpice 模型。

放置好元器件，为器件的各引脚连上线，配置仿真源，便可以开始仿真了。既可以直接从电原理图中执行仿真，也可以在分析仿真波形时重新运行仿真。仿真结果在内置的波形查看器中显示，可以从中分析结果数据，分析傅里叶变换或其他各种用户自定义的测量值。通过仿真，可以获取到仿真网表，打开仿真网表，确认生成的 SPICE 模型结果是否正确，也可以直接通过仿真网表运行电路仿真。

7.1 Spice 仿真简介

多个元器件构成了特定功能的电路，各个元器件之间通过走线连接在一起，构成了电子产品的电路，实现特定的功能和性能。

1. 确定电路参数

电路中元器件的参数可通过以下方式确定。

(1) 人工进行数学计算。

(2) 为设计创建一个原型，然后对它进行测试。

(3) 基于计算机的数学仿真，又可称为 SPICE。

其中，最为高效、成本效益最优的方法是采用基于计算机的数学仿真方法，即使用计算机辅助设计(CAD)系统对电路进行仿真。

电路 CAD 仿真系统可以实现模拟和数字电路的仿真，通过计算机仿真，可以获得电路的真实特性，评估设备中可能存在的风险，并以最优方式实现电子产品的预期性能。

对电子设备功能进行仿真的主要目的是验证和分析设计的性能，早期的电路验证是通过实验方法来实现的，后来，逐渐演进到计算机软件仿真，长期的历史经验表明，计算机软件仿真业已成为 CAD 领域简单高效的电路验证方法。

仿真程序可以在不损坏设备的情况下，分析出电路的各种参数和特性，对电子设备进行测量，将仿真结果在波形图上显示，从波形图上获取参数测量值。

Spice(集成电路仿真程序)为一个开源软件包，经过长期的使用，在业界得到了广泛的普及和持续的发展。Altium 的混合模拟(MixedSim)技术以 SPICE 算法为核心，实现对模拟电路、数字电路或模数混合电路的仿真。

本章内容不仅包括获取基本电路特性的机制，还包括仿真电路设计的特点、向电路元器件添加模型的过程，以及网表文档的描述及其应用等内容。

2. Spice 仿真分析的具体内容

Altium 的仿真技术支持多种模型的仿真，如 Pspice 和 LTSpice，各种模型仿真的底层算法和可用多种电路分析算法。Altium 仿真器可以实现以下 Spice 仿真分析。

(1) 工作点：在假设电感为短路，电容为开路的前提下，确定电路的直流工作点。

(2) 传递函数的极点和零点：通过计算电路的小信号交流传递函数中的极点和/或零点，来确定单个输入、单个输出线性系统的稳定性。找到了电路的直流工作点之后，对其线性化，以确定电路中非线性器件的小信号模型，找出满足指定传递函数的极点和零点。

(3) 直流(DC)传递函数：(直流小信号分析)计算电路中每个电压节点处的直流输入电阻、直流输出电阻和直流增益。

(4) 直流扫描：产生类似曲线跟踪器的输出，扫描包括温度、电压、电流、电阻和电导率在内的多个变量。

(5) 瞬态分析：产生类似在示波器上显示的输出，计算在指定的时间间隔内，瞬态输出变量(电压或电流)与时间的函数。在进行瞬态分析之前，会自动执行工作点分析，以确定电路的直流偏置。

(6) 傅里叶分析：在瞬态分析过程中，在捕获的最后一个周期的瞬态数据基础上进行傅里叶分析。例如如果基频为 1kHz，那么可以利用来自最后 1ms 周期的瞬态数据进行傅里叶分析。

(7) 交流扫描：线性或低频信号频响，生成并显示电路频响输出，计算小信号交流输出变量对应频率的函数。首先进行直流工作点分析，确定电路的直流偏置，然后用固定振幅正弦波发生器代替信号源，并在指定的频率范围内分析电路。交流小信号分析的期望输出通常为传递函数(电压增益、跨阻抗等)。

(8) 噪声分析：通过绘制噪声谱密度来测量电阻和半导体器件的噪声，噪声谱密度是以每赫兹的电压平方值(V^2/Hz)为单位来测量噪声。电容、电感和受控源为无噪声源。

(9) 温度扫描：在指定的温度范围内对电路进行分析，生成温度曲线。仿真器可执行多参数的标准温度扫描分析(交流、直流、工作点、瞬态、传递函数、噪声等)。

(10) 参数扫描：在指定的增量范围内扫描电路的值。仿真器可执行多参数的标准参数扫描分析(交流、直流、工作点、瞬态、传递函数、噪声等)。可以自定义要扫描的辅助参数，在扫描主参数的同时，扫描辅助参数。

(11) 蒙特卡罗分析：当元器件的数值在公差允许的范围内随机变化时，运行多次仿真分析。仿真器可执行多参数的蒙特卡罗扫描分析(交流、直流、工作点、瞬态、传递函数、噪声等)。蒙特卡罗分析可以改变元器件和模型，但是子电路数据在蒙特卡罗分析过程中不发生变化。

(12) 灵敏度分析：计算电路相关元元器件/模型参数灵敏度的数值，以及对温度/全局参数的灵敏度。分析结果为包含每种测量类型的灵敏度值列表。

为了仿真已设计好的电路的性能，用数学模型来表示电路中的元器件，把该数学模型当作 SPICE 模型添加给元器件上。SPICE 模型反映了元器件的基本属性，SPICE 模型仿真过程是电路设计过程中的一个重要环节，对电路特性的有效性和可靠性起着决定性的作用。

Altium 仿真器支持业界流行的 SPICE 模型格式，包括 Altium MixedSim 格式、PSPICE 格式和 LTSPICE 格式，可以使用扩展名为.mdl、.ckt、.lib 和.cir 的模型文件。

将 SPICE 模型（或宏模型）添加到原理图库编辑器中的原理图符号中，或直接添加到原理图图纸上的元器件上。可以在已安装的 Altium Designer 库中使用可仿真的元器件，也可使用不同元器件制造商提供的源模型。

3. 可仿真的元器件

Altium Designer 23 库中包含以下可仿真的元器件。

（1）通用仿真元器件：包括离散件、基本逻辑元件、按钮、继电器、源等在内的通用元器件。

（2）仿真数学函数：仿真数学函数集。

（3）仿真源：电流和电压源集。

（4）仿真 Pspice 函数：Pspice 函数集。

（5）专用仿真函数：专用函数集，包括 s 域传递函数、求和器、微分器和积分器等。

（6）传输线仿真：传输线集合。

（7）其他设备（库中包括的各种其他库元素，75%的元器件带有仿真模型）。

视频讲解

7.2 信号源

为了实现电路仿真，通常需要有一个信号源来作为电路的激励。通用元器件仿真源库中包括大量的交直流电流源、电压源、受控电流源和受控电压源，各种类型的信号源如图 7.1 所示。

1. 信号源的种类

仿真源库中包括以下几种信号源。

（1）VSRC/ISRC：直流电压/电流源。

（2）VSIN/ISIN：正弦波信号发生器。

（3）VPULSE/IPULSE：梯形信号、三角波信号发生器。

（4）VEXP/IEXP：指数曲线波形。

（5）VPWL/IPWL：插值（分段线性）源。

（6）VSFFM/ISFFM：频率调制源。

（7）BVSRC/BISRC：非线性相关源。

（8）ESRC/GSRC：由输入引脚处的电压控制的电压/电流源。

（9）HSRC/FSRC：由输入引脚中电流控制的电压/电流源。

（10）IC&.NS：用于指定瞬态过程初始条件的元素。

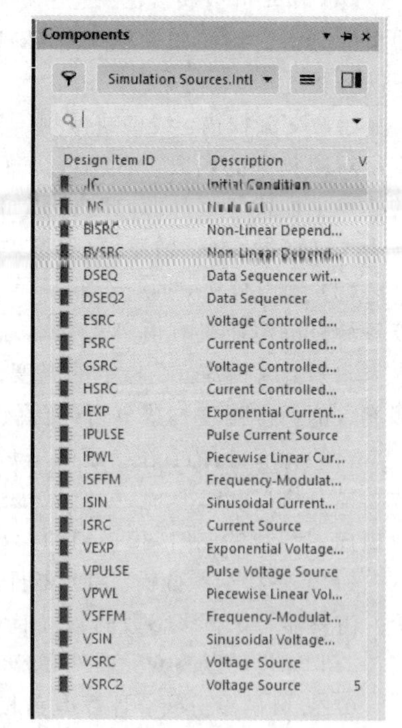

图 7.1 仿真源库中包含多种信号源

(11) DSEQ/DSEQ2:由时钟输出/数据序列控制的数据序列。

在运行仿真之前,首先应配置和放置信号源。在原理图编辑器的主菜单中选择 Simulate(仿真)→Place Sources(放置信号源)命令,将电压源或电流源放置到原理图图纸上,如图 7.2 所示。

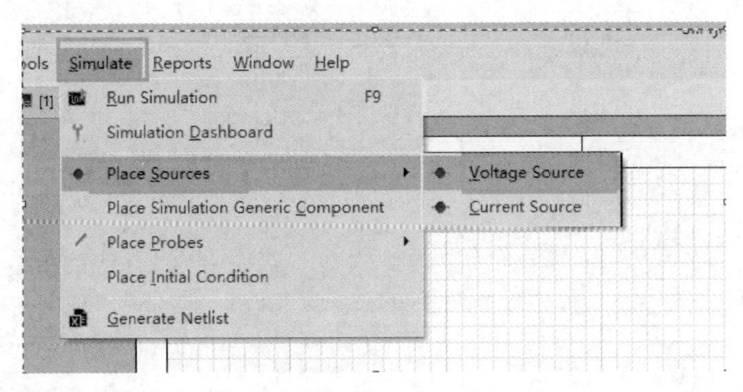

图 7.2 将电压源或电流源放置到原理图图纸上

将信号源放置到原理图上后,双击它打开 Properties(属性)面板,在下拉菜单中更改 Stimulus Type(激励类型),变更激励类型之后,会自动更改与之对应的参数集和配置。选择激励类型如图 7.3 所示。

2. 使用激励源的特殊说明

(1) 双击所选元素或单击工作区右下角的 Panels 按钮打开 Properties(属性)面板。

(2) 在 Stimulus Name(激励名称)字段中为激励源输入合适的名称。注意,在变更激励源类型时,由于该字段为一个用户自定义的字段,所以激励名称字段保持不变。如果多个激励源共享同一个 Stimulus Name(激励名称),那么对其中一个激励属性的改动也将应用于具有相同名称的其他激励源。

(3) 如果变更了激励类型,但没有同时更新图形,则可以直接从库中放置激励信号源的图形。

(4) 在 DC Magnitude(直流幅度)参数中指定的直流电流值或电压值用于直流电路计算,AC Magnitude(交流幅度)和 AC Phase(交流相位)参数用于频率计算,Time(时间)函数用于计算电流或电压的瞬态过程。

3. 信号源的参数配置

1) 直流电压和电流源设置

如图 7.4 所示,为直流电压和电流源设置如下参数。

(1) DC Magnitude(直流幅度)。

(2) AC Magnitude(交流幅度)。

(3) AC Phase(交流相位)。

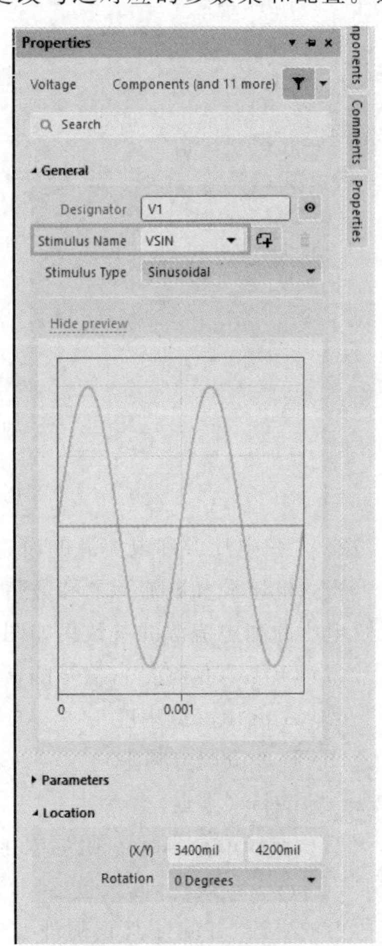

图 7.3 选择激励类型

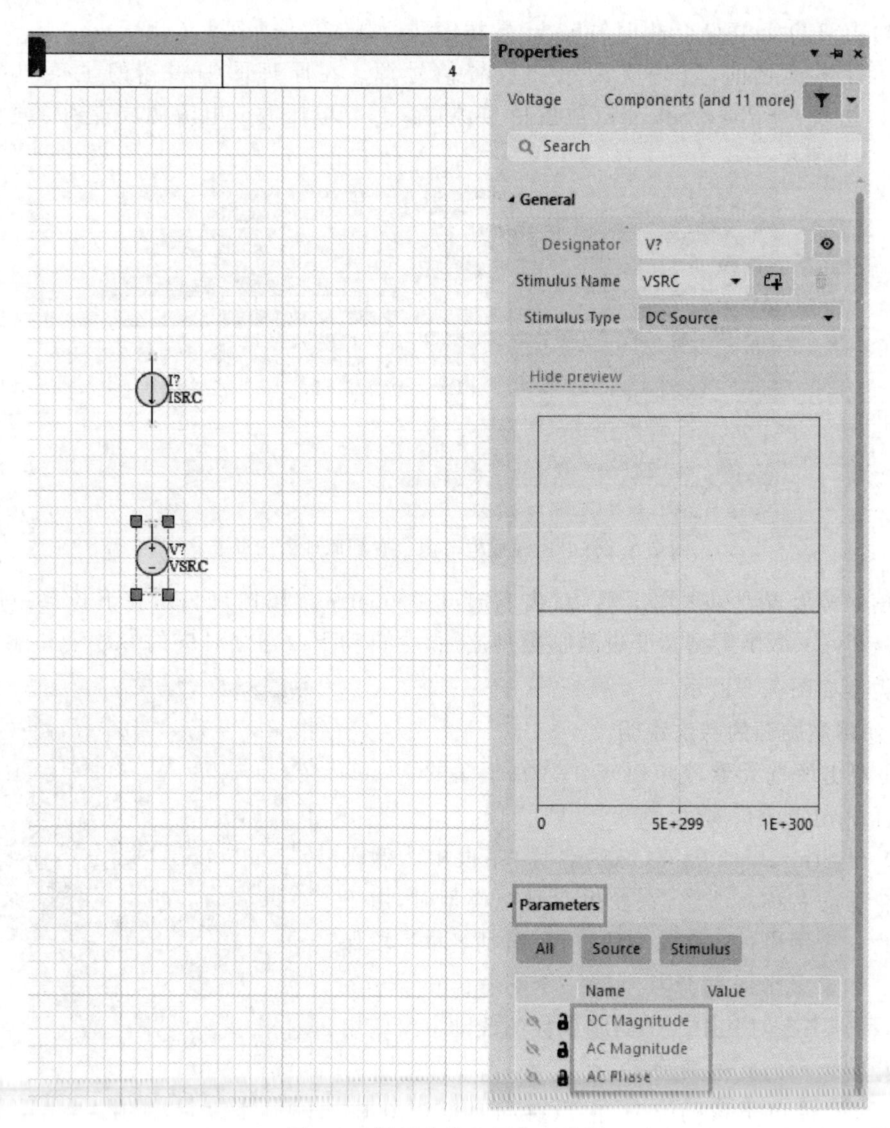

图 7.4 设置直流电压和电流源

2）正弦电压源和电流源的设置

正弦电压源和电流源的参数集与直流元器件/交流元器件的参数类似，包括以下参数，正弦电压源和电流源的参数集如图 7.5 所示。

（1）Offset（偏移量），信号的常量分量（用于瞬态计算）。

（2）Amplitude（幅度）。

（3）Frequency（频率）。

（4）Delay（延迟）。

（5）Damping Factor（阻尼因子）。

Properties（属性）面板包括一个预览窗口，显示指定的参数信号，可以在这个窗口中跟踪所做的更改，并验证其正确性。通过单击 Hide Preview/Show Preview（隐藏预览/显示预览）链接，可以隐藏和显示预览窗口。

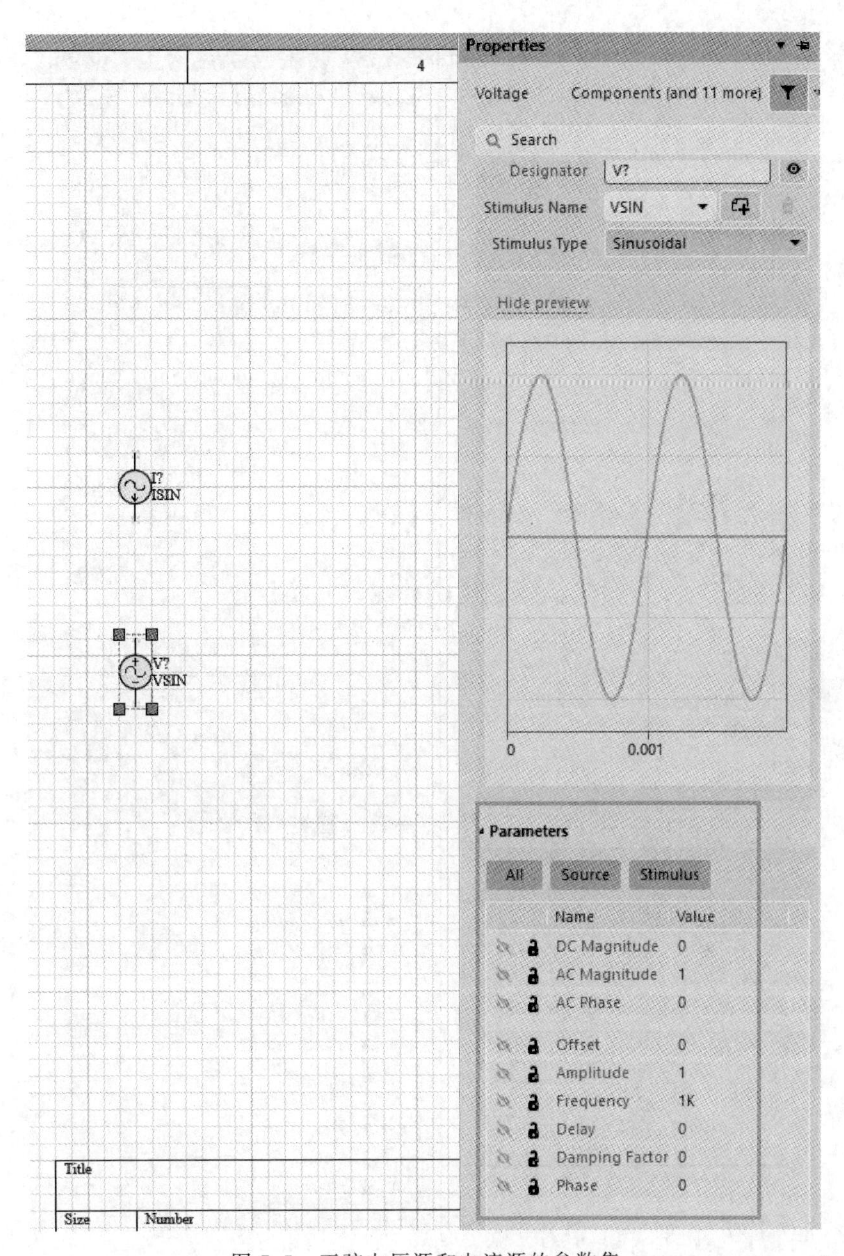

图 7.5　正弦电压源和电流源的参数集

3）VPULSE 激励源的设置

每种类型的激励源均有各自必配的参数集，VPULSE 激励源的参数集如图 7.6 所示，VPULSE 激励源应设置如下参数。

（1）Initial Value（初始值，输出信号的初始值）。

（2）Pulsed Value（脉冲幅度）。

（3）Time Delay（信号时延）。

（4）Rise Time（信号上升时间）。

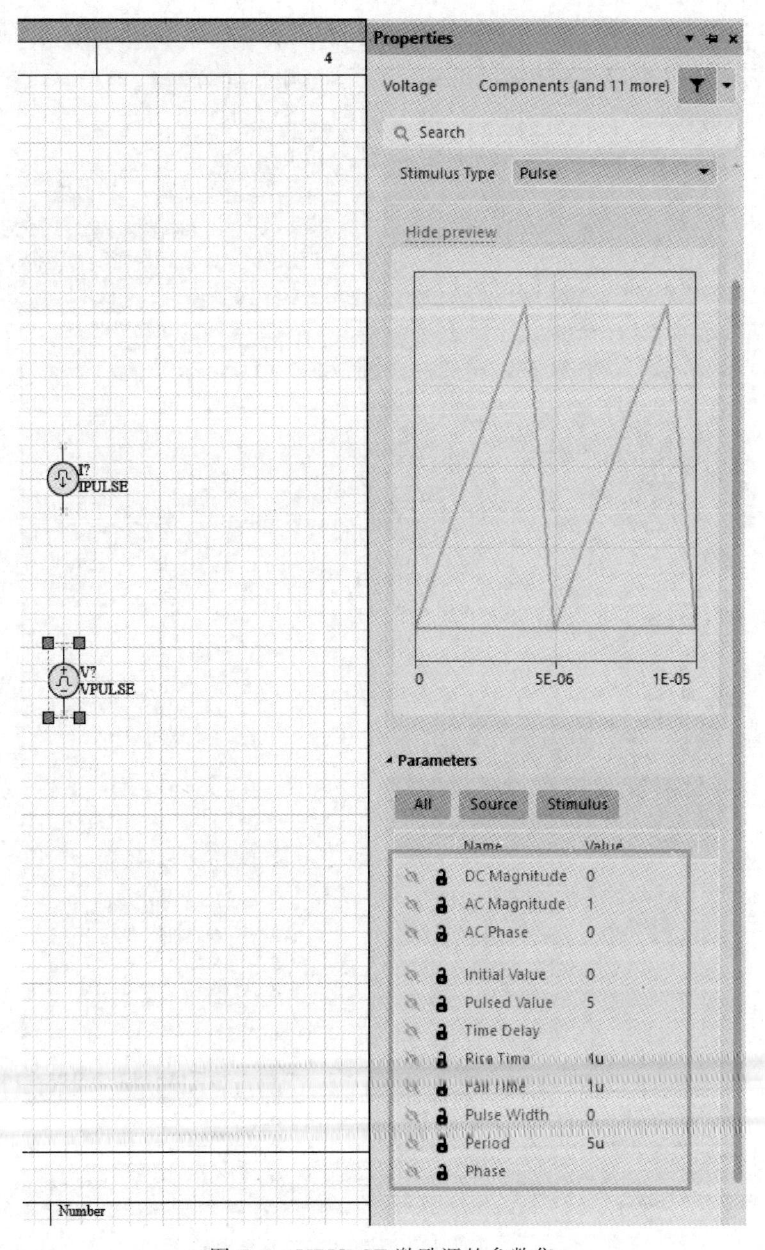

图 7.6　VPULSE 激励源的参数集

(5) Fall Time(信号下降时间)。

(6) Pulse Width(脉冲宽度)。

(7) Period(信号周期)。

当波形由用户自定义时,通常需要创建一个复杂的分段线性信号,此时可以使用插值的VPWL 和 IPWL 电压源/电流源,可以通过创建合适的 Time Value Pairs(时间对)来配置自定义激励信号源的参数,利用时间对自定义激励源信号如图 7.7 所示。

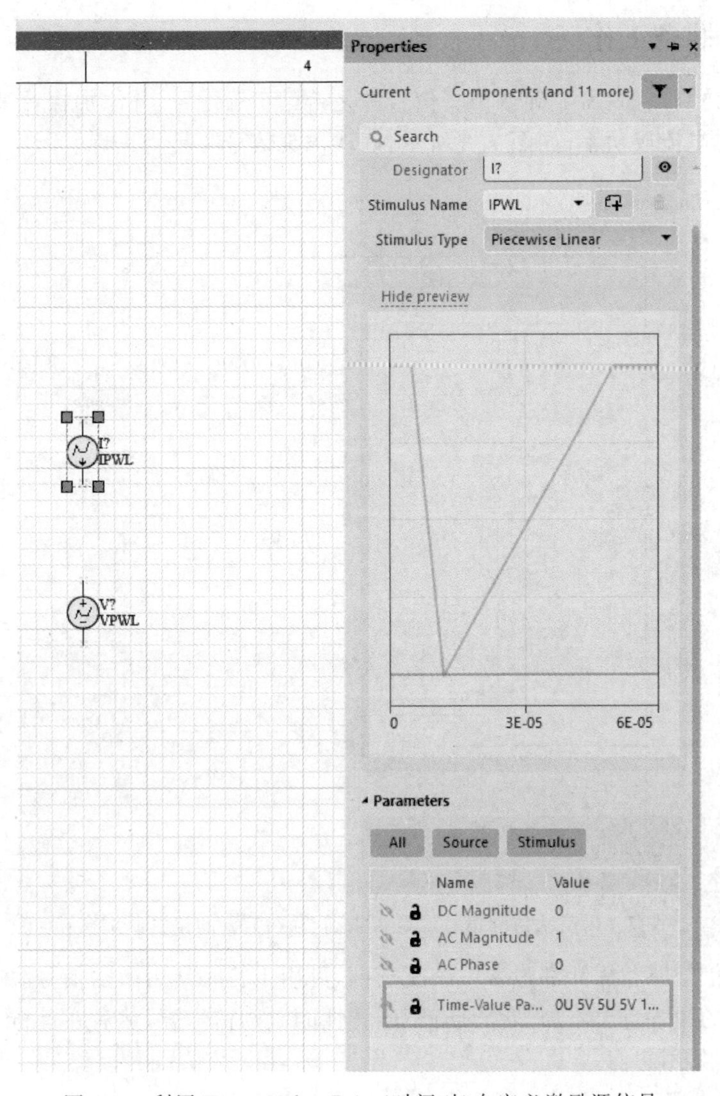

图 7.7 利用 Time. Value Pairs(时间对)自定义激励源信号

7.3 通用仿真流程

创建原理图后的第一步是验证原理图和元器件模型,通过对原理图的仿真来验证电路的正确性。

在开始仿真之前,首先应选中需要仿真的文档,它可以是活跃的原理图文档,或者由多个文件组成的项目文件,在 Simulation Dashboard(仿真仪表板)顶部的 Affect(效果)下拉菜单中选择待仿真的文件。

利用 MixedSim(混合仿真)创建反映电路不同特性的图表,Simulation Dashboard(仿真仪表板)是用于控制分析、定义视图和调整参数的面板,通过 Simulate(仿真)菜单或 Panels(面板)菜单打开仿真仪表板。

7.3.1 准备工作

运行电路仿真之前,需要确认仿真信号源是否已正确配置,并添加探针来测量电路内特定位置的电压、电流或功率,如图 7.8 所示,确认仿真信号源是否正确。

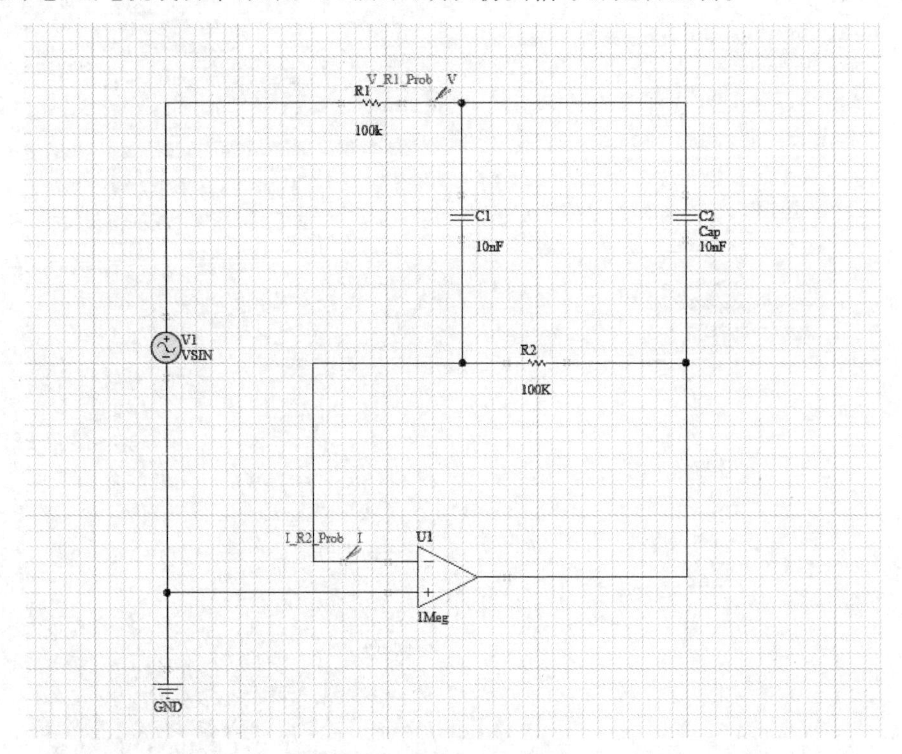

图 7.8 确认仿真信号源是否正确,并在需要的位置添加探针

每个激励信号源和探针都包含一个复选框,可用于暂时禁用激励信号源或探针,此特性允许在电路中的同一点上添加多个具有不同特性的激励信号源,然后在运行不同的仿真时,根据需要启用/禁用它们。

1. 添加测量探针

探针用于测量电路上不同位置的电流电压值,跟踪电流、电压或功率值,并在绘图上显示它们。在 Properties(属性)面板中配置探针名称和数值显示,可以隐藏或显示不同的探针,配置探针的名称和数值显示页面如图 7.9 所示。

正确连接探针之后,会自动指定探针;如果连接不正确,则将显示文本 Empty Probe(空探针),如图 7.10 所示。

2. 分析的设置和运行

接下来,需选择好计算类型,设置好参数,Run(运行)仿真,仿真分析可用的计算类型如图 7.11 所示,Altium Designer 23 中可用的计算类型包括以下 4 种。

(1) 计算直流工作点。

(2) 计算直流扫描模式(DC Sweep),包括电压电流特性。

(3) 瞬态过程计算,瞬态是一个虚拟示波器。

(4) 频率分析,交流扫描包括幅频特性和相频特性。

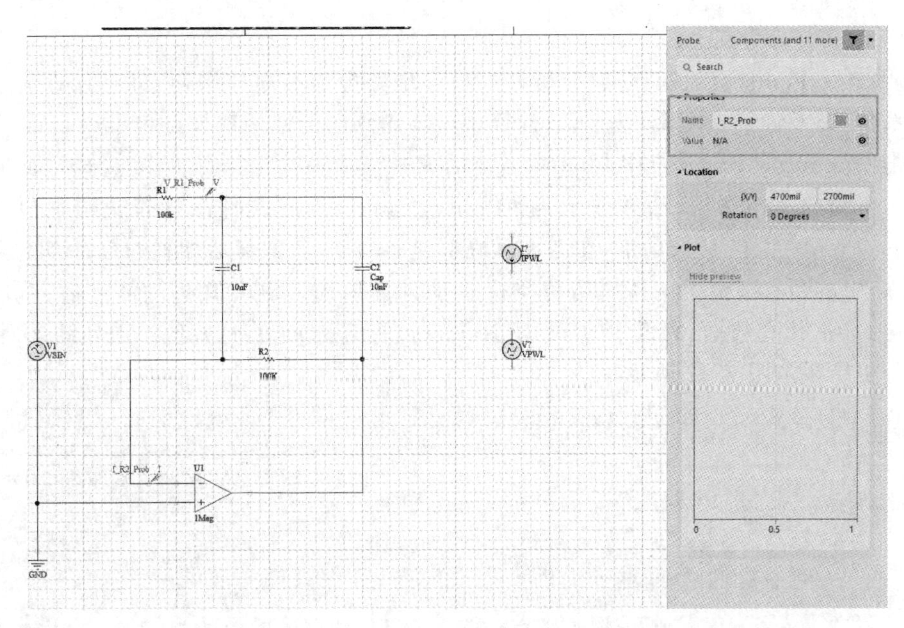

图 7.9　配置探针的名称和数值显示页面

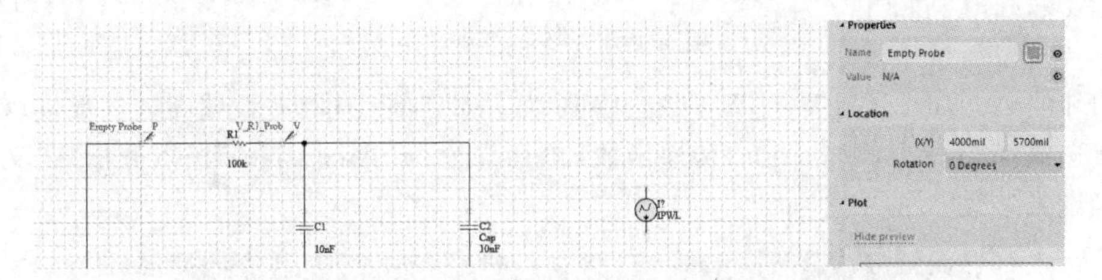

图 7.10　Empty Probe(空探针)

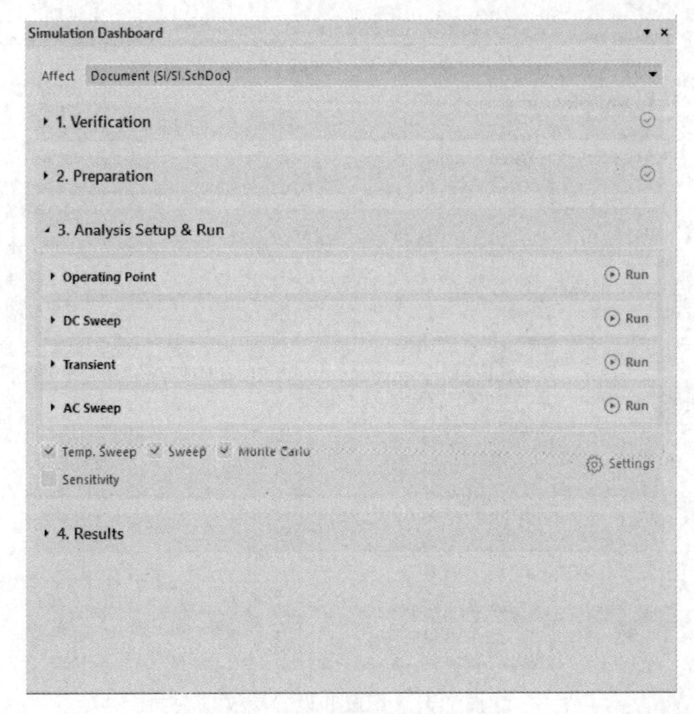

图 7.11　可用的计算类型

1）直流工作点分析

Operating Point（直流工作点）分析计算稳态电路电流和电压平衡点的值、直流模式下的传输系数，以及计算在交流传递函数计算中需要用到的传递函数极点和零点。

单击 Operating Point（工作点）文本右侧的 Run（运行）按钮执行工作点分析，此时会自动打开一个新的文档选项卡，并显示为< ProjectName >. sdf 文件。SDF 文档中包括一个 Operating Point（工作点）选项卡，在工作区底部显示出来，一并显示配置的探针点的全部计算值，电路中的所有节点上的探针数值均会自动计算出来。SDF 文档激活之后，可以通过双击 Sim Data（仿真数据）面板中的 Wave Name（波形名称）来将这些值添加到结果列表中，工作点分析结果如图 7.12 所示。

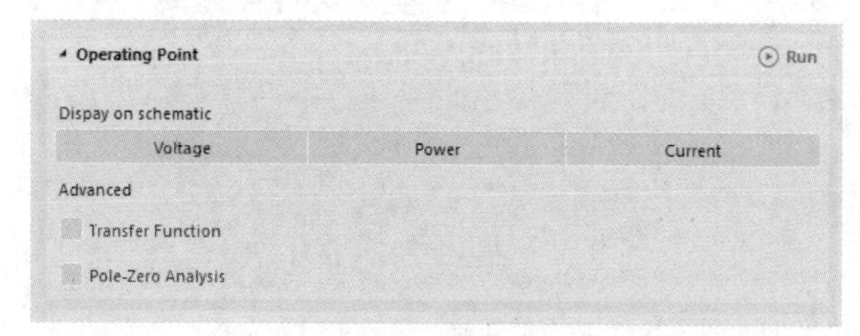

(a) 执行工作点分析

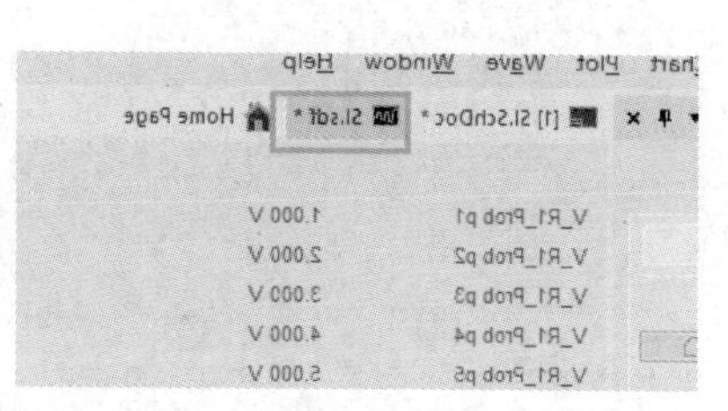

(b) 在打开的SDF文件中显示结果

图 7.12　工作点分析结果

附加的 Advanced（高级）计算参数会隐藏，如需要启用、计算并设置高级参数，应勾选相应的复选框。Transfer Function（传递函数）和 Pole. Zero Analysis（零极点分析）定义如下，配置和设置参数如图 7.13 所示。

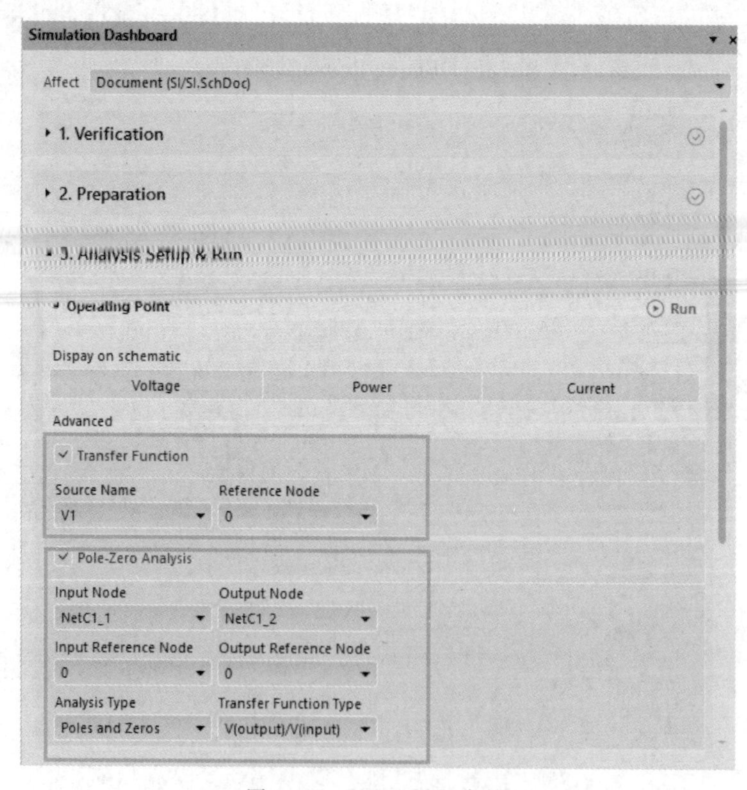

图 7.13　配置和设置参数

(1) 传递函数,在直流模式下计算传递系数,应定义电压源(源名称)和电路的参考节点。

(2) 零极点分析,计算交流传输特性的极点和零点。为计算传递函数的零极点,应从下拉菜单中设置好 Input Node/Output Node(输入输出信号节点)、Input Reference Node/Output Reference Node(输入输出参考节点)、Analysis Type(分析类型)和要计算的 Transfer Function Type(传递函数类型)等参数。

配置好设置后,单击 Run 按钮以执行直流工作点分析。

2) 直流扫描

执行直流扫描,可以查看到当改变激励源和电阻值时电路中会发生什么变化。

设置好参数和输出表达式之后,开始计算 DC Sweep(直流扫描)。单击+Add Parameter(+添加参数)链接以添加需要分析的激励源。在 From/To/Step(初始值/最终值/步长)字段中,指定激励源的初始值、最终值和步长,直流扫描分析设置如图 7.14 所示。

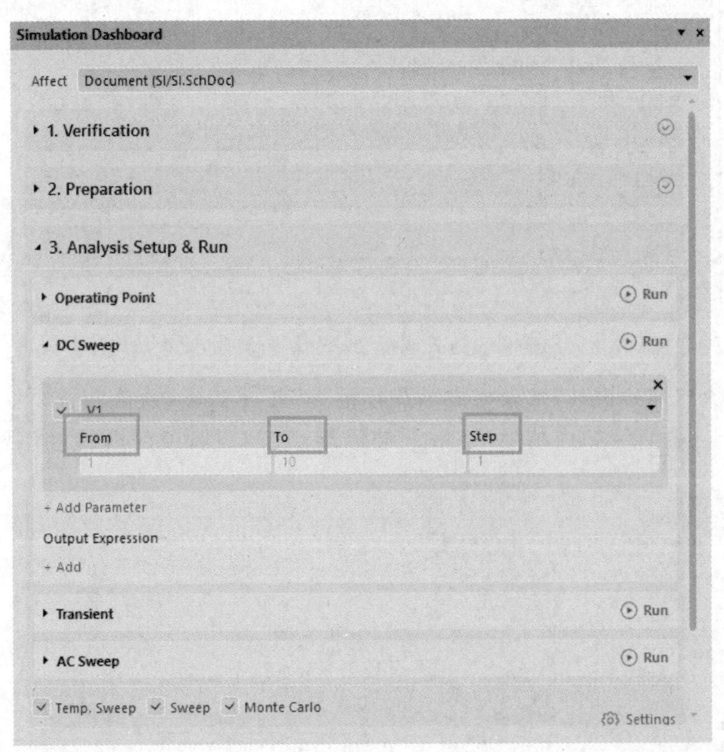

图 7.14 直流扫描分析设置

单击+Add(+添加)链接,添加其他 Output Expression(输出表达式),可以手动添加输出表达式,也可以单击 ··· 按钮,从 Add Output Expression(添加输出表达式)对话框中的可用波形列表中选择输出表达式中的波形,还可以使用函数菜单定义数学表达式。

在 Add Output Expression(添加输出表达式)对话框中,还可以配置如何将仿真结果绘制成图表。在 Name(名称)和 Units(单位)字段中,指定输出表达式的名称和度量单位。配置 Plot Number(绘图编号)和 Axis Number(坐标轴编号)下拉列表,将表达式添加到现有的绘图/坐标轴中,创建新表达式的绘图和坐标轴。完成设置之后,单击 Run 按钮,执行直流扫描分析。

选择所需的输出表达式或定义一个新的函数，配置如何绘制该表达式，如图 7.15 所示。

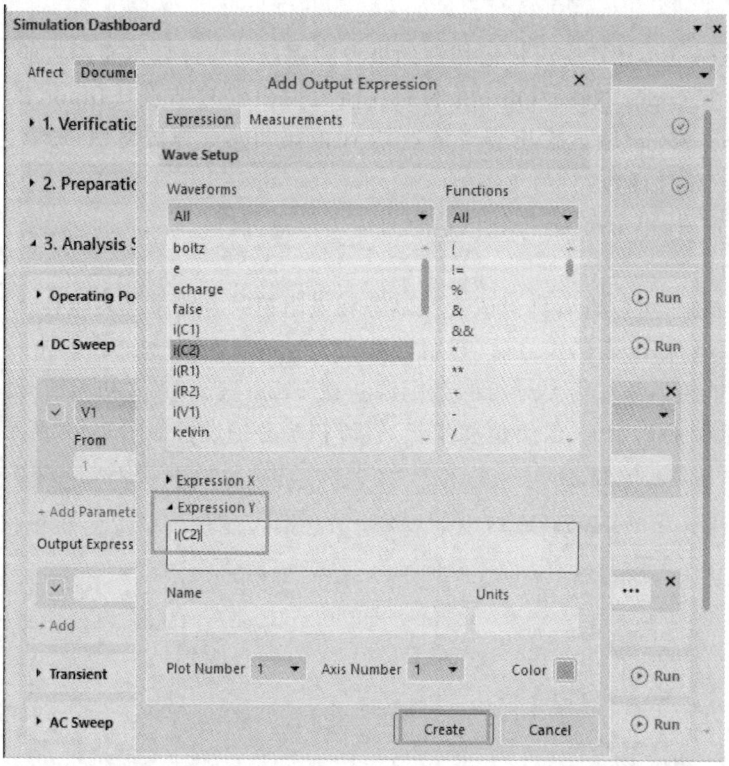

图 7.15　选择所需的输出表达式或定义一个新的函数，配置如何绘制该表达式

当运行直流扫描分析时，结果将显示在标记为 DC Sweep（直流扫描）的 SDF 文档的选项卡上。图 7.16 为直流扫描结果，显示了电阻器 C2 的引脚上的电特性（显示在前面的示意图实例图像中）。

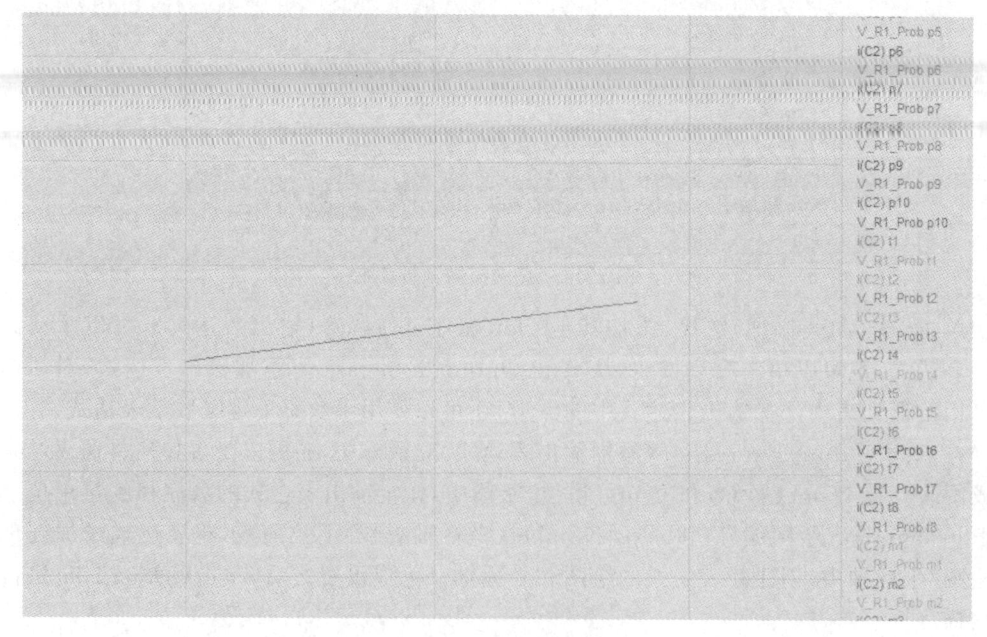

图 7.16　直流扫描结果

3）瞬态分析

Transient（瞬态分析）计算信号对应时间的函数，单击所需的模式按钮 ，运行瞬态分析，瞬态分析需定义数个具有相同时间间隔的时间周期，如图 7.17 所示。

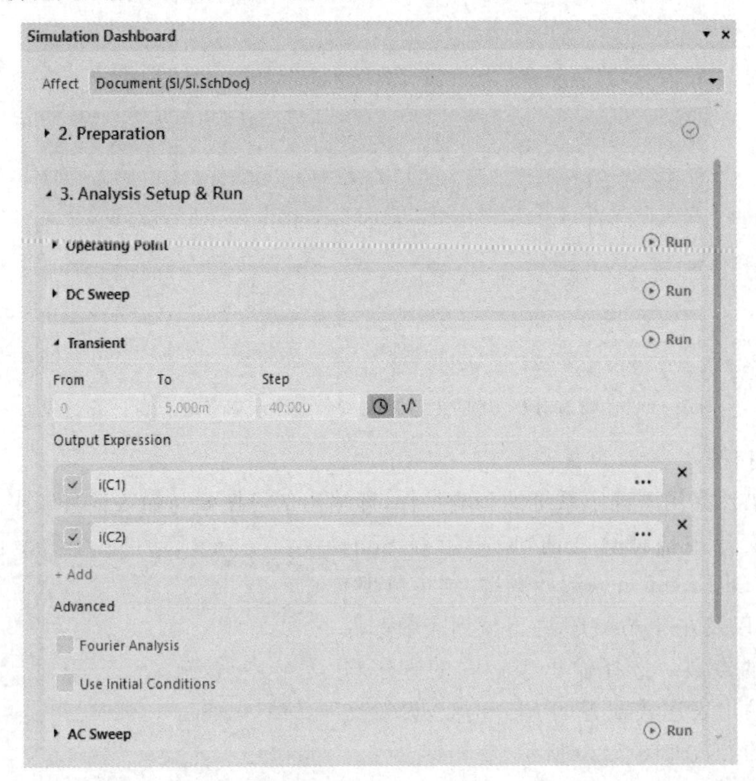

图 7.17 瞬态计算的设置

（1）时间间隔模式，选择时间间隔模式。 定义 From/To/Step（初始时间值/最终时间值/时间步长）等参数。

（2）时间周期模式，选择时间周期模式。 定义 From/N Periods/Points/Period（初始值/要显示的周期数/每个周期的点数）等参数。

鼠标单击＋Add（＋添加）链接，在 Output Expression（输出表达式）字段中手动添加输出表达式。也可以单击 ··· 按钮，从 Add Output Expression（添加输出表达式）对话框中的可用波形列表中选择需要添加的波形，不仅可以从列表中选择所需的信号，而且还可以使用函数菜单来定义一个数学表达式。配置完成之后，单击 Run 按钮，执行瞬态分析。

4）傅里叶分析

傅里叶分析又称为谱分析，是一种分析周期波形的方法。在执行瞬态分析时，可以将它作为一个附加的分析来执行。要执行傅里叶分析，首先启用该选项，然后设置 Fundamental Frequency（基频）和 Number of Harmonics（谐波数目），配置傅里叶分析的参数如图 7.18 所示。

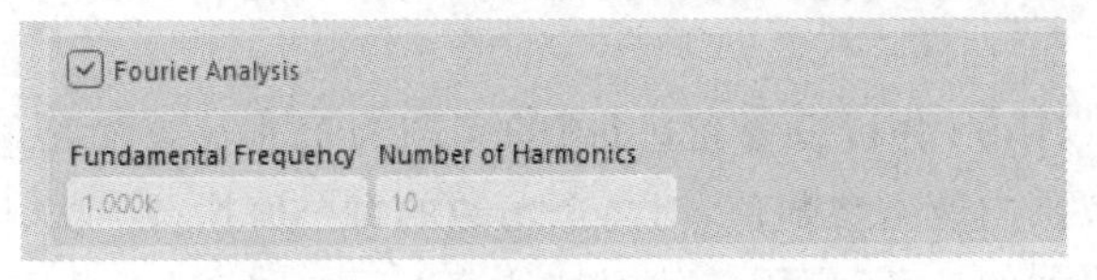

图 7.18 配置傅里叶分析的参数

开启 Use Initial Conditions(使用初始条件)复选框，使用瞬态计算的初始条件来进行傅里叶分析。配置完成之后，单击 Run 按钮以执行傅里叶分析。

在 Transient Analysis(瞬态分析)SDF 文档的选项卡中显示傅里叶分析计算结果，如图 7.19 所示。

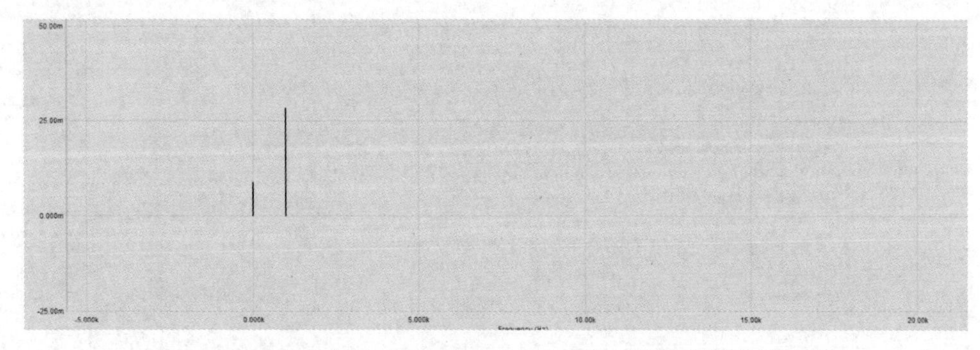

图 7.19　在瞬态分析 SDF 文档的选项卡中显示傅里叶分析计算结果

5) 交流扫描

交流扫描计算用于确定系统的频响特性，即输出信号振幅与输入信号频率的相互关系。

在执行交流扫描计算之前，应指定好 Start Frequency/End Frequency(起始频率/结束频率)的值和点数，以及在 Type(类型)下拉列表中选择的分布类型的点数。选择输出表达式的方法与傅里叶分析输出表达式配置的方法相似，设置交流扫描分析的参数如图 7.20 所示。

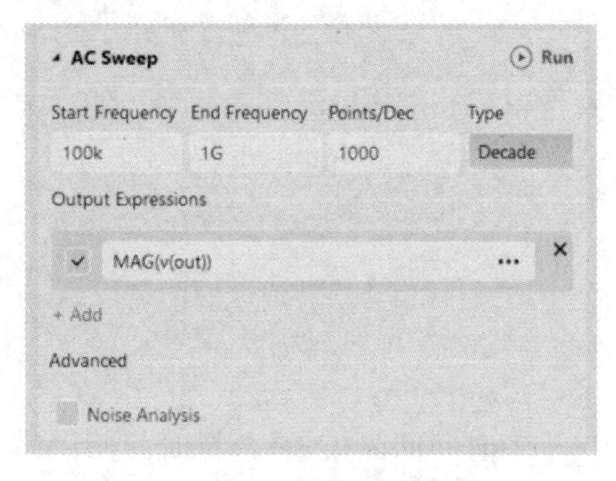

图 7.20　设置交流扫描分析的参数

在交流扫描分析时，可以从 Add Output Expression(添加输出表达式)对话框中选取 Complex Functions(复函数)，为交流扫描分析选择复函数如图 7.21 所示。

6) 噪声分析

交流扫描分析中有一个可选项，即 Noise Analysis(噪声分析)。在默认情况下，Altium Designer 23 将隐藏噪声计算参数，只有在启用了噪声分析之后，这些参数才可见，噪声分析参数如图 7.22 所示。

(1) Noise Source(噪声源)代表向电路中注入噪声的噪声源。

(2) Output Node(输出节点)代表计算该输出节点上的噪声。

(3) Ref Node(参考节点)代表相对于该节点的噪声。

(4) Points Per Summary(总和点数)代表各设备生成噪声的频率。

噪声分析的结果生成一个单独的 AC Sweep(交流扫描)选项卡，在其中显示输出信号幅度与输入信号频率的依赖关系图，交流扫描计算结果如图 7.23 所示。

7) 其他分析

Analysis Setup&Run(分析设置和运行)的底部为更改计算类型参数选项。附加计算的原理是遍历选定范围内所有参数值，对每个参数的每个值执行一次计算，可以通过勾选所需的复选框来启用附加的计算，启用其他附加计算页面如图 7.24 所示。

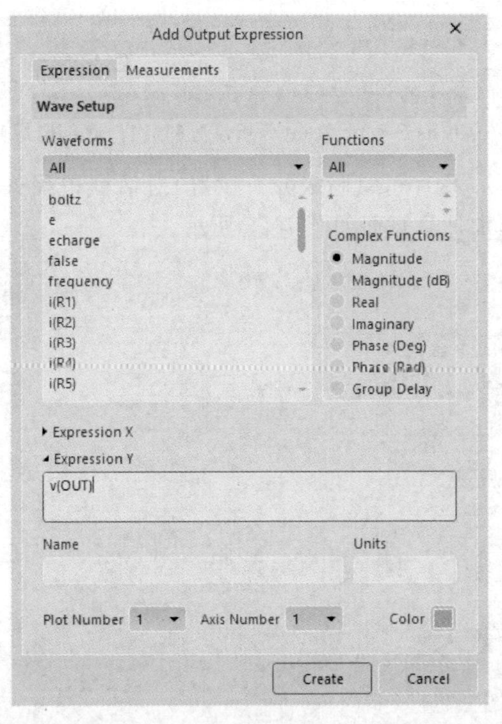

图 7.21　为交流扫描分析选择复函数

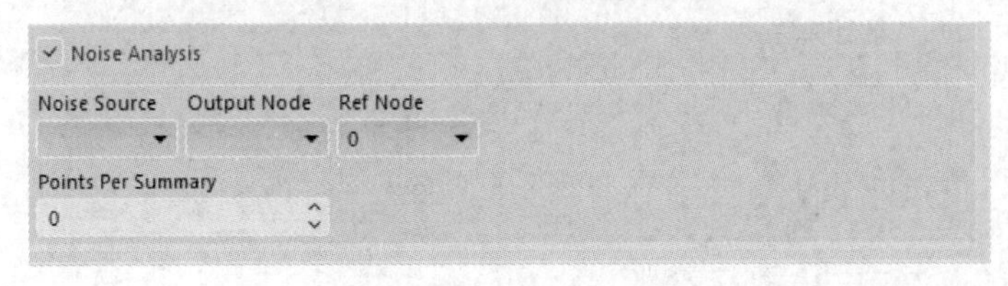

图 7.22　噪声分析参数

图 7.23　交流扫描计算结果

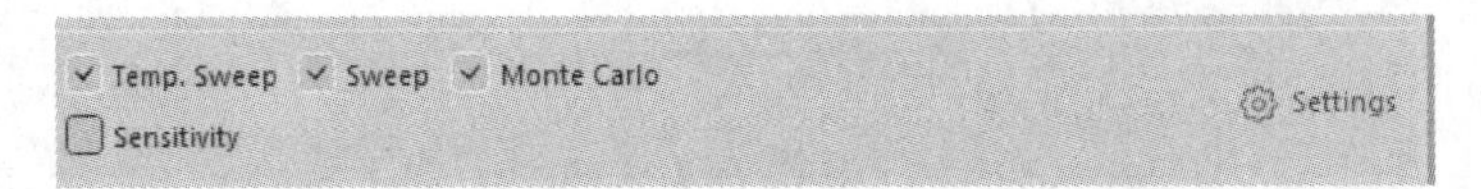

图 7.24 在 Analysis Setup&Run(分析设置和运行)底部启用其他附加计算

在 Advanced Analysis Settings(高级分析设置)对话框中配置附加计算,单击 Settings 按钮打开对话框,添加附加计算页面如图 7.25 所示。

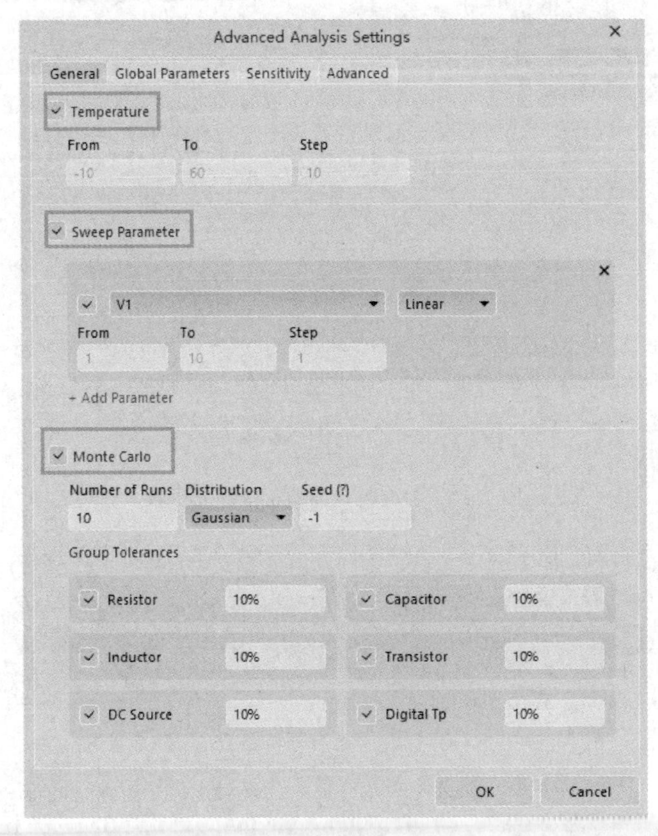

图 7.25 添加附加计算页面

8) 温度扫描

Temperature Sweep(温度扫描)模式下的参变量为温度,温度扫描的目的是要模拟电路在不同温度下的行为,启用 Temperature(温度)复选框,定义温度的单位为摄氏度,同时定义好 From(初始温度)、To(目标温度)以及 Step(温度步长),温度扫描模式的参数设置如图 7.26 所示。

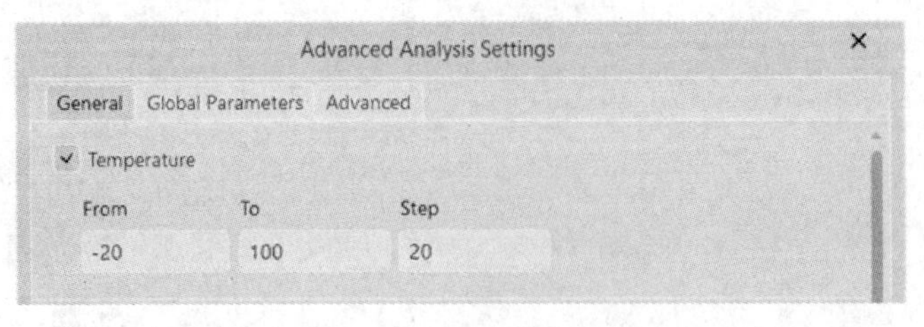

图 7.26 Temperature Sweep(温度扫描)模式的参数设置

举一个例子，使用温度扫描来计算电阻 R1 引脚上的直流工作点和直流扫描电压值，启用温度扫描的直流工作点计算结果如图 7.27 所示。

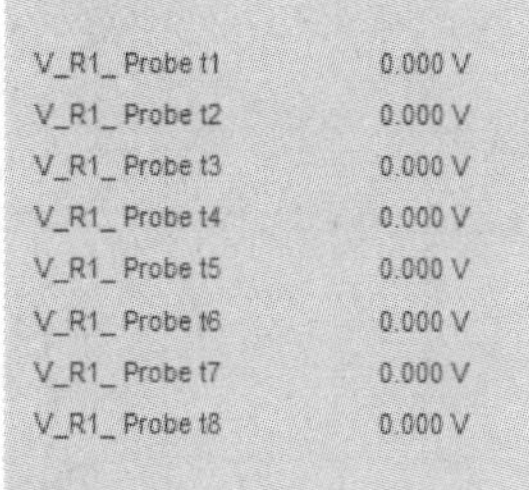
V_R1_ Probe t1 0.000 V
V_R1_ Probe t2 0.000 V
V_R1_ Probe t3 0.000 V
V_R1_ Probe t4 0.000 V
V_R1_ Probe t5 0.000 V
V_R1_ Probe t6 0.000 V
V_R1_ Probe t7 0.000 V
V_R1_ Probe t8 0.000 V

图 7.27 启用温度扫描的直流工作点计算结果

9）扫描参数

在 Sweep Parameter（扫描参数）模式中列举出的参数为该元器件所具有的基本参数，例如电阻器的电阻值、电容器的电容值等。

激活 Sweep Parameter（扫描参数）模式后，应从下拉菜单中选中需要更改参数的元器件，指定好初始值、最终值和步长，扫描模式的参数设置如图 7.28 所示。

图 7.29 显示了在瞬态分析过程中电容的扫描参数值。

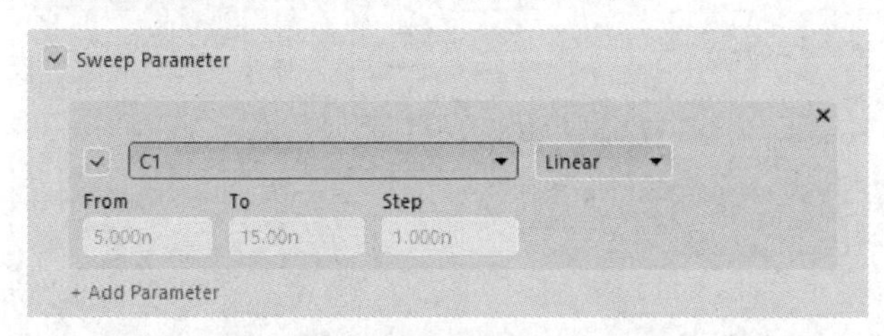

图 7.28 扫描模式的参数设置

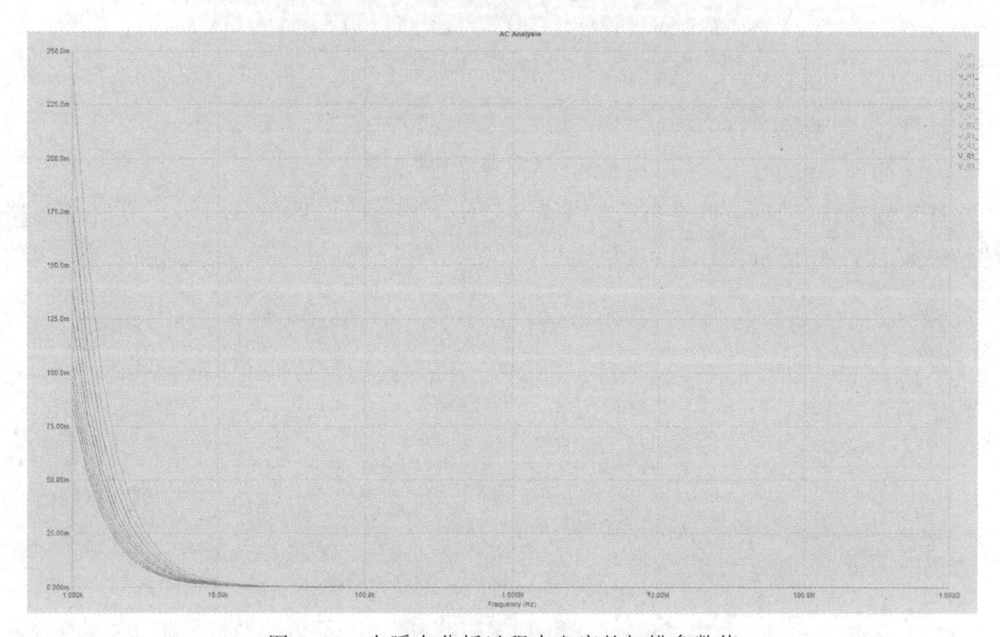

图 7.29 在瞬态分析过程中电容的扫描参数值

10）蒙特卡洛分析

Monte Carlo（蒙特卡洛）模式根据所选的不同分布类型，分析所选参数的随机变化影响。如图 7.30 所示，蒙特卡洛分析需要以下参数。

（1）Number of Runs（运行仿真的次数）。

（2）Distribution（分布类型）。

（3）Tolerances（公差），与设定参数值的最大偏差。

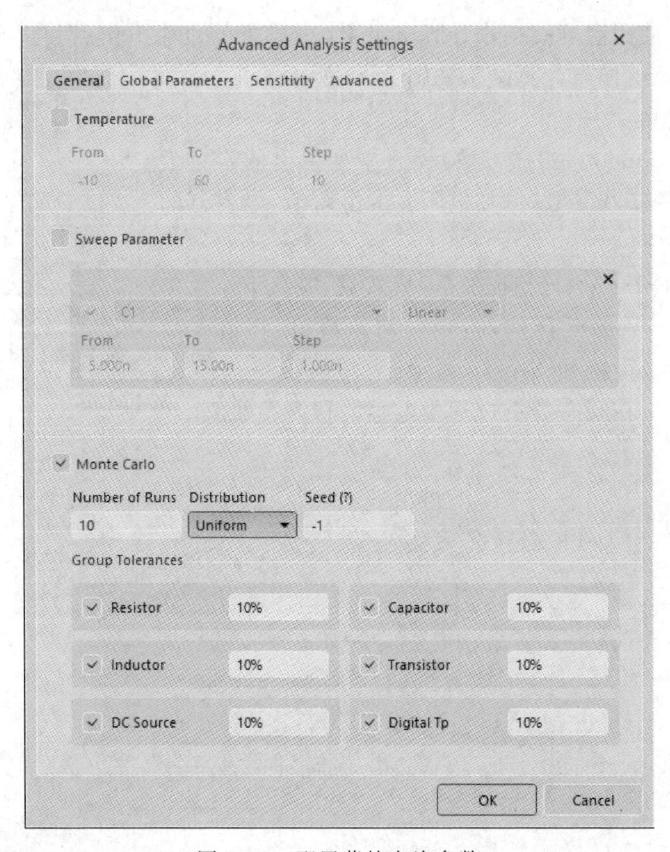

图 7.30　配置蒙特卡洛参数

在计算幅频特性时，可以采用均匀分布的蒙特卡洛方法，采用蒙特卡洛方法计算幅频特性的结果如图 7.31 所示。

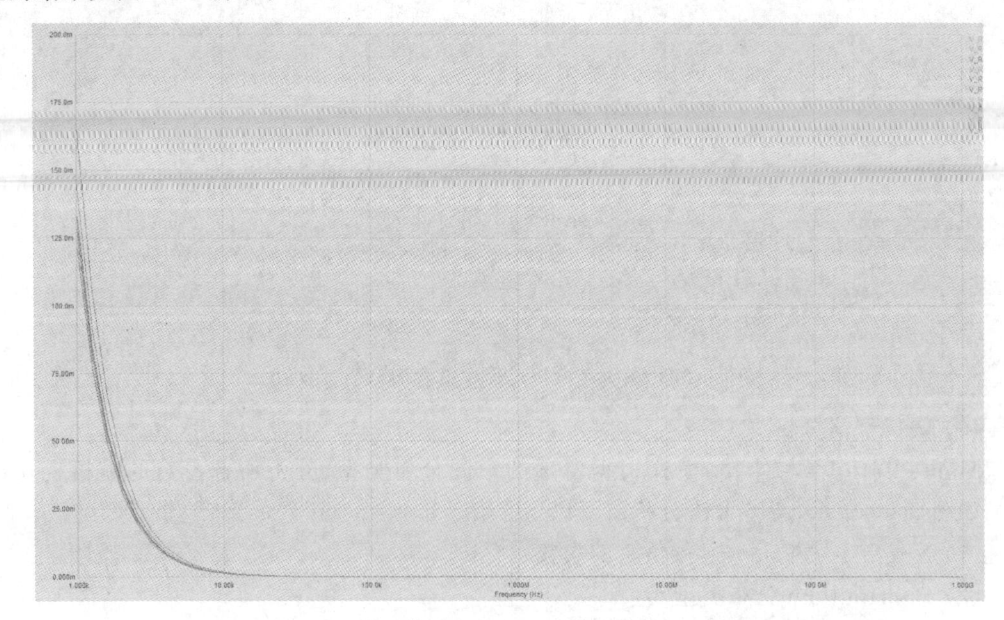

图 7.31　采用蒙特卡洛方法计算幅频特性的结果

3. 高级 Spice 选项

高级 Spice 选项设置将在 Advanced Analysis Settings(高级分析设置)对话框的 Advanced(高级)选项卡中进行配置,单击 Simulation Dashboard(仿真仪表板)对话框的 Settings 按钮,打开 Advanced Analysis Settings(高级分析设置)对话框的 Advanced(高级)选项卡,高级 Spice 选项设置对话框如图 7.32 所示。

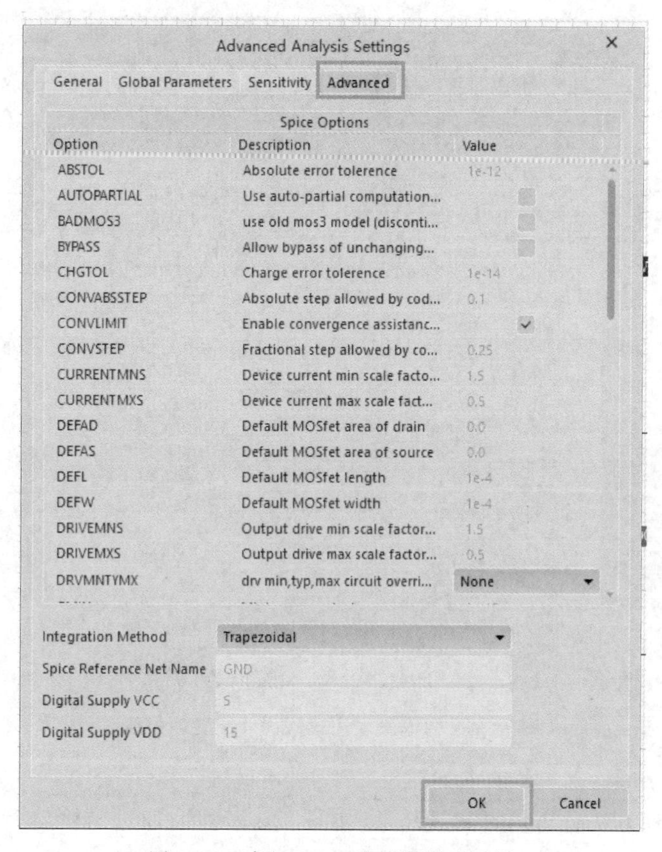

图 7.32　高级 Spice 选项设置对话框

7.3.2　运行全部分析

运行上述已经设置好参数的全部分析,并将分析结果显示在同一 SDF 结果文件中,使用原理图编辑器 Simulate(仿真)菜单中的 Run Simulation(运行仿真)命令,或按 F9 键。每种分析类型都将在 SDF 文件中的独立选项卡上显示出来,运行仿真分析如图 7.33 所示。

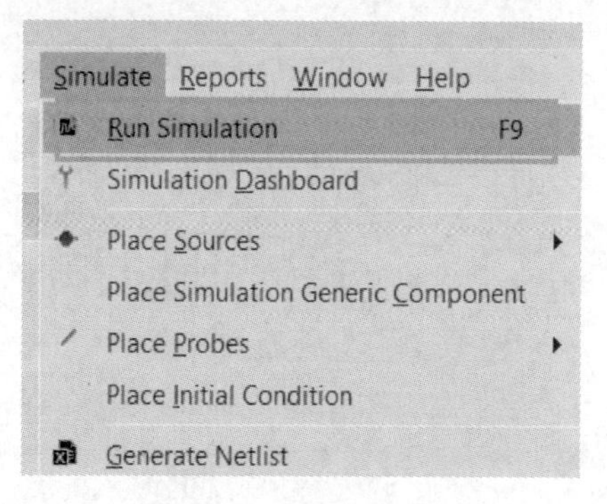

图 7.33　运行仿真分析

7.3.3　仿真结果测量

仿真过程的一个重要组成部分是分析结果,通常会测量仿真输出结果,测量结果值揭示了电路的复杂特性,为电路的行为提供依据。

测量值是电路行为和质量的表征,通过评估电路中波形的特性，根据规定的规则计算电路特性测量值，可以测量的参数值包括带宽、增益、上升时间、下降时间、脉冲宽度、频率和周期。

在 Add Output Expression(添加输出表达式)对话框的 Measurements(测量值)选项卡中配置测量值，如图 7.34 所示，为输出表达式添加并配置测量值，结果数据在 Sim Data(仿真数据)面板中显示。

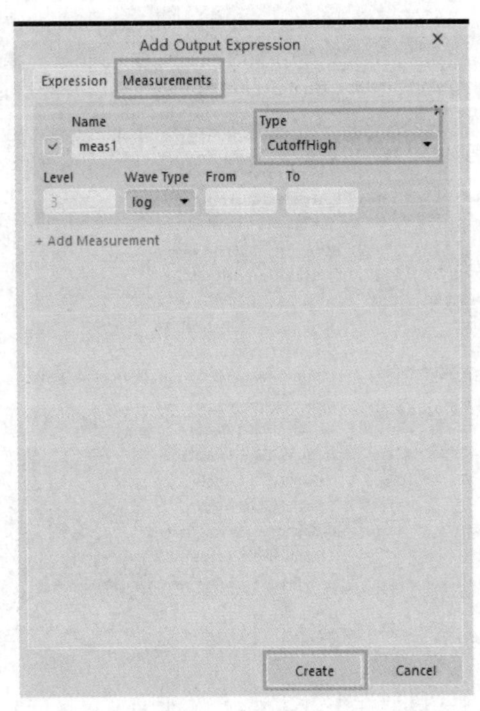

图 7.34　为输出表达式添加并配置测量值

1. 处理测量结果

可以利用多种方法分析仿真测量结果，如图 7.35 所示，通过向输出表达式中添加测量值，获取仿真结果的测量值，测量结果的处理包括但不仅限于以下 8 种。

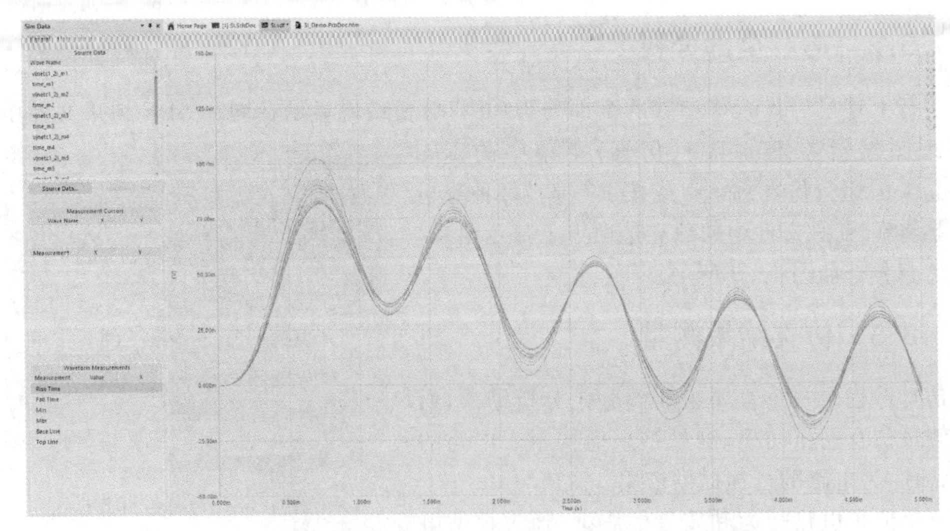

图 7.35　通过向输出表达式中添加测量值，获取仿真结果的测量值

（1）测量类型，从测量 Types（种类）列表中选择所需的测量值。

（2）测量统计，自动计算测量统计，并显示在 Sim Data（仿真数据）面板的下半部分。

（3）在表格中显示测量结果，单击 Sim Data（仿真数据）面板中的 Expand the table（展开表格）链接，在主 SDF 窗口中显示测量结果的完整表格。选中表中的数据，将其复制到其他应用的电子表格中。

（4）结果的直方图，将测量结果生成一个直方图来可视化数据的分布，将光标悬停在图像上，将显示蒙特卡洛分析结果的直方图。

（5）从测量中导出绘图，生成一个变量对应另一个变量的图形曲线，如果对两个元器件执行了参数扫描，则可以绘制出二者之间的关系图。

（6）图表显示，单击 Sim Data（仿真数据）面板的 Measurements（测量）选项卡按钮，在图表上显示测量游标，突出显示已完成计算测量的图表区域。

（7）添加新的测量，单击 Sim Data（仿真数据）面板中的 Add（添加）按钮，打开 Add Waves to Plot（向坐标中添加波形）对话框，从中可以定义新的测量。

（8）编辑现有测量，单击 Edit（编辑）按钮，编辑当前选定的测量，无须返回 Simulation Dashboard（仿真仪表板）面板中进行编辑。

2. 灵敏度分析

利用灵敏度分析确定哪些电路元器件对电路的输出特性影响最大。根据灵敏度分析提供的信息，可以减少电路的负影响，或者通过提高正特性来提高电路的性能。灵敏度分析计算为电路元器件/模型参数相关测量值对温度/全局参数的灵敏度。分析的结果为包含各种测量类型的灵敏度值的数据表。

在执行灵敏度分析之前，应配置好灵敏度测量值的范围。如图 7.36 所示，将 AC Sweep（交流扫描）分析的输出表达式设置为 dB（V（OUT）），并为该输出配置了 BW（带宽）和 MAX（最大振幅）两个测量值，可以计算出这两个测量值的灵敏度。

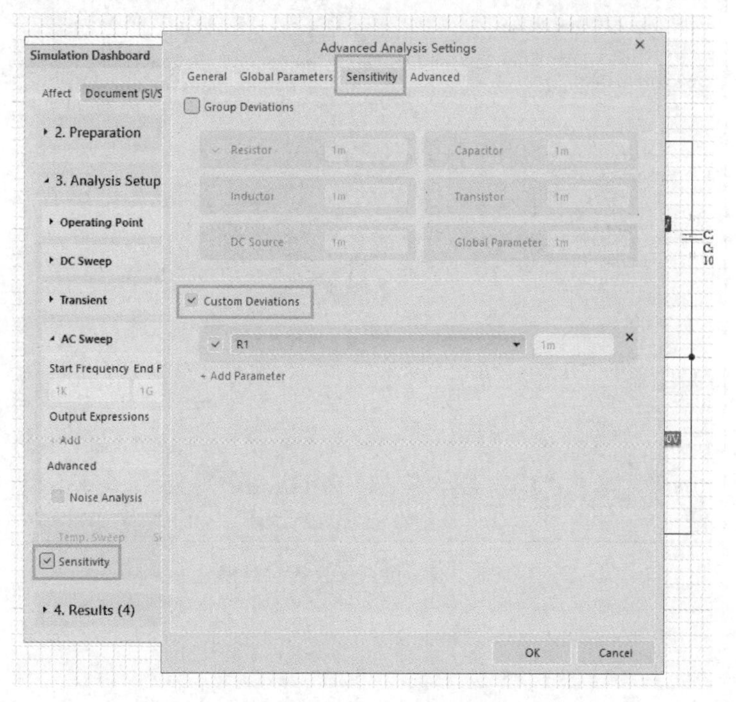

图 7.36 选择计算灵敏度页面

在 Simulation Dashboard(仿真仪表板)中启用 Sensitivity(灵敏度)选项,单击 Settings(设置)图标,打开 Advanced Analysis Settings(高级分析设置)对话框,在该对话框的 Sensitivity(灵敏度)选项卡上启用灵敏度选项。

设置好灵敏度之后,关闭 Advanced Analysis Settings(高级分析设置)对话框,单击 Run(运行)按钮进行分析。出现波形之后,会打开 Sim Data(仿真数据)面板,切换到 Sim Data(仿真数据)面板的 Measurements(测量)选项卡,在其中选择所需的测量结果集,单击 Sensitivity(灵敏度)按钮,切换到 SDF 结果窗口的"灵敏度"选项卡。灵敏度结果将显示在表中,从表中可以快速识别出电路中灵敏度变化值最大的元器件。

7.4 仿真原理图设计

电路的仿真必须遵循几个强制性步骤,在运行仿真之前,应对电路进行电气规则检查。只有在满足所有设计规则和要求的情况下,才能成功对电路实现仿真,满足所有设计规则之后,Simulation Dashboard(仿真仪表板)将显示绿色的标记图标,表示验证已经成功。激活原理图表之后,在原理图编辑器主菜单上选择 Simulate(仿真)→Simulation Dashboard(仿真仪表板)命令打开 Simulation Dashboard(仿真仪表板),仿真仪表板对话框如图 7.37 所示。

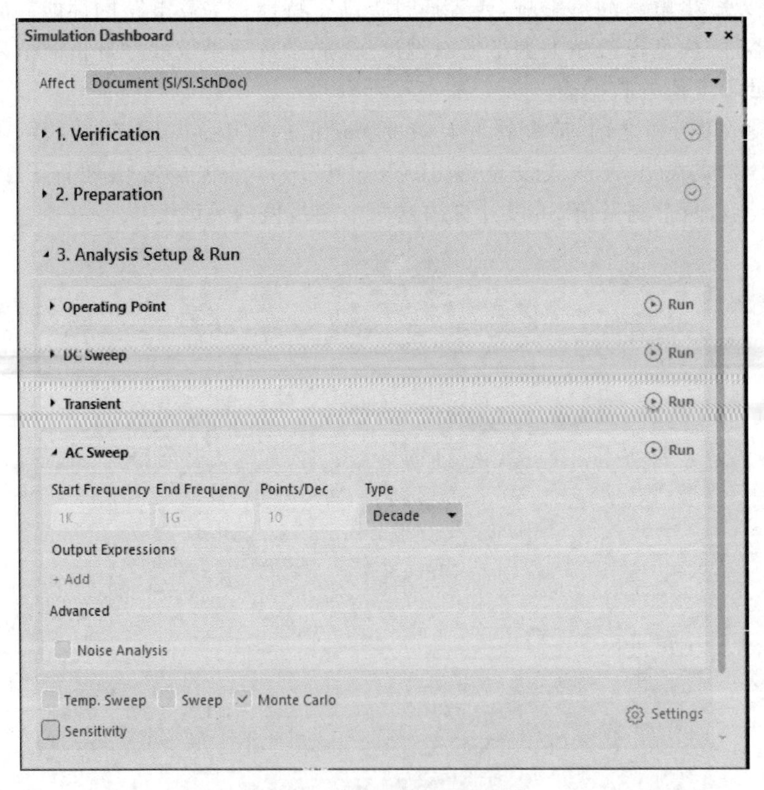

图 7.37 仿真仪表板对话框

7.4.1 仿真仪表板

通过 Simulation Dashboard(仿真仪表板)配置和驱动混合信号电路仿真器。

仿真仪表板提供以下信息。

1. 验证信息

确认已经通过电气规则检查,并且所有元器件都有仿真模型,标记缺失的模型的元器件或仿真源问题,并提供链接来解决这些问题。

2. 预仿真准备信息

列出仿真源和探测器,添加其他源或探针。

3. 分析设置和运行

快速配置所需的分析类型和需要绘制的输出表达式,运行仿真。

4. 结果

检查之前的分析运行情况,双击以重新打开波形,或使用菜单来访问其他选项。

除了通过 Simulation Dashboard(仿真仪表板)运行仿真,还可以通过 Simulation Dashboard(仿真仪表板)配置电路、生成网表并通过 Simulate(仿真)菜单运行仿真,利用 Simulation Dashboard(仿真仪表板)运行 Spice 仿真如图 7.38 所示。

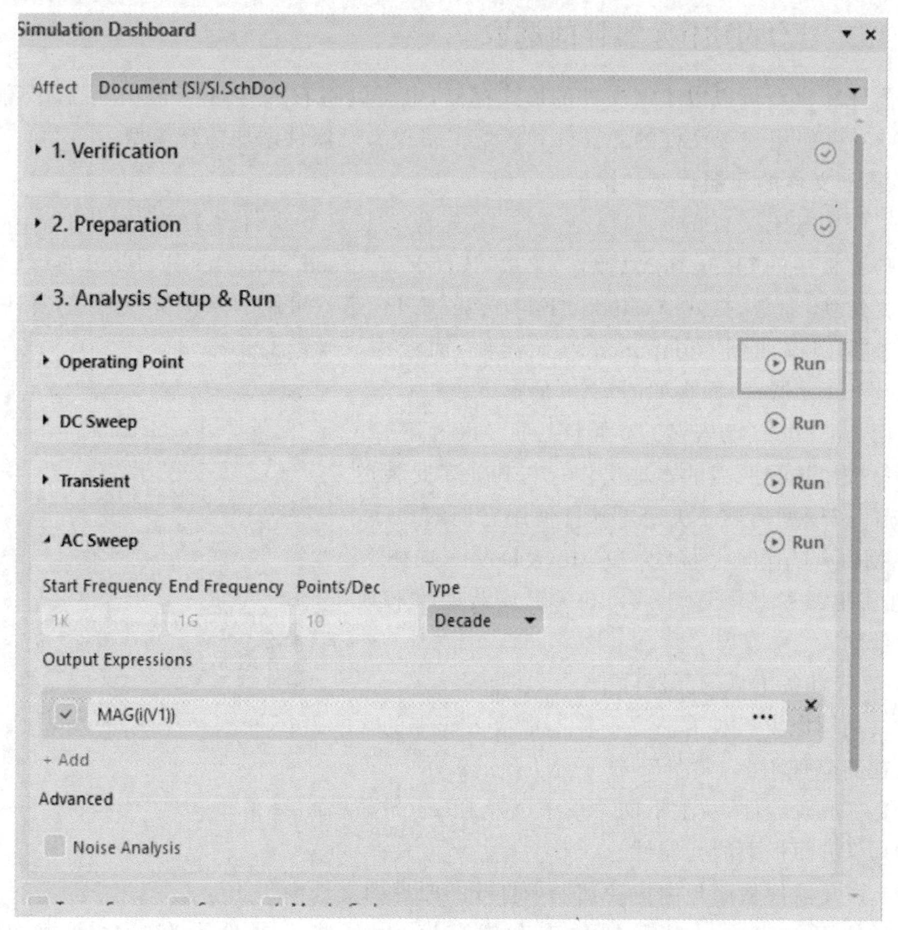

图 7.38 利用 Simulation Dashboard(仿真仪表板)运行 Spice 仿真

7.4.2 仿真所需的必要条件

成功实现电路仿真有以下几个必要条件。

(1) 仿真中使用的原理图必须是项目 *.PrjPcb 的一部分，如果创建的原理图图纸没有链接到项目中，则 Simulate(仿真)菜单中的仿真命令将处于非活跃状态，无法使用 Simulation Dashboard(仿真仪表板)。

(2) 应至少有一个电压源、电流源或信号源，如果没有激励源，仍然可以执行仿真，在 Simulation Dashboard(仿真仪表板)的准备阶段，将出现提示需要添加激励源通知消息。

(3) 原理图必须包含一个 GND 网络，也就是说，应包含一个零电势的节点，仿真引擎可以将它作为参考节点。如果没有此参考点，则无法实现仿真。当缺少零电势参考点时，Simulation Dashboard(仿真仪表板)的验证部分将显示一个警告。在 Active Bar(活动栏)中，设有放置 GND 节点的命令，还可以放置其他不同值、样式和形式的电源端口。

除了原理图的强制性条件外，原理图中的每个元器件都必须有一个有效的模型，可以通过原理图库编辑器从仿真库中放置元器件的仿真模型，也可以直接在原理图上从自定义的库中放置元器件的模型。如果元器件缺少模型，则 Simulation Dashboard(仿真仪表板)的验证部分将出现一个警告，当模型中出现错误时，也会出现类似的警告。

7.4.3 原理图中元器件的选取

元器件和模型可以以离散文件的形式存储，也可以将它们存储到 Altium 工作区中，如 Altium 365。使用基于文件的元器件和模型来实现为元器件添加仿真模型。

1. 基于文件的元器件库和模型

为了使用基于文件的库和模型文件，首先应安装这些文件。为此，打开 Components(元器件)面板中的 Operations(操作)菜单，选择 File_based Libraries Preferences(基于文件的库配置选项)命令，打开 Available File_based Libraries(可用的基于文件的库)对话框，将本地库和模型添加到 Components(元器件)面板中，Components(元器件)面板如图 7.39 所示。

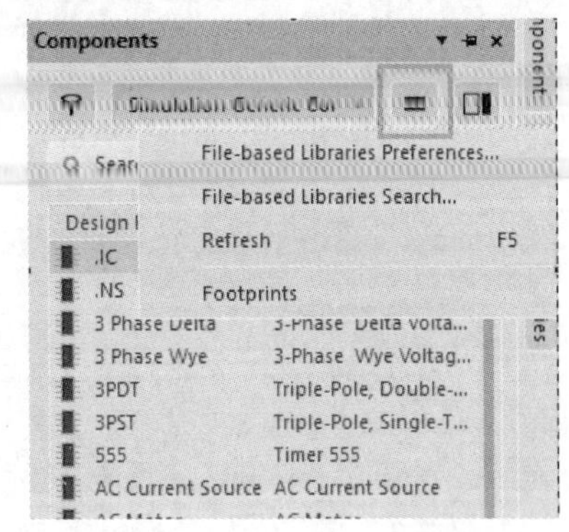

图 7.39 Components(元器件)面板

使用 Installed(已安装)选项卡上的 Add Library(添加库)按钮选择所需的本地文件。与其他库安装类似，勾选库和模型的顺序决定了软件使用它们的顺序，可使用 Move Up(向上移动)和 Move Down(向下移动)按钮来更改安装顺序，图 7.40 为已安装的库和模型文件示例。

1) 放置准备仿真的元器件

可以利用以下三种方法之一将本地或云库中的元器件放置到原理图上，如图 7.41 所示。

(1) 右击元器件，从上下文菜单中选择 Place(放置)命令。

(2) 双击面板中的元器件。

(3) 将元器件从面板中拖动到一个打开的原理图文档中。

如果使用的库中某些元器件带有仿真模型，某些元器件没有带仿真模型，启用

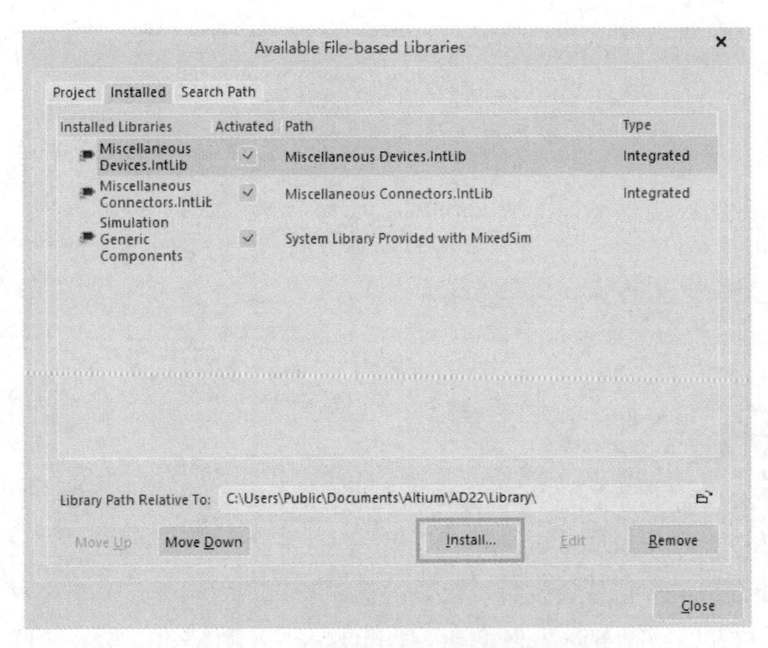

图 7.40 已安装的库和模型文件示例

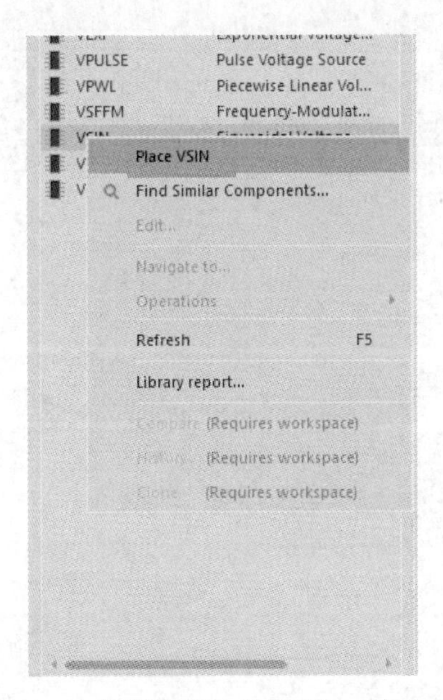

图 7.41 右击该元器件，选择 Place(放置)命令

Components(元器件)面板中的 Simulation(仿真)列，从中找到适合仿真的元器件。右击 Components(元器件)面板中的一个当前列标题，从上下文菜单中选择 Select Columns(选择列)，在 Select Columns(选择列)对话框中启用 Simulation(仿真)列。启用 Simulation(仿真)列快速识别哪些元器件带有仿真模型页面，如图 7.42 所示。

如果库中的元器件已经添加了仿真模型，则可以在 Sim Model(仿真模型)对话框中查看仿真模型的详细信息，如图 7.43 所示。

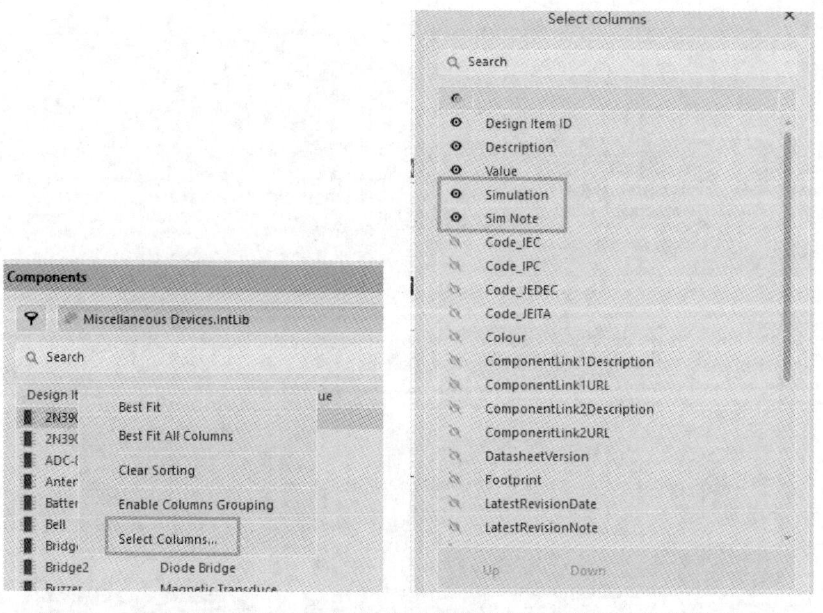

图 7.42　启用 Simulation(仿真)列快速识别哪些元器件带有仿真模型页面

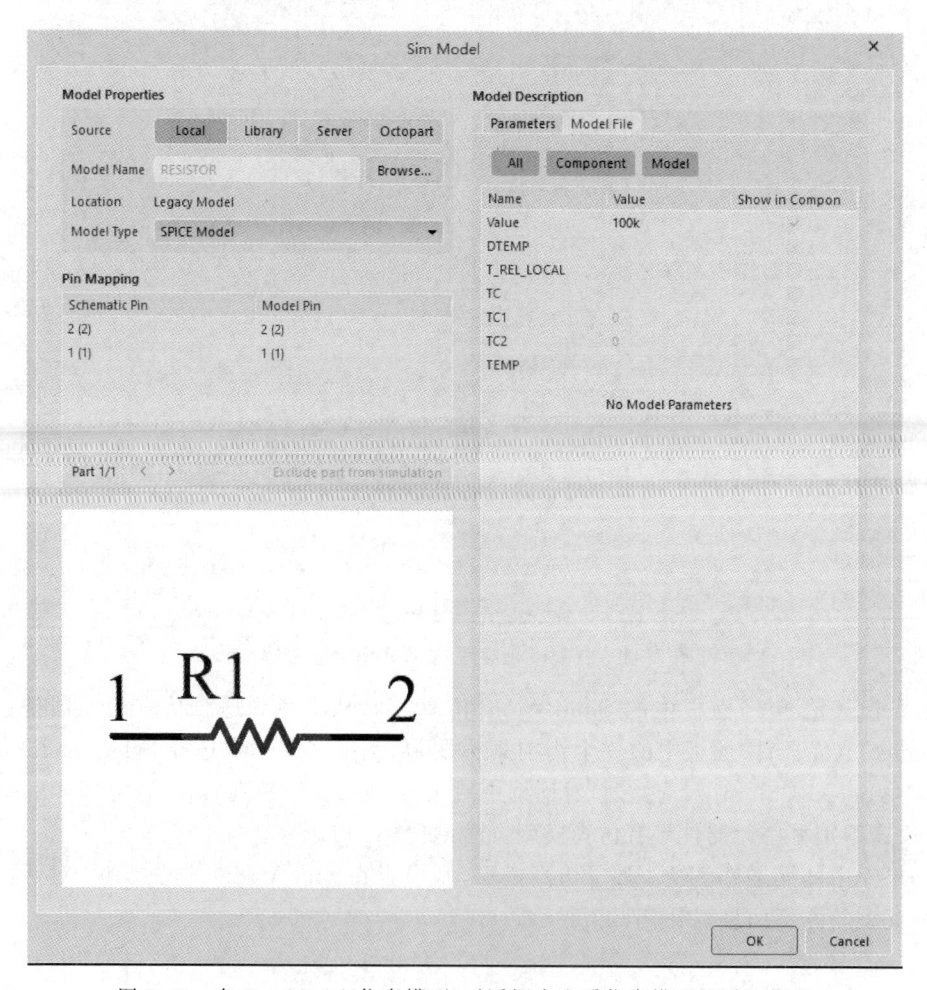

图 7.43　在 Sim Model(仿真模型)对话框中查看仿真模型的详细信息

2）在原理图上放置只有模型的元器件

如果手上只有仿真模型，没有模型对应的元器件，也可以将仿真模型文件放置到原理图上，此时，Altium Designer 23 会分析仿真模型，并在仿真通用元器件库中找到合适的符号，离散的元器件对应一个适合该类型元器件的符号，由子电路建模的元器件对应一个简单的矩形符号。表 7.1 列出了 Altium Designer 23 支持的模型类型和对应仿真通用元器件库符号。

表 7.1 Altium Designer 23 支持的模型类型和对应仿真通用元器件库符号

元器件名称	模型文件名称	模型库符号
电阻	. MODEL < model name > RES	Resistor
电容	. MODEL < model name > CAP	Capacitor
电感	. MODEL < model name > IND	Inductor
二极管	. MODEL < model name > D	Diode
NPN 双极型三极管	. MODEL < model name > NPN	BJT NPN 4 MGP
PNP 双极型三极管	. MODEL < model name > PNP	BJT PNP 4 MGP
NJF 场效应管	. MODEL < model name > NJF	JFET N. ch Level 2
PJF 场效应管	. MODEL < model name > PJF	JFET P. ch Level 2
NMOS MOS 管	. MODEL < model name > NMOS	MOSFET N. ch Level 1
PMOS MOS 管	. MODEL < model name > PMOS	MOSFET P. ch Level 1

2. 通过制造商元器件搜索(MPS)面板放置仿真就绪元器件

通过 Manufacturing Part Search Panel(元器件制造商搜索面板)，设计师可以访问来自数千个元器件制造商的数百万个元器件，该面板包括电源参数筛选器，还包括一个仿真模型筛选器，只显示出包含仿真模型的元器件。通过制造商元器件搜索(MPS)面板访问数元器件页面如图 7.44 所示。

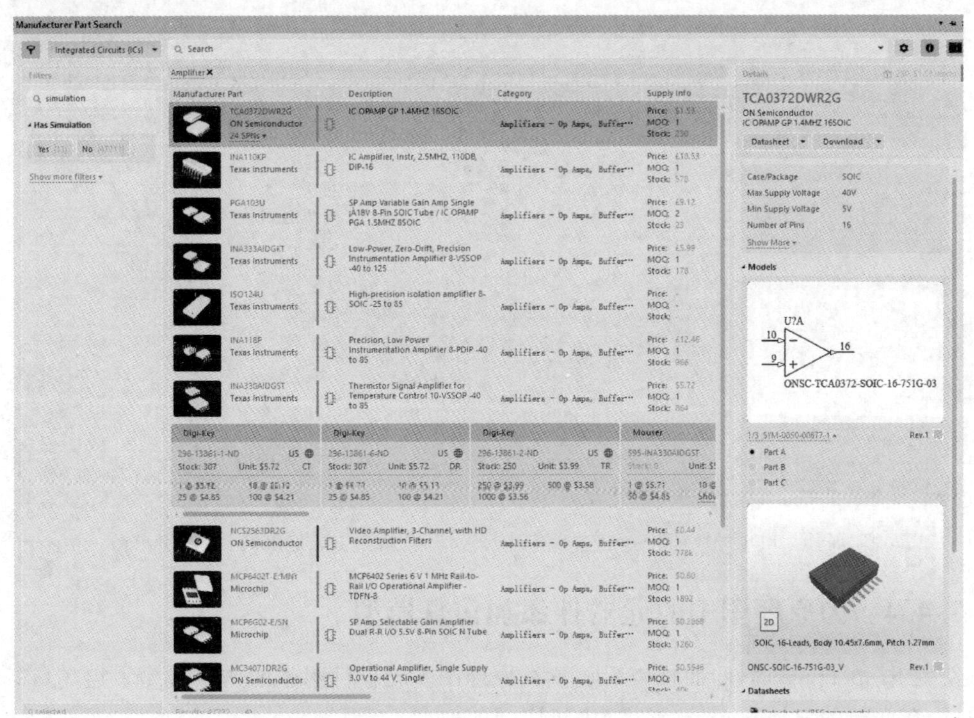

图 7.44 通过制造商元器件搜索(MPS)面板访问数元器件页面

此时，仿真模型尚未将模型引脚定义映射到物理元器件的引脚，由于未定义此映射，因此 Altium Designer 23 软件将应用默认的引脚映射，即模型引脚 1 映射到物理引脚 1。如果此映射不正确，仿真将会失败或无法正常工作。

为解决这一问题，Altium 仿真器包括一个选项，当启用该选项时，会自动用通用元器件符号替换现有的元器件符号。此通用元器件符号是在放置期间创建的一个简单矩形，其引脚将自动映射到相应的模型引脚上。如需使用此功能，在 Preferences（选项配置）对话框的 Simulation-General（仿真-常规）页启用 Always Generate Model Symbol for Manufacturer Part Search Panel Using Simulation Model Description（为制造商部件搜索面板搜索到的元器件生成模型符号）选项，启用 Always Generate Model Symbol（始终生成模型符号）选项页面如图 7.45 所示。

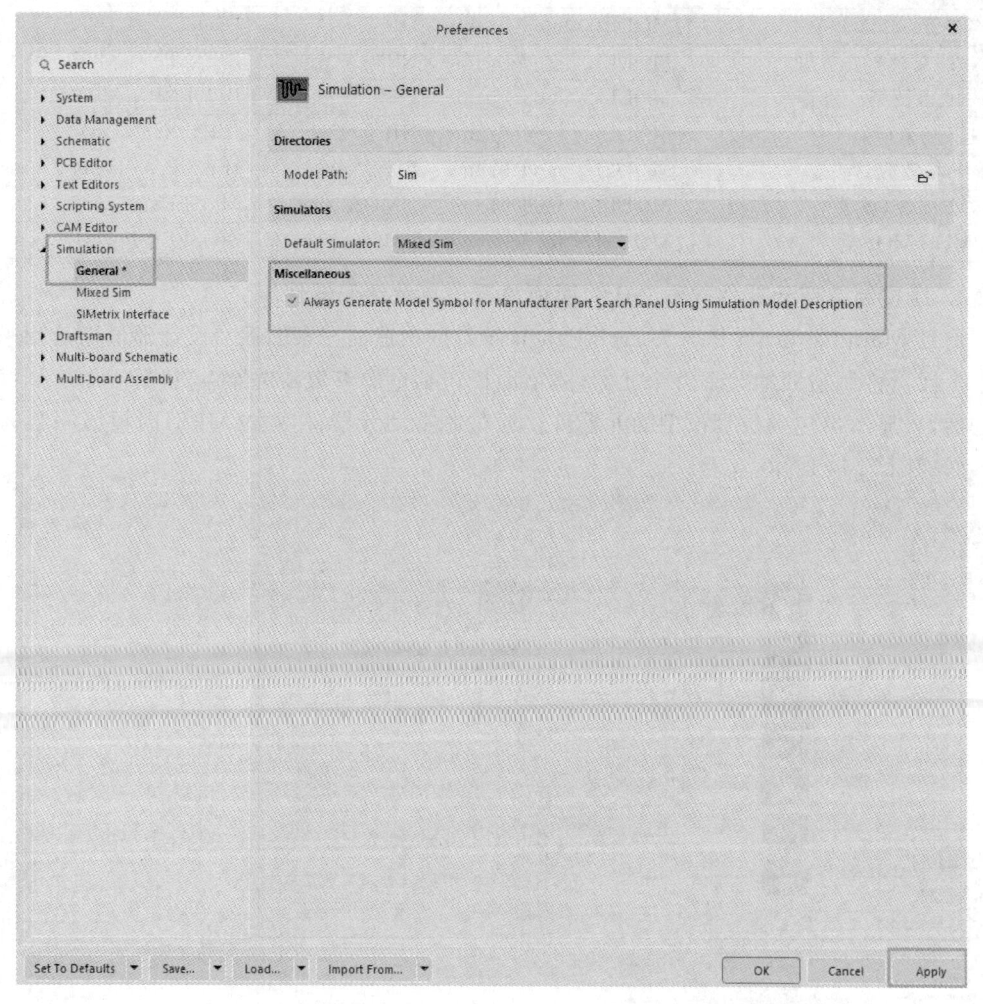

图 7.45 启用 Always Generate Model Symbol（始终生成模型符号）选项页面

7.4.4 为原理图中的元器件添加仿真模型

使用 Properties（属性）面板查看放置在原理图上元器件附带的仿真模型。启用 Models 选项后，在面板的 Parameters（参数）中指定当前模型。

如果需要将仿真模型添加到元器件中，单击 Parameters（参数）底部的 Add（添加）按钮，从菜单中选择 Simulation（仿真）选项。打开 Sim Model（仿真模型）对话框，在此对话框中选择模型，执行原理图符号引脚到模型引脚的映射，在 Properties（属性）面板中添加新的模型如图 7.46 所示。在 Sim Model（仿真模型）对话框中选择仿真模型，将模型引脚定义映射到原理图符号引脚，如图 7.47 所示。

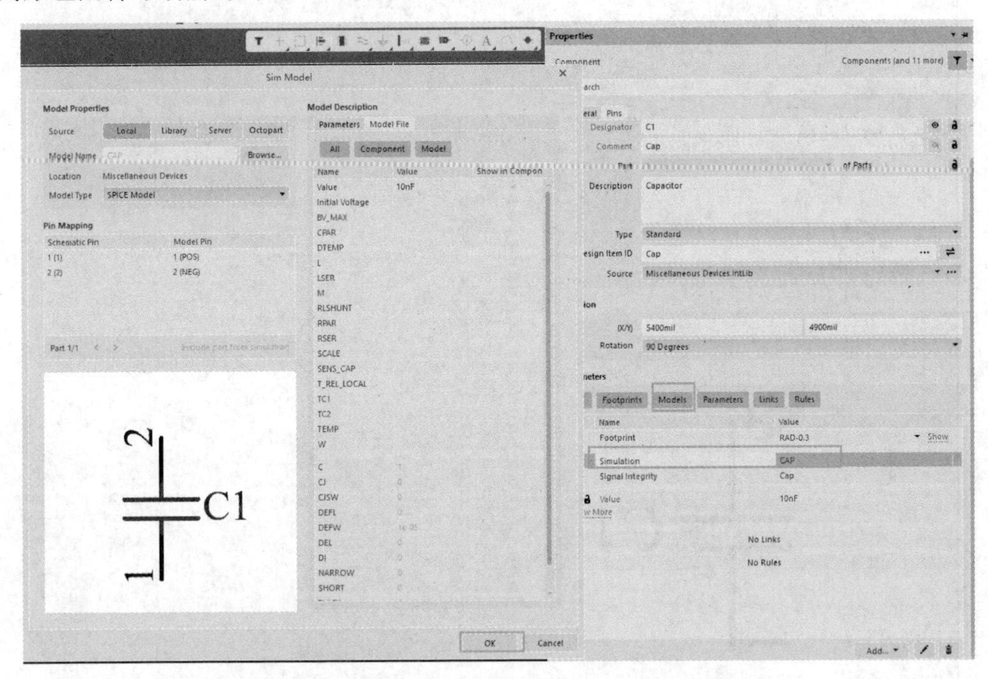

图 7.46　在 Properties（属性）面板中添加新的模型

1. 选择模型的来源

在单击 Browse（浏览）按钮选择模型之前，应设置 Source（来源）模式。启用 Source（来源）模式按钮之后，决定了单击该按钮时，Altium Designer 23 具体执行什么操作。

（1）Local（本地）：使用此选项可以浏览存储在本地硬盘驱动器或网络服务器上的模型文件。

（2）Library（库）：使用此选项可以浏览 Available File_based Libraries（可用的基于文件的库）对话框提供的模型。

（3）Server（服务器）：使用此选项可以浏览位于已连接的 Altium 工作区中的模型。

（4）Octopart（搜索引擎）：使用此选项可以浏览 Manufacturer Part Search（制造商元器件搜索）对话框。启用对话框的 Filter（筛选器）部分，搜索并启用 Has Simulation（带有仿真模型）过滤器，返回包含仿真模型的元器件。再使用主搜索字段进行搜索，并查看所需的元器件模型是否可用。

2. 浏览并选择模型

选择来源后，单击 Browse（浏览）按钮选取模型文件，根据所选取的不同数据源，出现不同的模型文件定位对话框，四种源模式下打开不同的对话框，在打开的对话框选择 Spice 模型文件。

选取好模型文件之后，会显示模型文件中包含的文本、参数和信息，显示模型的兼容性

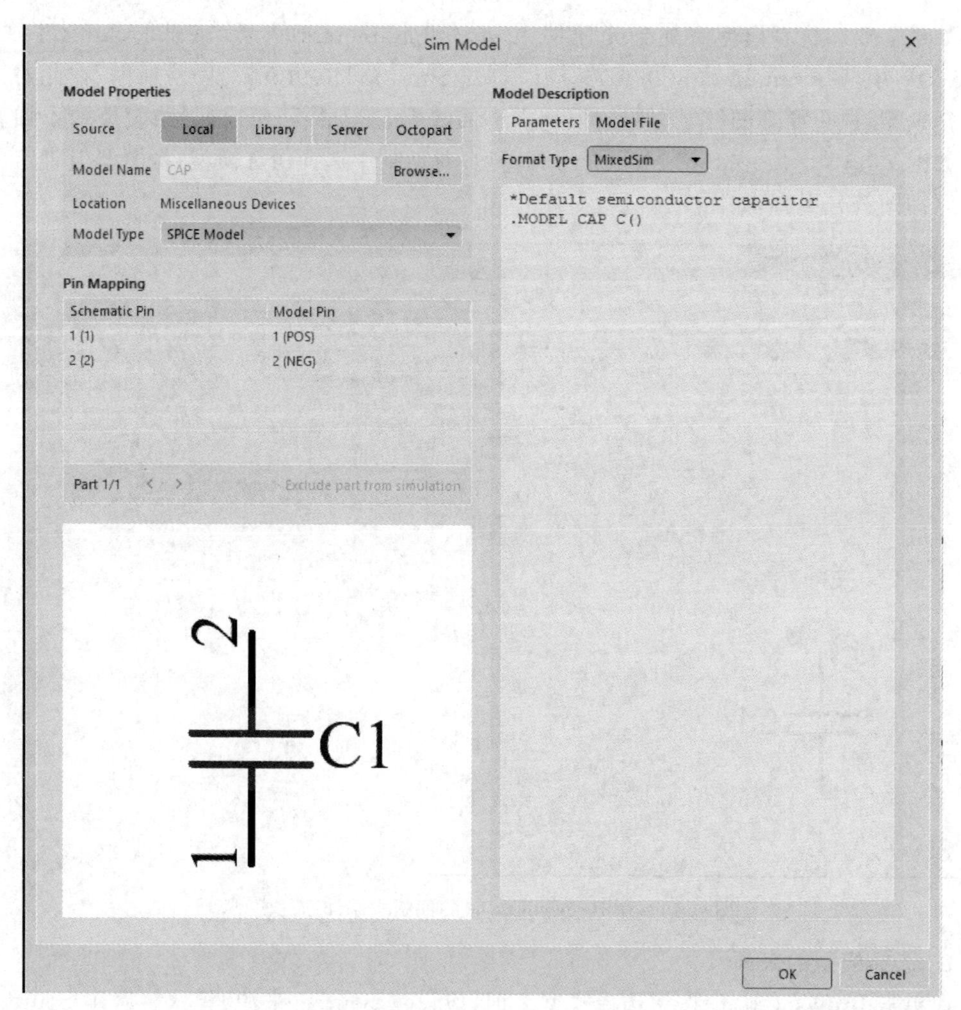

图 7.47 在 Sim Model(仿真模型)对话框中选择仿真模型,将模型引脚定义映射到原理图符号引脚

和可操作性。此信息在 Sim Model(仿真模型)对话框的 Model Description(模型描述)域中显示。切换到 Model File(模型文件)选项卡,检查模型的内容。

与此同时,应确认模型 Format Type(格式类型)选项是否正确设置。Altium Designer 23 软件会自动检测和分配它,并确认它的正确性。

3. 将模型引脚映射到元器件符号引脚

为了能正确地操作模型,应检查元器件引脚和模型引脚是否已经相互关联,实现二者引脚之间一对一的映射。大多数模型文件在模型文件的文本中包含了对模型引脚号的描述,仿真模型的引脚映射如图 7.48 所示,使用它将每个模型引脚映射到正确的符号引脚。

4. 创建新的模型文件

对于某些型号的元器件,制造商和供应商会提供可下载的文本文件,有时模型细节会以文本的形式显示在网页上,在这种情况下,可以在 Altium Designer 中创建一个新的模型文件,将网页中的内容复制/粘贴到新的模型文件中,使用 File(文件)→New(新建)→Mixed Simulation(混合仿真)子菜单中的相关命令,创建一个新的模型文件,如图 7.49 所示。然后,将模型文件信息复制/粘贴到模型编辑器中。

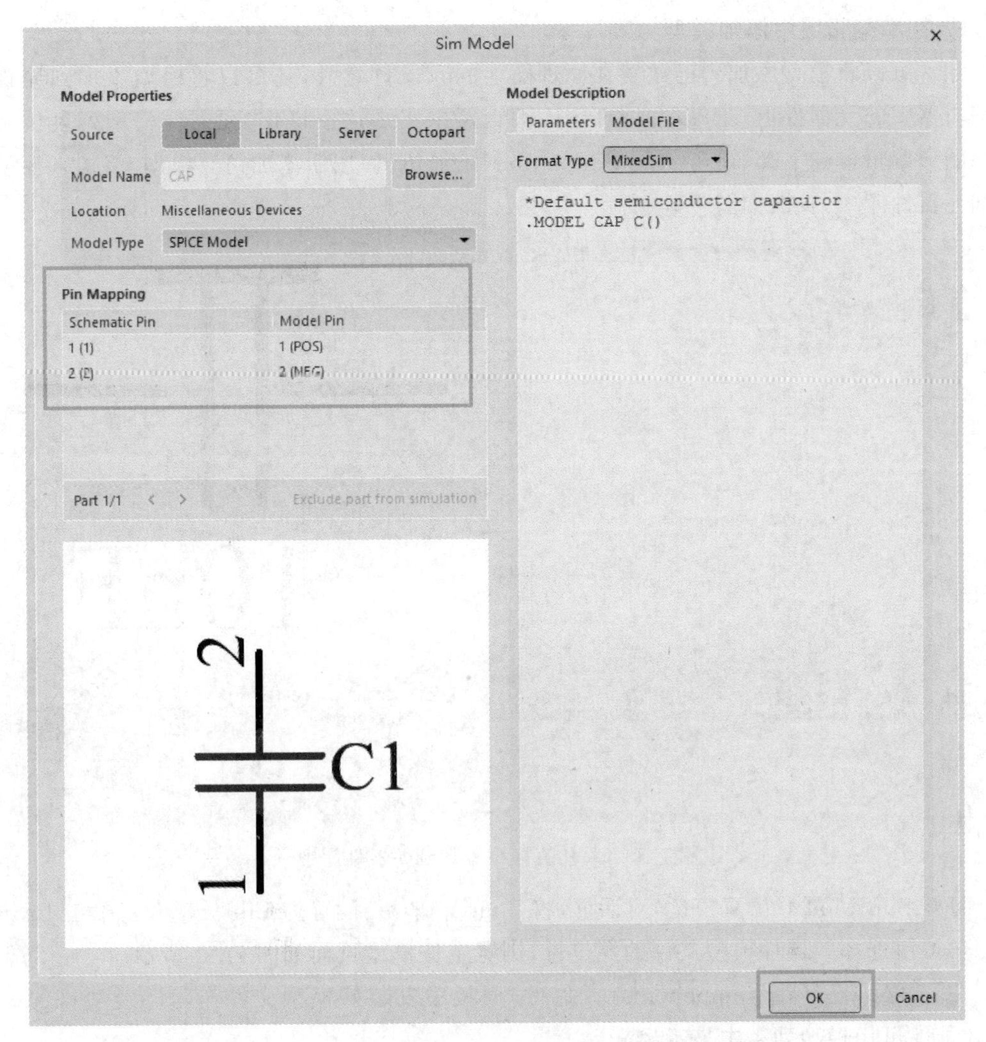

图 7.48 每个元器件引脚必须映射到相应的模型引脚

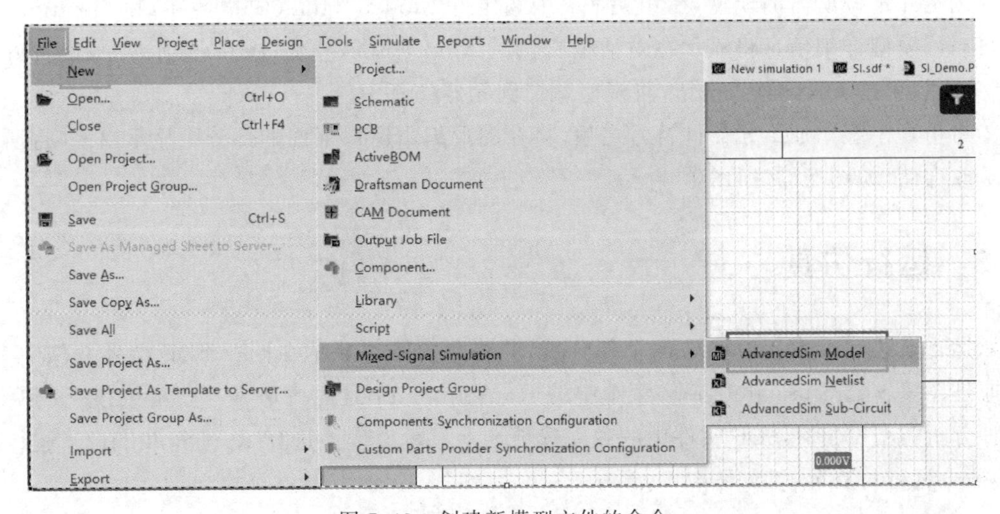

图 7.49 创建新模型文件的命令

5. 在库编辑器中添加模型

除了可以将模型添加到已放置在原理图上的元器件之外，还可以将模型添加到原理图库编辑器中的元器件上。可以在原理图库编辑器中实现这一操作，元器件模型列表位于元器件图形编辑器的下部，单击 Add Simulation(添加仿真)按钮添加仿真模型，将仿真模型添加到元器件库中，页面如图 7.50 所示。

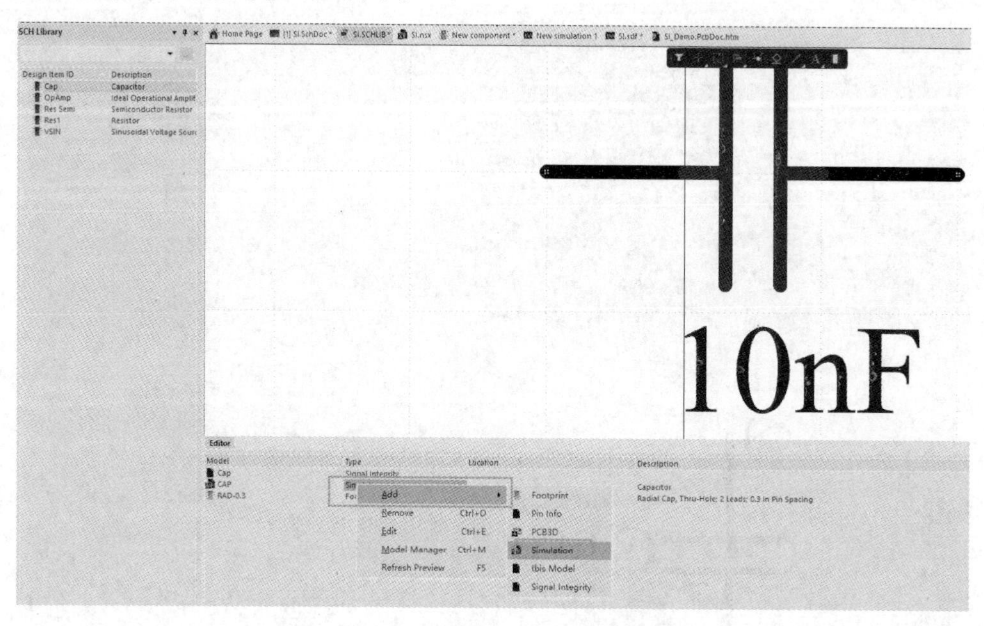

图 7.50　将仿真模型添加到元器件库中

打开 Sim Model(仿真模型)对话框，将 Source(来源)设置为 Library(库)，单击 Browse(浏览)按钮选择元器件模型文件的源位置，浏览定位模型页面如图 7.51 所示。

注意，必须已经在 Components(元器件)面板中安装好模型文件作为活跃项目的一部分，才能在可用模型列表中显示出来。

浏览并定位所需的模型，在相关字段中指定好 Model Name(模型名称)和 Location(位置)位置，模型详细信息将显示在对话框右侧的 Model File(模型文件)选项卡中，设置好相关字段后，单击 OK(确定)按钮，将模型添加到元器件库中。

将仿真模型添加给元器件符号之后，将在图形编辑窗口下面的部分中显示出来，将所做的更改存储，如图 7.52 所示。

7.5 运行仿真

运行上述已经设置好参数的全部分析，并将分析结果显示在同一 SDF 结果文件中，使用原理图编辑器 Simulate(仿真)菜单中的 Run Simulation(运行仿真)命令，或按 F9 热键。每种分析类型都将在 SDF 文件中的独立选项卡上显示出来。选择 Run Simulation(运行仿真)命令运行仿真分析，如图 7.53 所示。

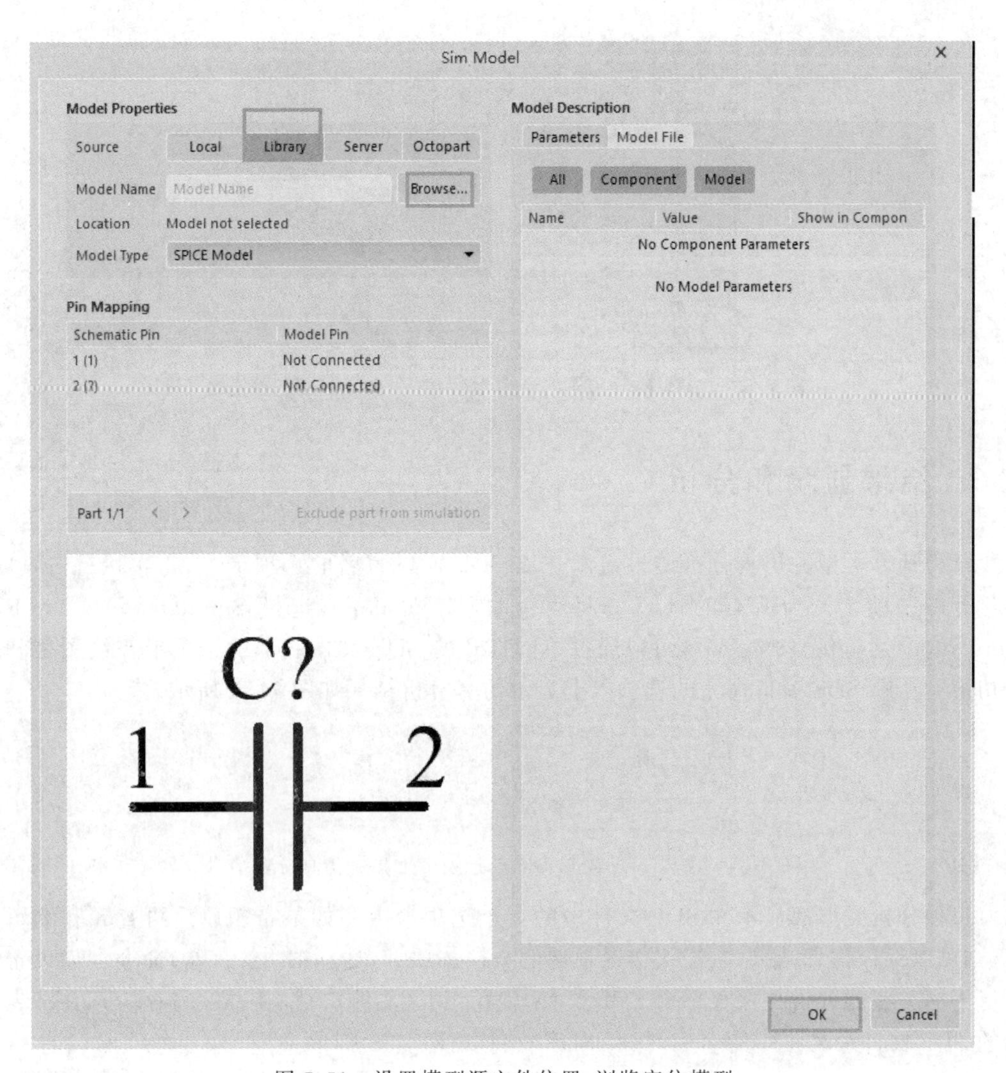

图 7.51　设置模型源文件位置，浏览定位模型

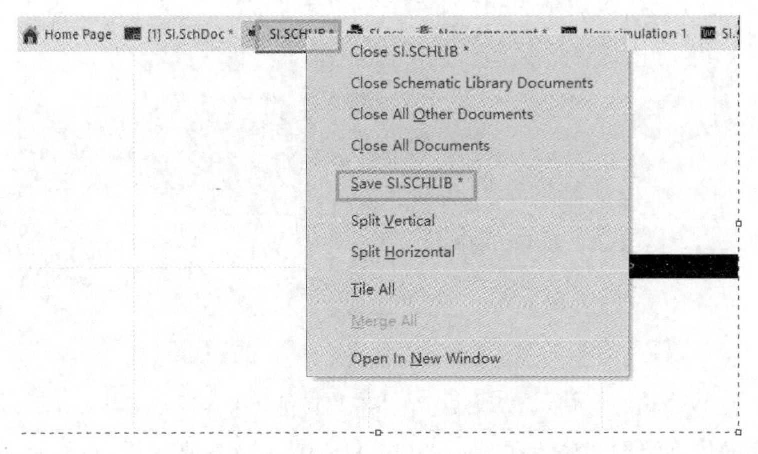

图 7.52　添加仿真模型后将元器件存储

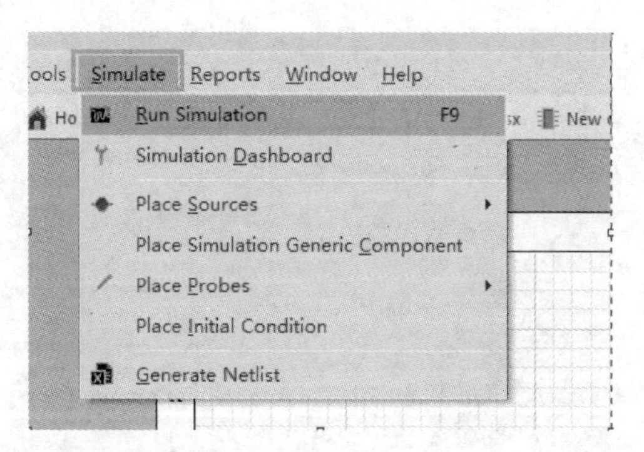

图 7.53 选择 Run Simulation(运行仿真)命令运行仿真分析

7.6 结果显示和分析

每种计算类型的仿真分析结果显示在以 SDF 窗口命名的选项卡上，每次执行仿真时，会打开该选项卡。当所有的计算一起运行时，按 F9 键，或选择 Simulate(仿真)→Run Simulation(运行仿真)命令后，可以通过单击打开的 SDF 文档底部的选项卡在绘图之间进行切换。在以 SDF 窗口命名的选项卡上显示仿真分析结果如图 7.54 所示。

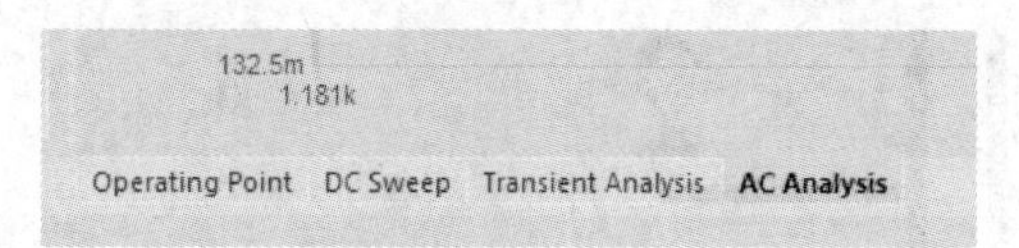

图 7.54 在以 SDF 窗口命名的选项卡上显示仿真分析结果

每种分析类型都显示在 SDF 文件中的一个选项卡上。如果希望以后再查看和编辑它们，则可以保存仿真结果，右击工作区顶部的文档选项卡，选择 Save(存储)命令。如果希望运行不同类型的分析并保存每个 SDF 文件，使用 File(文件)→Save As(另存为)命令，为不同的 SDF 文件命名唯一的名称，保存 SDF 文件如图 7.55 所示。

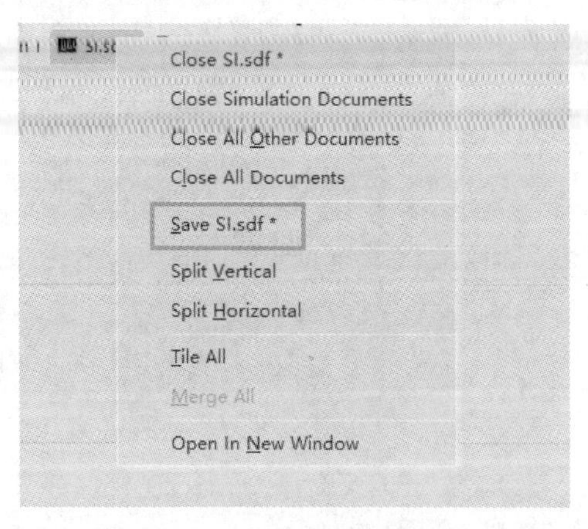

图 7.55 右击上下文菜单保存 SDF 文件

所有保存的仿真结果都显示在 Simulation Dashboard(仿真仪表板)的 Results(结果)部分。如需要重新打开特定的绘图，单击…按钮并从菜单中选择 Show Results(显示结果)，或双击分析名称。该菜单还可用于编辑图表标题和描述、在 Analysis Setup&Run(分析设置和运行)域中恢复绘图设置,删除设置结果,在仿真仪表板中访问运行仿真结果如图 7.56 所示。

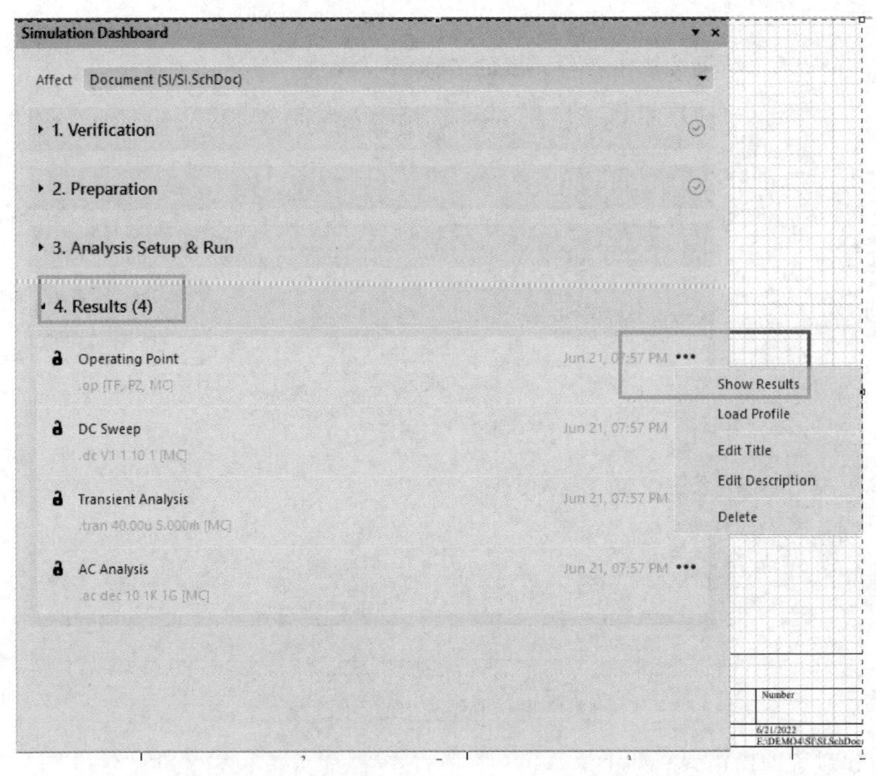

图 7.56 在仿真仪表板中访问运行仿真结果

还可以锁定特定仿真结果。仿真结果锁定之后,再次运行相同类型的仿真之后,将保存为一个新的结果,并在名称中附加一个顺序的数字后缀,“锁定”计算结果如图 7.57 所示。

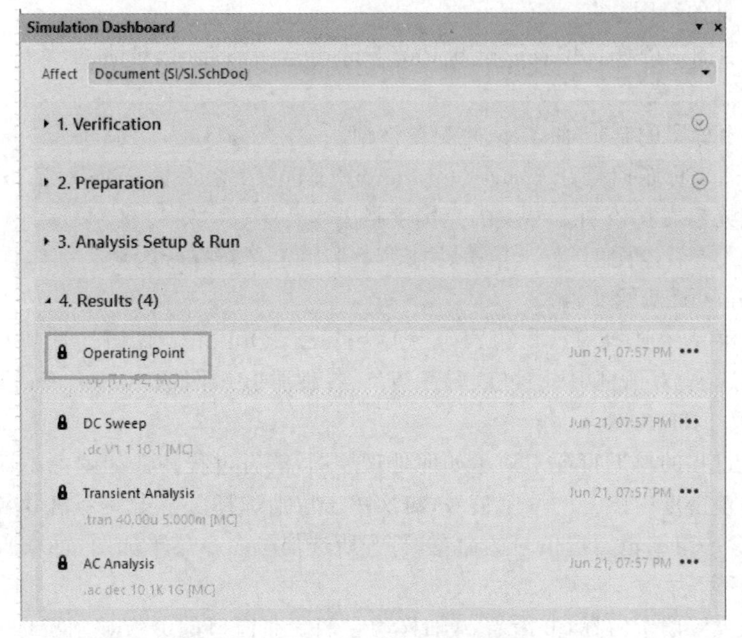

图 7.57 单击“锁定”图标以保存计算结果

7.7 使用绘图

图 7.58 显示了结果波形中各种元素的名称。

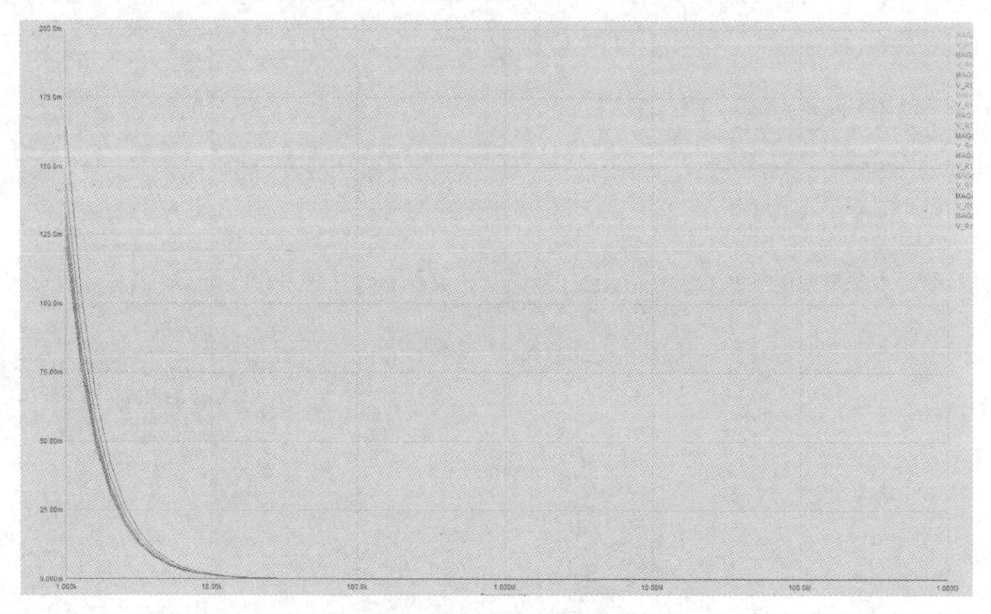

图 7.58 仿真结果中的不同元素

波形窗口中的操作要点如下。

(1) 通过单击保持波形名称，将波形从一个绘图拖动到另一个绘图上。

(2) 要在新的独立坐标图上显示现有波形，双击名称，然后在 Edit Waveform(编辑波形)对话框中的 Plot Number(绘图编号)下拉列表中选择 New Plot(新建绘图)。之后，可根据需要修改可见的绘图数量。

(3) 双击绘图中的任意位置以打开 Plot Options(绘图选项)对话框，从中可以配置绘图的标题、栅格线和线样式。

(4) 双击坐标图的某个轴，标记并配置该轴。

(5) 双击图表标题以打开 Chart Options(图表选项)对话框，在该对话框中命名图表，配置启用当前光标时在该图上显示的光标度量。

(6) 要放大查看绘图的细节，单击并拖动矩形以定义新查看区域。如需恢复视图，右击选择 Fit Document(适配文档)。

(7) 从主菜单中选择 Tools(工具)→Document Options(文档选项)打开 Document Options(文档选项)对话框，从中可以配置颜色、各种波形、图表和绘图元素(包括数据点)的可见性，并定义 FFT 长度。

使用瞬态过程的早期特征来演示如何处理绘图，瞬态过程特性如图 7.59 所示。

在图例中单击选中图上的一个信号，再次单击取消选择。右击一个信号名称，打开命令菜单，其中包含一组编辑所选信号的命令，打开所选信号命令菜单如图 7.60 所示。

1. 测量游标

可以同时设置两个游标，并沿着 x 轴移动它们。在窗口的下方显示游标和绘图的交集

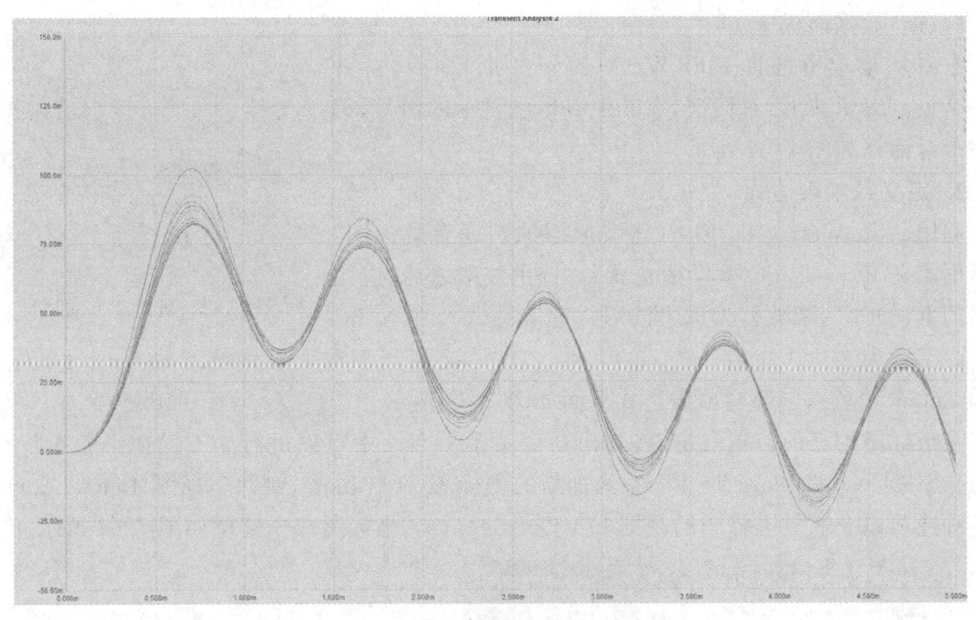

图 7.59 瞬态过程特性

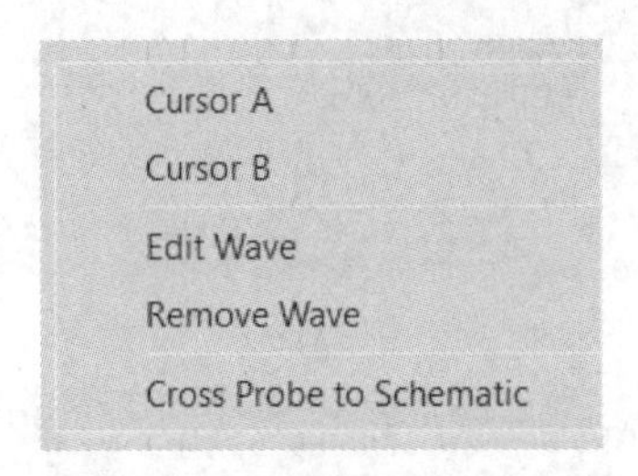

图 7.60 打开所选信号命令菜单

坐标,也可以在图的下方显示测量细节,右击选择 Chart Options(图表选项)来配置游标。右击 Cursor Off(关闭游标)命令删除游标,设置游标示例页面如图 7.61 所示。

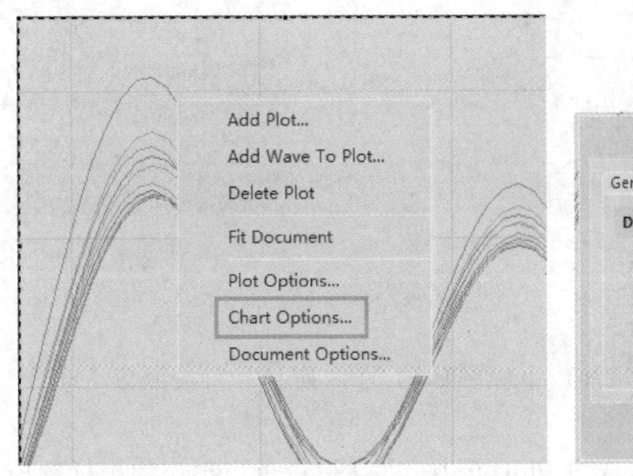

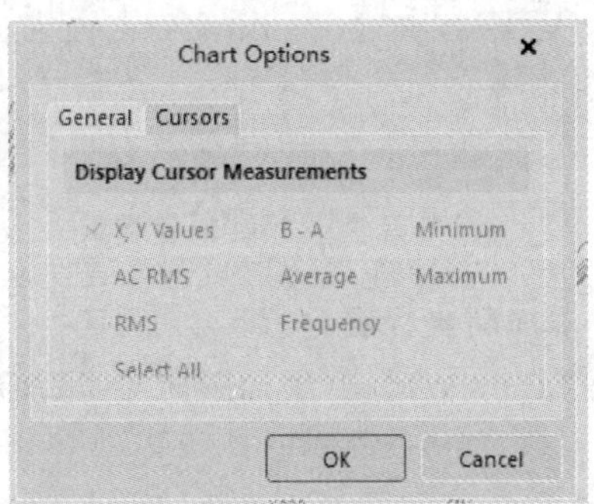

图 7.61 设置游标示例

游标还可用于测量波形的各种参数,打开 Sim Data(仿真数据)面板,显示从两个游标的当前位置计算出来的测量值。可以利用游标对波形进行测量,测量结果显示在 Sim Data

(仿真数据)数据面板中。

右击从菜单中选择 Edit Wave(编辑波形)命令,打开 Edit Wave(编辑波形)对话框,在其中编辑已显示的信号,编辑波形对话框如图 7.62 所示。

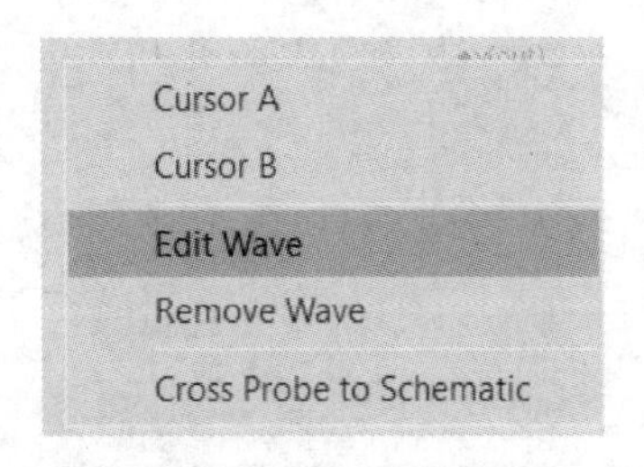

图 7.62 编辑波形对话框

2. 定义数学表达式

利用 Add Waves To Plot(将波形添加到现有坐标图)对话框定义 Expression(数学表达式)。选中波形之后,应用不同的 Function(函数),为选中波形构建表达式。在 Name(名称)字段为表达式命名有意义的名称。此外,还可以更改所显示波形的 Units(单位)单位和 Color(颜色),创建输出表达式页面如图 7.63 所示。

在坐标图的任何位置右击,将弹出命令菜单。在其中可以进行如下操作:将波形添加到现有坐标图(Add Wave To Plot)、添加新的坐标图(Add Plot)、删除坐标图(Delete Plot)、配置各种选项以及恢复坐标图的视图(Fit Document)。坐标图命令菜单如图 7.64 所示。

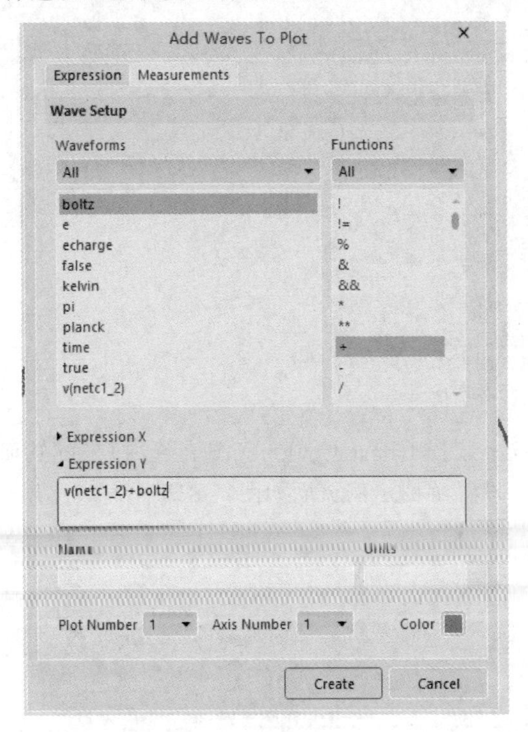

图 7.63 创建输出表达式

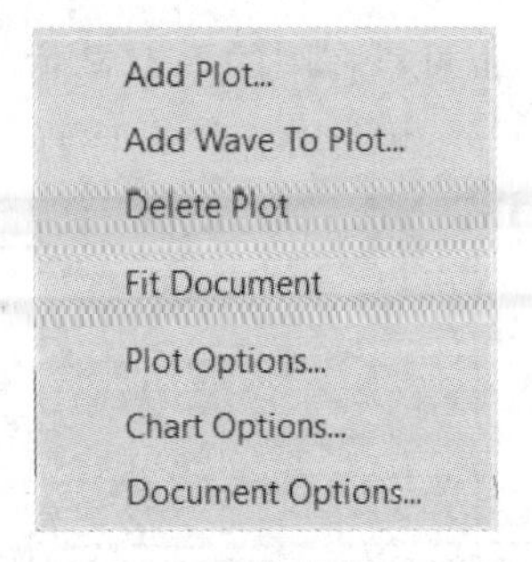

图 7.64 坐标图命令菜单

3. 添加新坐标图

通过 Plot Wizard(坐标图向导)添加新坐标图如图 7.65 所示。可按照以下步骤添加新坐标图。

在坐标图的任意位置右击,选择 Add Plot(添加坐标图)命令启动添加坐标图向导,为其命名并配置好栅格。单击 Add(添加)按钮,从可用的波形中选择一个波形。新坐标图已添加到图表中,如图 7.66 所示。

图 7.65 通过 Plot Wizard(坐标图向导)添加新坐标图

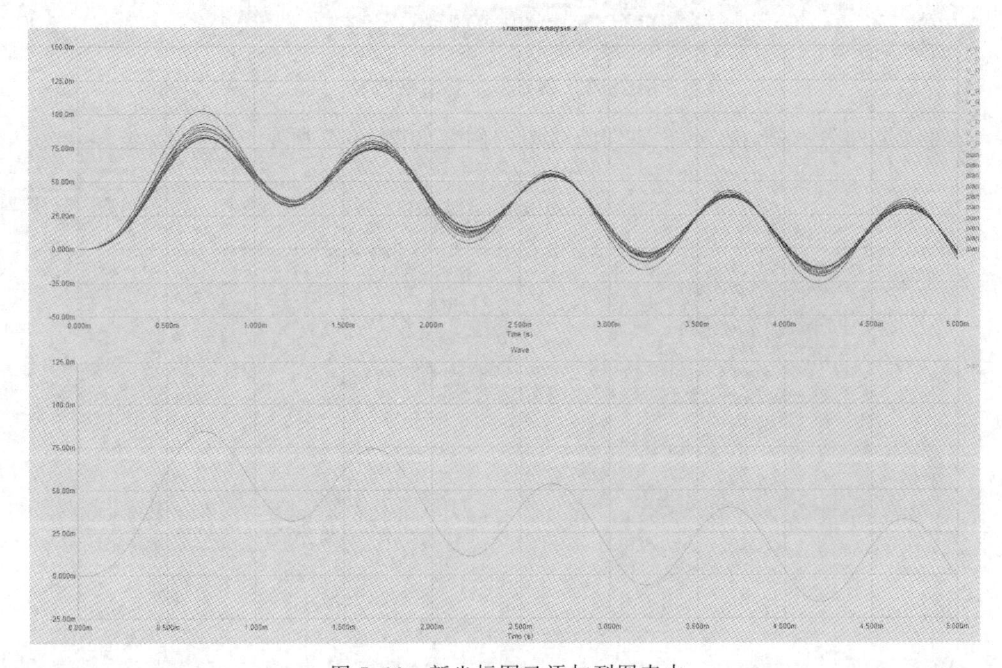

图 7.66 新坐标图已添加到图表中

7.8 Spice 网表

Spice 网表是电路的文本表示，它包括电路中所有必要的参数元器件、元器件模型、连接和分析类型。Altium Designer 23 仿真引擎可以直接处理 Spice 网表。因为网表是在设计原理图时自动创建的，原理图的图形表示可以简化仿真网络列表的创建过程，所以一旦完成了原理图设计之后，无须手动创建网表，从而简化了仿真过程并减少了潜在错误的发生。

元器件和接插件的规范要求用一种特殊的语法来描述电路，尽管该方法很复杂，但也有它的优点，可以直接从网表或原理图中进行电路仿真。

从当前原理图生成仿真网表，从主菜单中选择 Simulate(仿真)→Generate Netlist(生成网表)；或者从主菜单中选择 File(文件)→New(新建)→Mixed-Signal Simulation(混合信号仿真)→Advanced Sim Netlist(高级仿真网表)命令,创建一个新的空网表如图 7.67 所示。

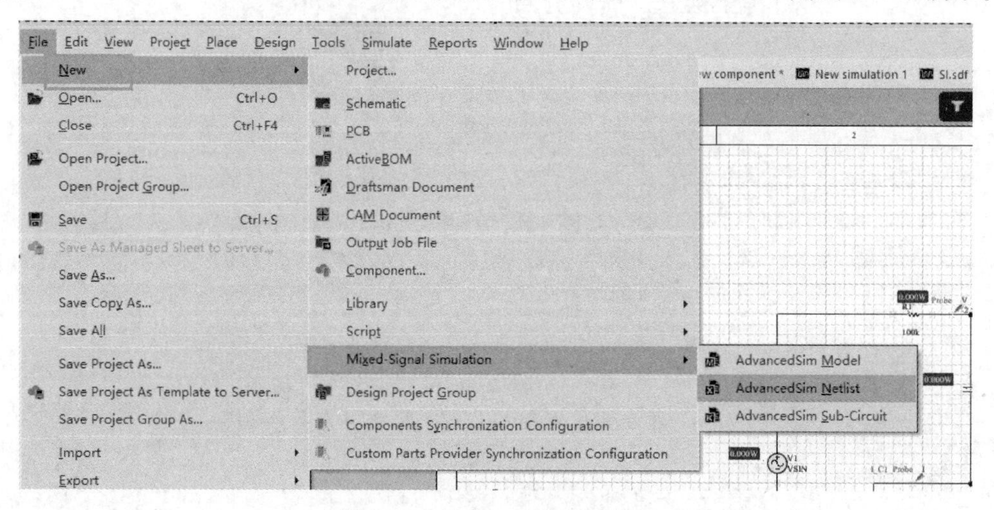

图 7.67　创建一个新的空网表

参考以下网表示例,图 7.68 原理图对应的网表如图 7.69 所示。

```
SI
*SPICE Netlist generated by Advanced Sim server on 2022/6/21 20:41:30
.options MixedSimGenerated

*Schematic Netlist:
CC1 NetC1_1 NetC1_2 10nF
CC2 NetC2_1 NetC1_2 10nF
RR1 NetR1_1 NetC1_2 100k
RR2 NetC1_1 NetC2_1 100K
XU1 0 NetC1_1 NetC2_1 IDEALOPAMP_3NODES PARAMS: GAIN=1Meg
VV1 NetR1_1 0 DC 0 SIN(0 1 1K 0 0 0) AC 5 0

.PLOT AC {MAG(i(V1))} =PLOT(1) =AXIS(1)
.PROBE {V(NetC1_2)} =PLOT(1) =AXIS(1) =NAME(V_R1_ Probe) =UNITS(V)

*Selected Circuit Analyses:
.DC V1 1 10 1
.AC DEC 10 1K 1G
.TRAN 40.00u 5.000m 0 40.00u
.TF V(NetC1_1)
.TF V(NetC1_2)
.TF V(Net[illegible])
.TF V(NetR1_1)
.PZ  0  0 VOL PZ
.OP
.CONTROL
TOLGROUP Resistor DEV=10% Uniform
TOLGROUP Capacitor DEV=10% Uniform
TOLGROUP Inductor DEV=10% Uniform
TOLGROUP Transistor DEV=10% Uniform
TOLGROUP DcSource DEV=10% Uniform
TOLGROUP DigitalTp DEV=10% Uniform
MC 10 SEED=-1
.ENDC

*Models and Subcircuits:
* OPAMPS
*-----------------------------------------------------------------
.SUBCKT IdealOpamp_3nodes  In+ In- Out PARAMS: GAIN=1Meg
E1 Out 0 In+ In- {Gain}
R1 In+ In- 1e12
.ENDS

.END
```

图 7.68　原理图对应的网表

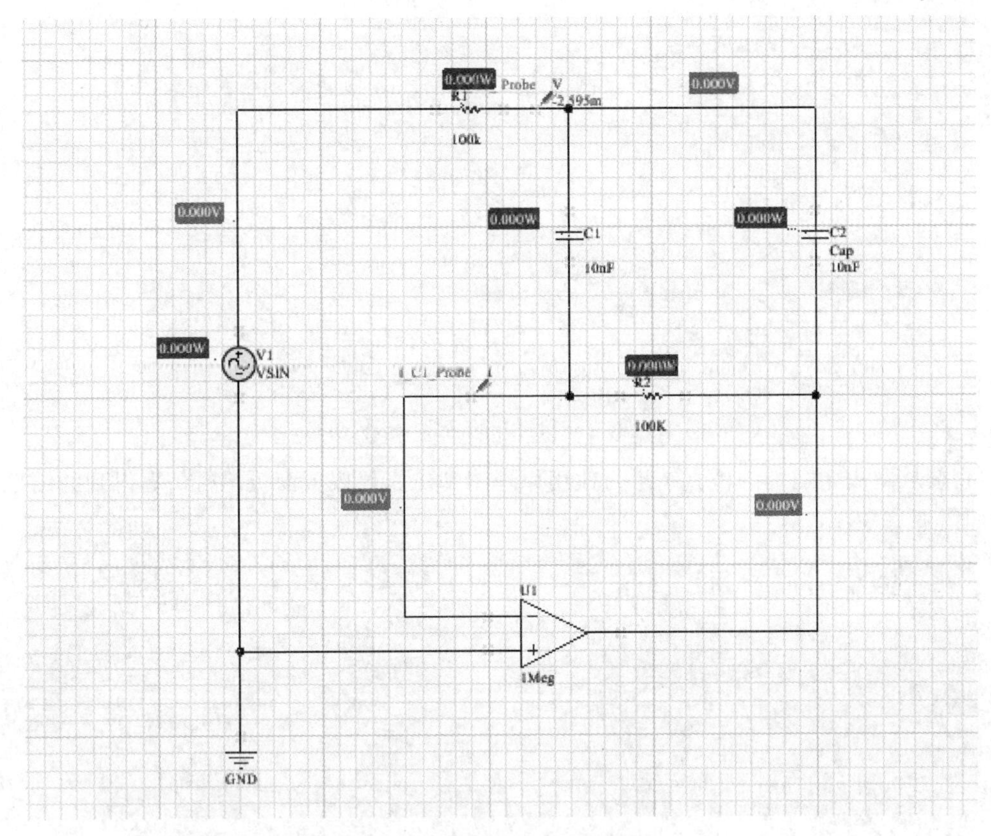

图 7.69 网表对应的原理图

(1) 开头带“ * ”的行是注释,为辅助文本。

(2) CC1 NetC1_1 NetC1 __ 2 10nF 为元器件描述。其中,CC1 为元器件名称; NetC1_1 NetC1 __ 2 为元器件引脚连接到的网络,在本例中,电容器的第一个引脚连接到电源,第二个引脚连接到运放的输出; 10nF 为元器件值。

(3) VV1 NetR1_1 0 DC 0 SIN(0 1 1K 0 0 0) AC 5 0 为信号源描述。其中,VV1 为元器件名称; NetR1_1 为元器件连接引脚; AC 5 0 为信号源参数; SIN(0 1 1K 0 0 0)为输出信号参数,包括初始值、脉冲值、时间延迟、上升时间、下降时间、脉冲宽度、周期。

(4) PLOT AC{MAG(i(V1))}=PLOT(1)=AXIS(1)代表以绘图的形式显示信号。

(5) * Selected Circuit Analyses:代表选定的电路分析。

(6) * Models and Subcircuits:代表型号和子电路。

(7) .SUBCKT Ideal0pamp_3nodes In+ In-Out PARAMS:三节点的理想运算放大器,输入 In+和 In-,输出 Out。

(8) E1 Out 0 In+ In-{Gain}代表理想运算放大器,一个输出,两个输入,参数为增益。

(9) R1 In+ In-1e12 代表链接到所使用的运放模型。

(10) END 代表文档结束。

选择【仿真】/Run 命令,或按 F9 热键,直接从打开的网表中运行仿真,如图 7.70 所示。

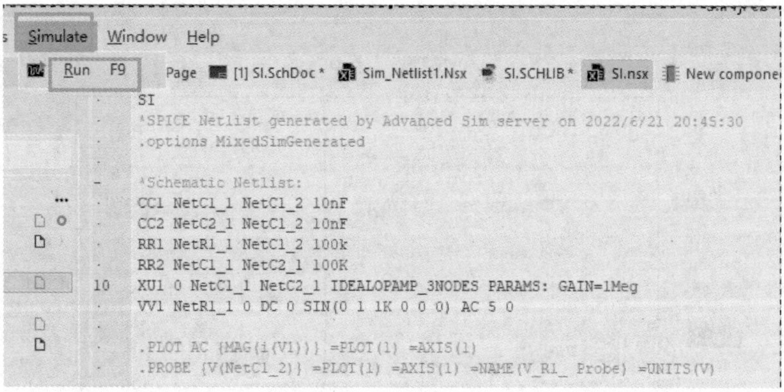

```
Simulate  Window  Help
Run  F9     Page  [1] SI.SchDoc *  Sim_Netlist1.Nsx  SI.SCHLIB *  SI.nsx  New compone
SI
*SPICE Netlist generated by Advanced Sim server on 2022/6/21 20:45:30
.options MixedSimGenerated

*Schematic Netlist:
CC1 NetC1_1 NetC1_2 10nF
CC2 NetC2_1 NetC1_2 10nF
RR1 NetR1_1 NetC1_2 100k
RR2 NetC1_1 NetC2_1 100K
XU1 0 NetC1_1 NetC2_1 IDEALOPAMP_3NODES PARAMS: GAIN=1Meg
VV1 NetR1_1 0 DC 0 SIN(0 1 1K 0 0 0) AC 5 0

.PLOT AC {MAG(i(V1))} =PLOT(1) =AXIS(1)
.PROBE {V(NetC1_2)} =PLOT(1) =AXIS(1) =NAME(V_R1_ Probe) =UNITS(V)
```

图 7.70　直接从打开的网表中运行仿真

直接从网表中运行的仿真结果与使用原理图和仿真仪表板面板运行仿真得到的结果相同，如图 7.71 所示。

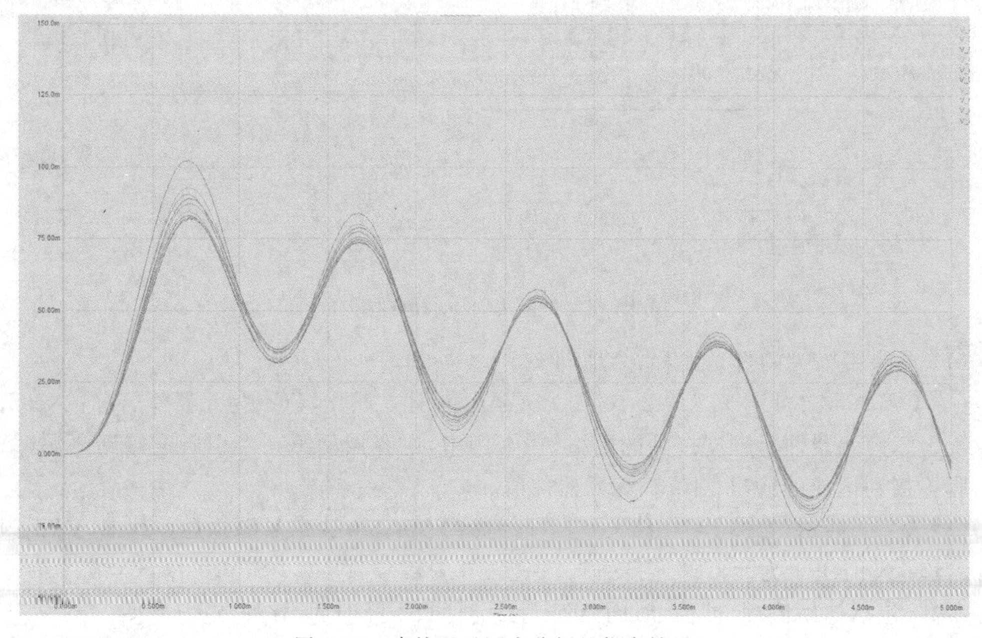

图 7.71　直接通过网表分析的仿真结果

第8章

高速电路板设计

绝大多数PCB遇到的信号完整性问题通常与高速数字设计有关。在高速PCB设计和布局时，往往会受到信号完整性、电源完整性和EMI/EMC(电磁干扰/电磁兼容)问题的影响。高速PCB的设计虽然没有统一的标准，但如果能遵循高速板设计的一些常用规则，可以大大减小问题的发生概率，从而提高最终产品的性能。

创建好原理图，通过原理图验证之后，便可以着手电路板布局，高速PCB设计过程中，对元器件布局和布线有特殊的要求，需要在层堆叠过程中考虑电源平面和地平面、走线的阻抗计算以及印制线路板材料的选择等诸多因素。高速电路板设计围绕着PCB堆叠设计和走线展开，以确保信号和电源的完整性。

8.1 高速数字系统设计

什么是高速电路板的设计？高速设计特指使用高速数字信号在元器件之间传递数据的系统。高速数字设计和简单电路板之间没有明确的分界线，用来将一个特定的系统表示为"高速"的一般度量标准是在系统中数字信号的跳变沿速率(或上升时间)。通常，当数字电路的速率达到或者超过45MHz，而且这部分速率的信号占到整个系统的三分之一以上，便称为高速PCB或高速电路。高速PCB设计中，布局尤为重要，其合理性直接关系到后续的布线、信号传输的质量、EMI、EMC、ESD等问题，关系到产品设计的成败。

大多数数字设计是高速(快跳变沿速率)和低速(慢跳变沿速率)的混合数字系统。在当今嵌入式计算和物联网时代，大多数高速电路板都有一个用于无线通信和网络的射频前端。设计高速电路板时，需要对电路板层叠和阻抗做精密的计算，在此基础上选择一定厚度的PCB材料，在布局阶段，对元器件的布局做综合考量，在布线时应考虑信号完整性和电源完整性。和普通电路设计相比，高速电路板设计时应综合考虑信号完整性和电磁兼容等诸多因素，对EDA工具也相应提出了更高的要求。

Altium Designer 23将高速电路板设计时应用到的多种功能集成到一起，利用层叠管理器和设计规则的定义等前端设计，很好地解决了信号完整性、电源完整性和电磁兼容(SI/PI/EMI)等设计问题。同时，Altium Designer 23结合了仿真功能，实现了工业级别的信号完整性分析，在生产制造PCB之前，确保设计的高速电路板符合SI/PI/EMI的设计要求。

当需要设计一款高速 PCB 时，工作重点主要集中在互连设计、PCB 堆叠设计和布线上。

8.2 高速 PCB 堆叠设计和阻抗计算

高速电路板的 PCB 堆叠决定了阻抗和走线的难易程度。高速 PCB 堆叠设计包括一组专门用于高速信号的信号层、电源层和地平面层，在层堆叠分配过程中，应考虑以下几点。

1. 电路板大小和网络数量

电路板的面积有多大，就需要在电路板上布多少网络。如果电路板的物理空间比较大，布得下全部的网络，便无须添加更多额外的信号层。

2. 走线密度

在网络数量多且板尺寸有限的情况下，将需要增加更多的内部信号层。PCB 尺寸越小，走线密度便越高。

3. 接口数量

应确保每层上只布一两个接口，将信号布在同一层的高速数字接口中，以确保信号的阻抗和延迟的一致性。

4. 低速信号和射频信号

数字设计中是否有低速数字或射频信号？如果这些信号会占用高速总线或元器件的表层空间，则需要添加额外的内部层。

5. 电源完整性

应确保大型集成电路中全部电压使用同一个电源平面和地平面。电源平面和地平面应该放置在相邻层上，以支持去耦电容器的电源稳定。

在高速数字电路设计中，电源与地平面层应尽量靠在一起，中间不安排布线。所有布线层都尽量靠近一平面层，优先选择地平面为走线隔离层。为了减少层间信号的电磁干扰，相邻布线层的信号线走向应取垂直方向。可以根据需要设计 1～2 个阻抗控制层，如果需要更多的阻抗控制层则需要与 PCB 厂家协商。阻抗控制层要按要求标注清楚。将单板上有阻抗控制要求的网络布线分布在阻抗控制层上。

8.2.1 PCB 材料选择、层数目和板材厚度

在设计 PCB 堆叠之前，首先应考虑电路板的层数。层堆叠设计方法依赖于数学和以往高速板的设计经验。除了上面应考虑的几点因素，在某种程度上，集成电路芯片的大小对 PCB 的大小起着决定性的作用。对于 BGA/LGA 封装的大规模集成电路来说，在设计 BGA 扇出时，通常可以为每个信号层设置 2 行引脚输出，同时，在构建层堆叠过程中，应确保高速 PCB 包含电源层和地平面层。

高速数字设计通常采用 FR4 级材料，同时走线也不能过长，如果走线太长，高速信道损耗过多，元器件的信道接收端可能无法恢复信号。在选择材料时，需要考虑的主要材料特性是 PCB 层压板的损耗切线，通道的几何形状也会影响线路损耗，通常具有较低的损失切线的 FR4 层压板，是高速 PCB 设计的首选板材。

如果高速 PCB 上有很长的走线，则需要选择一种更专业的板材。PTFE（聚四氟乙烯基）层压板、扩散玻璃层压板或其他专业材料系统是大型高速数字板设计的良好选择，板上

的走线越长，要求更低的插入损耗。对于面积较大的高速 PCB，像米格龙(Megtron)或杜罗德(Duroid)层压板，都是不错的选择。在设计完成之前，应与制造商核实所选的板材和层堆叠是否可以制造。

8.2.2 电气系统中的传输线损耗

有经验的设计工程师在处理传输线路时，首先想到的是电路的传播行为和损耗问题。是什么原因导致了输电线路的损耗？如何设计将电路损耗最小化？如何计算电路损耗？这些问题是设计高速电路时面临的首要问题，一旦这些问题被理解和解决，高速 PCB 设计便能手到擒来了。

高速 PCB 设计师首先应充分理解传输线，传输线设计是电子设计的一个专业领域，需要掌握如何处理输电线的损耗等知识。在这里，通过一些重要的公式和一些简短的分析来做简要的介绍。

对于新手来说，知道一些通用理论便足够。用于描述配电系统中传输线路的理论也适用于集成电路、电路板和长电缆元器件。在这里，不需要利用波动方程来计算传输线中的损耗。传输线是一个系统，很难在电路布局中面面俱到，但是 PCB 的物理布局确实会对传输线的损耗产生影响，尤其是在高速 PCB 的设计过程中，应着重考虑传输线的损耗问题。本节将从 RLCG 模型中的阻抗计算开始，分析传输线的结构及其材料参数如何决定传输线的损耗。

1. 确定阻抗函数的损耗

描述传输线路损耗最简单的方法是计算基本的 RLCG 电路模型中的阻抗，阻抗定义如下：

$$Z=\sqrt{\frac{R+\mathrm{i}\omega L}{G+\mathrm{i}\omega C}} \tag{8.1}$$

式(8.1)是电磁场教科书中找到的方程式，但在设计电路时不需要进行公式计算。通过这个方程可以看出，阻抗方程中会对阻抗产生直接影响的只有 R、L 和 G 3 个参数。G 是由于损耗切线而产生的损耗，它和 R、L 项结合起来，由趋肤效应而生成传输线路损耗。此外，还有一个鲜为人知但很重要的损耗机制辐射损耗，和环路面积 L 有关。

值得注意的是线电容 C 对阻抗也有影响，因为 G 与 C 成正比。线路的几何形状会影响传输线损耗，因为它决定了线路周围的场。接下来，考虑传播常数以及它如何影响传输线损耗。

2. 传播常数带来的损耗

传输线上信号的传播常数与传输线上的损耗也相关。通过一些复杂的代数计算公式，可以看出传播常数与传输线上的损耗之间的关系。传输线的传播常数定义为

$$\gamma=\sqrt{(G+\mathrm{i}\omega C)(R+\mathrm{i}\omega L)}=\sqrt{RG-\omega^2 LC+\mathrm{i}\omega(RC+GL)} \tag{8.2}$$

在式(8.2)中，取一个复数的平方根作为常数便是在传输线上传输的信号所产生的损耗。如果不会取一个复数的平方根，也没必要担心，有一个简单的公式会给出答案。式(8.3)只取了传播常数的实数部分，揭示了传输线损耗的奥秘。

$$\mathrm{Re}[\gamma]=((RG-\omega^2 LC)^2+\omega^2(RC+GL)^2)^{\frac{1}{4}}\left[\cos\left(\frac{1}{2}\arctan\left(\frac{\omega(RC+GL)}{RG-\omega^2 LC}\right)\right)\right] \tag{8.3}$$

式(8.3)给出了传输线损耗的精确值，还可以使用近似方程给出上述方程的近似值，传输线损耗可以近似为

$$\mathrm{Re}[\gamma] \approx \frac{R}{2Z} \tag{8.4}$$

这个近似方程更加直观，将其化简为 Z 和 R 的表达式，但同时也不排除其他因素对传输线损耗的影响。值得注意的是，C 会出现在分子中，因此电容越大的线路会引发更大损耗。这便是 HDI 线路可以降低整体损耗的原因之一，HDI 线路的传输线损耗小得多，因为它们的电容更小。

3. 传输线损耗和电路参数的关系

综上所述，有 4 个损耗因素与传输线中的 4 个参数相关，表 8.1 对相关内容做了总结。

表 8.1　传输线损耗和电路参数的关系

参　数	损耗机制	对信号产生的影响
R_S,L	趋肤效应	频率的函数，改变信号的幅度和相位
R_{DC}	直流损耗	降低信号的幅度，对相位没有影响
L	辐射损耗	在高频时，传输过程中产生功率损耗
G,C	介电损耗	降低信号的幅度和产生相移

表 8.1 准确地给出了不同损耗机制与传输线中的不同参数的关系。如果发现电路中某种类型的损耗过高，通过表 8.1 知道哪些参数产生了影响，就可以通过修改层堆叠、线宽度、PCB 层压板材料等手段来做出修正。

4. 降低互连线路的损耗

不同的损耗机制与电路参数的关联关系固然重要，但在利用 Altium Designer 23 软件做电路设计时，最终线路的几何形状对传输线损耗有着实际的影响。在设计过程中，通过调整几何形状(地平面高度、宽度、覆铜厚度)等参数，可以调整电路的传输线损耗。

利用场求解器(Field Solvers)计算出 PCB 层压板材料和堆叠的阻抗，利用上述公式确定传播常数(实部)。通过遍历不同的几何参数，可以精确地得出低寄生率和低损耗的阻抗值。

可以在 Altium Designer 23 层堆叠管理器中使用集成的场求解器计算阻抗和其他确定传输线损耗的参数，对于涉及 s 参数提取等更高级别的计算，Altium Designer 用户可以使用 EDB 导出器扩展(EDB exporter extension)将设计导入 Ansys 场求解器(Ansys field solvers)中，利用场求解器应用程序对设计进行验证。

8.2.3　不同射频 PCB 材料的比较

当电路设计师谈论板材时，FR4 层压板是工程师的首选板材。在实际应用中，FR4 板材也有不同的种类，每一种都具有相对相似的结构和材料特性。基于 FR4 板材的设计与低频电路板设计有很大的不同，高速电路板设计到底有什么不同？为什么射频 PCB 需要用到特殊的板材呢？

什么时候需要用到射频 PCB 材料？这个问题与系统分析中的一些重要任务有关。当需要使用替代 PCB 衬底材料时，设计师在选择射频 PCB 基板材料时，应该考虑以下特殊的因素。

1. 损耗切线

损耗切线是 PCB 设计师进行材料选择时首先应考虑的因素。

2. 介电常数

每个设计师都倾向于只使用低介电常数层压板,但高介电常数层压板往往也可以有低损耗切线等其他优势。

3. 热特性

有多种热特性,其中最为重要的是玻璃化转变温度和热膨胀系数 CTE。

4. 制造的可操作性

设计师往往把这一风险点留给了制造商,在开始设计之前,最好联系制造商确认板材的可用性。

5. 厚度

不能随意选取板材的厚度,这一点也需要和 PCB 制造商沟通确认,确认高速 PCB 的层堆叠的制造工艺是否可行。

6. 材料色散

对于毫米波应用设计来说,材料色散并不重要,毫米波器件的带宽足够小,虽然其色散可以忽略不计,但仍然应该在可能的情况下检查一下材料色散。

正如许多工程问题一样,现实世界没有完美的答案或完美的材料可以同时满足以上所有因素。然而,对于高可靠性的射频产品,有一些常见的射频 PCB 基板材料为特定的频带而设计,但往往会牺牲热性能。

射频和毫米波器件的标准材料是基于聚四氟乙烯(PTFE)的材料。Rogers(罗杰斯)是最著名的基于 PTFE 的射频 PCB 材料的制造商,该公司生产各种高频 PCB 层压板材料。其中一些专门用于 Ka 波段和 W 波段(汽车雷达和未来的 5G 波段)。

另一个著名的供应商是 Isola,其射频 PCB 材料选项的目标频率范围高达 W 波段。除了射频 PCB 材料,他们也提供标准的 FR4 级层压板。推荐使用 370HR 层压板,它在射频 PCB 布局和布线的 Wi-Fi 频率下性能良好,适用于大多数数字应用。

由于篇幅限制,无法一一展示射频 PCB 设计的全部基板选项,上述两家供应商提供的板材是目前射频 PCB 设计中用到的主流板材,与常规的 FR4 材料相比,损耗角正切值大约低 10 倍,与此同时,这些材料具有较高的分解温度。在制板过程中,如果制造商建议另一种替代 PCB 材料,则其特性应与射频层压板的指标兼容。在选择替代材料时,应通读基板材料的数据手册。

设计的选材的决策过程是一个权衡折中过程,与 FR4 相比,基于 PTFE 的板材有以下缺点。

(1) 高 CTE,热膨胀对覆铜施加更大的压力。

(2) 聚四氟乙烯(PTFE)不容易与其他材料结合,为此应使用粘接剂。

(3) 聚四氟乙烯是一种软物质,很容易扭曲。

其次是成本,聚四氟乙烯(PTFE)层压板是一种特殊材料,尽管它们很受欢迎,但是射频设备通常不是在整个层堆叠中使用聚四氟乙烯。在射频 PCB 层堆叠设计中通常使用混合层堆叠,其中将聚四氟乙烯层压板放置在表面层上,并且只在聚四氟乙烯层压板的表面层布高频信号。一个 6 层射频板的层堆叠表如图 8.1 所示。

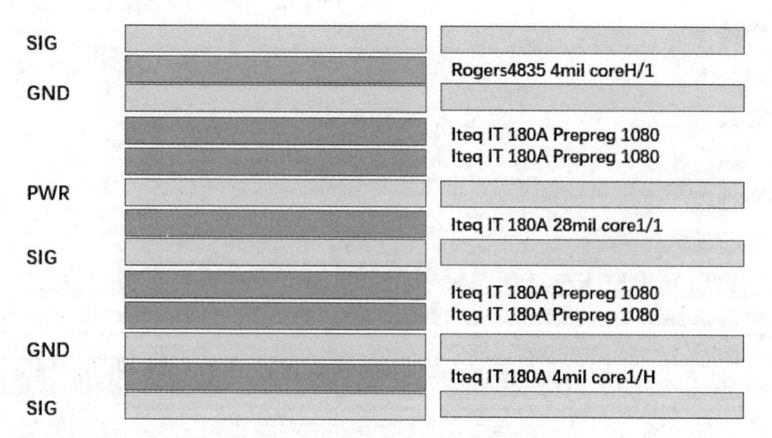

图 8.1　6 层射频板的层堆叠表

这种混合层堆叠的典型应用为汽车雷达模块，其中，只有最顶层的层是聚四氟乙烯(PTFE)层压板。当进行层堆叠设计时，制造商会提供一张类似的层堆叠表。

板材供货商会持续开发有创新性的低损耗、低色散度的解决方案。最新的材料基于纤维编织效应，并尝试用更平滑的材料来解决高频问题。Altium Designer PCB 层堆叠工具不会限定在某一种材料上，可以将来自制造商的自定义材料数据输入层堆叠设计中。

在设计中选择好一种射频 PCB 材料来支持高频布局和布线之后，可以利用 Altium Designer 层堆叠管理器创建一个高质量的层堆叠。

8.2.4　高速 PCB 的阻抗控制

在创建好层堆叠并通过验证之后，阻抗便能确定下来了。制造商可以对 PCB 堆叠提出修改意见，如 PCB 的替代材料或层厚度。层堆叠的安全间隙确定好之后，层厚度便确定下来，于是可以开始计算阻抗值。

阻抗通常使用公式或场求解计算器计算，设计中需要的阻抗将决定传输线的尺寸，以及到附近的电源层或地平面层的距离。可以利用以下工具计算阻抗。

1. IPC,2141 和 Waddell 公式

这些公式为阻抗估计提供了依据，且在较低的频率下，生成的结果更加准确。

2. 二维/三维场求解器

实用程序场求解器用于求解为高速电路板定义的传输线几何结构中的麦克斯韦方程组。

使用层堆叠管理器和场求解器将获得精准的结果，同时考虑铜粗糙度、蚀刻、不对称线排列和差分对等多种因素。一旦计算出线路的阻抗，便可以将其设置为设计规则，以确保线路具有所需的阻抗。

大多数高速信号协议，如 PCIe 或以太网都使用差分对，为此需要通过计算线路宽度和间距来设计一个特定的差分阻抗。场求解器工具(Field Solver Tools)是计算几何图形(如微带、条纹或共面)中的微分阻抗的最佳实用工具。场求解器实用程序的另一个重要结果是传播延迟，利用它在高速布线时强制执行线路长度调整。

电子工程师在需要计算线路阻抗时，往往会上网查找在线线路阻抗计算器，虽然这些在很大程度上能解决大部分设计师的问题，但对于计算线路阻抗的正确计算公式仍然存在很多分歧，设计师应充分意识到这些线上工具的局限性。

如果使用网络搜索引擎来查找线路阻抗计算器，会找到很多种。其中一些在线计算器是来自不同公司的免费软件应用程序，有些只是列出公式而没有引用消息来源，某些计算器没有任何上下文，没有列出具体的假设，也没有详细说明公式所使用的相关近似。

在实际电子设计过程中，这些细节非常重要，例如需要为天线线路设计阻抗匹配网络。一些计算器可以计算一些几何图形中的线路阻抗，例如宽侧耦合、嵌入的微带、对称或不对称的带状线或规则的微带。这些计算器就像一个黑盒子，使用者不知道采用的是哪些公式，也没有办法与其他计算器的计算结果进行比较，检查它的准确性。

IPC_2141 标准是微带和带状线阻抗计算的经验方程。然而，在实际应用中微带线路 IPC_2141 公式生成的结果不如惠勒提出的方程式准确。极地仪器（Polar Instruments）提供了这个主题的简要概述，并在文章中列出了 IPC_2141 方程和惠勒方程。

$$Z_0 = \frac{87}{(\varepsilon_r + 1.41)^{0.5}} \ln\left(\frac{5.98h}{0.8w + t}\right) \tag{8.5}$$

在极地仪器的文章中比较了具有不同阻抗的微带线路方程的准确性。当将分析结果与给定几何形状下的数值计算结果进行比较时，惠勒方程的结果比微带的 IPC_2141 方程的结果精度高 10 倍（误差小于 0.7%）。尽管惠勒方程提供了更高的精度，但 IPC_2141 方程仍然在许多在线计算器中广为使用。

里克·哈特利（Rick Hartley）提出了一套表面和嵌入的微带的阻抗方程，这些方程明确包括有效介电常数和增量线路宽度调整。

里克提出的方程实际上是瓦德尔（Wadell）方程，在传输线设计手册中能找到它。它与上面引用的极地仪器的文章在惠勒的特征阻抗方程相比有一个明显的不同之处，即在对数函数中多了一个冗余的平方根。在设计嵌入式和表面微条的跟踪阻抗计算器时，应该注意这一点，并根据原始参考文献检查方程。微带线路阻抗的惠勒方程如下：

$$Z_0 = \frac{60}{(2\varepsilon_r + 2)^{0.5}} \ln\left(1 + \frac{4h}{w'}\left[\left(\frac{14 + \frac{8}{\varepsilon_r}}{11}\right)\left(\frac{4h}{w'}\right) + \sqrt{\left(\frac{14 + \frac{8}{\varepsilon^r}}{11}\right)^2 \left(\frac{4h}{w'}\right)^2 + \pi^2 \frac{1 + \frac{1}{\varepsilon_r}}{2}}\right]\right) \tag{8.6}$$

$$w' = w + \left(\frac{1 + \frac{1}{\varepsilon_r}}{2}\right)\left(\frac{t}{\pi}\right) \ln\left(\frac{4e}{\left(\frac{t}{h}\right)^2 + \left(\frac{\frac{1}{\pi}}{\frac{w}{t} + 1.1}\right)^2}\right)$$

$$\varepsilon_{\text{eff}} = \begin{cases} \frac{\varepsilon_r + 1}{2} + \frac{\varepsilon_r - 1}{2}\left(\left(1 + \frac{12h}{w}\right)^{-0.5} + 0.04\left(1 - \frac{w}{h}\right)^2\right), & w < h \\ \frac{\varepsilon_r + 1}{2} + \frac{\varepsilon_r - 1}{2}\left(1 + \frac{12h}{w}\right)^{-0.5}, & w > h \end{cases}$$

实践经验表明，惠勒的方法似乎是计算嵌入和表面微带线路阻抗最准确的方法。然而，对于微带宽度与导电平面上的高度比仍然存在一个近似值。这使得惠勒方程不连续，当微带宽度与导电平面以上的微带高度相似时，其精度便存在偏差。

在使用线路阻抗计算器之前，首先应该知道计算使用的是哪个方程。并不是所有的计算器都会明确地说明这一点。某些计算器选择了瓦德尔的结果，但却说基于惠勒的方法，没有提供参考资料。其他人只是简单地提出了 IPC_2141 方程，而没有说明该方程的出处。

更复杂的是，某些射频计算器会采用其他线路阻抗方程，而不引用方程的来源。这些方程综合了瓦德尔方程中的各种因素，而将其他因素忽略掉，或简单地通过近似进行了简化。

关于在线计算器的最后一个注意事项是，这些计算器可能允许输入超出其近似的有效范围的值，这将导致不准确的阻抗值计算结果，而设计者对此却一无所知，此时没有列出近似值，计算器也不会检查输入数据的有效性。

8.3 高速 PCB 设计注意事项

设计高速电路板时，需要对电路板层叠和阻抗做精密的计算，在此基础上选择一定厚度的 PCB 材料，在布局阶段，对元器件的布局做综合考量，在布线时应考虑信号完整性和电源完整性。和普通电路设计相比，高速电路板设计时应综合考虑信号完整性和电磁兼容等诸多因素，对 EDA 工具也相应提出了更高的要求。

1. 高速 PCB 的布局规划

高速 PCB 布局没有强制的规则或标准，一般来说，将最大的中央处理器 IC 放在板的中心附近，因为它通常需要以某种方式与板上的其他元器件互联。直接与中央处理器连接的较小集成电路可以放置在其周围，这样可以保证元器件之间的走线最短，其他外围接口电路可以放置在板的周围。

元器件布局完成之后，便开始设置布线规则。布线规则设计是高速数字电路设计的关键步骤，不正确设置会破坏信号完整性。如果布线规则没有问题，信号完整性就更容易实现。在 PCB 设计规则中设置走线宽度、安全间距，以确保走线的阻抗在控制的范围之内。

2. 信号完整性设计

信号的完整性始于阻抗控制，并在布局和布线过程中得以实现。在高速 PCB 的布局和布线过程中，应考虑的信号完整性的策略有以下 6 种。

(1) 确保高速信号之间的线路最短。

(2) 尽量减少通孔数量，理想情况下使用内部层过孔。

(3) 通过反钻技术消除超高速线路(例如 10G+以太网)上的残存。

(4) 使用终端电阻，以防止信号反射；查看数据表文件，看看是否存在片上终端。

(5) 咨询制造商，查询哪些材料和工艺效果较好。

(6) 使用串扰计算或仿真来确定电路板布局中网络之间的安全间距。

列出需要长度匹配的总线和网络列表，应用调优结构以消除规则设计过程中的延迟，综合考虑以上因素，有助于保证高速 PCB 设计的性能最佳。

3. 高速 PCB 布线

在高速设计项目中设置的设计规则确保了走线满足阻抗、安全间距和长度的目标要求。此外，在设计规则中还可以定义差分对的设计规则，规定长度不匹配最小值，以防止两条差分线路之间的延迟，强制线路之间保持安全间距，以确保满足差分阻抗的要求。Altium

Designer 23 PCB 布线工具将依据设计规则进行布线，以确保线路板的性能。

在高速 PCB 布线中最重要的操作之一是在走线附近放置一个地面平面。层叠结构中应具有与阻抗控制信号相邻的地平面，以便确保阻抗的一致性，并在 PCB 布局中定义明确的回路。在地平面的间隙之间不应有走线，以避免由于电磁干扰引发的阻抗不连续。地平面的功能不仅限于确保信号的完整性，它还在电源完整性方面发挥一定作用。

4. 电源完整性

在 PCB 设计中，高速元器件的供电至关重要，电源完整性问题经常会引发信号完整性问题。因为瞬态产生强烈振荡，高速元器件的互连和总线会产生不必要的辐射。为了确保稳定的电源传输，应使用去耦电容组，以确保电路在高带宽时具有低阻抗。在相邻层上使用电源平面和地平面，再加上额外的去耦电容，以确保 PDN 阻抗更低。

好的高速 PCB 设计软件将以上功能集成到一个单一的应用程序中。高速 PCB 布局设计师必须在前端执行大量的工作，以确保信号的完整性、电源的完整性和电磁兼容性，选择正确的高速布局工具可以助力设计规则的定义，以确保设计按预期需求执行。

更高级的 PCB 设计软件将与仿真应用程序进行接口，按照行业标准执行电路的仿真分析。某些仿真程序专门用于评估信号完整性和电源完整性，在 PCB 布局中检查 EMI。仿真在高速设计中非常有用，它可以帮助用户在设计进入制造之前确定电路的 SI/PI/EMI 问题。

在高速 PCB 设计时，需要利用专业的设计工具，进行高速和高频控制阻抗设计，为在表面层或内部信号层上的特定线路配置定义适当的阻抗。Altium Designer 包括一个层堆叠管理器和一个集成的场求解器，它为高速 PCB 构建一个阻抗配置文件，并将此配置文件定义为设计的一部分。这些特性直接与布局工具集成，运行在统一的设计引擎上，为设计高质量的高速 PCB 保驾护航。

实战演练篇

对 Altium Designer 23 有一定的了解之后，开始进入本篇的学习，本篇的知识具有一定的独立性，同时也会有一些关联性，涉及利用 Altium Designer 23 实现电路开发中最为常用的技术，通过具体的项目实例，将每个知识点串联起来，完成特定电路项目的设计任务。读者可以边学习边做实际操作练习，这样会有更好的学习效果，同时也锻炼了开发具体电路的动手能力，让读者更加深刻地掌握这些知识。

本篇对如何利用 Altium Designer 23 进行项目开发做了全面而详细的讲解，从简单的项目开始，然后循序渐进地深入，各章节之间会有一定的联系，但相互独立。本篇包括三章内容，分别从初、中、高三个不同的层面展示了三个实战案例，给出了具体的原理图和 PCB 实现。有一定基础的读者可以挑选自己感兴趣的相应章节阅读。

实战演练篇包括以下章节。

第 9 章选用了微芯(Microchip)公司的 PIC12F675 作为主控单元，通过控制 PIC12F675 的通用接口，产生脉宽调制(PWM)信号；通过调制 PWM 信号的占空比控制电气负载的吸收功率，从而达到改变大功率电灯的亮度或电机的转速。

第 10 章的实战演练案例选用了意法半导体公司的 STM32F030 作为主控单元，控制带有人机接口(HMI)的触摸屏、排热风扇和电磁阀等外部接口。与此同时，输出一个 PWM 信号，实现外部电动机的控制。

第 11 章的实战演练案例选用了微芯公司的 SAMV71 作为主控单元，利用其丰富多样的外设和接口，构建 SAMV71 的仿真开发系统。系统带有一个以太网接口、高速 USB 接口、MediaLB 接口等，可以作为 SAMV71 的评估开发板使用。

第 9 章

PWM信号电机驱动

单片机是嵌入式设计中最常用到的微控制单元，在常规的嵌入式系统设计中，不可避免地会用到单片机，正是因为单片机能够实现对多种外设的交互式控制，所以基于单片机的嵌入式控制系统成为电路设计入门最基础的内容，也是一个电路设计初学者首先需要掌握的知识。熟练地掌握单片机系统的开发是电路设计的充分条件，也给 Altium Designer 用户提供了良好的用户体验保证。在学习单片机系统设计时，首先需要理解单片机的主要功能，能够实现什么样的控制，然后学习 Altium Designer 23 的使用，最后使用 Altium Designer 23 来实现单片机的控制。

本章的实战演练案例选用了微芯(Microchip)公司的 PIC12F675 作为主控单元，通过控制 PIC12F675 的通用接口，产生脉宽调制(PWM)信号。通过调制 PWM 信号的占空比控制电气负载的吸收功率，从而达到改变大功率电灯的亮度或电机的转速。利用周期性 PWM 信号驱动负载，损耗几乎为零，从而大幅度提高了电路的效率。

本系统采用 5V 电压供电，PIC12F675 的 GP0 端口驱动一个 LED 发光二极管，用于监控 PWM 信号。GP1 端口为一组预驱动电路，由 IRL540 功率 MOSFET 和 UF3C065080T3S SICM0SFET 相组合来实现。IRL540 功率 M0SFET 的漏极端子对 SIC M0SFET 进行驱动，从而实现负载电流的开关切换。两个常开的开关按钮通过相应的下拉电阻连接到 PIC12F675 的 GP4 和 GP5 端口，确保在没有按下按钮时，GP4 和 GP5 端口为低电位。PWM 信号电机驱动电路系统框图如图 9.1 所示。

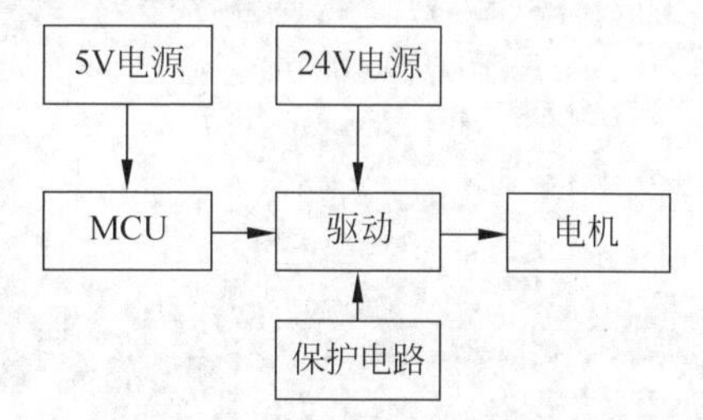

图 9.1　PWM 信号电机驱动电路系统框图

9.1　绘制原理图

项目开始的第一步是绘制 PWM 信号电机驱动电路的电路原理图。

1. 创建新项目

在电路原理图编辑器的主菜单中运行 File(文件)→New(新建)→Project(项目)命令，创建一个新项目文件 PWM. Modulator. prj，如图 9.2 所示。

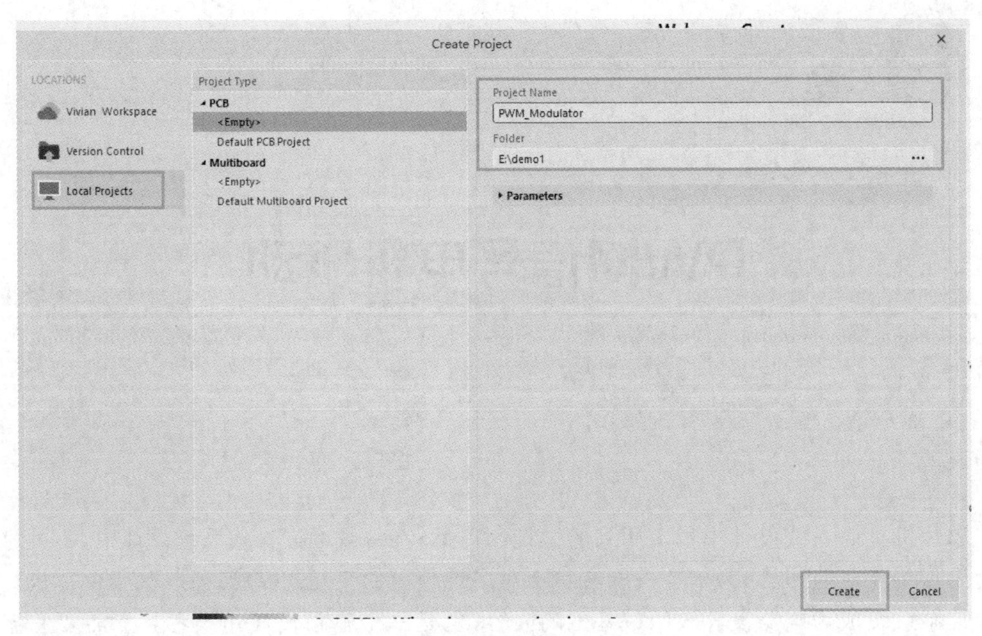

图 9.2　创建新项目文件

2. 添加原理图

向新创建的项目中添加原理图，如图 9.3 所示，命名并将创建的原理图保存到项目中。

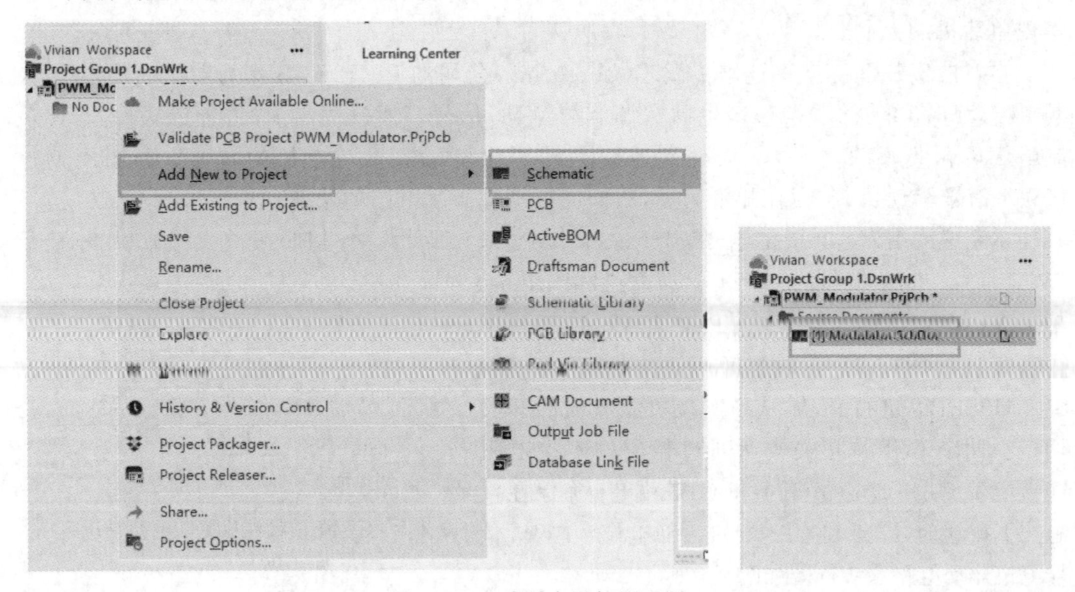

图 9.3　向项目中添加原理图

创建和保存好新建的原理图之后，在原理图编辑器中打开一张空白的原理图图纸。在空白原理图文档上绘制原理图之前，首先需要设置好原理图文档的属性。

3. 设置文档选项

按照 4.2.3 节的步骤，设置原理图图纸尺寸大小和栅格大小。在本示例中，设置原理图尺寸为 A4 图纸，栅格大小设置为 100mil。

4. 查找获取元器件

从 Workspace library(工作区元器件库)或 Database and File_based Libraries(元器件数据库文件)中选取工程中用到的电子元器件,利用 Altium Designer 自带的元器件搜索引擎搜索到项目中用到的元器件之后,通过 Components(元器件)面板,将其放置到原理图上。

通过 Manufacturer Part Search(搜索元器件制造商)面板查找定位电原理图需要用到的元器件,单击应用程序窗口右下角的 Panels 按钮,从菜单中选择,打开 MPS 面板,首次打开 MPS 面板后,将显示元器件类别列表,通过 MPS 查找获取元器件如图 9.4 所示。

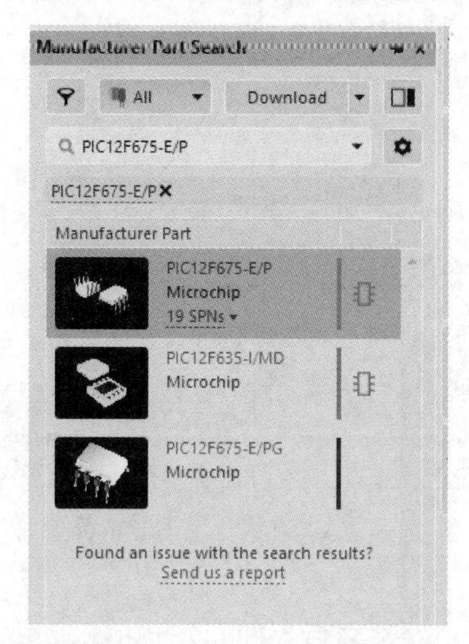

图 9.4 通过 MPS 查找获取元器件

本项目中需要用到的元器件列表如表 9.1 所示。

表 9.1 PWM 信号电机驱动电路元器件列表

设计位号	描 述	注 释
Q1	UF3C065080T3S	MOSFET
Q2	IRL540	MOSFET
R1	330	电阻
R2,R3,R5	10kΩ	电阻
R4	100	电阻
R6	47kΩ	电阻
R7	220	电阻
F1	24V	保险
S1,S1	按钮开关	按钮开关
U1	PIC12F675	微控制器
P1,P2,P3	2PIN	连接器

按照 4.2.4 节描述的方法,获取项目中用到的全部元器件。

5. 放置元器件

单击 Component Details(元器件详细信息)窗格中的 Place(放置)按钮,光标自动移动到原理图图纸区内,光标上显示元器件,将其定位之后,单击放置好元器件。将元器件放置到电原理图中。继续查找并放置全部元器件，所有元器件均放置好后的原理图如图 9.5 所示。

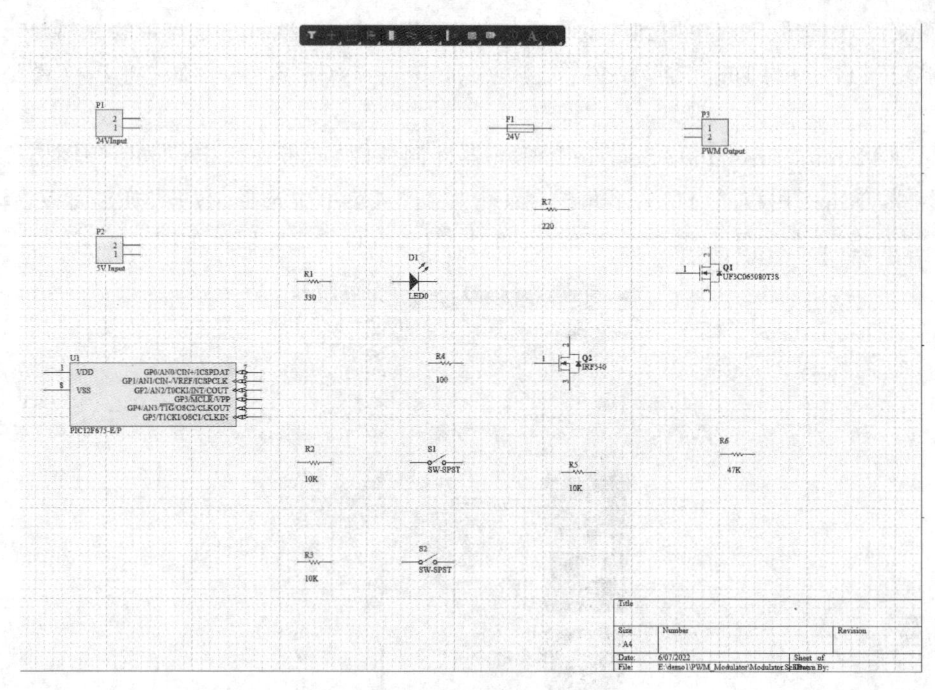

图 9.5　放置项目中全部元器件

6. 原理图连线

在原理图上摆放好全部元器件之后，便可以开始原理图连线。按 PgUp 键放大或按 PgDn 键缩小电原理图，确保原理图有合适的视图。按照 4.2.6 节描述的方法，完成电原理图连线。完成连线后的原理图如图 9.6 所示。

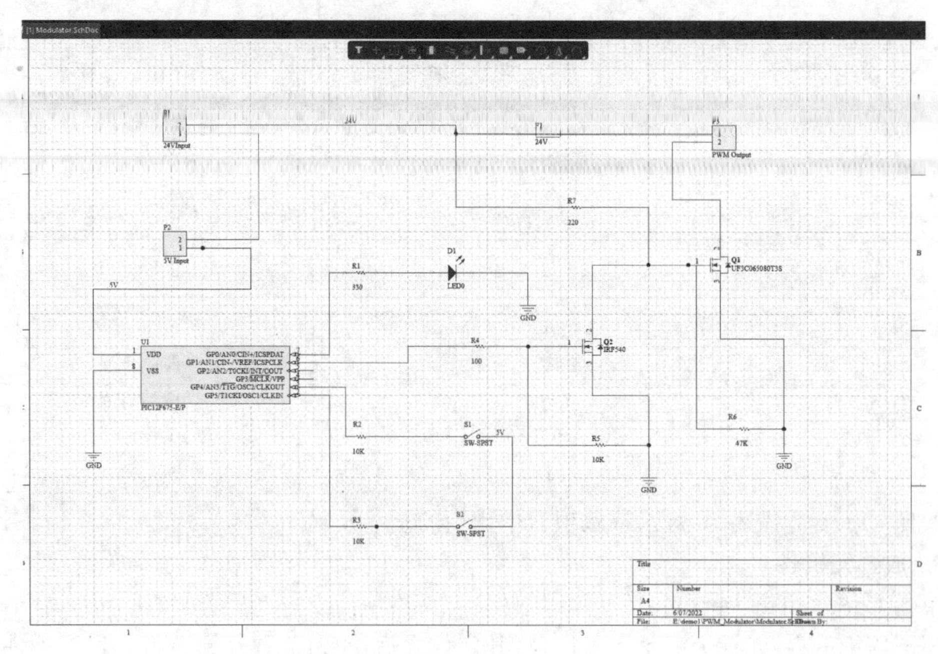

图 9.6　完成连线后的原理图

7. 动态编译

在主菜单中选择 Project(项目)→Project Options(项目选项)命令,配置错误检查参数、连通矩阵、类生成设置、比较器设置、项目变更顺序(ECO)生成、输出路径和连接性选项、多通道命名格式和项目级参数等。配置完成之后进行动态编译。

8. 配置错误检查条件

使用连通矩阵来验证设计,在主菜单中选择 Project(项目)→Validate PCB Project(验证 PCB 项目)编译项目时,软件会检查 UDM(统一数据模型)和编译器设置之间的逻辑、电气和绘图错误。检测出任何违规设计。

1) 设置错误报告

选择 Project(项目)→Project Options(项目选项)打开 Options for PCB Project(PCB 工程选项)对话框。为每种错误检查设定好各自的 Report Mode(报告模式),通过 Report Mode(报告模式)设置显示违规的严重程度。配置错误报告页面如图 9.7 所示。

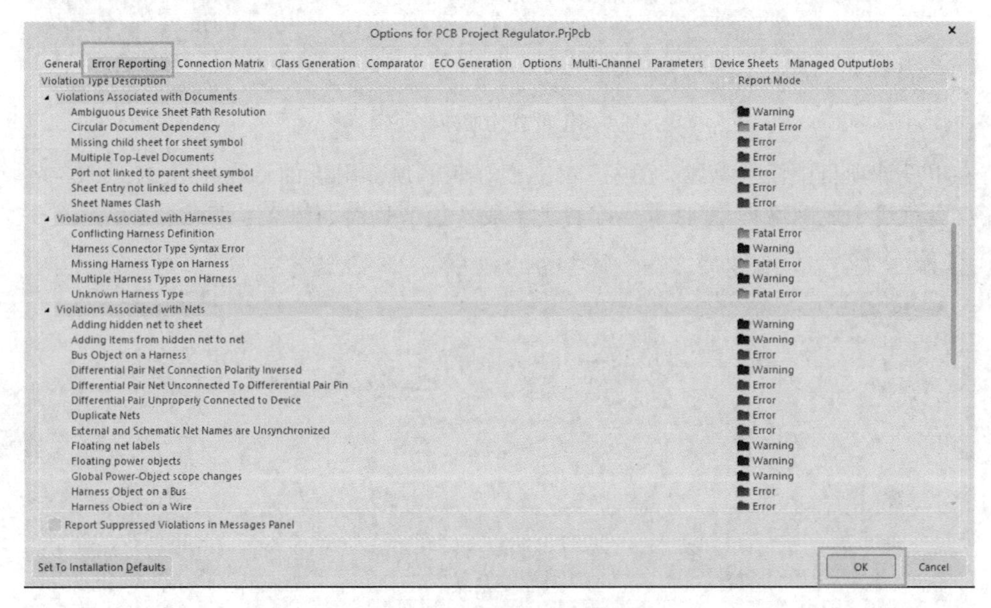

图 9.7 配置错误报告页面

2) 设置连通矩阵

在 Project Options(项目选项)对话框中的 Connection Matrix(连通矩阵)选项卡,配置允许相互连接的引脚类型。可以将每种错误类型设置为一个单独的错误级别,即从 No Report(不报错)到 Fatal Error(致命错误)四个不同级别的错误。单击彩色方块以更改设置,继续单击以移动到下一个检查级别。将连通矩阵设置为 Unconnected-Passive Pin(未连接的无源引脚)将报错,设置连通矩阵页面如图 9.8 所示。

3) 配置类生成选项

Project Options(项目选项)对话框中的 Class Generation(类生成)选项卡用于配置设计中生成的类的种类,利用 Comparator(比较器)和 ECO Generation(ECO 生成)选项卡控制是否将类迁移到 PCB 中。清除 Component Classes(元器件类)复选框,自动禁用为本项目原理图创建放置 Room。

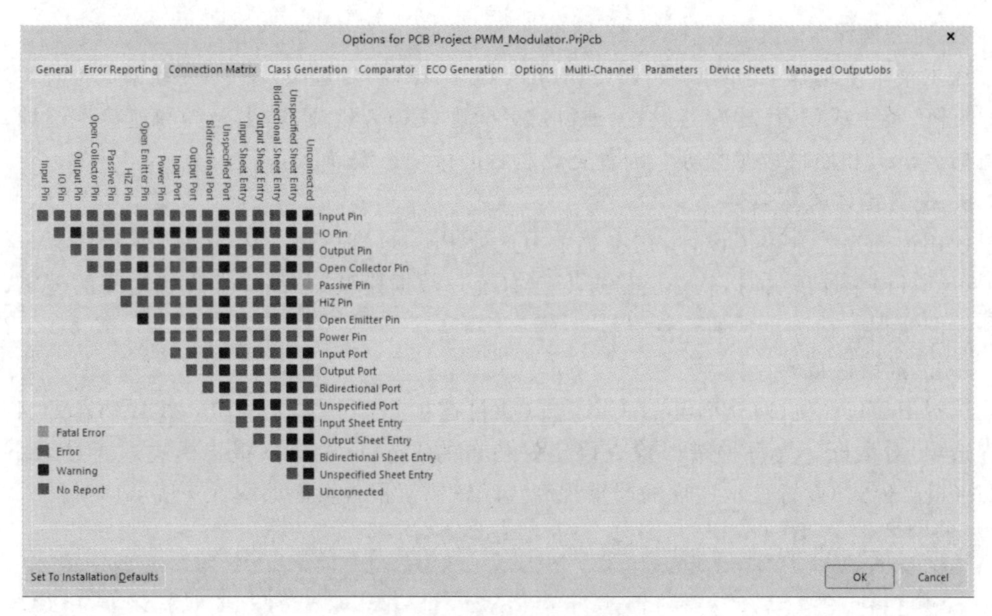

图 9.8　设置连通矩阵页面

在本设计项目中没有总线，无须清除位于对话框顶部附近的 Generate Net Classes for Buses(为总线生成网络类)复选框。配置类生成选项卡页面如图 9.9 所示。

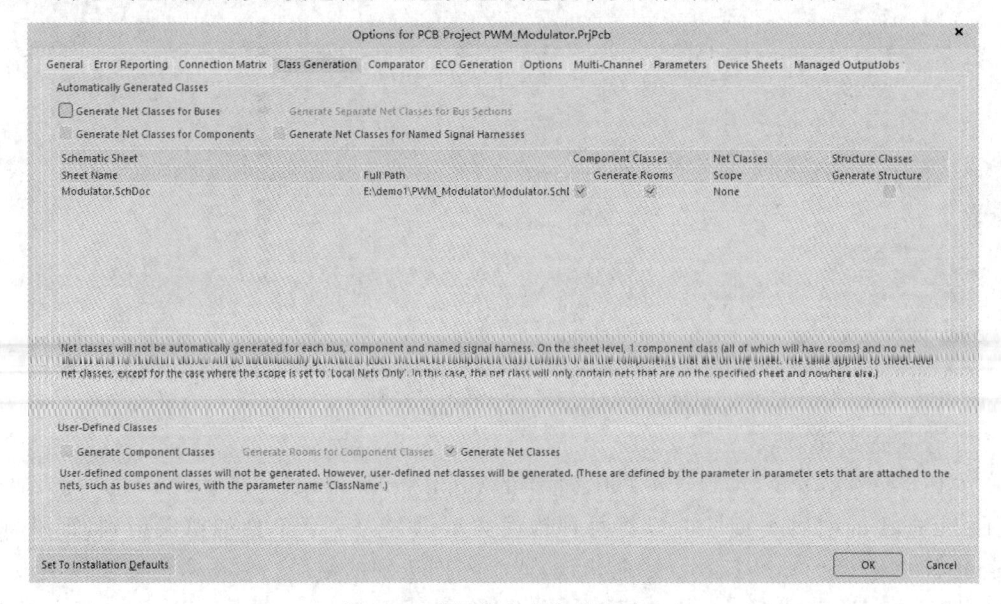

图 9.9　配置类生成选项卡页面

4）设置比较器

Project Options(项目选项)对话框中的 Comparator(比较器)选项卡用于设置在编译项目时是否报告不同文件之间的差异。本章的示例文件中，已启用 Ignore Rules Defined in PCB Only(忽略仅在 PCB 中定义规则)选项，比较器选项卡生成页面如图 9.10 所示。

9. 执行项目验证，错误检查

从主菜单中选择 Project(项目)→Validate PCB Project PWM_Modulator. PrjPcb(验证

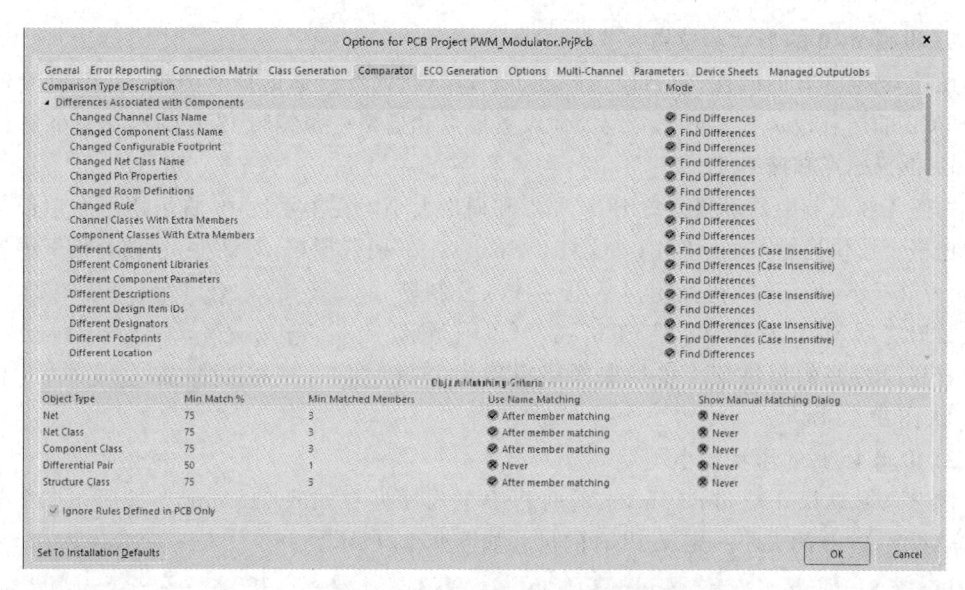

图 9.10　比较器选项卡生成页面

PCB 项目 PWM_Modulator. PrjPcb)命令,对项目进行验证和错误检查。按照 4.2.9 节中的步骤执行项目验证,错误检查。查看并修复原理图中的错误,确认原理图准确无误之后,重新编译项目,将原理图和项目文件保存到工作区,准备好创建 PCB 文件。

9.2 绘制 PCB 版图

1. 创建 PCB 文件

创建一个空白 PCB 文件,对其命名之后,将其保存到项目文件夹中,创建空白 PCB 文件,添加到项目中存储如图 9.11 所示。

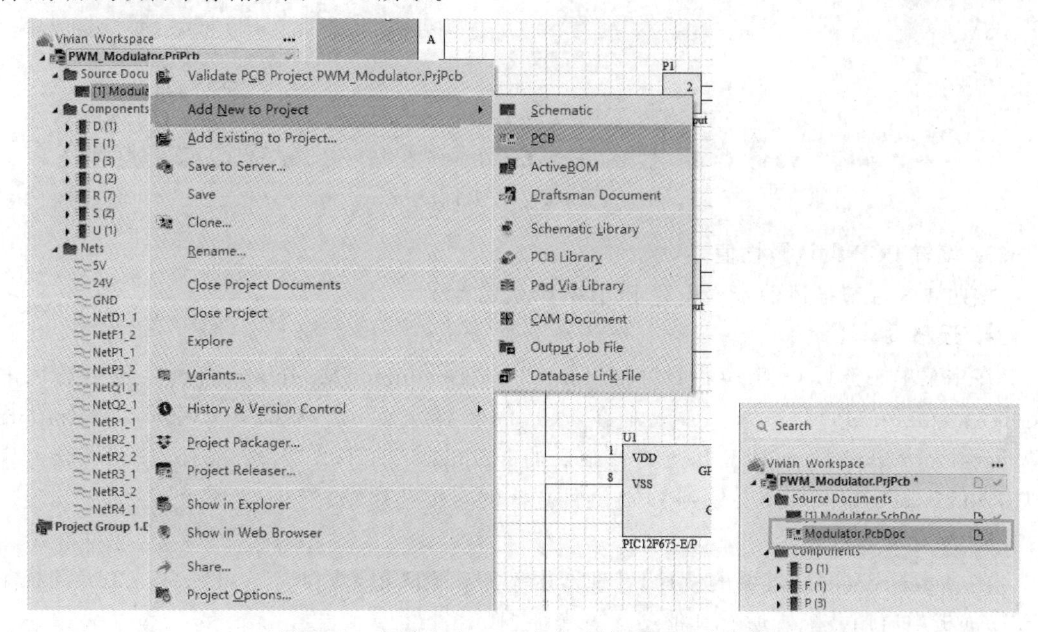

图 9.11　创建空白 PCB 文件,添加到项目中存储

2. 设置 PCB 的形状和位置

设置空白 PCB 的属性,包括设置原点、设置单位、选择合适的捕获栅格、定义 PCB 的形状和 PCB 的层叠设置等。下面介绍如何设置原点和栅格以及编辑 PCB 的形状大小。

1) 设置原点和栅格

按照 4.3.2 节中的步骤设置 PCB 原点和栅格大小。在本示例中,将采用一个单位为公制的栅格。按快捷键 Ctrl+Shift+G 打开 Snap Grid(捕获栅格)对话框,在该对话框中输入 5mm,单击 OK(确定)按钮关闭对话框。输入公制栅格线数值之后,软件切换到公制栅格线,可以通过状态栏看到设置好的栅格值。将捕获栅格设置为公制 5mm 如图 9.12 所示。

Projects Navigator PCB PCB Filter
X:-25mm Y:90mm Grid: 5mm (Hotspot Snap)

图 9.12 将捕获栅格设置为公制 5mm

2) 编辑 PCB 的形状大小

PCB 的默认尺寸是 6in×4in,本示例 PCB 的尺寸为 60mm×100mm。按照 4.3.2 节中的步骤设置 PCB 的大小。定义 PCB 的尺寸如图 9.13 所示。

图 9.13 定义 PCB 的尺寸

3. 设置 PCB 默认属性值

按照 4.3.3 节描述的步骤设置 PCB 的默认属性。

4. 迁移设计

在主菜单中选择 Design(设计)→Update PCB Document Modulator. PcbDoc(更新 PCB 文件 Modulator. PcbDoc)命令,或者在 PCB 编辑器页面,选择 Design(设计)→Import Changes from Modulator. PrjPcb(导入修改后的 Modulator. PrjPcb 文件)命令。按照 4.3.4 节中描述的步骤实现原理图文件到 PCB 文件之间的直接迁移,如图 9.14 所示。

5. 配置层显示方式

在 Layer Stack(层堆叠的设计)管理器中添加和删除覆铜,在 View Configuration(查看配置)面板中启用并配置所有其他层。

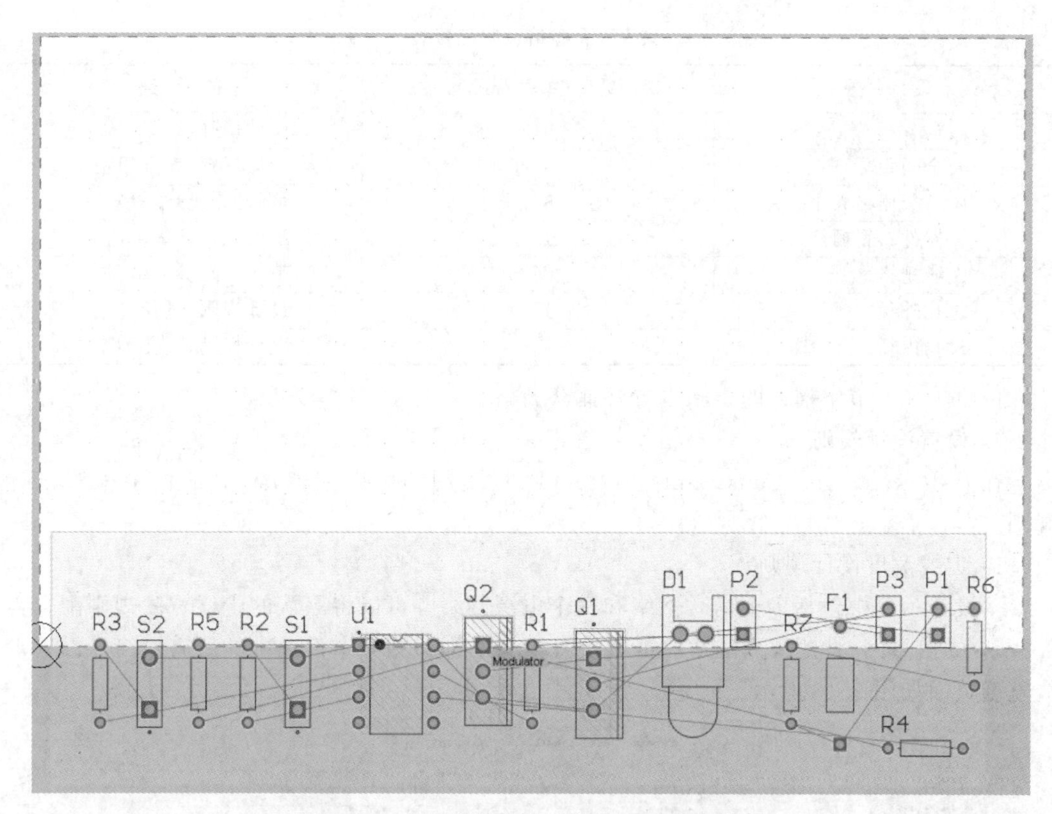

图 9.14 将原理图设计迁移到 PCB 编辑器中

在 Layer Stack Manager(层堆叠管理器)中对层堆叠进行配置,选择 Design(设计)→Layer Stack Manager(层堆叠管理器)打开它。本教程中的示例 PCB 是一个简单的设计,为带通孔的单面板。按照 4.3.5 节的步骤配置好层堆叠,如图 9.15 所示。

[1] Modulator.SchDoc　Modulator.PcbDoc *　Modulator.PcbDoc [Stackup]　Home Page

+ Add　Modify　Delete

#	Name	Material	Type	Weight	Thickness	Dk	Df
	Top Overlay		Overlay				
	Top Solder	Solder Resist	Solder Mask		0.01016mm	3.5	
1	Top Layer		Signal	1oz	0.03556mm		
	Dielectric 1	FR-4	Dielectric		0.32004mm	4.8	
2	Bottom Layer		Signal	1oz	0.03556mm		
	Bottom Solder	Solder Resist	Solder Mask		0.01016mm	3.5	
	Bottom Overlay		Overlay				

图 9.15 层堆叠管理器设置

完成层堆叠管埋器设置之后,保存层堆叠设置,选择 File(文件)→Save to PCB(保存到 PCB 文件中)命令,右击 Layer Stack Manager(层堆叠管理器)选项卡关闭层堆叠管理器。

6. 栅格设置

下一步是选择适合放置和布局元器件的栅格,在本书的示例 PCB 文件中,将实际的栅格大小和设计规则按表 9.2 中的内容设置。

表 9.2 栅格设置配置表

设　　置	数值(单位/mm)	描　　述
线宽	0.5	设计规则,线宽
安全间距	0.254	设计规则,安全间距
电路板栅格大小	5	笛卡儿坐标编辑器
元器件布置栅格	1	笛卡儿坐标编辑器
走线栅格	0.25	笛卡儿坐标编辑器
过孔外径	1	设计规则,过孔类型
过孔内径	0.6	设计规则,过孔类型

按照 4.3.6 节中描述的步骤设置好捕获栅格。

7. 设置设计规则

在 PCB Rules and Constraints Editor(PCB 规则和约束编辑器)对话框中配置设计规则。

1) 走线宽度设计规则

本设计示例中包括多个信号网络和两个电源网络。可以将默认的走线宽度规则配置为 0.5mm 的信号网,将此规则的适用范围设置为 All,即适用于本设计中的所有网络。设置走线宽度页面如图 9.16 所示。

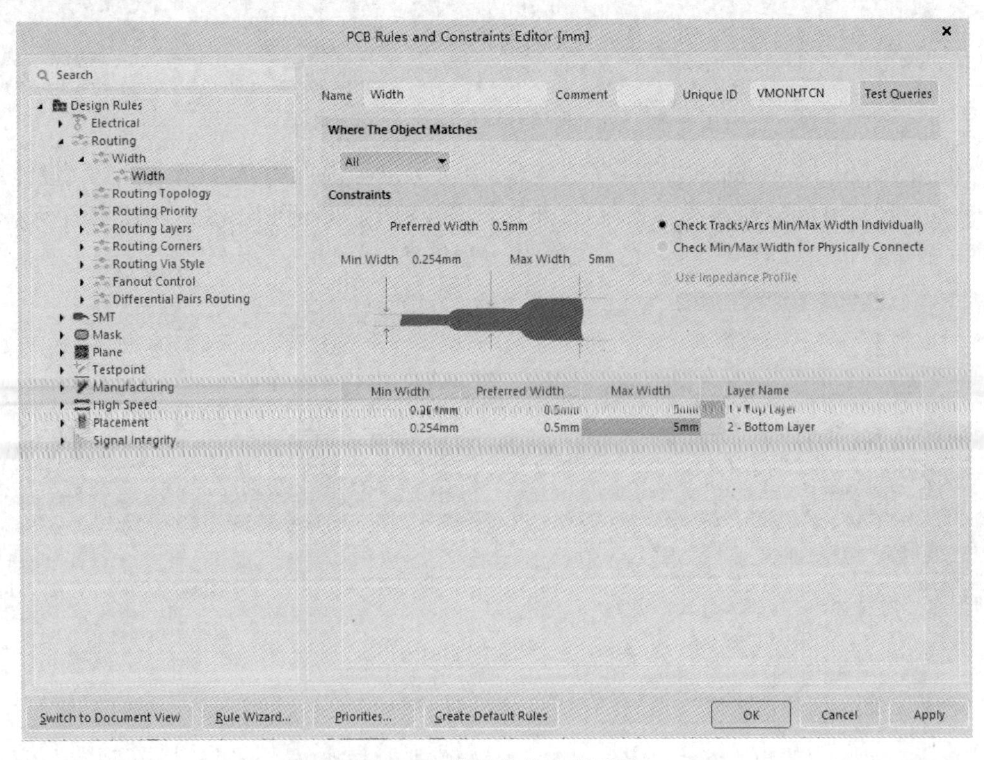

图 9.16 设置走线宽度页面

2) 定义电气安全距离约束条件

定义不同网络的不同对象(焊盘、过孔、走线)之间的最小安全电气距离,在本示例文件中,将 PCB 上所有物体之间的最小安全电气距离设置为 0.254mm。按照 4.3.7 节中的步骤定义不同网络的不同对象(焊盘、过孔、走线)之间的最小安全电气距离。

3) 定义走线过孔样式

在本示例中,通过 Routing Via Style(走线过孔样式)设计规则配置过孔的属性。按照4.3.7节中的步骤定义走线过孔样式。

4) 检查设计规则

按照4.3.7节中的步骤禁用多余的设计规则。

8. 元器件定位和放置

元器件的布局遵照"先大后小,先难后易"的布置原则,即重要的单元电路、核心元器件应优先布局。布局中应参考原理框图,根据单板的主信号流向规律安排主要元器件。布局应尽量满足以下要求:总的连线尽可能短,关键信号线最短;高电压、大电流信号与小电流,低电压的弱信号完全分开;模拟信号与数字信号分开;高频信号与低频信号分开;高频元器件的间隔要充分。相同结构电路部分尽可能采用"对称式"标准布局;按照均匀分布、重心平衡、版面美观的标准优化布局。如有特殊布局要求,应根据设计需求说明书要求确定。

1) 设置元器件定位和放置选项

利用 Smart Component Snap(智能元器件捕获)选项可覆盖对齐居中,并将设置改为对齐到最近的元器件焊盘,该选项用于将特定焊盘定位到特定位置。按照4.3.8节中的步骤启用 Snap To Center(对齐居中)和 Smart Component Snap(智能元器件捕获)选项。

2) 在 PCB 上定位元器件

按照4.3.8节中的步骤,将元器件放置到 PCB 上的合适位置,完成元器件放置布局的 PCB 如图9.17所示。

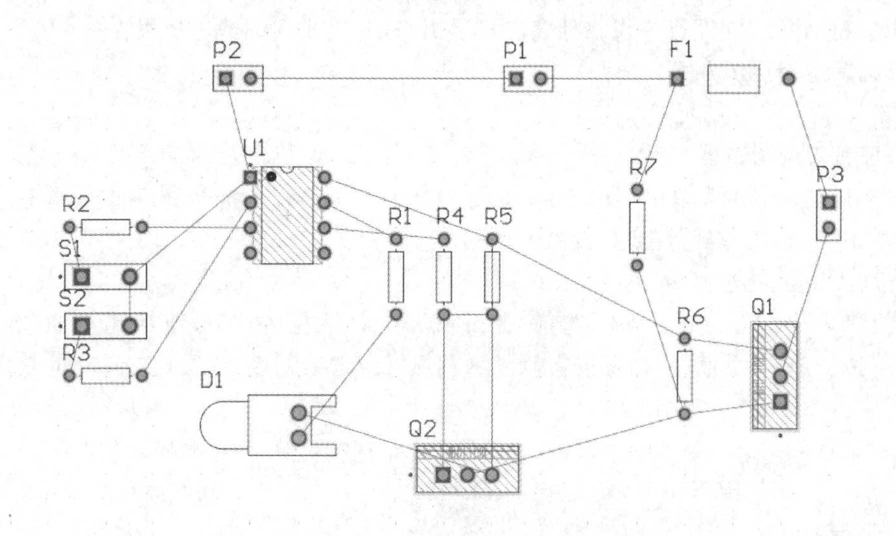

图9.17 完成元器件放置布局的 PCB

9. 交互式布线

利用 Altium Designer 23 的 ActiveRoute 交互式布线工具完成 PCB 的布线,具体步骤见4.3.9节的相关内容,将电路板上的所有连接布通,完成布线后将设计存储到本地。完成布线的 PCB 版图如图 9.18 所示。

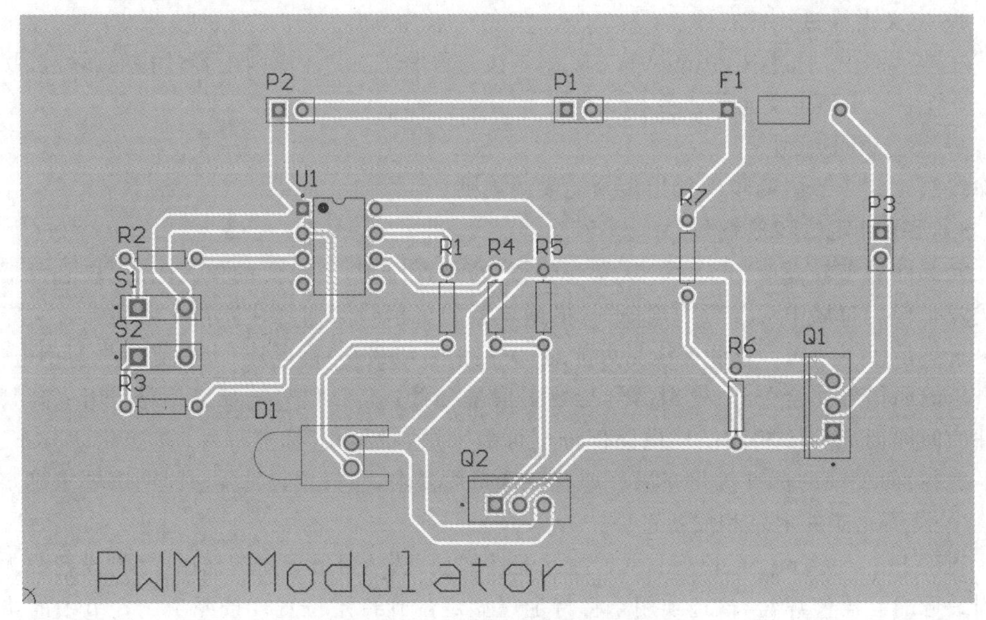

图 9.18　完成布线的 PCB 版图

9.3　PCB 设计验证

启用在线设计规则检查(DRC)功能,检查设计是否符合预先定义好的设计规则,一旦检测到违规的设计,立即将违规之处突出显示出来,并生成详细的违规报告。

1. 配置违规显示方式

按照 4.4.1 节步骤配置好违规显示方式。

2. 配置规则检查器

在 PCB 编辑器主菜单中选中 Tools(工具)→Design Rule Check(设计规则检查)命令打开对话框,进行在线和批量 DRC 配置。

1) DRC 报告选项配置

打开 Report Options(报告选项)对话框,在对话框左侧的选项树中选择 Report Options(报告选项)页面,对话框的右侧显示常规报告选项列表,保留这些选项的默认设置。

2) 待检查的 DRC 规则

在对话框的 Rules to Check(待检查规则)中配置特定规则的测试。在本示例中,选择 Batch DRC_Used On(批量 DRC_已启用)条目。

3. 运行 DRC

单击对话框底部的 Run Design Rule Check(运行设计规则检查)按钮执行设计规则检查。单击按钮后,运行 DRC 检查,此后,会打开 Messages(消息)面板,在其中列出所有检测到的错误。

4. 定位错误

在本示例的电路板上运行批量 DRC 时,DRC 报了几条错误。根据"违规详情"定位错误，按照 4.4.4 节的方法逐条解决 DRC 报的违规错误。解决全部违规之后再次运行 DRC，直到 DRC 错误报告中已经没有报任何违规错误。将 PCB 和项目保存到工作区，关闭 PCB 文件。

9.4 项目输出

完成 PCB 的设计和检查之后，可以准备制作 PCB 审查、制造和装配所需的输出文档。

1. 创建输出作业文件

按照 4.5.2 节中的步骤配置输出作业文件。

2. 处理 Gerber 文件

在 PCB 编辑器的主菜单 File(文件)→Fabrication Outputs(制造输出)→Gerber Files (Gerber 文件)命令配置 Gerber 文件。按照 4.5.3 节中的步骤处理 Gerber 文件和 NC Drill 输出文件，并将其映射到 OutJob 右侧的 Output Container(输出容器)。

3. 配置物料清单

按照 4.5.5 节的步骤，配置物料清单(BOM)中的元器件信息，给出每个元器件详细的供应链信息。

4. 输出物料清单

利用 Report Manager(报告管理器)输出 BOM 文件。Report Manager(报告管理器)通过 Bill of Materials For Project(项目物料清单)对话框输出 BOM。按照 4.5.6 节中的步骤，输出本项目的物料清单。

9.5 项目发布

通过 Altium Designer 的 Project Releaser(项目发布)执行项目发布，将项目发布到互连工作区。按照 4.6 节中的步骤发布已完成设计的项目。至此，本示例的项目设计已经完成。

第10章

STM32单片机控制系统

在第9章中，举了一个最小单片机控制系统的例子，在嵌入式系统设计中，可以选用不同厂家的单片机构成更加复杂的单片机控制系统。在品牌林立的多种单片机中，意法半导体(ST)基于 ARM Cortex. M(M0/M0+/M3/M4/M7)内核的 STM32 系列 32 位 MCU 及 STM8 系列 8 位 MCU，以其可靠的品质和方便的开发环境，在嵌入式应用开发中占有一席之地。意法半导体的 MCU 应用非常广泛，无论是以成本最低为首选要求的应用，还是需要强大实时性能与高级语言支持的应用，意法半导体的 MCU 均能胜任。意法半导体 STM32 系列 32 位 MCU 包含了功能强大的带有标准通信接口的 8 位通用闪存微控制器，如 USB、CAN、LIN、UART、I^2C 及 SPI；专用 8 位微控制器，可实现电机控制、低噪声模块转换器(LNB)、闪存驱动器和可编程系统存储器(PSM)等应用。

本章的实战演练案例选用了意法半导体公司的 STM32F030 作为主控单元，控制带有人机接口(HMI)的触摸屏、排热风扇和电磁阀等外部接口。与此同时，输出一个 PWM 信号，实现外部电动机的控制。

本系统采用+12V 外部电压供电，通过降压芯片 MP23510，将+12V 电压降到+5V，为人机接口(HMI)的触摸屏供电；通过 LM1117 芯片，将+5V 电压降到+3.3V，为 STM32F030 供电。STM32F030 通过 I^2C 接口外挂一个 EEPROM，用于存储外部数据；STM32F030 的 UART 串口实现与触摸屏的通信控制；STM32F030 的 PA4 控制排热风扇的启停；STM32F030 的 PA6 控制电磁阀的开断。STM32 单片机控制电路系统框图如图 10.1 所示。

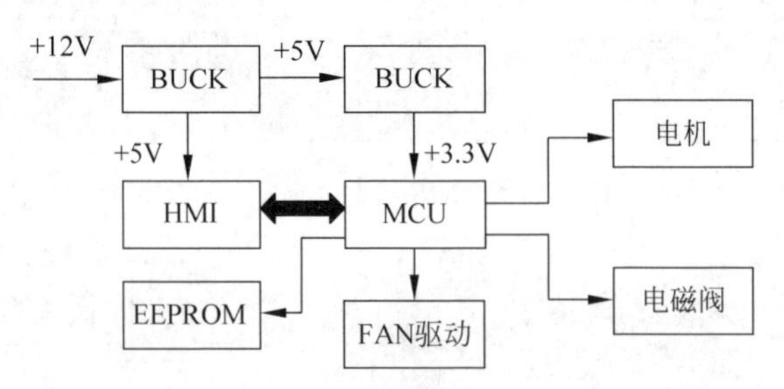

图 10.1　STM32 单片机控制电路系统框图

10.1　绘制原理图

项目开始的第一步是绘制 STM32 单片机控制电路的电原理图。

1. 创建新项目

在电原理图编辑器的主菜单中运行 File(文件)→New(新建)→Project(项目)命令,创建一个新项目文件 Controller. PrjPCB,如图 10.2 所示。

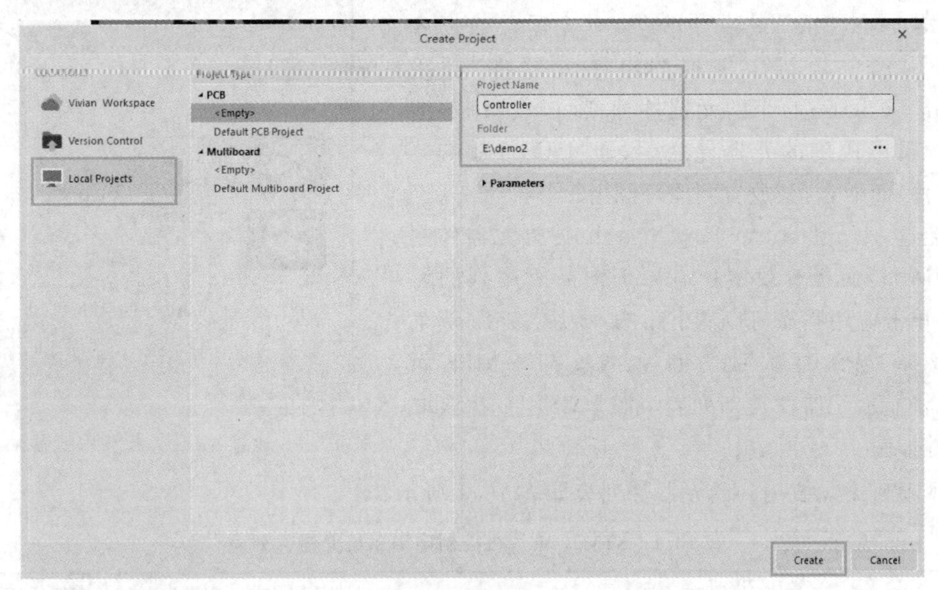

图 10.2　创建新项目文件

2. 添加原理图

向新创建的项目中添加原理图,将原理图命名 Controller. SchDoc,将创建的原理图保存到项目中,向项目中添加原理图如图 10.3 所示。

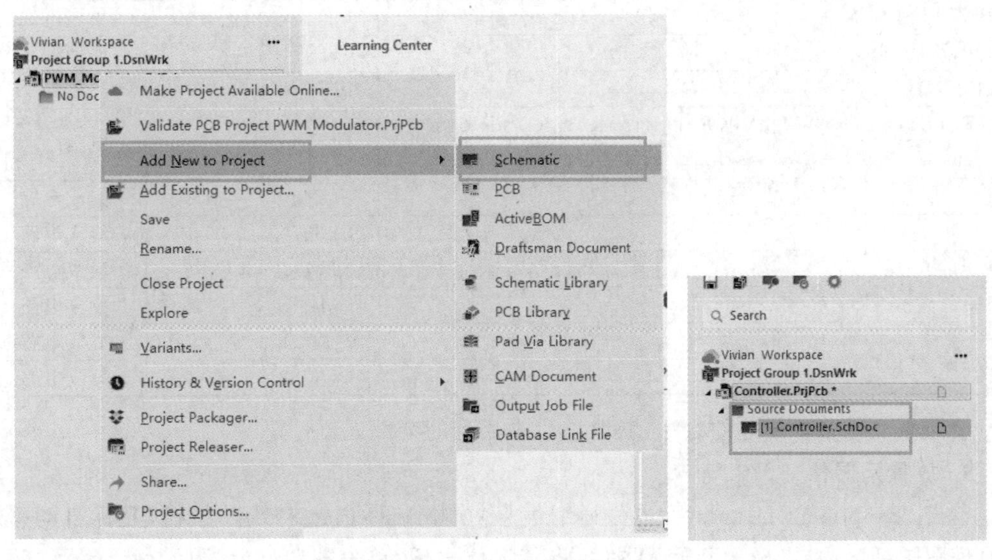

图 10.3　向项目中添加原理图

创建和保存好新建的原理图之后，在原理图编辑器中打开一张空白的原理图图纸，在空白原理图文档上绘制原理图之前，首先需要设置好原理图文档的属性。

3. 设置文档选项

按照4.2.3节中的步骤，设置好原理图图纸尺寸大小和栅格大小。在本示例中，设置原理图尺寸为A3图纸，栅格大小设置为100mil。

4. 查找获取元器件

从Workspace library（工作区元器件库）或Database and File_based Libraries（元器件数据库文件）中选取项目中用到的电子元器件，利用Altium Designer自带的元器件搜索引擎（MPS）搜索到项目中用到的元器件之后，通过Components（元器件）面板，将其放置到原理图上。

通过Manufacturer Part Search（搜索元器件制造商，MPS）面板查找定位电原理图需要用到的元器件，单击应用程序窗口右下角的 Panels 按钮，从菜单中选择MPS，打开MPS面板，首次打开MPS面板后，将显示元器件类别列表，通过MPS查找获取元器件如图10.4所示。

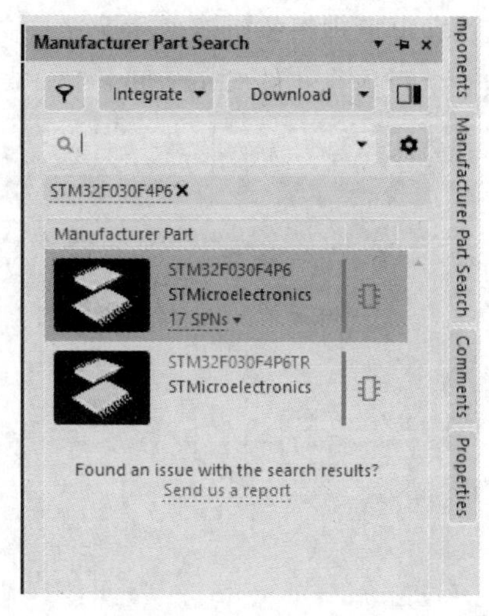

图10.4 通过MPS查找获取元器件页面

本项目中需要用到的元器件列表如表10.1所示。

表10.1 STM32单片机控制电路系统元器件列表

设计位号	描述	注释
BRIDGE	KBJ3510	电桥
D1,D2,D3,D4,D5,D9	SS14,1N4007	二极管
C1,C2,C3,C4,C5,C6 C7,C8,C9,C10,C11,C12,C13,C14,C17,C18,C31,C32	100μF	电容
MP2359	U1	集成电路
J1,J2,J3,J4,J6,J7	CON_4P	连接器
Q1,Q2,Q3	IRFP4110	三极管
R2,R3,R6,R7,R8,R9,R10,R11,R12,R13,R14,R16,R17,R18,R23	100	电阻
U2	TC4420	集成电路
U3	EL357N	集成电路
U4	STM32F030F4P6	集成电路
U5	LM1117_SOT223	集成电路
U6	24LC01	集成电路
U10	INA282	集成电路

按照4.2.4节中描述的方法，获取项目中用到的全部元器件。

5. 放置元器件

单击Component Details（元器件详细信息）窗格中的Place（放置）按钮，光标自动移动到原理图图纸区内，光标上显示元器件，将其定位之后，单击放置好元器件。将元器件放置到电原理图中。继续查找并放置全部元器件，所有元器件均放置好后的原理图如图 10.5 所示。

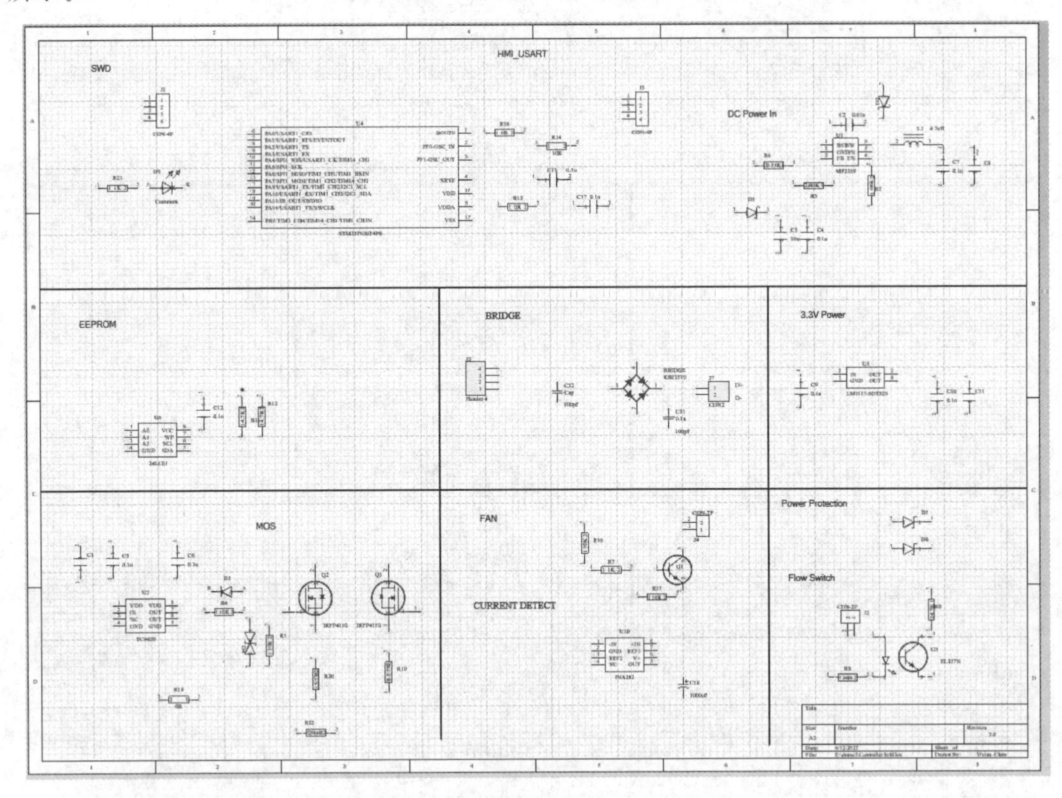

图 10.5　放置项目中全部元器件

6. 原理图连线

在原理图上摆放好全部元器件之后，便可以开始原理图连线。按 PgUp 键放大或按 PgDn 键缩小电原理图，确保原理图有合适的视图。按照 4.2.6 节中描述的方法，完成电原理图连线。原理图连线如图 10.6 所示。

7. 动态编译

在主菜单中选择 Project（项目）→Project Options（项目选项）命令，配置错误检查参数、连通矩阵、类生成设置、比较器设置、项目变更顺序（ECO）生成、输出路径和连接性选项、多通道命名格式和项目级参数等。配置完成之后进行动态编译。

8. 配置错误检查条件

使用连通矩阵来验证设计，在主菜单中选择 Project（项目）→Validate PCB Project（验证 PCB 项目）命令编译项目时，软件会检查 UDM（统一数据模型）和编译器设置之间的逻辑、电气和绘图错误，并检测违规设计。

1）设置错误报告

选择 Project（项目）→Project Options（项目选项）命令打开 Options for PCB Project（PCB 工程选项）对话框。为每种错误检查设定好各自的 Report Mode（报告模式），通过 Report Mode（报告模式）设置显示违规的严重程度，配置错误报告页面如图 10.7 所示。

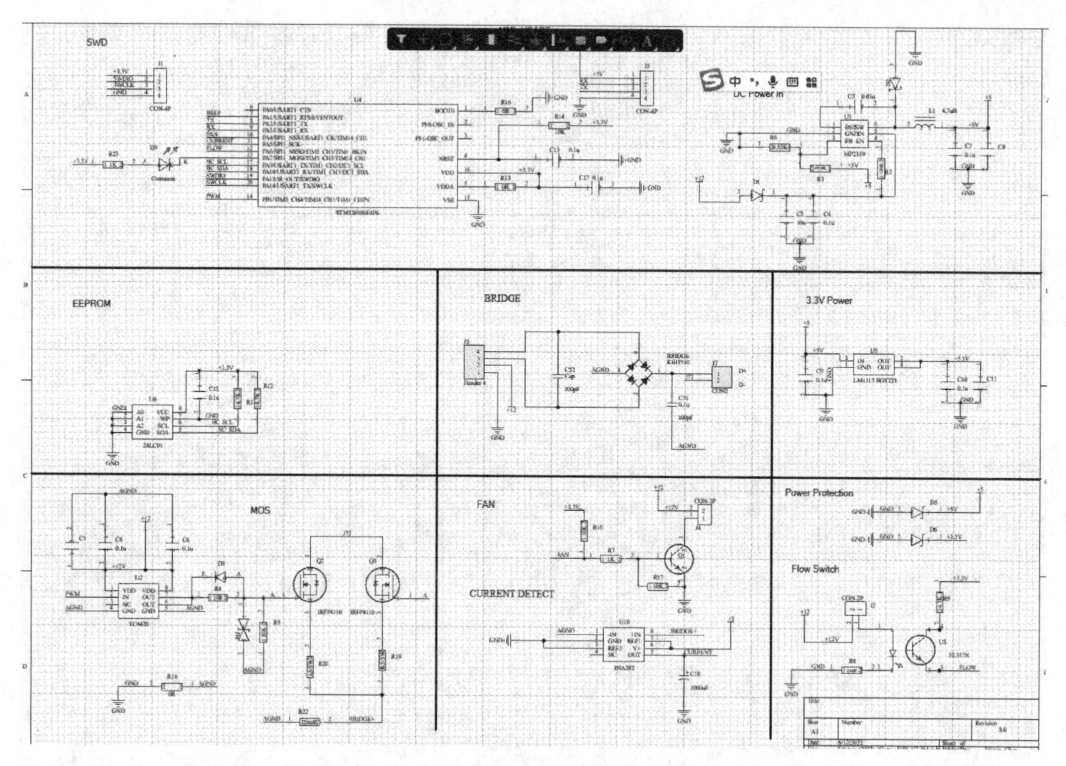

图 10.6　原理图连线

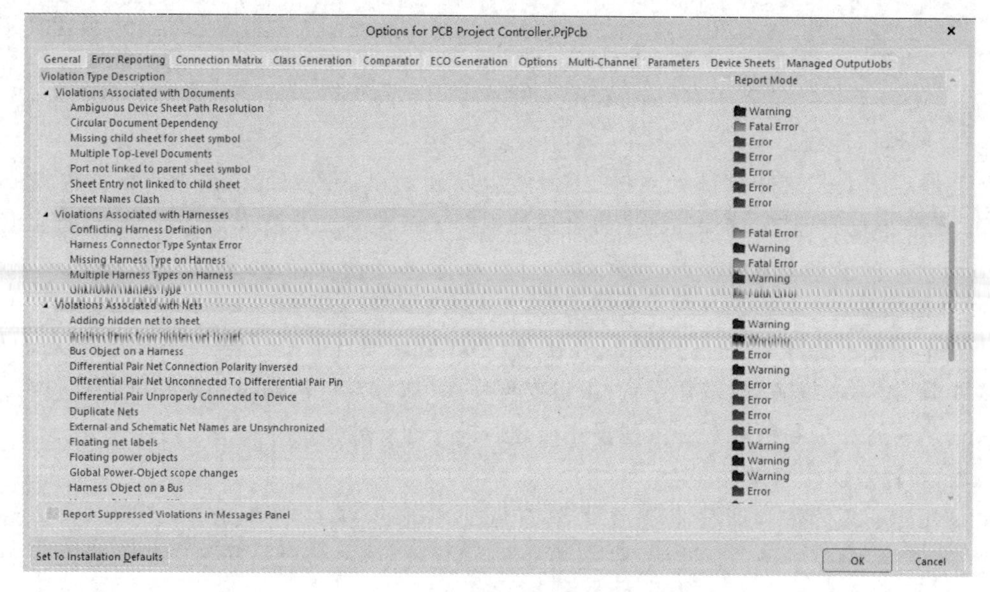

图 10.7　配置错误报告页面

2）设置连通矩阵

在 Project Options（项目选项）对话框中的 Connection Matrix（连通矩阵）选项卡，配置允许相互连接的引脚类型。可以将每种错误类型设置一个单独的错误级别，即从 No Report（不报错）到 Fatal Error（致命错误）四个不同级别的错误。单击彩色方块以更改设置,继续单击以移动到下一个检查级别。连通矩阵设置为 Unconnected-Passive Pin(未连通的无源引脚)将报错,设置连通矩阵页面如图 10.8 所示。

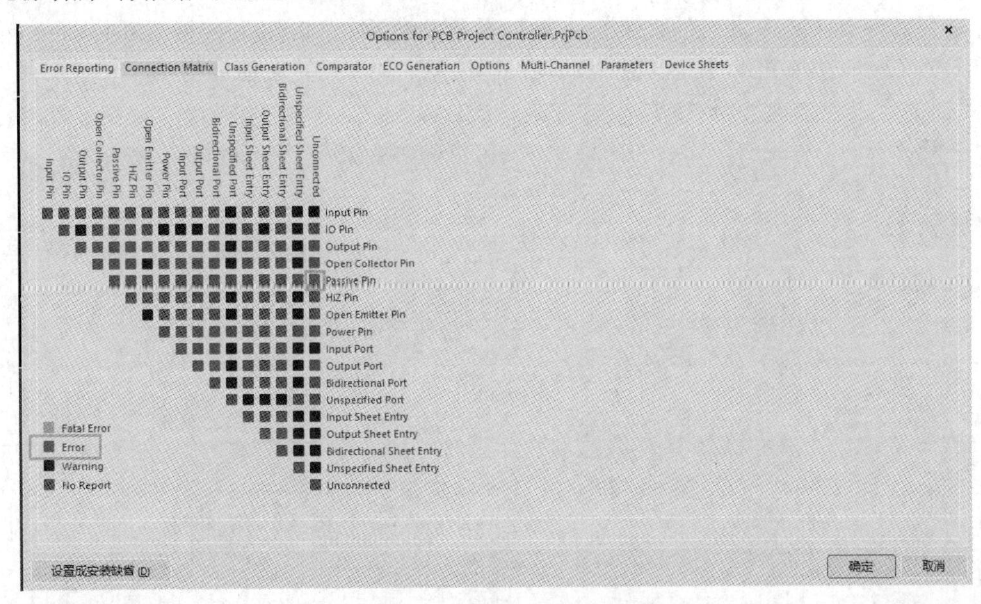

图 10.8 设置连通矩阵页面

3) 配置类生成选项

Project Options(项目选项)对话框中的 Class Generation(类生成)选项卡用于配置设计中生成的类的种类,利用 Comparator(比较器)和 ECO Generation(ECO 生成)选项卡控制是否将类迁移到 PCB 中。清除 Component Classes(元器件类)复选框,自动禁用为本项目原理图创建放置 Room。

在本设计项目中没有总线,无须清除位于对话框顶部附近的 Generate Net Classes for Buses(为总线生成网络类)复选框,配置类生成选项卡页面如图 10.9 所示。

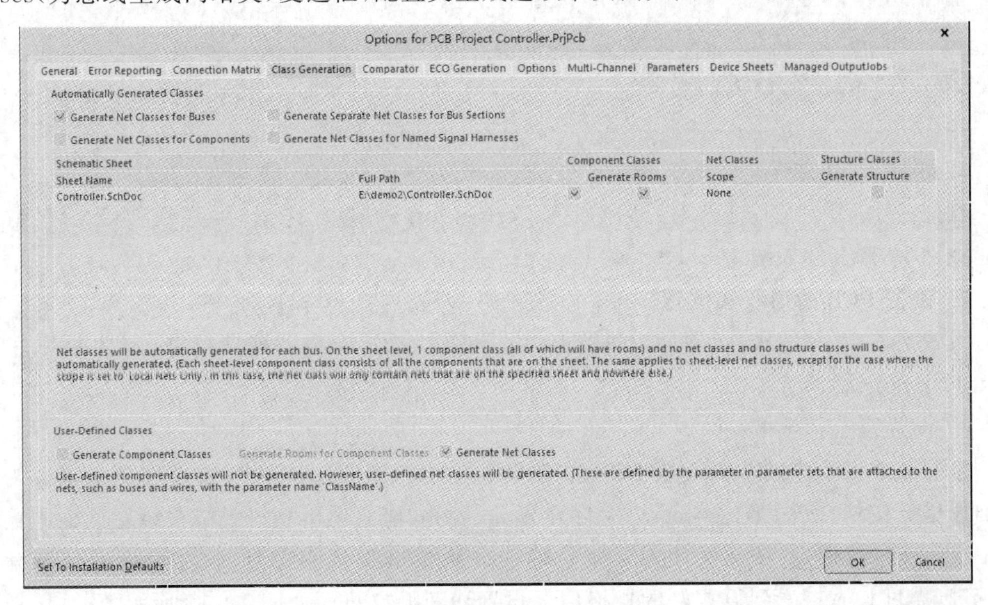

图 10.9 配置类生成选项卡页面

4）设置比较器

Project Options（项目选项）对话框中的 Comparator（比较器）选项卡用于设置在编译项目时是否报告不同文件之间的差异。本章的示例文件中，已启用 Ignore Rules Defined in PCB Only（忽略仅在 PCB 中定义规则）选项，比较器选项卡设置页面如图 10.10 所示。

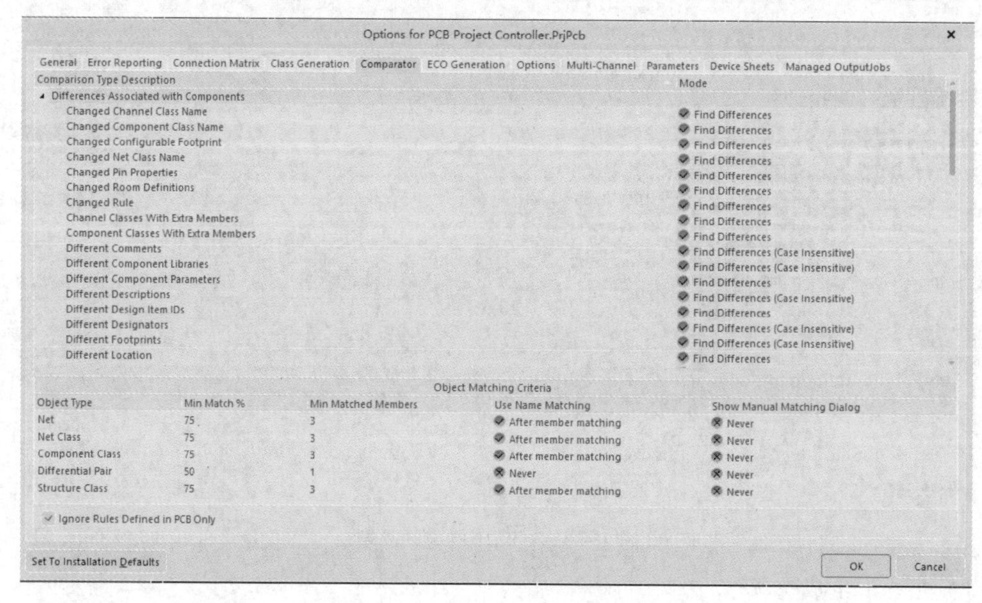

图 10.10 比较器选项卡设置页面

9. 执行项目验证，错误检查

从主菜单中选择 Project（项目）→Validate PCB Project Regulator. PrjPcb（验证 PCB 项目 Regulator. PrjPcb）命令，对项目进行验证和错误检查。按照 4.2.10 节中的步骤执行项目验证，错误检查。查看并修复原理图中的错误，确认原理图准确无误之后，重新编译项目，将原理图和项目文件保存到工作区，准备好创建 PCB 文件。

10.2 绘制 PCB 版图

1. 创建 PCB 文件

创建一个空白 PCB 文件，将其命名为 Controller. PcbDoc 之后，保存到项目文件夹中，创建空白 PCB 文件如图 10.11 所示。

2. 设置 PCB 的形状和位置

设置空白 PCB 的属性，包括设置原点、设置单位、选择合适的捕获栅格、定义 PCB 的形状和 PCB 的层叠设置等。

1）设置原点和栅格

按照 4.3.2 节中的步骤设置 PCB 原点和栅格大小。在本示例中，将采用一个单位为公制的栅格。按快捷键 Ctrl+Shift+G 打开 Snap Grid（捕获栅格）对话框，在该对话框中输入 5mm，单击 OK（确定）按钮关闭对话框。输入公制栅格线数值之后，软件切换到公制栅格线，可以通过状态栏看到设置好的栅格值。设置捕获栅格页面如图 10.12 所示。

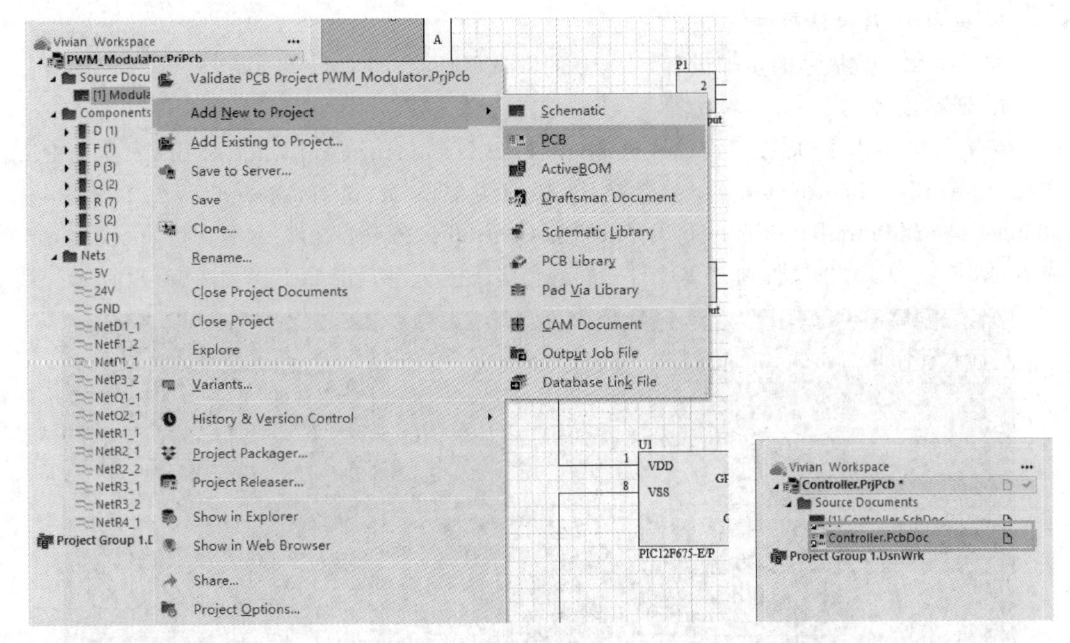

图 10.11　创建空白 PCB 文件

2）编辑 PCB 的形状大小

电路板的默认尺寸是 6in×4in，本示例 PCB 的尺寸为 60mm×95mm。按照 4.3.2 节中的步骤设置 PCB 的大小。设置好的 PCB 尺寸图如图 10.13 所示。

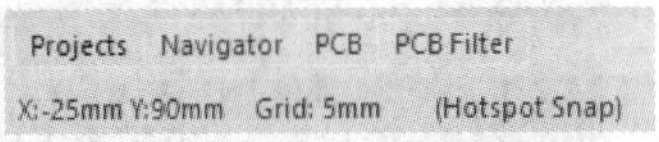

Projects　Navigator　PCB　PCB Filter
X:-25mm Y:90mm　Grid: 5mm　(Hotspot Snap)

图 10.12　设置捕获栅格页面

图 10.13　设置好的 PCB 尺寸图

3. 设置 PCB 默认属性值

按照 4.3.3 节描述的步骤设置好 PCB 的默认属性。

4. 迁移设计

在主菜单中选择 Design(设计)→Update PCB Document Controller. PcbDoc(更新 PCB 文件 Controller. PcbDoc)命令，或者在 PCB 编辑器页面，选择 Design(设计)→Import Changes from Controller. PrjPcb(导入修改后的 Controller. PrjPcb 文件)命令。按照 4.3.4 节中描述的步骤实现原理图文件到 PCB 文件之间的直接迁移，迁移后的 PCB 图如图 10.14 所示。

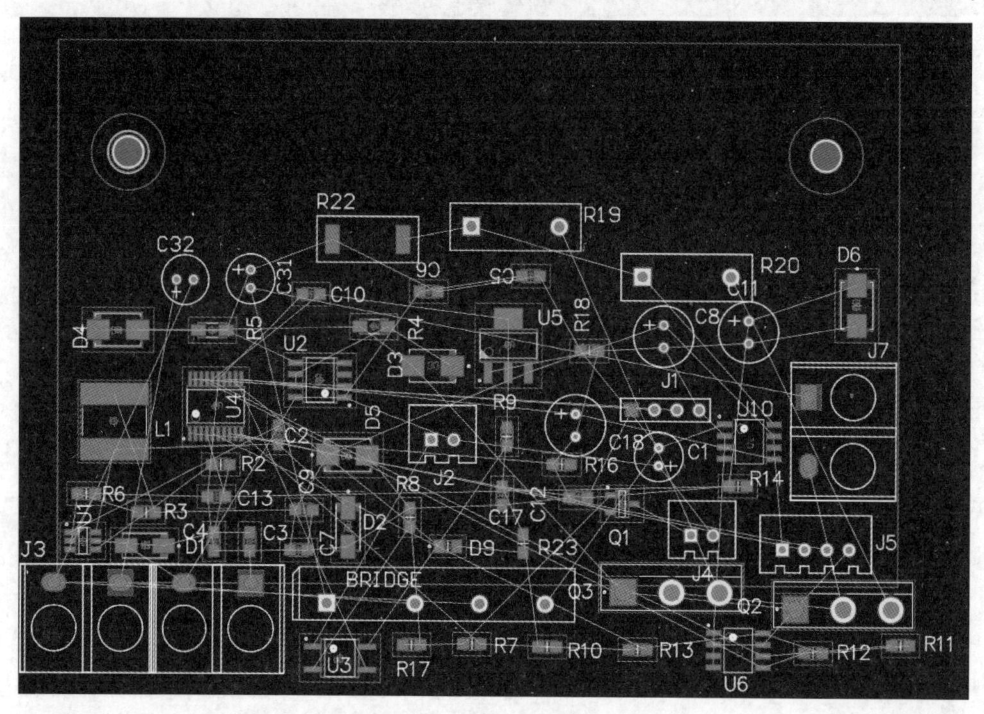

图 10.14 迁移后的 PCB 图

5. 配置层显示方式

在 Layer Stack(层堆叠的设计)管理器中添加和删除覆铜，在 View Configuration(查看配置)面板中启用并配置所有其他层。

在 Layer Stack Manager(层堆叠管理器)中对层堆叠进行配置，选择 Design(设计)→Layer Stack Manager(层堆叠管理器)打开它。本教程中的示例 PCB 是一个简单的设计，为带通孔的双面板。按照 4.3.5 节的步骤配置好层堆叠，层堆叠管理器设置如图 10.15 所示。

+ Add　　Modify　　Delete

#	Name	Material	Type	Weight	Thickness	Dk	Df
	Top Overlay		Overlay				
	Top Solder	Solder Resist	Solder Mask		0.01016mm	3.5	
1	Top Layer		Signal	1oz	0.03556mm		
	Dielectric1	FR-4	Dielectric		0.32004mm	4.8	
2	Bottom Layer		Signal	1oz	0.03556mm		
	Bottom Solder	Solder Resist	Solder Mask		0.01016mm	3.5	
	Bottom Overlay		Overlay				

图 10.15 层堆叠管理器设置

完成层堆叠管理器设置之后，保存层堆叠设置，单击 File(文件)→Save to PCB(保存到 PCB 文件中)命令，右击 Layer Stack Manager(层堆叠管理器)选项卡关闭层堆叠管理器。

6. 栅格设置

下一步是选择适合放置和布局元器件的栅格，在本章的示例 PCB 文件中，将实际的栅格大小和设计规则按表 10.2 中的内容设置。

表 10.2 栅格设置配置表

设 置	数 值	描 述
线宽	0.254mm	设计规则，线宽
安全间距	0.254mm	设计规则，安全间距
电路板栅格大小	5mm	笛卡儿坐标编辑器
元器件布置栅格	1mm	笛卡儿坐标编辑器
走线栅格	0.254mm	笛卡儿坐标编辑器
过孔外径	1mm	设计规则，过孔类型
过孔内径	0.6mm	设计规则，过孔类型

按照 4.3.6 节中描述的步骤设置好捕获栅格。

7. 设置设计规则

在 PCB Rules and Constraints Editor(PCB 规则和约束编辑器)对话框中配置设计规则。

1) 走线宽度设计规则

本设计示例中包括多个信号网络和多个电源网络。可以将默认的走线宽度规则配置为 0.254mm 的信号网，将此规则的适用范围设置为 All，即适用于本设计中的所有网络。尽管 All 的范围也包含了电源网络，但也可以通过添加第二个高优先级规则，其范围为 InNet(“GND”)或 InNet(“+3.3V”)。按照 4.3.7 节中的步骤设置好走线宽度设计规则。图 10.16 显示了这六个规则的配置信息，低优先级规则针对所有网络，优先级规则针对+3.3V 网络或 GND 网络。

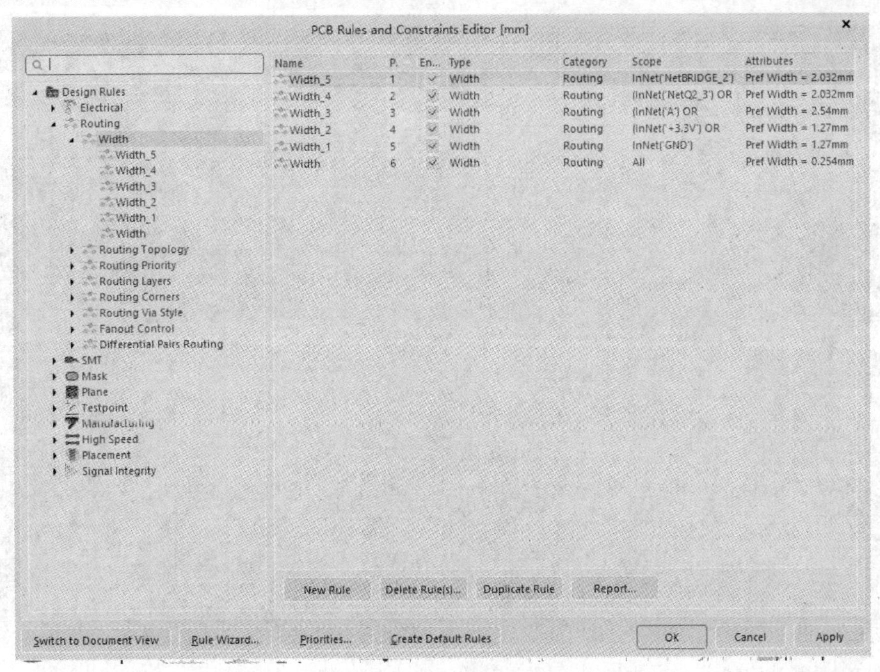

图 10.16 设置走线宽度

2）定义电气安全距离约束条件

定义不同网络的不同对象（焊盘、过孔、走线）之间的最小安全电气距离，在本示例文件中，将PCB上所有物体之间的最小安全电气距离设置为0.254mm。按照4.3.7节中的步骤定义不同网络的不同对象（焊盘、过孔、走线）之间的最小安全电气距离。

3）定义走线过孔样式

在本示例中，通过Routing Via Style（走线过孔样式）设计规则配置过孔的属性。按照4.3.7节中的步骤定义走线过孔样式。

4）检查设计规则

按照4.3.7节中的步骤，禁用多余的设计规则。

8. 元器件定位和放置

元器件的布局遵照"先大后小，先难后易"的布置原则，即重要的单元电路、核心元器件应优先布局。布局中应参考原理框图，根据单板的主信号流向规律安排主要元器件。布局应尽量满足以下要求：总的连线尽可能短，关键信号线最短；高电压、大电流信号与小电流，低电压的弱信号完全分开；模拟信号与数字信号分开；高频信号与低频信号分开；高频元器件的间隔要充分。相同结构电路部分，尽可能采用"对称式"标准布局；按照均匀分布、重心平衡、版面美观的标准优化布局。如有特殊布局要求，应根据设计需求说明书要求确定。

1）设置元器件定位和放置选项

利用Smart Component Snap（智能元器件捕获）选项可覆盖对齐居中，并将设置改为对齐到最近的元器件焊盘，该选项用于将特定焊盘定位到特定位置。按照4.3.8节中的步骤启用Snap To Center（对齐居中）和Smart Component Snap（智能元器件捕获）选项。

2）在PCB上定位元器件

按照4.3.8节中的步骤，将元器件放置到PCB上的合适位置，完成元器件放置布局的PCB如图10.17所示。

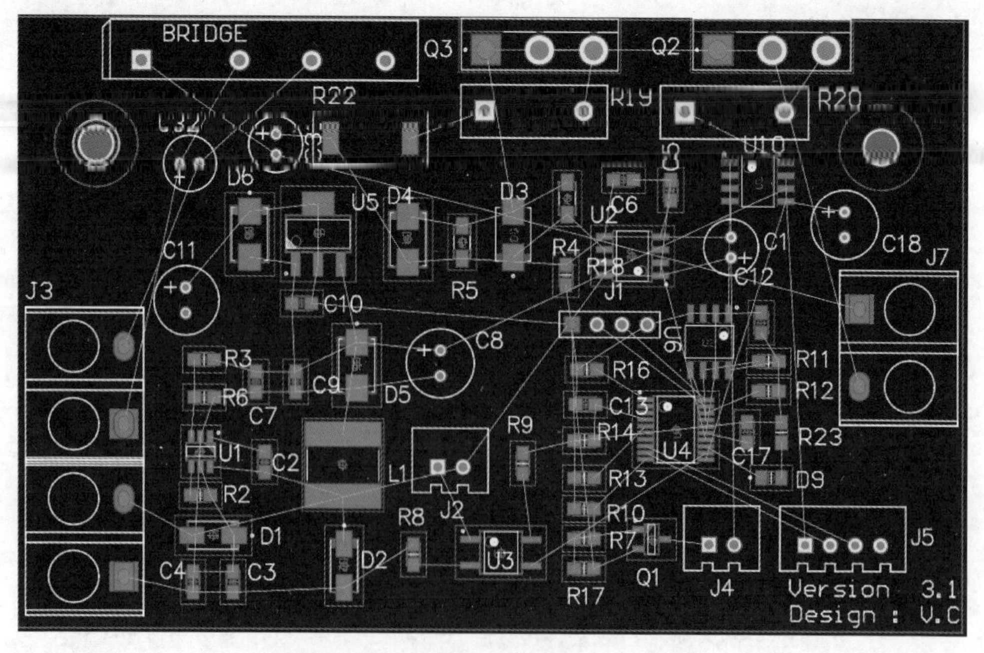

图10.17　完成元器件放置布局的PCB

9. 交互式布线

利用 Altium Designer 23 的 ActiveRoute 交互式布线工具完成 PCB 的布线，具体步骤见 4.3.10 节的相关内容，将电路板上的所有连接布通，完成布线后将设计存储到本地。完成布线的 PCB 版图如图 10.18 所示。

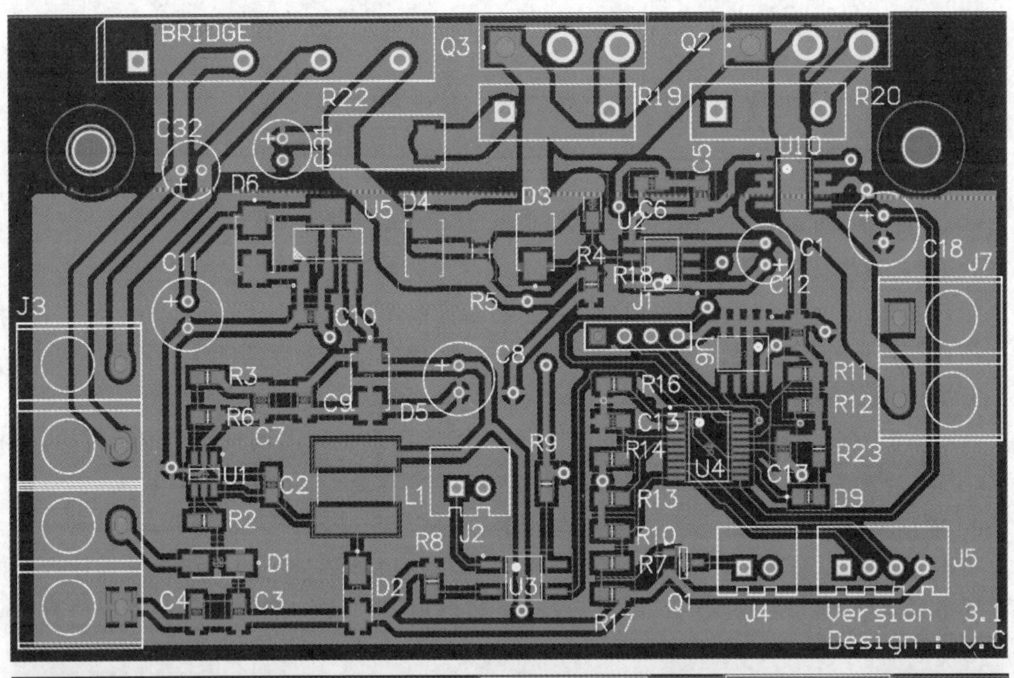

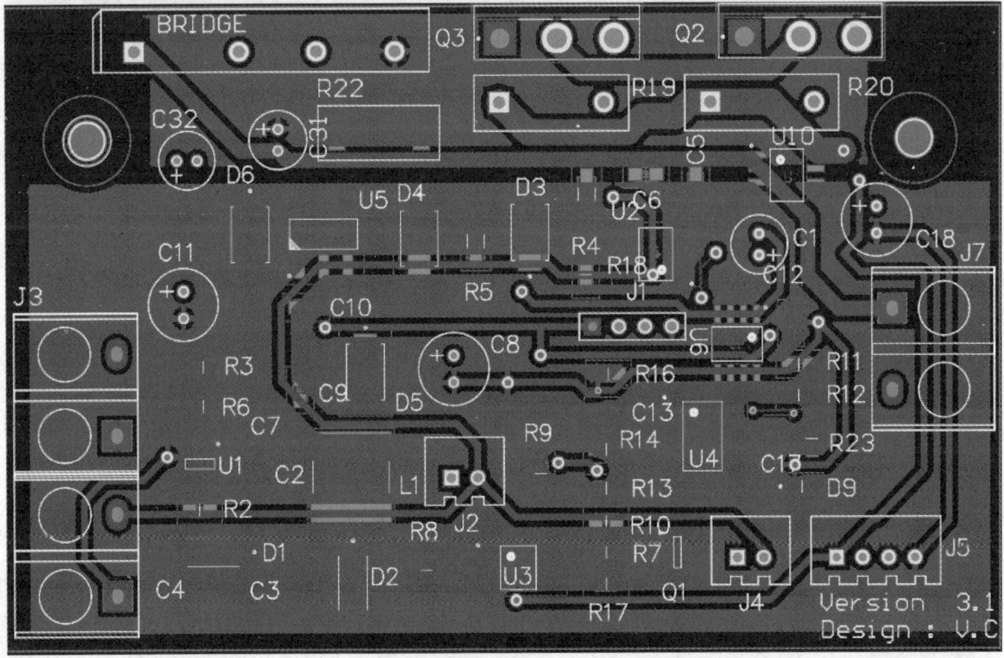

图 10.18 完成布线的 PCB 版图(上,顶层；下,底层)

10.3 PCB设计验证

启用在线设计规则检查(DRC)功能,检查设计是否符合预先定义好的设计规则,一旦检测到违规的设计,立即将违规之处突出显示出来,并生成详细的违规报告。

1. 配置违规显示方式

按照4.4.1节的步骤,配置好违规显示方式。

2. 配置规则检查器

在PCB编辑器主菜单中选中Tools(工具)→Design Rule Check(设计规则检查)命令打开对话框,进行在线和批量DRC配置。

1) DRC报告选项配置

打开Report Options(报告选项)对话框,在对话框左侧的树中选择Report Options(报告选项)页面,对话框的右侧显示常规报告选项列表,保留这些选项的默认设置。

2) 待检查的DRC规则

在对话框的Rules to Check(待检查规则)中配置特定规则的测试。在本示例中,选择Batch DRC_Used On(批量DRC_已启用)条目。

3. 运行DRC

单击对话框底部的Run Design Rule Check(运行设计规则检查)按钮执行设计规则检查。单击按钮后,运行DRC检查,此后,会打开Messages(消息)面板,在其中列出所有检测到的错误。

4. 定位错误

在本示例的电路板上运行批量DRC时,根据"违规详情"定位错误,按照4.4.4节的方法逐条解决DRC报的违规错误。解决全部违规之后再次运行DRC,直到DRC错误报告中已经没有报任何违规错误。将PCB和项目保存到工作区,关闭PCB文件。

10.4 项目输出

完成PCB的设计和检查之后,可以准备制作PCB审查、制造和装配所需的输出文档。

1. 创建输出作业文件

按照4.5.2节中的步骤,配置输出作业文件。

2. 处理Gerber文件

在PCB编辑器的主菜单File(文件)→Fabrication Outputs(制造输出)→Gerber Files(Gerber文件)命令配置Gerber文件。按照4.5.3节中的步骤,处理Gerber文件和NC Drill输出文件,并将其映射到OutJob右侧的Output Container(输出容器)。

3. 配置物料清单

按照4.5.5节的步骤,配置物料清单(BOM)中的元器件信息,给出每个元器件详细的供应链信息。

4. 输出物料清单

利用Report Manager(报告管理器)输出BOM文件。Report Manager(报告管理器)通

过 Bill of Materials For Project(项目物料清单)对话框中输出 BOM。按照 4.5.6 节中的步骤,输出本项目的物料清单,如表 10.3 所示。

表 10.3 STM32 单片机控制系统的物料清单

描　述	位　号	封　装	参　考　库	元器件数量
Full Wave Diode Bridge	BRIDGE	BRPACK2	Bridge1	1
ALUMINUM ELECTROLYTIC CAP.	C1	CAP. E. 5. 0X11. 0	CAP. E	1
SURFACE MOUNT CAPACITOR 0. 048 X 0. 079 INCHES	C2,C3,C4,C5,C6,C7, C9, C10, C12,C13,C17	CAPC2012X100M	CAP. SMT	11
ALUMINUM ELECTROLYTIC CAP.	C8,C11	CAP. E. 6. 3X11. 0	CAP. E	2
Polarized Capacitor(Radial)	C18	CAP. E. 6. 3X11. 0	Cap Pol1	1
Capacitor	C31	CAP. E. 5. 0X11. 0	Cap	1
Capacitor	C32	CAP. E. 5. 0X11. 0	Cap	1
GENERIC DIODE W ALTERNATE	D1,D2	DIOM5027X244M	SS14	2
GENERIC DIODE W ALTERNATE	D3	D3PACK	1N4007	1
GENERIC DIODE W ALTERNATE	D4	DIOM5336X262M	P6SMBXXCA	1
GENERIC DIODE W ALTERNATE	D5,D6	DIOM5336X262M	P6SMBXXA	2
LIGHT EMITTING DIODE	D9	REDLED	LED. SMT	1
	J1	SIP. 4P	CON. 4P	1
	J2,J4	CON. 2P. 100	CON. 2P	2
Header,4. Pin	J3	JCON4	Header 4	1
	J5	CON. 4P. 100	CON. 4P	1
Header, 2. Pin	J7	CON. 2P. 300	Header 2	1
0. 47uH, 0. 0044ohm, 17. 5A, Size: 7. 3 * 6. 8 * 3. 5mm	L1	INDC7373X400N	INDUCTOR	1
NPN SILICON TRANSISTOR	Q1	SOT95P251X112. 3M	8050	1
HEXFET Power MOSFET	Q2,Q3	TO546P508X1588X2483. 3P	IRFP4110	2
RES BODY: 060 CENTERS: 400	R2,R3,R6,R7,R8,R9,R10,R11,R12,R13,R14,R16,R17,R18,R23	RESC2012X50M	RES. SMT	15
RES BODY: 060 CENTERS: 400	R4,R5	RESC3216X60M	RES. SMT	2
RES BODY: 060 CENTERS: 400	R19,R20	RES. 5R	RES. SMT	2
RES BODY: 060 CENTERS: 400	R22	2512RES	RES. SMT	1
	U1	SOT95P280X110. 6M	MP2359	1
	U2	SOIC127P600X175. 8M	TC4420	1
OPTICAL SWITCH,TRANSISTOR OUTPUT	U3	SOIC254P680X239. 4M	EL357N	1
	U4	SOP65P640X120. 20M	STM32F030F4P6	1

续表

描　述	位　号	封　装	参　考　库	元器件数量
	U5	SOT230P700X180.4M	LM1117.SOT223	1
	U6	SOIC127P600X175.8M	24LC01	1
	U10	SOIC127P600X175.8M	24LC01	1

10.5　项目发布

通过 Altium Designer 的 Project Releaser(项目发布)执行项目发布,将项目发布到互连工作区。按照 4.6 节中的步骤发布已完成设计的项目。至此,本示例的项目设计已经完成。

第11章

SAMV71仿真开发板

在嵌入式系统设计中，基于 ARM 架构的微控制器(MCU)成为业界主流。根据 IC Insights 最新版的 McClean 报告，微芯(Microchip)公司 2021 年的销售额为 3584 百万美元，位居全球第二，仅次于恩智浦。微芯公司在嵌入式微处理器市场主推两大系列的产品：一是 PIC 系列的 8 位微控制器，其应用示例已经在第 9 章中做了介绍；二是基于以 Arm Cortex_M 为核的 SAM 系列 32 位微控制器。SAM 系列单片机以 Arm Cortex_M7 内核为基础，具有高性能、低功耗的特点。为了增加系统的可靠性，SAM 架构添加了纠错码(ECC)记忆、完整性检查监测器(ICM)、存储器保护单元(MPU)等故障管理和数据完整性功能。此外，它们还拥有 CAN FD 和以太网 AVB/TSN 功能，可满足不断变化的系统连接功能的需求。

本章的实战演练案例选用了微芯公司的 SAMV71 作为主控单元，利用其丰富多样的外设和接口，构建起 SAMV71 的仿真开发系统。系统带有一个以太网接口、高速 USB 接口、MediaLB 接口等，可以作为 SAMV71 的评估开发板使用。SAMV71 仿真开发板系统框图如图 11.1 所示。

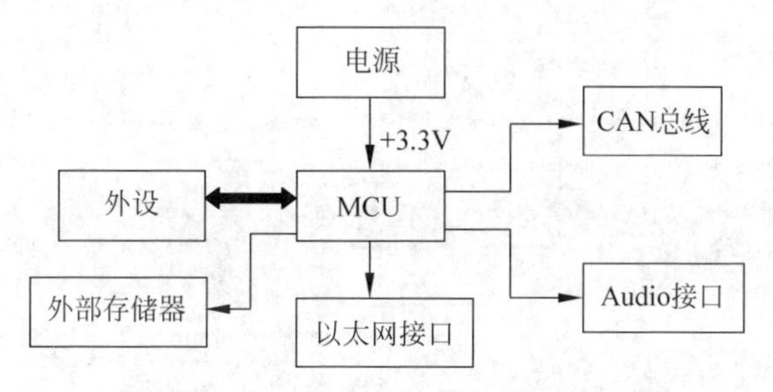

图 11.1 SAMV71 仿真开发板系统框图

该电路板的电原理图设计采用了自顶向下的分层结构的电原理图设计，PCB 设计采用了 8 层层叠结构，比较第 9 章和第 10 章的设计内容，复杂程度有所增加。选用此案例的目的是使读者入门之后有一个进阶的过程。虽然本案例项目中的元器件数目、走线长度和布线层数目有所增加，但是设计流程依然没有变化，只是复杂程度有所增加，在巩固了前几章的设计技能的基础上，也不难实现电路的设计。

11.1 绘制原理图

项目开始的第一步是绘制 SAMV71 仿真开发板的电路原理图。

1. 创建新项目

在电路原理图编辑器的主菜单中运行 File(文件)→New(新建)→Project(项目)命令，创建一个新项目文件 Xplaned. PrjPCB，如图 11.2 所示。

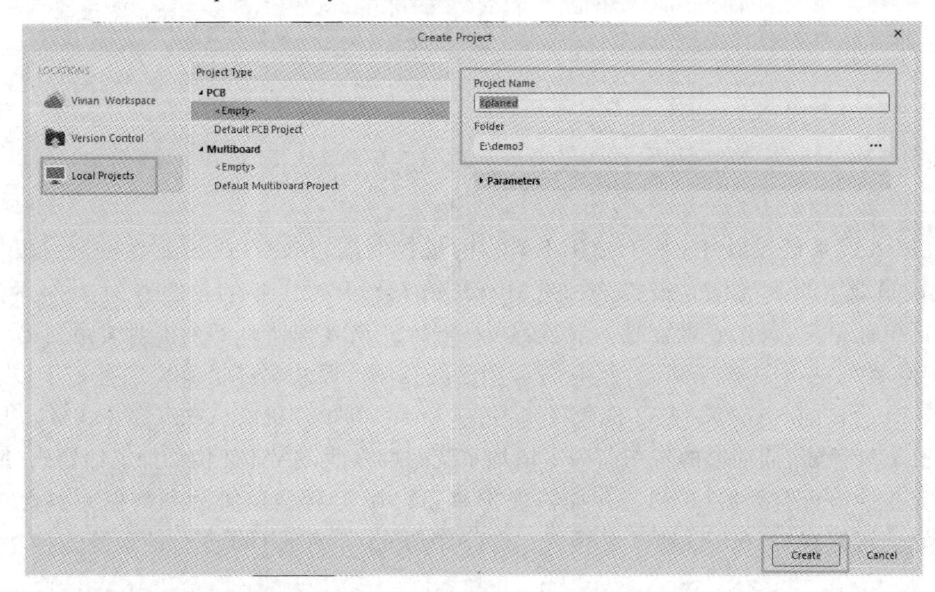

图 11.2　创建新项目文件

2. 添加原理图

向新创建的项目中添加原理图，原理图命名为 Xplained. SchDoc，将创建的原理图保存到项目中，如图 11.3 所示。

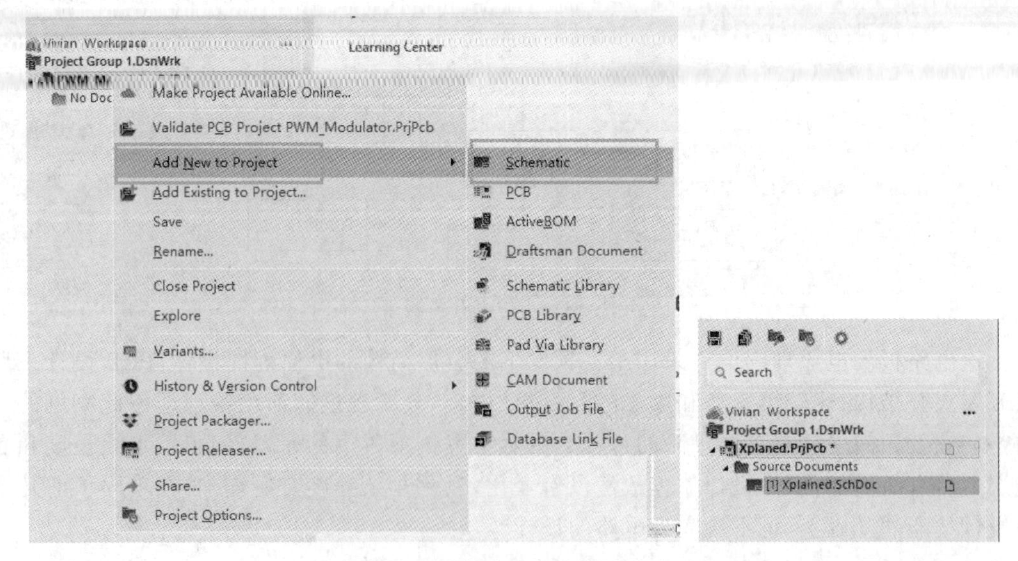

图 11.3　向项目中添加原理图

创建和保存好新建的原理图之后，在原理图编辑器中打开一张空白的原理图图纸，在空白原理图文档上绘制原理图之前，首先需要设置好原理图文档的属性。

3. 设置文档选项

按照4.2.3节中的步骤，设置好原理图图纸尺寸大小和栅格大小。在本示例中，设置原理图尺寸为A3图纸，栅格大小设置为100mil。

4. 绘制顶层原理图

在本项目中，由于涉及的元器件比较多，一张原理图中放不下整个项目的全部元器件，在这种情况下，可以对整个项目的各个功能子模块进行拆解，将功能子模块分别放入子电路原理图中，各个子原理图按照顶层原理图进行连接。顶层原理图由各了原理图(以下简称子图)符号(Sheet Symbol)组成，不同子图之间放上图纸入口(Sheet Entry)，利用信号线束(Signal Harness)或走线(Wire)将不同子图的信号连接起来。

1）添加子图符号

在原理图编辑器主菜单中选中Place(放置)→Sheet Symbol(图纸符号)命令，双击创建的新图纸符号，打开属性面板，在原理图符号的Properties(属性)面板中输入图纸符号的位号(Designator)和文件名(Filename)，这个文件名对应子原理图的名称，一般还会给它添加一个Parameters(参数)描述。在顶层原理图中添加子图符号如图11.4所示。

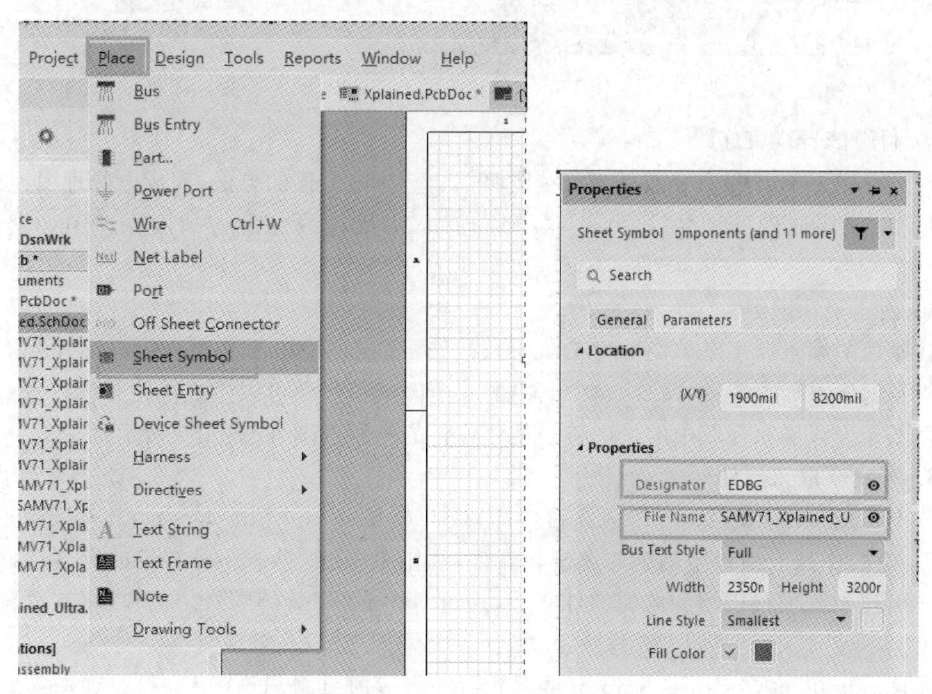

图11.4 在顶层原理图中添加子图符号

2）创建图纸入口

在顶层原理图中的每一个电路端口都与其所代表的子原理图上的一个电路输入输出端口相对应。在原理图编辑器主菜单中选中Place(放置)→Sheet Entry(图纸入口)，创建子原理图的图纸入口，双击创建的新图纸符号，打开属性面板，在图纸入口的Properties(属性)面板中输入端口名称(Name)、接口形式(I/O Type)和线束类型(Harness Type)，创建图纸入口如图 11.5 所示。

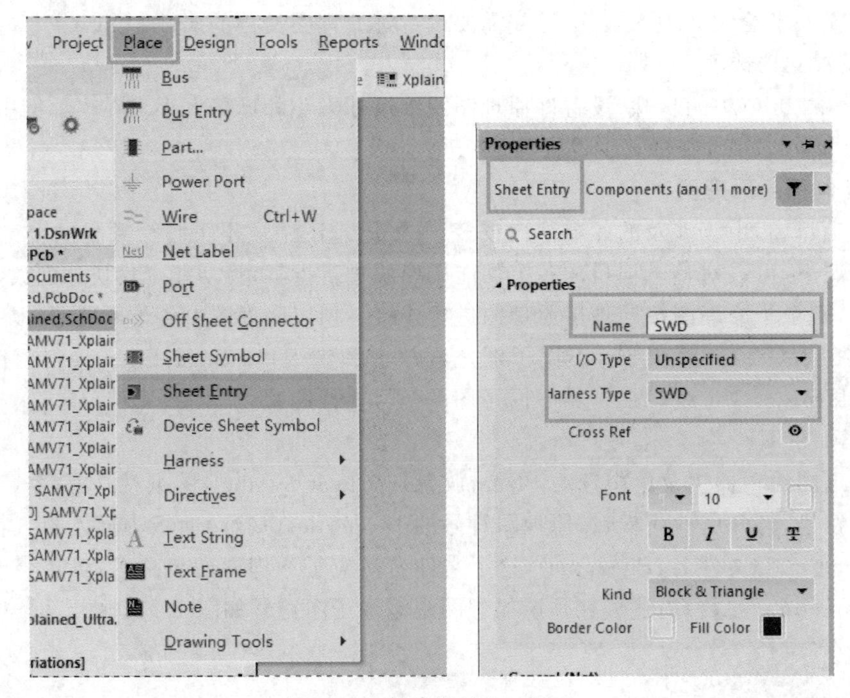

图 11.5　创建图纸入口页面

3）利用信号线束连线

在工具栏中单击命令或命令，按照 4.2.6 节中描述的方法，完成电原理图连线，在本项目中，顶层原理图中包含了 11 张子原理图，完成连线之后的顶层原理图如图 11.6 所示。

4）创建子原理图

在原理图编辑器主菜单中选中 Design(设计)→Create Sheet From Sheet Symbol(根据图纸符号创建原理图图纸)命令，选中其中的一个图纸符号便可以生成一张与该符号对应的子原理图。为顶层原理图中的子图符号创建各自的子原理图如图 11.7 所示。

5. 查找获取元器件

从 Workspace library(工作区元器件库)或 Database and File_based Libraries(元器件数据库文件)中选取项目中用到的电子元器件，利用 Altium Designer 自带的元器件搜索引擎(MPS)搜索到项目中用到的元器件之后，通过 Components(元器件)面板，将其放置到原理图上。

通过 Manufacturer Part Search(搜索元器件制造商)面板查找定位电原理图需要用到的元器件，单击应用程序窗口右下角的 Panels 按钮，从菜单中选择 Manufacturer Part Search(搜索元器件制造商)，打开 Manufacturer Part Search(搜索元器件制造商)面板，首次打开 Manufacturer Part Search(搜索元器件制造商)面板后，将显示元器件类别列表，通过 MPS 查找获取元器件如图 11.8 所示。

本项目中需要用到的元器件列表如表 11.1 所示。

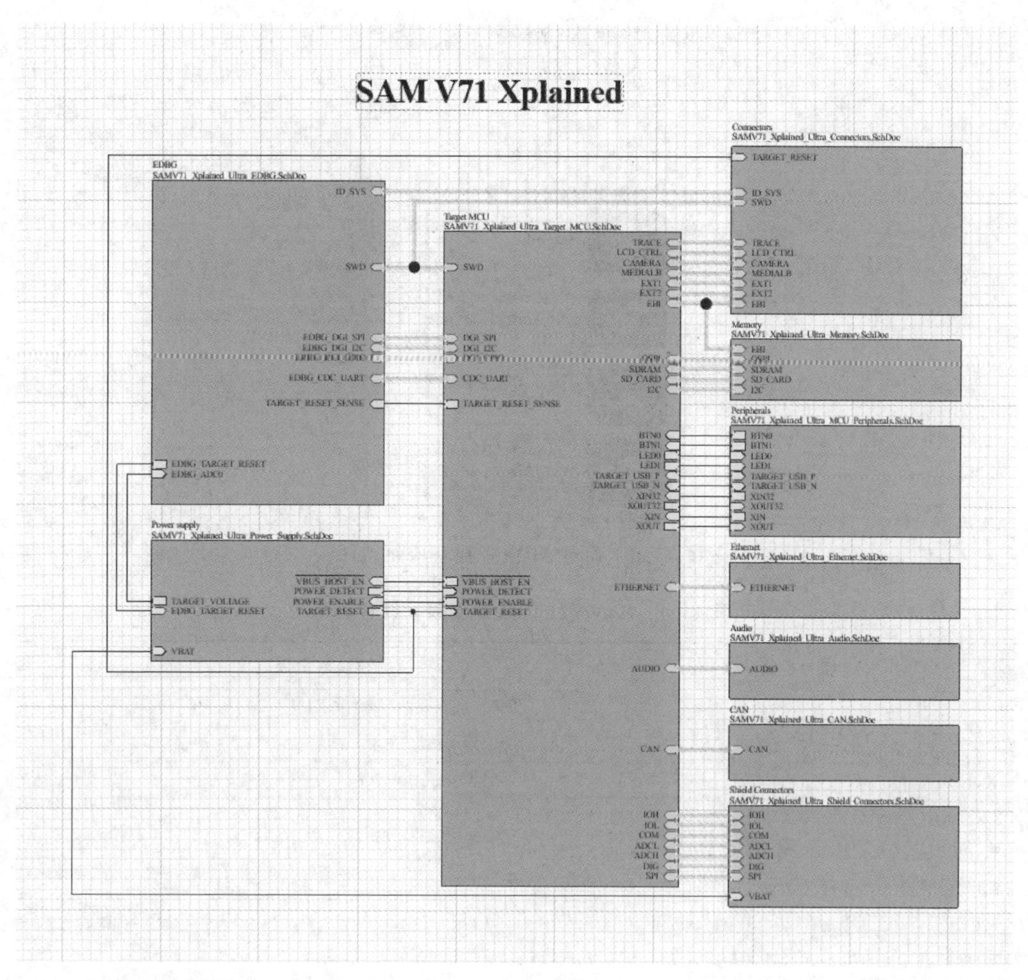

图 11.6　顶层原理图

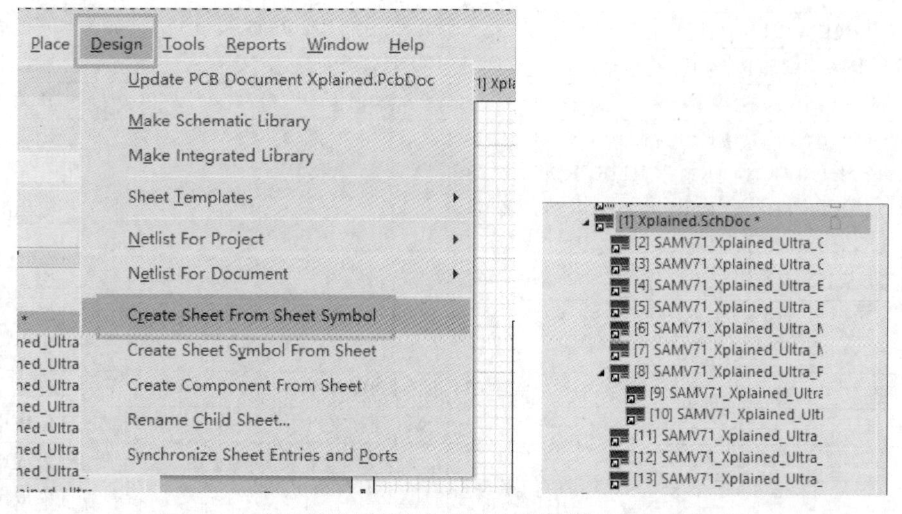

图 11.7　为顶层原理图中的子图符号创建各自的子原理图

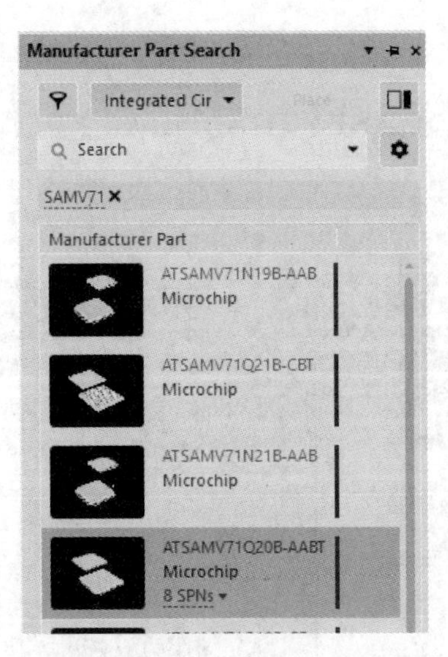

图 11.8　通过 MPS 查找获取元器件

表 11.1　SAMV71 仿真开发板元器件列表

设计位号	描　述	注　释
L10X,L20X,L80X,L90X	Z=470ohm(@100MHz),MaxR(dc)=0.65ohm,Max current=1A	电感
D10X,D30X,D90X	LED,Yellow	发光二极管
C102,C105,C106,C200,C201,C202,C203,C204,C205,C206,C207,C208,C209,C210,C211,C212,C213,C214,C217,C218,C300,C301,C302,C303,C600,C601,C602,C611,C613,C700,C702,C704,C705,C706,C707,C709,C710,C711,C713,C800,C801,C802,C806,C807,C812,C813,C816,C818,C821,C822,C823,C824,C826,C827,C829,C1001,C1002,C1003	111uf	电容
Q100,Q101,Q102,Q103,Q104,Q900	N. Channel MOSFET. 60V,0.300A	三极管
J10x,J20x,J30x,J40x,J50x,J7	CON. 4P	连接器
SW100,SW101,SW300,SW301	A08.0091	开关
R100,R101,R102,R103,R104,R105,R108,R109,R111,R112,R113,R114,R115,R116,R117 R118,R119,R135,R200,R201,R202,R204,R205,R206,R207,R208,R209,R211,R212,R213,R214,R215,R216,R217,R218,R219	100kΩ	电阻
U100	TC4420	集成电路
U101	EL357N	集成电路
U102	STM32F030F4P6	集成电路
U103	LM1117. SOT223	集成电路
U104	24LC01	集成电路
U105	INA282	集成电路
U200	5V to 17V in,5V 2A out,Step_Down Converter	集成电路

续表

设计位号	描　述	注　释
U600	Backup battery supervisors for RAM retention	集成电路
U601	Autoswitching 2∶1 Power Mux	集成电路
U602	Single channel power switch,1A,reverse block,active low enabled.	集成电路
U603	Externally Programmable Dual High. Current Step. Down DC/DC and Dual Linear Regulators	集成电路
U604	Single,Low Voltage(1.6.5.5V),Low Power(0.35A),low cost	集成电路
U700	SAM 32.bit ARM Cortex. M * RISC MCU,SAMV71 Series,QFP144	集成电路
U800	2kbit I2C EEPROM, single EUI. 48 MAC,5.5V,2mm×3mm UDFN(8MA2)	集成电路
U801	16Mbit SDRAM(512K Words×16Bits×2 Banks),143MHz 3,3V	集成电路
U900	Secure authentication and product validation device,EEPROM,I2C,2.0.5.5V,UDFN8	集成电路
U1000	Secure authentication and product validation device,EEPROM,I2C,2.0.5.5V,SOIC8	集成电路
XC300,XC301,XC800,XC700,XC900	32k768,12.0MHz,25.000MHz	晶振

按照4.2.4节中描述的方法,获取项目中用到的全部元器件。

6. 放置元器件

单击Component Details(元器件详细信息)窗格中的Place(放置)按钮,光标自动移动到原理图图纸区内,光标上显示元器件,将其定位之后,单击放置好元器件。将元器件放置到电原理图中,继续查找并放置全部元器件。

7. 原理图连线

在原理图上摆放好全部元器件之后,便可以开始原理图连线。按PgUp键放大或按PgDn键缩小电原理图,确保原理图有合适的视图。按照4.2.6节中描述的方法,完成电原理图连线。完成连线后的原理图如图11.9所示。

8. 动态编译

在主菜单中选择Project(项目)→Project Options(项目选项)命令,配置错误检查参数、连通矩阵、类生成设置、比较器设置、项目变更顺序(ECO)生成、输出路径和连接性选项、多通道命名格式和项目级参数等。配置完成之后进行动态编译。

9. 配置错误检查条件

使用连通矩阵来验证设计,在主菜单中选择Project(项目)→Validate PCB Project(验证PCB项目)命令编译项目时,软件会检查UDM(统一数据模型)和编译器设置之间的逻辑、电气和绘图错误。

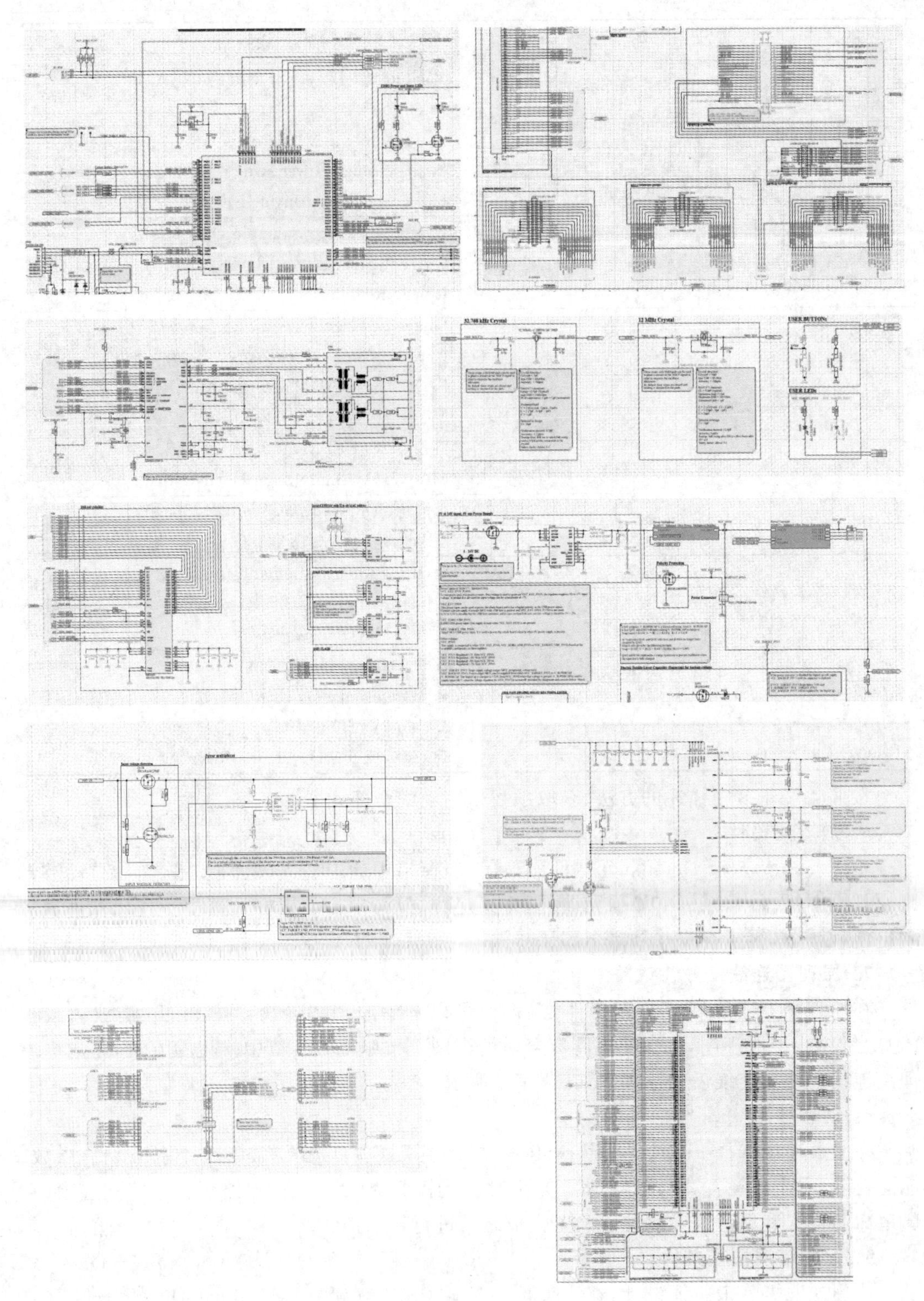

图 11.9　完成连线后的原理图

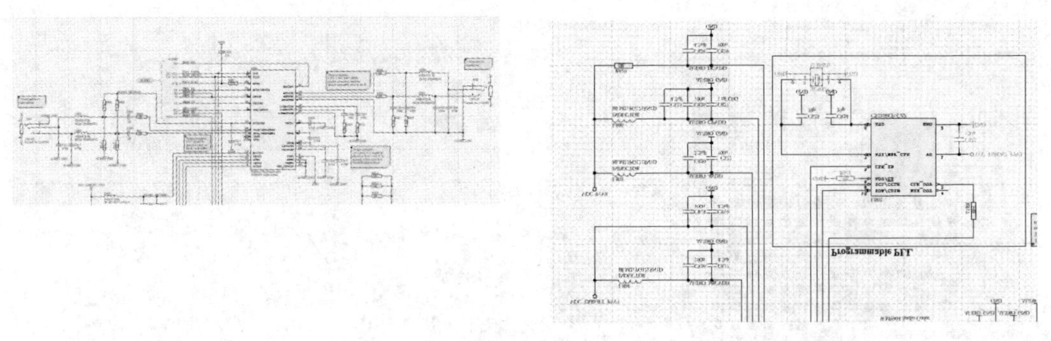

图 11.9(续)

1) 设置错误报告

选择 Project(项目)→ Project Options(项目选项)打开 Options for PCB Project(PCB 工程选项)对话框。为每种错误检查设定好各自的 Report Mode(报告模式),通过 Report Mode(报告模式),设置显示违规的严重程度。配置错误报告页面如图 11.10 所示。

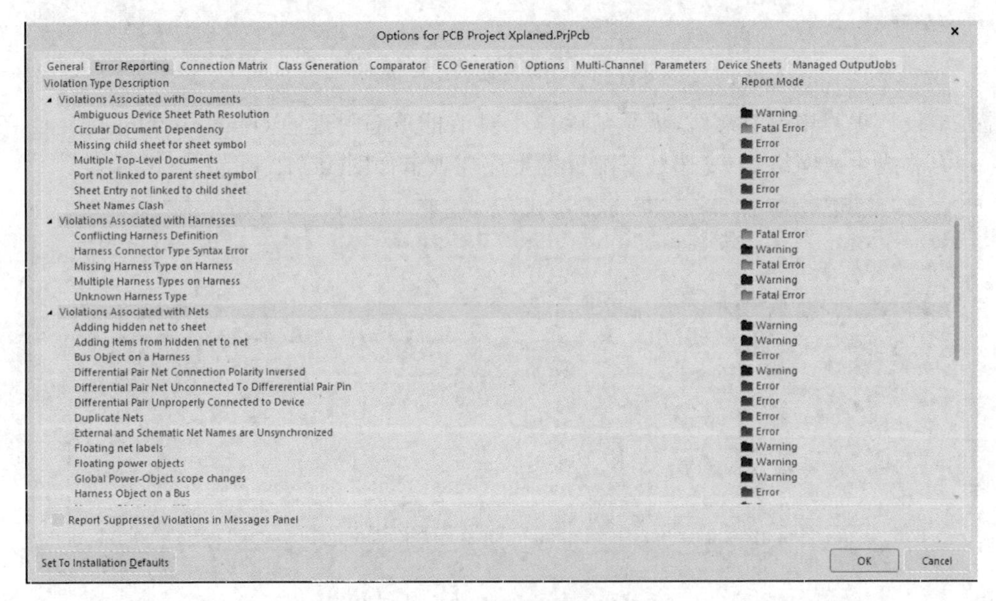

图 11.10 配置错误报告页面

2) 设置连通矩阵

在 Project Options(项目选项)对话框中的 Connection Matrix(连通矩阵)选项卡,配置允许相互连接的引脚类型。可以将每种错误类型设置一个单独的错误级别,即从 No Report(不报错)到 Fatal Error(致命错误)四个不同级别的错误。单击彩色方块以更改设置,继续单击以移动到下一个检查级别。设置连通矩阵页面如图 11.11 所示。

3) 配置类生成选项

Project Options(项目选项)对话框中的 Class Generation(类生成)选项卡用于配置设计中生成的类的种类,利用 Comparator(比较器)和 ECO Generation(ECO 生成)选项卡控制是否将类迁移到 PCB 中。清除 Component Classes(元器件类)复选框,自动禁用为本项目原理图创建放置 Room。

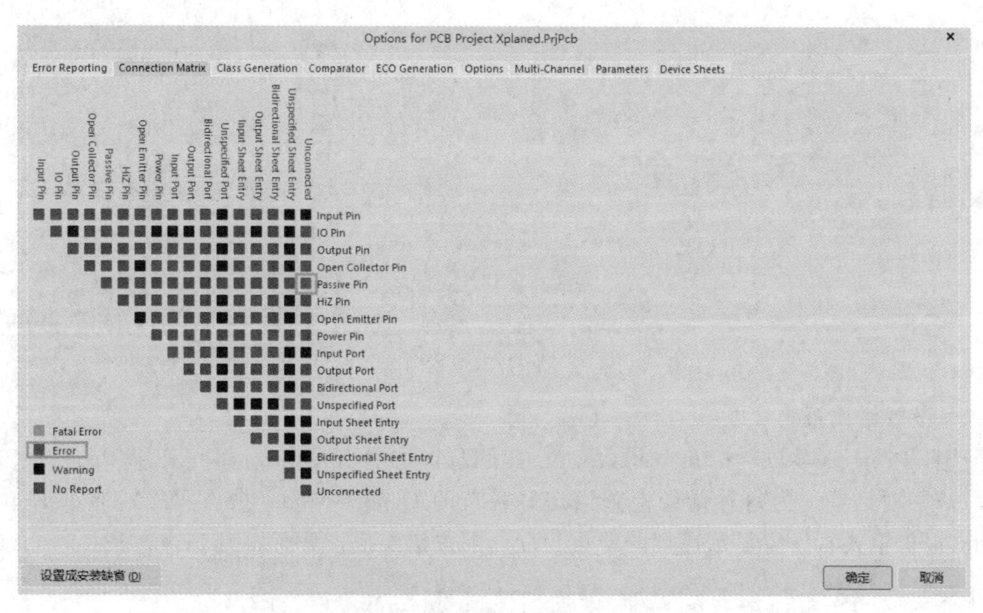

图 11.11　设置连通矩阵页面

在本设计项目中没有总线，无须清除位于对话框顶部附近的 Generate Net Classes for Buses(为总线生成网络类)复选框。配置类生成选项卡如图 11.12 所示。

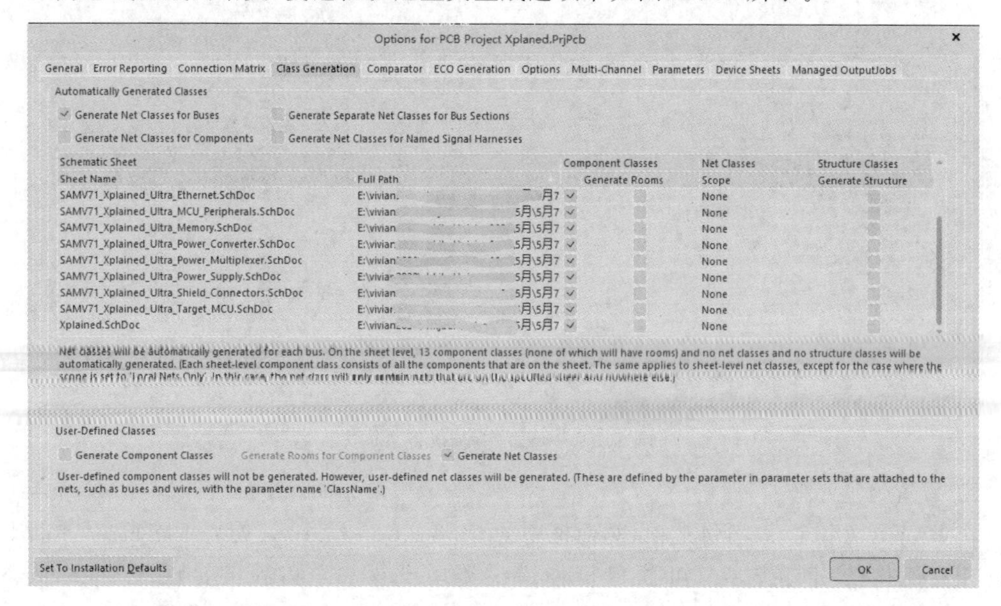

图 11.12　配置类生成选项卡

4）设置比较器

Project Options(项目选项)对话框中的 Comparator(比较器)选项卡用于设置在编译项目时是否报告不同文件之间的差异。本书的示例文件中，已启用 Ignore Rules Defined in PCB Only(忽略仅在 PCB 中定义规则)选项，比较器选项卡设置页面如图 11.13 所示。

10. 执行项目验证，错误检查

从主菜单中选择 Project(项目)→Validate PCB Project Xplaned. PrjPcb(验证 PCB 项

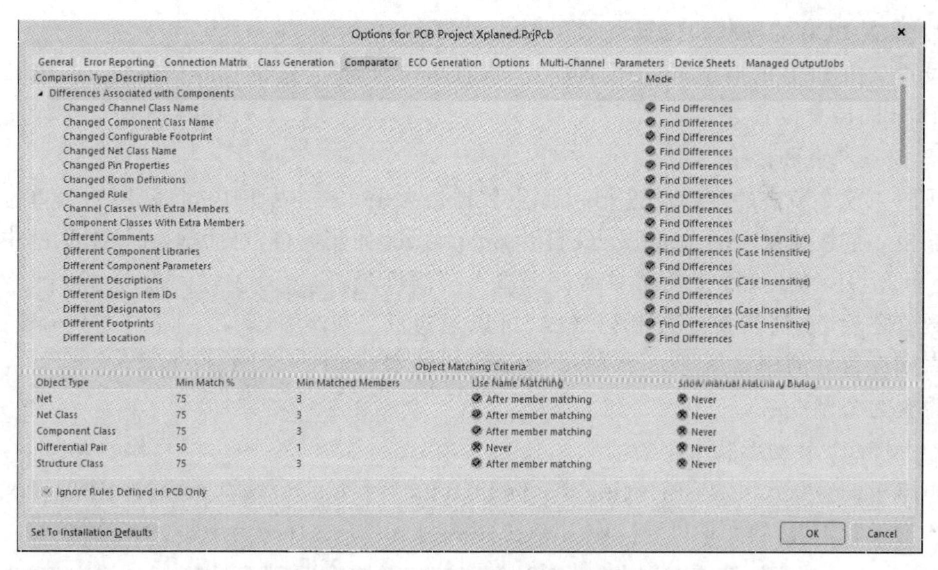

图 11.13　比较器选项卡设置页面

目 Xplaned. PrjPcb)命令，对项目进行验证和错误检查。按照 4. 2. 11 节中的步骤执行项目验证，错误检查。查看并修复原理图中的错误，确认原理图准确无误之后，重新编译项目，将原理图和项目文件保存到工作区，准备好创建 PCB 文件。

11.2　绘制 PCB 版图

1. 创建 PCB 文件

创建一个空白 PCB 文件，将其命名为 Xplained. PcbDoc 之后，保存到项目文件夹中。创建空白 PCB 文件如图 11.14 所示。

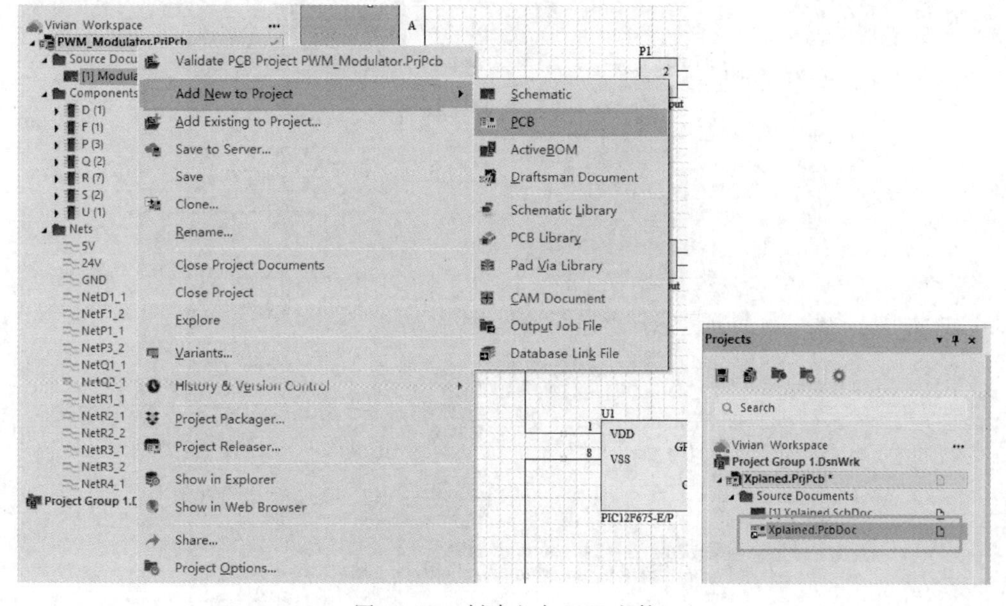

图 11.14　创建空白 PCB 文件

2. 设置 PCB 的形状和位置

设置空白 PCB 的属性,包括设置原点、设置单位、选择合适的捕获栅格、定义 PCB 的形状和 PCB 的层叠设置等。

1) 设置原点和栅格

按照 4.3.2 节中的步骤设置 PCB 原点和栅格大小。在本示例中,将采用一个单位为公制的栅格。按快捷键 Ctrl+Shift+G 打开 Snap Grid(捕获栅格)对话框,在该对话框中输入 5mm,单击 OK(确定)按钮关闭对话框。输入公制栅格线数值之后,软件切换到公制栅格线,可以通过状态栏看到设置好的栅格值。如图 11.15 所示,将捕获栅格设置为公制 5mm。

Projects Navigator PCB PCB Filter
X:-25mm Y:90mm Grid: 5mm (Hotspot Snap)

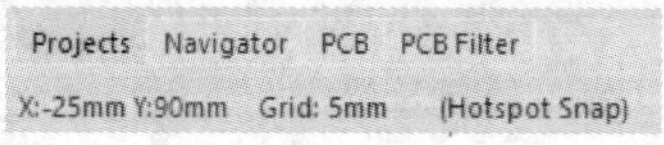

图 11.15 将捕获栅格设置为公制 5mm

2) 编辑 PCB 的形状大小

电路板的默认尺寸是 6in×4in,本示例 PCB 的尺寸为 135mm×90mm。按照 4.3.2 节中的步骤设置 PCB 的大小尺寸。定义 PCB 的尺寸如图 11.16 所示。

Default Layer Stack Region - Board Layer Stack

图 11.16 定义 PCB 的尺寸

3. 设置 PCB 默认属性值

按照 4.3.3 节描述的步骤设置好 PCB 的默认属性。

4. 迁移设计

在主菜单中选择 Design(设计)→Update PCB Document Xplained. PcbDoc(更新 PCB 文件 Xplained. PcbDoc)命令,或者在 PCB 编辑器页面,选择 Design(设计)→Import Changes from Xplaned. PrjPcb(导入修改后的 Xplaned. PrjPcb 文件)命令。按照 4.3.4 节中描述的步骤实现原理图文件到 PCB 文件之间的直接迁移,迁移好之后的 PCB 版图如图 11.17 所示。

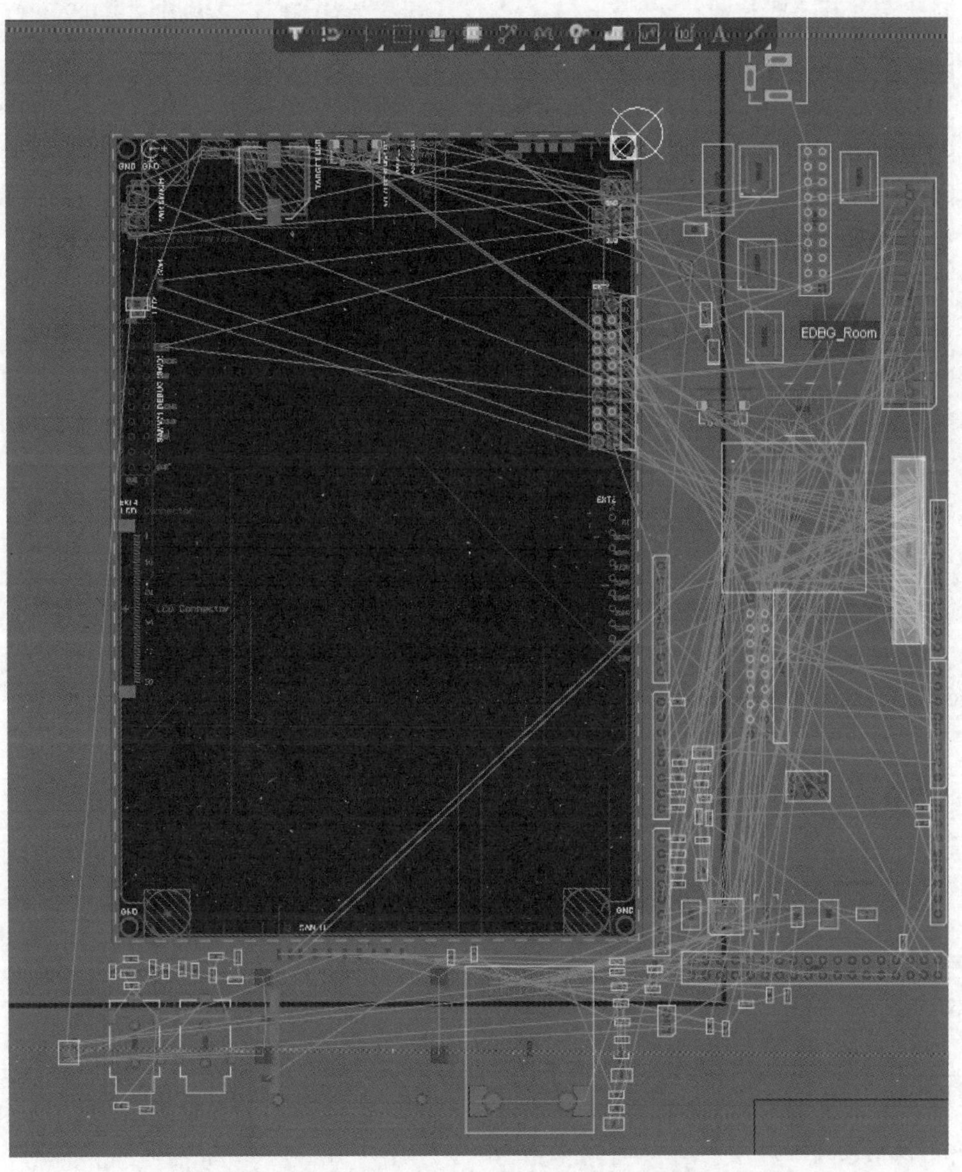

图 11.17　将原理图设计迁移到 PCB 编辑器中

5. 配置层显示方式

在 Layer Stack(层堆叠的设计)管理器中添加和删除覆铜,在 View Configuration(查看配置)面板中启用并配置所有其他层。

在 Layer Stack Manager(层堆叠管理器)中对层堆叠进行配置,选择 Design(设计)→Layer Stack Manager(层堆叠管理器)打开它。本教程中的示例 PCB 是一个比较复杂的设计,为带通孔的 8 面板。按照 4.3.5 节的步骤配置好层堆叠,层堆叠管理器设置页面如图 11.18 所示。

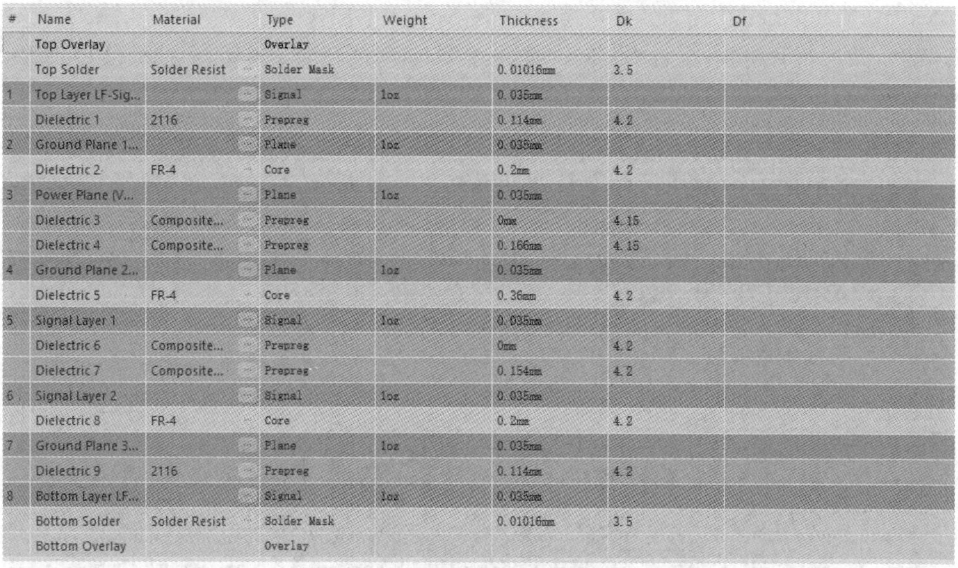

#	Name	Material	Type	Weight	Thickness	Dk	Df
	Top Overlay		Overlay				
	Top Solder	Solder Resist	Solder Mask		0.01016mm	3.5	
1	Top Layer LF-Sig...		Signal	1oz	0.035mm		
	Dielectric 1	2116	Prepreg		0.114mm	4.2	
2	Ground Plane 1...		Plane	1oz	0.035mm		
	Dielectric 2	FR-4	Core		0.2mm	4.2	
3	Power Plane (V...		Plane	1oz	0.035mm		
	Dielectric 3	Composite...	Prepreg		0mm	4.15	
	Dielectric 4	Composite...	Prepreg		0.166mm	4.15	
4	Ground Plane 2...		Plane	1oz	0.035mm		
	Dielectric 5	FR-4	Core		0.36mm	4.2	
5	Signal Layer 1		Signal	1oz	0.035mm		
	Dielectric 6	Composite...	Prepreg		0mm	4.2	
	Dielectric 7	Composite...	Prepreg		0.154mm	4.2	
6	Signal Layer 2		Signal	1oz	0.035mm		
	Dielectric 8	FR-4	Core		0.2mm	4.2	
7	Ground Plane 3...		Plane	1oz	0.035mm		
	Dielectric 9	2116	Prepreg		0.114mm	4.2	
8	Bottom Layer LF...		Signal	1oz	0.035mm		
	Bottom Solder	Solder Resist	Solder Mask		0.01016mm	3.5	
	Bottom Overlay		Overlay				

图 11.18　层堆叠管理器设置页面

完成层堆叠管理器设置之后,保存层堆叠设置,单击 File(文件)→Save to PCB(保存到 PCB 文件中)命令,右击 Layer Stack Manager(层堆叠管理器)选项卡关闭层堆叠管理器。

6. 栅格设置

下一步是选择适合放置和布局元器件的栅格,在本书的示例 PCB 文件中,将实际的栅格大小和设计规则按表 11.2 中的内容设置。

表 11.2　栅格设置配置表

设　置	数值(单位/mm)	描　述
线宽	0.15	设计规则,线宽
安全间距	0.15	设计规则,安全间距
电路板栅格大小	5	笛卡儿坐标编辑器
元器件布置栅格	1	笛卡儿坐标编辑器
走线栅格	0.25	笛卡儿坐标编辑器
过孔外径	0.55	设计规则,过孔类型
过孔内径	0.2	设计规则,过孔类型

按照 4.3.6 节描述的步骤设置好捕获栅格。

7. 设置设计规则

在 PCB Rules and Constraints Editor(PCB 规则和约束编辑器)对话框中配置设计规则。

1) 走线宽度设计规则

本设计示例中包括多个信号网络和多个电源网络。可以将默认的走线宽度规则配置为

0.15mm 的信号网，将此规则的适用范围设置为 All，即适用于本设计中的所有网络。尽管 All 的范围也包含了电源网络，但也可以通过添加第二个高优先级规则，其范围为 InNetClass（“TRACE”）或 InNetcClass（“ADDRESS”）。按照 4.3.7 节中的步骤设置好走线宽度设计规则。图 11.19 显示了这五个规则的配置信息，低优先级规则针对所有网络。

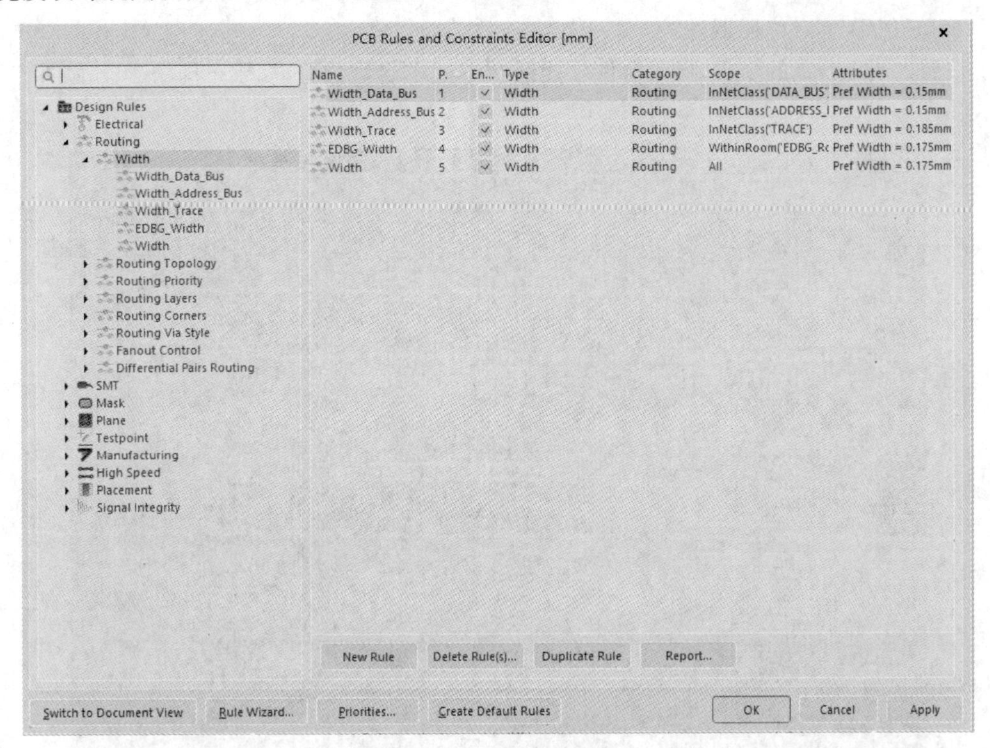

图 11.19 规则配置信息

2）定义电气安全距离约束条件

定义不同网络的不同对象（焊盘、过孔、走线）之间的最小安全电气距离，在本示例文件中，将 PCB 上所有物体之间的最小安全电气距离设置为 0.15mm。按照 4.3.7 节中的步骤定义不同网络的不同对象（焊盘、过孔、走线）之间的最小安全电气距离。

3）定义走线过孔样式

在本示例中，通过 Routing Via Style（走线过孔样式）设计规则配置过孔的属性。按照 4.3.7 节中的步骤定义走线过孔样式。

4）检查设计规则

按照 4.3.7 节中的步骤禁用多余的设计规则。

8. 元器件定位和放置

元器件的布局遵照“先大后小，先难后易”的布置原则，即重要的单元电路、核心元器件应优先布局。布局中应参考原理框图，根据单板的主信号流向规律安排主要元器件。布局应尽量满足以下要求：总的连线尽可能短，关键信号线最短；高电压、大电流信号与小电流、低电压的弱信号完全分开；模拟信号与数字信号分开；高频信号与低频信号分开；高频元器件的间隔要充分。相同结构电路部分，尽可能采用“对称式”标准布局；按照均匀分布、重心平衡、版面美观的标准优化布局。如有特殊布局要求，应根据设计需求说明书要求确定。

1）设置元器件定位和放置选项

利用 Smart Component Snap（智能元器件捕获）选项可覆盖对齐居中，并将设置改为对齐到最近的元器件焊盘，该选项用于将特定焊盘定位到特定位置。按照 4.3.8 节中的步骤启用 Snap To Center（对齐居中）和 Smart Component Snap（智能元器件捕获）选项。

2）在 PCB 上定位元器件

按照 4.3.8 节中的步骤，将元器件放置到 PCB 上的合适位置，完成布局的 PCB 如图 11.20 所示。

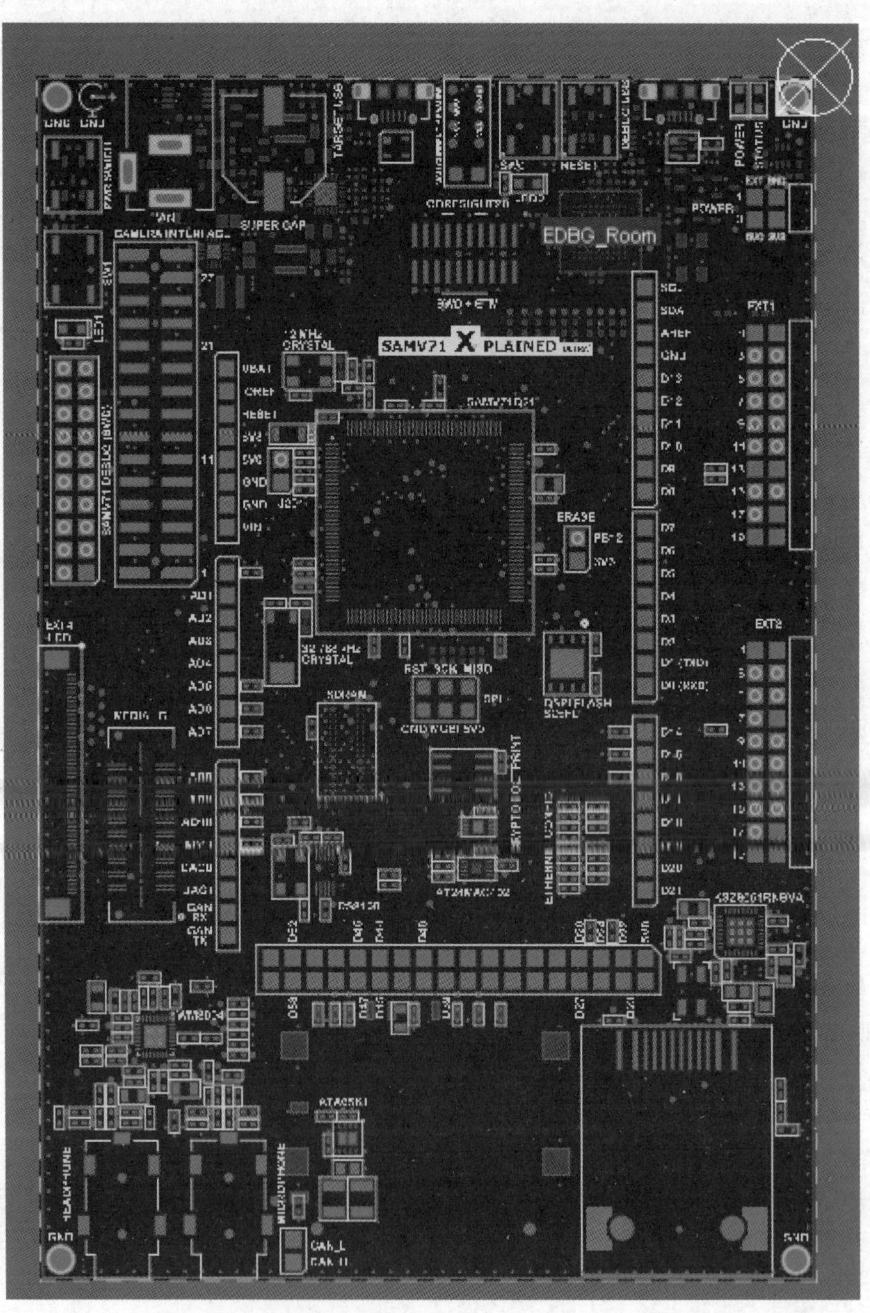

图 11.20　完成布局的 PCB

9. 交互式布线

利用 Altium Designer 23 的 ActiveRoute 交互式布线工具完成 PCB 的布线，具体步骤见 4.3.11 节的相关内容，将电路板上的所有连接布通，完成布线后将设计存储到本地。布完线的 PCB 版图如图 11.21 所示。

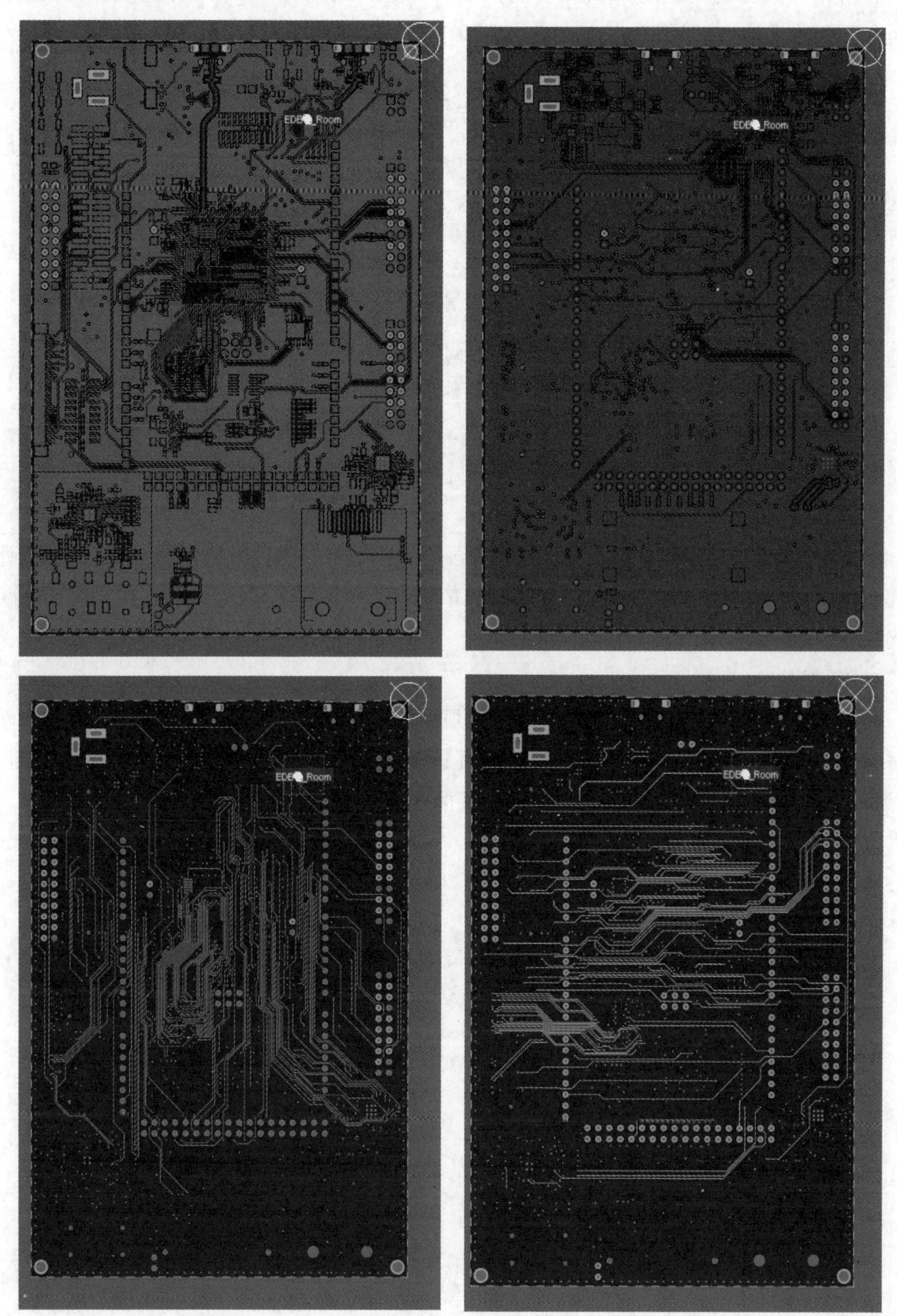

图 11.21 布完线的 PCB 版图(上，顶层，底层；下，信号层 1，信号层 2)

11.3 PCB设计验证

启用在线设计规则检查(DRC)功能,检查设计是否符合预先定义好的设计规则,一旦检测到违规的设计,立即将违规之处突出显示出来,并生成详细的违规报告。

1. 配置违规显示方式

按照4.4.1节的步骤,配置好违规显示方式。

2. 配置规则检查器

在PCB编辑器主菜单中选中Tools(工具)→Design Rule Check(设计规则检查)命令打开对话框,进行在线和批量DRC配置。

1) DRC报告选项配置

打开Report Options(报告选项)对话框,在对话框左侧的树中选择Report Options(报告选项)页面,对话框的右侧显示常规报告选项列表,保留这些选项的默认设置。

2) 待检查的DRC规则

在对话框的Rules to Check(待检查规则)中配置特定规则的测试。在本示例中,选择Batch DRC_Used On(批量DRC_已启用)条目。

3. 运行DRC

单击对话框底部的Run Design Rule Check(运行设计规则检查)按钮执行设计规则检查。单击按钮后,运行DRC检查,此后,会打开Messages(消息)面板,在其中列出所有检测到的错误。

4. 定位错误

在本示例的电路板上运行批量DRC时,根据"违规详情"定位错误,按照4.4.4节的方法逐条解决DRC报的违规错误。解决掉全部违规之后再次运行DRC,直到DRC错误报告中已经没有报任何违规错误。将PCB和项目保存到工作区,关闭PCB文件。

11.4 项目输出

完成PCB的设计和检查之后,可以准备制作PCB审查、制造和装配所需的输出文档。

1. 创建输出作业文件

按照4.5.2节中的步骤,配置输出作业文件。

2. 处理Gerber文件

在PCB编辑器的主菜单File(文件)→Fabrication Outputs(制造输出)→Gerber Files(Gerber文件)命令配置Gerber文件。按照4.5.3节中的步骤,处理Gerber文件和NC Drill输出文件,并将其映射到OutJob右侧的Output Container(输出容器)。

3. 配置物料清单

按照4.5.5节的步骤,配置物料清单(BOM)中的元器件信息,给出每个元器件详细的供应链信息。

4. 输出物料清单

利用 Report Manager(报告管理器)输出 BOM 文件。Report Manager(报告管理器)通过 Bill of Materials For Project(项目物料清单)对话框中输出 BOM。按照 4.5.6 节中的步骤,输出本项目的物料清单。本项目的物料清单如表 11.3 所示。

表 11.3　SAMV71 仿真开发板的物料清单

描　述	位　号	封装	参考库	元器件数量
Ceramic capacitor,SMD 0805	C100,C101,C701,C703,C1000	AP1.00003	A01.0500,A01.0634,A01.0400	5
Ceramic capacitor,SMD 0402	C102,C105,C106,C200,C201,C202,C203,C204,C205,C206,C207,C208,C209,C210,C211,C212,C213,C214,C217,C218,C300,C301,C302,C303,C600,C601,C602,C611,C613,C700,C702,C704,C705,C706,C707,C709,C710,C711,C713,C800,C801,C802,C806,C807,C812,C813,C816,C818,C821,C822,C823,C824,C826,C827,C829,C1001,C1002,C1003	AP1.00001	A01.0044,A01.0246,A01.0011,A01.0016,A01.0019,A01.0034,A01.0022,A01.0321,A01.0017	58
Electric Double. Layer(Supercapacitor),100mF,SMD	C103	AP1.00122	A01.0679	1
Ceramic capacitor, SMD 0402, X7R, 25V,+/.10%	C104	AP1.00053	A01.0050	1
Ceramic capacitor, SMD 0603, X5R, 10V,10%(de31036)	C107,C808,C811,C817,C819,C825,C828	AP1.00039	A01.0377	7
Ceramic capacitor, SMD 0402, X5R, 6.3V,+/.20%	C108,C109,C110,C111,C603,C905,C909,C914,C915	AP1.00053	A01.0300	9
Ceramic capacitor, SMD 0805, X5R, 10V,10 %,(de19441)	C112,C113,C115,C117,C612	AP1.00041	A01.0360	5
Ceramic capacitor, SMD 0402, NP0, 50V,+/.5%, Ceramic capacitor,SMD 0402, X5R, 10V, Ceramic capacitor, SMD 0402,X7R,25V,+/.10%,Ceramic capacitor,SMD 0402,X7R,16V,+/.10%	C114,C116,C118,C119,C120,C304,C604,C605,C606,C607,C608,C609,C610,C903	AP1.00053	A01.0014,A01.0013,A01.0021,A01.0447,A01.0046,A01.0246	14
Capacitor Tantalum 10V 2.2uF 10% ESR = 6 ohm	C215	AP1.00036	A01.0492	1
Ceramic capacitor, SMD 0805, X7R, 10V,10 %,(de19441)	C216,C708,C712	AP1.00041	A01.0360	3

续表

描　述	位　号	封装	参考库	元器件数量
Ceramic capacitor, SMD 0402, NP0, 50V, +/. 5%	C219, C902	AP1.00053	A01.0015	2
Ceramic capacitor, SMD 0402, X7R, 50V, +/. 10%	C803, C804	AP1.00001	A01.0034	2
Ceramic capacitor, SMD 0402, X5R, 10V	C805, C809	AP1.00038	A01.0447	2
Ceramic capacitor, SMD 0402, X5R, 6.3V, +/. 20%	C810, C820	AP1.00001	A01.0300	2
Ceramic capacitor, SMD 0402, X5R, 6.3V, +/. 20%(de33687)	C814, C815	AP1.00001	A01.0347	2
Ceramic capacitor, SMD 0402, NP0, 50V, +/. 5%	C900, C901	AP1.00053	A01.0019	2
Ceramic capacitor, SMD 0402, X7R, 16V, +/. 10%	C904, C910, C911, C912, C913	AP1.00053	A01.0246	5
Ceramic capacitor, SMD 0402, C0G, 50V, +/. 5%	C906, C907, C908	AP1.00053	A01.0321	3
Schottky double Diodes, NXP, SOT23.3	D100	AP5.00002	A04.0064	1
Schottky diode, V(rrm)=30V, I(f)=0.1A, V(f)=0.4V(at If = 0.01A), I(r)=0.5uA(at Vrrm), t(rr)=5ns, SMD SOT23	D101	AP4.00007	A04.0001	1
LED, Yellow, Wave length=591nm, SMD 0805 FOOTPRINTDESCRIPTION=0805 diode footprint	D300, D301, D901	AP4.00013	A10.0019	3
Double rail. to. rail USB ESD protection diode	D302, D902	AP4.00001	A06.0236	2
LED, Green, Wave length = 575nm, SMD 0805 FOOTPRINTDESCRIPTION=0805 diode footprint	D900	AP4.00013	A10.0018	1
2.8mm adhesive feet, diam 8.0mm	E1, E2, E3, E4	AP8.00192	A08.0053	4
Through hole DC jack 2.1mm, 12V, 3A	J100	AP8.00853	A08.2120	1
Pin header, 2×2, Right Angle, 2.54mm, THT, Pin In Paste	J101	AP8.00628	A08.1519	1
1×2 pin header, right angle, 2.54 mm pitch, through. hole	J102	AP8.00367	A08.0764	1
1×2 pin header, 2.54mm pitch, Pin. in. Paste THM	J200, J201, J1000	AP8.00733	A08.1754	3
Micro USB AB Connector, Standard SMT + DIP	J302, J900	AP8.00852	A08.2112	2

续表

描　　述	位　　号	封装	参考库	元器件数量
Samtec TSM series，2×15 pin header，straight，2.54mm pitch SMD，locking leads	J400	AP8.00884	A08.2225	1
Pin header，2×10，Right Angle，2.54mm，THM，Pin In Paste	J401，J402	AP8.00622	A08.1513	2

11.5　项目发布

通过 Altium Designer 的 Project Releaser（项目发布）执行项目发布，将项目发布到互连工作区。按照 4.6 节中的步骤发布已完成设计的项目。至此，本示例的项目设计已经完成。

后记

经过将近六个月的笔耕，本书的写作过程已近尾声，利用最后一个章节，谈一下笔者创作此书的初衷，总结写作过程中遇到的困难和解决方法，最后对创作过程中给予我无私帮助的同仁致以衷心的感谢。

初衷

2023年的元旦放假，晚上无事浏览Altium官网，不知不觉便过了午夜十二点。就在此时此刻，Altium网站更新了Altium Designer的最新版本Altium Designer 23.1，看着新版本的最新功能，眼前顿时一亮，心中一个念头油然而生，可不可以结合Altium Designer 23写一本关于Altium Designer方面的书？有了这一想法之后，便立即行动起来，经过深思熟虑之后，和清华大学出版社进行了选题接洽，并将书名定为《手把手带你玩转Altium Designer 23》。

一直以来，Altium Designer因其界面友好、操作便捷等优点，在中国电子设计界广为流传。Altium声称中国有73%的工程师和80%的电子工程相关专业在校学生正在使用其所提供的解决方案。本书在选题时，选择了最新版本的Altium Designer 23，对其新的功能进行了全新的解读，旨在为广大EDA设计人员提供最新的工具信息，使其更快地掌握Altium Designer 23的新功能，以适应高速发展的EDA技术。

写这本书的初衷其实很简单，用简单、通俗、易懂的语言对如何利用Altium Designer 23进行电路设计做详细的介绍。本书先从电子电路计算机辅助设计概念入手，介绍了利用Altium Designer 23进行电子电路设计的方法，利用丰富详实的案例，将理论和实践相结合，重点介绍Altium Designer 23的使用方法和技巧。在此基础上分别从初、中、高三个层面展示了三个实战案例，给出了具体的原理图和PCB实现。

写这本书的第二个理由是对自己三十年工作做一个适时的总结，我是一名电子工程师，在过去的三十年工作中，分别在长城计算机软件与系统公司、大唐微电子、北京三郎测控公司担任硬件研发工程师，曾经参与过多个国家级项目的研发工作，在EDA领域精耕细作，这次有机会来写Altium Designer，可以对最新的EDA技术做一个系统的梳理和解读，并呈现给大家，和大家分享。

Altium Designer 伴随了我大半生，陪伴我度过了三十年的职业生涯，我利用 Altium Designer（当时叫 Protel）设计了第一个项目；利用 Altium Designer 设计的第二个项目是一个国家级项目，作为主板设计师的我表现出色，调试一次性通过，没有飞线。在后续的职业生涯中，我利用 Altium Designer 陆续完成了多个项目。可以说，Altium Designer 给了我全部的荣耀。在此，利用这本书的机会，将 Altium Designer 的技术细节和读者分享，为大家开启 EDA 职业生涯起到一个抛砖引玉的作用。

写作历程

本书的写作过程富有挑战性，困难重重，构思、选题、签约、写作的每一个环节都不是一帆风顺，经过六个月的不懈努力，终于得以完稿。从 2023 年元旦晚上看到 Altium Designer 23 更新到交稿，是一个“夸父逐日”的过程。

写书的想法确定下来之后，立刻开始行动起来。首先是构思全书的大纲，从 Altium Designer 23 操作指南的角度出发，详细描述设计过程的每一个操作步骤，设计过程的描述构成了全书的主体和重点，在此基础之上，给出了高、中、低三个实战案例，为了保证内容的完整性，加入了仿真分析和信号完整性分析的内容，使得全书浑然一体，读完此书之后，能独立完成电路板设计项目任务。

完成构思之后，给清华大学出版社提交了全书目录，清华大学出版社的响应非常及时，第二周，编辑老师便联系到我，表示接受了我的投稿。接下来便是漫长的等待期间，利用这段时间，完成了样章的编写和提交，到三月初，和清华大学出版社正式签订了出版合同，开始全书主体内容的创作过程。

全书的内容力求新颖完整，在写作期间，不断跟进 Altium Designer 的最新更新，力求读者看到的是截稿时的最新技术内容。Altium 在最近的三十年中，其技术也在不断完善和发展，从最初的 Protel、DXP 到最新的 Altium Designer 23，其核心功能的实现方法和技术路线也发生了巨大的变化，未来，包括 Altium 在内的 EDA 设计会在云端实现，Altium Designer 23 中 MPS（制造商部件搜索）功能使得设计师能即时获取到远端的元器件信息，这些最新的功能也在本书中得以呈现。

在设计操作流程的描述中，力求内容详细、连贯。读者按照第 4 章的内容进行实际操作之后，能够独立完成电路项目的设计任务。为了确保全书的完整性，在第 6、7 章分别对利用 Altium Designer 进行信号完整性分析和电路仿真功能进行了描述。读者不但能利用 Altium Designer 进行电路设计，还能利用 Altium Designer 实现电路分析和验证。全书力求将电子设计项目的各个环节串联起来，环环相扣，使读者更加充分地利用好 Altium Designer 这一 EDA 工具。当然 Altium Designer 的强大功能远不止本书的内容，或许本书只是 Altium Designer 全部功能的冰山一角，但笔者力求将 Altium Designer 的基本功能详细地写到位。

全书选用了三个实战示例，分别适从低、中、高三个不同层面的读者需求，读者可以根据自己的具体项目选取适合自己的实战案例。在案例的选取过程中，笔者也花费了不少心思。由于笔者长期以来一直从事嵌入式电路设计，所以三个示例均围绕着嵌入式电路展开。过往从事的设计项目往往因为保密的原因，不能公开。所以本书中采用的实战案例都是一些公开的通用电路,如果读者在嵌入式设计方面有更加深入的问题探讨,可以通过出版社联系到笔者。

书中的实战案例均是利用 Altium Designer 23 设计,在软件安装过程中,得到了 Altium 官方技术支持人员的支持。正版的软件许可证的购买大概需要六位数的人民币,本书写作过程中,笔者向 Altium 上海公司申请了试用版 On_Demand 临时许可证,书中的案例截图都是在临时许可环境下完成,与正版开发环境相比,或许有不周全之处,请读者多多包涵。虽然 Altium 公开宣称不对临时许可证用户提供技术支持,但是还是得到了 Altium 中国技术支持刘老师的大力协助。

写作过程中还遇到了很多困难,在大家的帮助下一一克服,时至今日,本书得以完稿。我把写此书的过程比喻为“夸父逐日”的过程。Altium Designer 代表着新一代 EDA 技术,就像高高挂在天上的太阳,而我就像夸父,一个倾尽全力向着太阳奔跑的人。即便永远到达不了目的地,沿途也能收获靓丽的风景。由于笔者水平有限,对书中有异议之处,请各位读者多加批评指正。

鸣谢

本书完成于 2023 年 6 月初,是新型病毒在全球肆虐的第三个年头。笔者能在这一特殊时期安静写书,首先要感谢生命,感谢给予我生命之源的父母,感谢守卫全民生命安全的白衣战士,感谢党的领导,感谢齐心抗疫的全国人民,感谢那些在疫情期间逆行执甲的医务工作者和在一线护佑人民生命的英雄。

其次,感谢清华大学出版社编辑老师在选题申报和写作要求方面给了笔者许多指导,在写作过程中给予了许多鼓励和支持,在此表示衷心的感谢。

感谢家人给予的包容和支持,一路护佑笔者专注写稿;感谢 Altium 中国技术支持呆呆老师(网名)的协助,在软件的安装过程中给予无私帮助,特此表示衷心感谢。

合笔时,有战士收刀入鞘的荣耀,有完成使命的担当,有战无不胜的感慨。感谢热心读者拨冗阅读全书,希望此书能在今后的 EDA 电路设计生涯中助您一臂之力。

PCB通用设计规则

PCB设计遵循国际统一的系列标准，国际上和PCB有关的标准主要有国际电工委员会(IEC)249和326系列标准。不同国家又有其各自的国家/行业标准：美国的IPC 4001系列标准、IPC 6010系列标准、IPC TM 650标准及美军标MIL系列标准；日本的JPCA 5010系列标准；英国的BS 9760系列标准等。作为入行EDA设计的从业人员，设计电路时应遵循以下通用设计规则和约定。

1. 层堆叠设计时信号层数的确定

根据PCB的网络数量、网络密度、平均管脚度等基本参数，确定所需要的信号布线层数。

信号层数的确定可参考表1的经验数据。

表1　信号层数确定的经验数据

Pin 密度	信号层数	板层数
1.0以上	2	2
0.6.1.0	2	4
0.4.0.6	4	6
0.3.0.4	6	8
0.2.0.3	8	12
<0.2	10	>14

注：PIN密度的定义为板面积(平方英寸)/(板上管脚总数/14)。

2. 线宽的设置

线宽和线间距的设置要考虑单板的密度和信号的电流强度，板的密度越高，使用更细的线宽和更窄的间隙；当信号的平均电流较大时，应考虑布线宽度所能承载的电流，PCB设计时应考虑铜皮厚度、走线宽度和电流三者之间的关系，线宽可参考表2的数据。

表2　线宽设置的数据

铜皮厚度35μm		铜皮厚度50μm		铜皮厚度70μm	
线宽 mm	电流 A	线宽 mm	电流 A	线宽 mm	电流 A
0.15	0.20	0.15	0.50	0.15	0.70

续表

铜皮厚度 35μm		铜皮厚度 50μm		铜皮厚度 70μm	
线宽 mm	电流 A	线宽 mm	电流 A	线宽 mm	电流 A
0.20	0.55	0.20	0.70	0.20	0.90
0.30	0.8	0.30	1.1	0.30	1.3
0.40	1.1	0.40	1.3	0.40	1.7
0.50	1.3	0.50	1.7	0.50	2.0
0.60	1.6	0.60	1.9	0.60	2.3
0.80	2.0	0.80	2.4	0.80	2.8
1.0	2.3	1.0	2.6	1.0	3.2
1.20	2.7	1.20	3.0	1.20	3.6
1.50	3.2	1.50	3.5	1.50	4.2
2.0	4.0	2.0	4.3	2.0	5.1
2.50	4.5	2.50	5.1	2.50	6.0

同一网络的布线宽度应保持一致，线宽的变化会造成线路特性阻抗的不均匀，当传输的速度较高时会产生反射，在设计中应该尽量避免这种情况。

3. 板厚与孔径的关系

制成板的最小孔径定义取决于板厚度，板厚孔径比应小于 5/8，板厚度与最小孔径的关系可参考表 3 的数据。

表 3　板厚度与最小孔径的关系

板厚/mm	3.0	2.5	2.0	1.6	1.0
最小孔径/mil	24	20	16	12	8

4. 走线方向控制规则

相邻层的走线方向成正交结构。避免将不同的信号线在相邻层走成同一方向，以减少不必要的层间串扰。

5. 走线长度控制规则

在设计时应该尽量让布线长度尽量短，以减少由于走线过长带来的干扰问题，特别是一些重要信号线，如时钟线，务必将其振荡器放在离器件很近的地方。对驱动多个器件的情况，应根据具体情况决定采用何种网络拓扑结构。

6. 3W 规则

为了减少线间串扰，应保证线间距足够大，当线中心间距不少于 3 倍线宽时，则可保持 70%的电场不互相干扰，称为 3W 规则。如要达到 98%的电场不互相干扰，可使用 10W 的间距。

7. 20H 规则

为了解决电源层和地平面之间的边缘效应，布线时将电源层内缩，使得电场只在接地层的范围内传导。以一个 H(电源和地之间的介质厚度)为单位，内缩 20H 将 70%的电场限制在接地层边沿内。

参考文献

[1] 苏立军,闫聪聪. Altium Designer 20 电路设计与仿真[M]. 北京：机械工业出版社,2020.

[2] 林超文,李奇,杨亭,等. Altium Designer 20(中文版)高速 PCB 设计实战攻略[M]. 北京：电子工业出版社,2020.

[3] 李瑞,孟培,胡仁喜,等. Altium Designer 20 从入门到精通[M]. 北京：机械工业出版社,2021.

[4] 谢海霞,孙志雄. EDA 技术与应用[M]. 北京：北京航空航天大学出版社,2019.

[5] 刘立勋. 线上线下混合教学模式探讨——以"电路 CAD. Altium Designer"课程为例[J]. 科教文汇(上旬刊),2021(06)：114-115.

[6] 崔羊威,李宏伟. Altium Designer 电路设计探究[J]. 电子世界,2021(08)：41-42.

[7] 黄丽冰,黄志明,莫金莲,等. 立创 EDA 结合 Altium Designer 快速完成 PCB 设计思路[J]. 现代制造技术与装备,2020(10)：65-67.

[8] 李军. 基于 Keil C 和 Altium Designer 软件的"单片机原理与应用"课程计算机仿真教学的研究与实践[J]. 青岛远洋船员职业学院学报,2020(02)：54-56,82.

[9] 殷晓铁. Altium Designer 15 在电路设计的应用[J]. 电子测试,2020(06)：138-139.

[10] 王强. Altium Designer 在电路设计中的应用[J]. 信息记录材料,2020(02)：118-120.

[11] 梁建华. 一种基于 Altium Designer 软件的电子鞭炮的设计[J]. 太原学院学报(自然科学版),2019(04)：56-59.

[12] 赵悦. Altium Designer 17 原理图与 PCB 设计教程[M]. 重庆：重庆大学出版社,2019.

[13] 徐建春. 电子设计软件 Altium Designer 的多通道设计应用[J]. 单片机与嵌入式系统应用,2019(03)：33-35.

[14] WANG J,LIU T T. The textbook compilation for Altium Designer should highlight its practical characteristics[C]//. 第 30 届中国控制与决策会议论文集(3),2018.

[15] 王剑锋. Altium Designer 10 PCB 设计过程优化探讨[J]. 机电一体化,2015,21(06)：65-68.

[16] 崔玉美. Altium Designer 课程教学实践改革[J]. 电脑知识与技术,2015,11(13)：117-118.

[17] 吴玮玮. 基于 Altium Designer 的电子产品仿真设计[J]. 电子测试,2014(22)：154-155.

[18] 宋瑾. Altium Designer 的电子电路仿真[J]. 电子测试,2014(22)：20-22.

[19] 吴玮玮. 基于 Altium Designer 的电子产品仿真设计[J]. 电子测试,2014(S1)：58-59+57.